高水平地方应用型大学建设系列教材

电力设备腐蚀与防护

葛红花　等编著

北　京

冶 金 工 业 出 版 社

2023

内 容 提 要

本书系统地介绍了金属电化学腐蚀的热力学原理、动力学原理及火电、核电和可再生能源发电设备的腐蚀与控制,内容主要包括金属腐蚀基本概念、腐蚀速度表示方法、电化学腐蚀倾向判断、腐蚀原电池和电位-pH 图、极化原因和类型、浓度极化、活化极化、腐蚀极化图、测定腐蚀速度的电化学方法、析氢腐蚀和耗氧腐蚀、金属钝化、电化学保护、金属局部腐蚀形态、火电厂热力设备运行腐蚀与防护、热力设备停用腐蚀与控制、冷却水系统腐蚀与防护、核电设备的腐蚀与防护、可再生能源发电设备的腐蚀与防护、电力设备化学清洗等。

本书可作为电力院校应用化学、能源化工、热能工程等专业本科生和研究生教材或参考书,也可作为现场工程技术人员的培训教材。

图书在版编目(CIP)数据

电力设备腐蚀与防护/葛红花等编著 .—北京:冶金工业出版社,2023.8
高水平地方应用型大学建设系列教材
ISBN 978-7-5024-9577-0

Ⅰ.①电… Ⅱ.①葛… Ⅲ.①电力设备—防腐—高等学校—教材
Ⅳ.①TM4

中国国家版本馆 CIP 数据核字(2023)第 136942 号

电力设备腐蚀与防护

出版发行	冶金工业出版社	**电 话**	(010)64027926
地 址	北京市东城区嵩祝院北巷 39 号	**邮 编**	100009
网 址	www.mip1953.com	**电子信箱**	service@mip1953.com

责任编辑 杜婷婷 程志宏 美术编辑 彭子赫 版式设计 郑小利
责任校对 石 静 责任印制 禹 蕊
三河市双峰印刷装订有限公司印刷
2023 年 8 月第 1 版,2023 年 8 月第 1 次印刷
710mm×1000mm 1/16;26.75 印张;520 千字;408 页
定价 69.00 元

投稿电话 (010)64027932 投稿信箱 tougao@cnmip.com.cn
营销中心电话 (010)64044283
冶金工业出版社天猫旗舰店 yjgycbs.tmall.com
(本书如有印装质量问题,本社营销中心负责退换)

《高水平地方应用型大学建设系列教材》序

应用型大学教育是高等教育结构中的重要组成部分。高水平地方应用型高校在培养复合型人才、服务地方经济发展以及为现代产业体系提供高素质应用型人才方面越来越显现出不可替代的作用。2019年，上海电力大学获批上海市首个高水平地方应用型高校建设试点单位，为学校以能源电力为特色，着力发展清洁安全发电、智能电网和智慧能源管理三大学科，打造专业品牌，增强科研层级，提升专业水平和服务能力提出了更高的要求和发展的动力。清洁安全发电学科汇聚化学工程与工艺、材料科学与工程、材料化学、环境工程、应用化学、新能源科学与工程、能源与动力工程等专业，力求培养出具有创新意识、创新性思维和创新能力的高水平应用型建设者，为煤清洁燃烧和高效利用、水质安全与控制、环境保护、设备安全、新能源开发、储能系统、分布式能源系统等产业，输出合格应用型优秀人才，支撑国家和地方先进电力事业的发展。

教材建设是搞好应用型特色高校建设非常重要的方面。以往应用型大学的本科教学主要使用普通高等教育教学用书，实践证明并不适应在应用型高校教学使用。由于密切结合行业特色及新的生产工艺以及与先进教学实验设备相适应且实践性强的教材稀缺，迫切需要教材改革和创新。编写应用性和实践性强及有行业特色教材，是提高应用型人才培养质量的重要保障。国外一些教育发达国家的基础课教材涉及内容广、应用性强，确实值得我国应用型高校教材编写出版借鉴和参考。

为此，上海电力大学和冶金工业出版社合作共同组织了高水平地方应用型大学建设系列教材的编写，包括课程设计、实践与实习指导、实验指导等各类型的教学用书，首批出版教材18种。教材的编写将遵循应用型高校教学特色、学以致用、实践教学的原则，既保证教学内容的完整性、基础性，又强调其应用性，突出产教融合，将教学和学生专业知识和素质能力提升相结合。

本系列教材的出版发行，对于我校高水平地方应用型大学的建设、高素质应用型人才培养具有十分重要的现实意义，也将为教育综合改革提供示范素材。

上海电力大学校长 李和兴

2020 年 4 月

前　言

金属设备或构筑物在工业环境和自然环境中的腐蚀不仅造成重大的经济损失，而且严重影响企业的安全生产。电力设备和设施的金属腐蚀是影响电力安全生产的重要因素之一。了解金属腐蚀的发生原因和原理，掌握电力设备基本腐蚀研究方法和控制技术，对电力企业的安全经济运行具有重要意义。此外，随着近年来我国"双碳"战略的实施和新能源技术的快速发展，新能源发电设备和设施的腐蚀问题日益呈现，因此普及相关金属腐蚀与防护知识非常必要。

本书是作者在 30 多年来从事金属腐蚀与防护相关课程的教学和科研基础上撰写而成的。全书系统阐述了金属腐蚀与防护的基础知识、基本理论和基本规律，全面介绍了火电、核电和可再生能源发电设备及设施的腐蚀原因和类型、腐蚀特点、影响因素和控制方法等。

全书共分 12 章，第 1~7 章、第 9 章和第 12 章由上海电力大学葛红花编写，第 8 章和第 10 章由西安热工研究院有限公司位承君编写，第 11 章由上海核工程研究设计院有限公司徐雪莲和复旦大学龚嶷编写，全书由葛红花统稿。

由于编者水平所限，书中疏漏和不足之处，恳请广大读者批评指正。

编者
2023 年 3 月

目　录

1 绪 论

　　材料是人类用于制造有用器件或物品的物质，先进和可靠的材料是人类赖以生存和发展的物质基础和所有科技进步的核心。金属材料是指那些具有一定光泽和延展性、较好的导电、传热等性质的材料，它们在工业生产中被大量使用。

　　电力生产离不开材料，特别是金属材料。从发电设备、电网输配电设备和各种构筑物，到输水、输气、输煤、冷却塔、接地网等辅助设施，均需要用到金属材料。这些材料在电力生产过程中，在周围环境介质的作用下，不可避免地发生金属腐蚀现象。本书将介绍金属材料腐蚀的基本理论、腐蚀控制的基本方法和电力设备的腐蚀与控制技术。

1.1　金属腐蚀概述

1.1.1　工业中常用的金属材料

　　金属材料可分为黑色金属材料和有色金属材料两类。铁和以铁为基的合金称为黑色金属材料，包括生铁、铸铁、铁合金、铸钢、结构钢、耐热钢、不锈钢等。而其他非铁金属材料统称为有色金属材料，包括铜、铝、镁、钛、锌、镍、稀土金属、贵金属等。

1.1.1.1　黑色金属材料

　　铁是当今世界上利用最广、用量最多的一种金属，其消耗量约占金属总消耗量的95%。通过铁矿石可以冶炼得到生铁和钢，在此基础上进一步冶炼得到各种钢铁材料。钢铁材料是至今工业中最基本的结构材料，主要包括以下类型。

　　(1) 生铁。生铁是指含碳量大于2%（质量分数，下同）的铁碳合金，工业生铁的含碳量一般为2.5%~4.0%，另外还含有硅、硫、磷、锰等杂质元素。生铁是铁矿石经高炉冶炼后的产品，按用途不同分为炼钢生铁和铸造生铁。

　　(2) 铸铁。铸铁是将铸造生铁熔化后，加入铁合金、废钢等进行成分调整而得到的铁碳合金，其含碳量大于2.11%。铸铁成本低，生产工艺简单，且具有许多优良性能，在工业中得到广泛应用。按断口颜色不同，铸铁可分为灰口铸铁、白口铸铁和麻口铸铁。

　　(3) 钢。钢是含碳量为0.02%~2.11%（一般不超过1.7%）的铁碳合金。

按化学成分的不同，钢可分为碳素钢（简称碳钢）和合金钢两类。

碳钢是指含碳量不大于 2%，同时含有少量杂质如硅、硫、磷、锰、氧和氮等元素的铁碳合金，其中含碳量不大于 0.04% 的为工业纯铁，含碳量在 0.04%~0.25% 的为低碳钢，含碳量在 0.25%~0.60% 的为中碳钢，含碳量在 0.6%~2.0% 的为高碳钢。

合金钢是在碳素钢基础上，在冶炼时加入铬、镍、钼、钛、钒等合金元素而炼成的钢，其中合金元素总量不大于 5% 的为低合金钢，合金元素总量在 5%~10% 的为中合金钢，合金元素总量大于 10% 的为高合金钢。

1.1.1.2　有色金属材料

常见的有色金属材料包括铜及其合金、铝及其合金、钛及其合金、镁及其合金、锌及其合金等。不少有色金属材料有许多优良特性，在工业中有独特应用。

（1）铜及其合金。铜是人类最早发现和应用的金属之一，因其具有优异的导电性和导热性，同时化学稳定性高，抗拉强度大，可塑性和延展性好，被广泛应用于电气、电子、机械、国防等领域。铜合金主要包括黄铜、白铜和青铜。黄铜的主要成分是铜和锌，有较好的力学性能和耐磨性能；白铜是铜镍合金，镍的加入使其具有更好的耐蚀性、硬度和导热导电性；青铜泛指除黄铜和白铜外的其他铜合金，包括锡青铜、铝青铜、硅青铜、铍青铜等。

（2）铝及其合金。铝是最重要的有色金属材料，世界上铝的年产量仅次于钢铁，而其在地壳中的蕴藏量则超过铁。铝具有低密度、高导热性、高导电性、良好工艺性能等特点，在机械、化工、电子、电气、交通运输、民用建筑、食品轻工及日常生活中均有广泛应用。特别是近年来随着铝合金的比强度、比刚度、耐热性等性能不断提高，其在航空、航天、舰船、车辆、建筑等领域的应用显著扩大，在许多场合已经成为不可替代的重要材料。

（3）钛及钛合金。钛是灰色过渡金属，密度为 4.5g/cm³。钛有 α-Ti 和 β-Ti 两种晶体结构，工业纯钛是工业中常用的一种 α-Ti 合金。钛合金化的主要目的是利用合金元素对 α-Ti 和 β-Ti 的稳定作用，改变 α 相或 β 相的组成，从而控制钛合金的性能。工业钛合金的主要合金元素有 Al、Sn、Zr、V、Mo、Fe、Cr、Cu 和 Si 等。钛及钛合金具有强度高、耐高温、耐低温、容易加工、耐蚀性优异等特点，在大气、海水、稀酸、稀碱中均具有优异的耐蚀性能，这与其表面极易形成一层致密的保护性氧化膜有关，该氧化膜还具有自修复的特性。钛及钛合金最为突出的优点是比强度高和耐腐蚀性强，被广泛用于航空航天、武器装备、化工、石油、冶金、能源电力、轻工、建筑和交通等领域，被誉为"现代金属"和"太空金属"。

（4）锌及其合金。锌是第四常见金属，仅次于铁、铝、铜。锌是一种灰色金属，密度为 7.14g/cm³，熔点为 419.5℃。锌的化学性质活泼，在空气中其表面易形成一层薄而致密的碱式碳酸锌膜，可阻止锌的进一步氧化。锌常用作其他金属的牺牲阳极（阳极块或涂镀层），或与其他有色金属形成合金，其中最主要的是与铜、锡、铅等组成黄铜，与铝、镁、铜等组成压铸合金等。锌及其合金主要用于钢铁、冶金、机械、电气、化工、轻工、军事和医药等领域。世界上锌的消费中约有50%用于镀锌，约10%用于制造铜合金，约10%用于锌基合金，还有一些用于制造干电池和其他化学制品等。

（5）镁及其合金。镁是地球上储量最丰富的轻金属之一，密度为1.74g/cm³。镁主要用于制造镁合金、稀土合金，以及金属还原、炼钢脱硫、腐蚀防护等领域。镁合金具有比强度、比刚度高，导热导电性能好，很好的电磁屏蔽、阻尼性、减振性、切削加工性以及加工成本低和易于回收等优点，因而广泛用于航空航天、导弹、汽车、电子工业、医疗领域、建筑、军事工业等行业，被誉为"21世纪绿色工程材料"。

（6）镍及其合金。纯镍具有较高的强度和塑性，具有良好的力学性能、延展性、磁性和耐蚀性能。其熔点较高，有较好的抗高温氧化性能。镍在空气中表面易被氧化形成颜色发乌的致密氧化膜。镍是一种十分重要的金属原料，常被用于制造不锈钢、合金结构钢等钢铁材料和高镍基合金，广泛用于军工制造业、民用机械制造业、电池电镀工业等。镍合金按用途分为镍基高温合金、镍基耐蚀合金、镍基耐磨合金、镍基精密合金和镍基形状记忆合金。

1.1.2 金属腐蚀定义

金属材料在使用过程中，在周围环境介质的作用下，逐渐发生变质和破坏，这就是金属的腐蚀。从定义来看，金属腐蚀是指金属表面与环境介质发生化学作用、电化学作用或物理溶解而产生的破坏。金属腐蚀必须要有环境介质的作用，因单纯机械作用而引起的金属磨损破坏不属于腐蚀的范畴。另外，在工业生产中，单纯因物理溶解而产生的金属腐蚀现象很少，绝大多数金属的腐蚀归因于金属与环境介质的化学作用和电化学作用。

人们最早对腐蚀的认识是通过金属表面生成的腐蚀产物，如从棕黄色的铁锈（$Fe_2O_3 \cdot H_2O$ 或 $FeO(OH)$）认识铁的腐蚀，从铜绿（$Cu_2(OH)_2CO_3$）认识铜的腐蚀。对金属腐蚀的全面深入研究是在腐蚀电化学理论建立之后。电离理论和法拉第（Faraday）定律的出现对腐蚀电化学理论的发展起到重要推动作用。1830年德·拉·李夫（De·La·Rive）提出了腐蚀电化学的概念，随后能斯特（Nernst）方程、电位-pH图相继产生，电极过程动力学理论随之创立。到21世纪初，腐蚀已成为一门独立的学科。

金属腐蚀是一种自然趋势。自然界中的绝大多数金属是以化合态（矿石）的形式存在的，金属的腐蚀趋势可用热力学第二定律及自由能变化来定量表述。

19世纪的英国博物学家赫胥黎（1825—1895年）对自然腐蚀过程曾提出这样的看法："大自然常常有这样一种倾向，就是讨回她的儿子——人类——从她那儿借去而加以安排结合的、那些不为普遍的宇宙过程所赞同的东西。"对于自然界中的矿石，人类耗费能量通过还原得到金属，并加工成各种构件和构筑物。在自然环境和各种介质中使用时，金属又通过各种反应恢复到自然界中稳定存在的氧化状态。从热力学角度来看，通过冶炼得到的金属具有更高的能量，处于热力学不稳定状态，它可以通过腐蚀反应自动放出能量，恢复到能量更低的化合物状态。金属的腐蚀过程就是金属回到它在自然界中稳定存在状态的过程。金属的冶炼和腐蚀过程可表示为：

$$矿石（化合物）\xrightarrow[\text{吸热}]{\text{冶炼}}金属\xrightarrow[\text{放热}]{\text{腐蚀介质}}腐蚀产物（化合物）$$

金属的腐蚀过程发生在金属和腐蚀介质相接触的界面，受到金属材料自身耐蚀性能和腐蚀介质侵蚀性的共同影响。金属材料的化学组成、金相结构、力学性质以及表面状态等会对其耐蚀性能产生影响；腐蚀介质的成分、浓度、温度以及压力等会直接或间接对金属的腐蚀速度以及腐蚀类型造成影响。

金属的腐蚀过程有以下两个特点。

（1）腐蚀过程一般从金属表面开始，随着腐蚀的进一步发生，腐蚀造成的破坏会逐渐渗入金属内部，使金属的性质和组成发生改变。

（2）金属材料的表面状态对腐蚀过程有着显著影响。金属表面的钝化膜或各类防腐涂层可以抑制金属的腐蚀。钝化膜或防腐涂层对金属的保护作用与其化学成分、组织结构、孔隙率等密切相关。

1.2　金属腐蚀的分类

金属腐蚀是一个比较复杂的过程，其分类方法也有多种形式，常见的有如下几种分类方法。

1.2.1　根据腐蚀机理分类

根据腐蚀机理，金属腐蚀可分为电化学腐蚀和化学腐蚀。

（1）电化学腐蚀。电化学腐蚀是最常见的腐蚀，是指金属表面因与离子导电的介质发生电化学作用而破坏。任何一个电化学腐蚀体系都存在阳极区和阴极区，至少发生一个阳极反应和一个阴极反应。在阳极区发生金属的溶解反应（氧化反应或阳极反应），电子从阳极流出；在阴极区发生介质中的氧化剂接收阳极流出电子的还原反应（阴极反应）。在电化学腐蚀过程中，阳极区和阴极区之间会产生电流。

（2）化学腐蚀。化学腐蚀是指金属与非电解质直接发生纯化学作用而引起的破坏，即非电解质中的氧化剂与金属表面的原子相互作用而形成腐蚀产物。在化学腐蚀过程中，电子的传递是在金属和氧化剂之间直接发生，因而不会产生电流。如金属在干燥的烟气中的腐蚀，铝在四氯化碳、甲醛等有机溶液中的腐蚀。

电化学腐蚀与化学腐蚀最大的不同在于，电化学腐蚀可以分为两个相对独立的电极反应，在被腐蚀的金属表面，电子从阳极流向阴极，产生从阴极区流向阳极区的腐蚀电流。电化学腐蚀过程产生的电流与反应物质的转移可以用法拉第定律定量联系起来。单纯化学腐蚀的例子较少，其通常发生在干燥气体及有机介质中，但这些介质一旦含有少量水分，金属的化学腐蚀即可转变为电化学腐蚀。

1.2.2 根据腐蚀环境分类

按腐蚀环境的不同，金属腐蚀可分为干腐蚀和湿腐蚀。

（1）干腐蚀。干腐蚀可以分为失泽和高温氧化两种。失泽是指金属在露点以上的常温干燥气体中的腐蚀，或在相对湿度很低（一般低于50%）的干大气环境中，金属表面生成一层很薄的金属氧化层而失去金属光泽。金属在过热蒸汽、高温干烟气中的腐蚀属于高温氧化。干腐蚀为化学腐蚀。

（2）湿腐蚀。湿腐蚀包括潮湿大气腐蚀、海水腐蚀、土壤腐蚀、化学介质腐蚀、微生物腐蚀及其他水溶液中的腐蚀。湿腐蚀主要为电化学腐蚀。

潮湿大气腐蚀是指金属在潮湿的大气环境中的腐蚀。如相对湿度不低于70%的大气环境中，电力铁塔、大储蓄罐、交通工具等都易发生潮湿大气腐蚀。

海水腐蚀是指金属材料在海洋环境中的腐蚀。海洋环境是一种复杂的腐蚀环境，金属不仅会受到强腐蚀性海水的侵蚀，而且还会受到波浪、潮流的反复冲击，同时海洋生物及其代谢产物也对金属的腐蚀过程产生加速作用。跨海大桥、海上交通工具、海底电缆等主要发生的是海水腐蚀。

土壤腐蚀是金属在土壤环境中发生的腐蚀。土壤是一种以固相为主、同时含有气体和水分的特殊电解质，氧气会透过土壤微孔与金属材料接触造成腐蚀，其腐蚀过程较为复杂和缓慢。土壤的结构和湿度都会对腐蚀过程产生影响。

微生物腐蚀是指有微生物参与的腐蚀过程，在海水、冷却水和土壤等环境中较为常见。

1.2.3 根据腐蚀形态分类

按腐蚀形态的不同，金属腐蚀可以分为全面腐蚀和局部腐蚀两大类。

（1）全面腐蚀。全面腐蚀是指腐蚀在与介质接触的所有金属表面进行。全面腐蚀可以是均匀的，也可以是不均匀的。全面腐蚀因易于预防而危害性较小。

（2）局部腐蚀。局部腐蚀是指腐蚀集中在金属表面的局部区域进行，其他区域不腐蚀或腐蚀较轻微。常见的局部腐蚀有以下几种。

1）点蚀。这种腐蚀集中发生在金属表面的某些活性点上，造成小孔状腐蚀并不断向金属内部延伸，严重时会造成金属设备穿孔。

2）缝隙腐蚀。这种腐蚀发生在金属结构的缝隙处，法兰连接、垫片接触面、沉积物等易在金属表面形成缝隙。缝隙腐蚀的发生与缝隙宽度有关。

3）电偶腐蚀。电偶腐蚀是指两种腐蚀电位不同的金属在介质中相互接触而造成的腐蚀。其中腐蚀电位较低的金属会加速腐蚀，而另外一种金属的腐蚀会受到一定的抑制。

4）晶间腐蚀。这种腐蚀主要发生在晶粒边界，并沿着晶界向金属内部发展。如当黄铜晶界处的锌含量过高、不锈钢晶界处的铬含量较小时都容易发生晶间腐蚀。

5）应力腐蚀破裂。在应力和特定的腐蚀介质共同作用下引起的金属破裂称为应力腐蚀破裂。此类腐蚀一开始只有一些微小的裂纹，后逐渐发展为宏观裂纹，导致金属断裂。

6）磨损腐蚀。磨损腐蚀是金属与腐蚀介质做相对运动时产生的一种腐蚀形态。这种腐蚀是流体的机械冲刷和腐蚀介质的电化学侵蚀共同作用的结果，因此腐蚀速度往往比普通腐蚀要大得多。

7）选择性腐蚀。选择性腐蚀也称脱合金化腐蚀，即合金中的某一组分优先溶解在腐蚀介质中，而另一组分在金属表面富集的腐蚀形态。

8）氢损伤。氢损伤是指由化学或电化学反应生成的氢原子扩散至金属内部而对金属造成的损伤。其又可分为氢脆、氢鼓包、氢蚀等。

1.3　金属腐蚀与防护的重要性

金属腐蚀所带来的破坏和危害是多方面的，它在造成巨大经济损失的同时，还造成了严重的资源浪费，此外还对人类的生存和发展形成安全威胁，制约了国民经济的发展。

1.3.1　腐蚀的危害

金属腐蚀的危害首先在于它会造成巨大的经济损失。这种损失可分为直接损失和间接损失。直接损失包括材料的损耗、设备的失效、能源的消耗，以及为防止腐蚀所采取的涂层保护、电化学保护、选用耐蚀材料等的费用。间接损失包括因腐蚀引起的停工停产、产品质量下降、大量有毒物质的泄漏或爆炸，以及大规模的环境污染等，一些腐蚀破坏事故还造成了人员伤亡，直接威胁着人民群众的生命安全。因腐蚀而造成的间接损失往往比直接损失更大。据不同国家开展的腐蚀调查，世界各国的腐蚀成本占当年国内生产总值的 2%~4%。

腐蚀还会造成资源和能源的浪费。金属腐蚀使大量有用材料变为废料，估计全世界每年因腐蚀报废的钢铁设备约为其年产量的 30%，造成地球上的有限资源日益枯竭。据估计，全世界每 90s 就有 1t 钢被腐蚀成铁锈，而炼制 1t 钢所需的能源可供一个家庭使用 3 个月，因此，腐蚀也造成了能源的浪费。

金属腐蚀也是引发灾难性安全事故的重要原因之一。腐蚀引起的灾难性事故屡见不鲜，如造成油气田起火、生产设备爆炸、桥梁断裂、舰船沉没、飞机坠毁等，有的事故还造成了极为严重的后果。

金属腐蚀还阻碍了新技术的发展。许多新技术的应用和发展都会遇到腐蚀问题，解决好了就能起促进作用，如不锈钢的发明和应用，促进了硝酸和合成氨工业的发展。如果不能妥善解决腐蚀问题，则新技术的应用就会受到阻碍，甚至无法实现。我国的发电机组正发展为超临界、超超临界压力机组，若不对热力设备的腐蚀问题采取对策，机组的安全经济运行将会受到较大影响。

1.3.2 防腐蚀的重要性

由于金属腐蚀的危害，人们越来越重视腐蚀防护的研究和应用，已形成了一系列针对不同腐蚀体系的防腐蚀技术。

腐蚀与防护专家普遍认为，如能应用现有的防腐蚀科学知识和技术，因腐蚀而造成的经济损失可以降低 25%~30%。通过有效的防腐蚀手段，我国每年可以减少腐蚀损失约 1500 亿元。

防止或减少金属的腐蚀常采用选用耐蚀材料、介质处理、电化学保护、缓蚀剂保护、表面覆盖层保护等方法。

1.4 金属腐蚀速度的表示方法

金属在环境介质中的腐蚀程度可以用腐蚀速度来定量描述。金属在腐蚀过程中，其厚度、质量、力学性能、表面形貌等都会发生变化，对于电化学腐蚀来说，在于阴极和阳极之间还会产生电流。表示腐蚀过程中发生这些变化的量就可以用来表示金属的腐蚀速度，其数值也称为腐蚀速率。对于均匀腐蚀，通常用质量指标、厚度指标和电流密度指标来表示。

1.4.1 质量指标

质量指标就是用金属在单位时间内、单位面积上因腐蚀而发生的质量变化，来表示腐蚀速率。

腐蚀前后金属的质量变化又分为失重质量 m^- 和增重质量 m^+。失重质量指的是金属腐蚀前的质量 m_0 与清除了腐蚀产物后的质量 m_1 之间的差值：

$$m^- = m_0 - m_1 \tag{1-1}$$

增重质量指的是腐蚀后带有腐蚀产物的金属质量 m_2 与腐蚀前的质量 m_0 之间的差值：

$$m^+ = m_2 - m_0 \tag{1-2}$$

相应的有失重指标和增重指标。

失重指标：

$$v^- = \frac{m_0 - m_1}{S \times t} \tag{1-3}$$

增重指标：

$$v^+ = \frac{m_2 - m_0}{S \times t} \tag{1-4}$$

式中　　v^-——失重指标，$g/(m^2 \cdot h)$；

　　　　v^+——增重指标，$g/(m^2 \cdot h)$；

　　　　m_0——金属腐蚀前的质量，g；

　　　　m_1——腐蚀后清除了腐蚀产物的金属质量，g；

　　　　m_2——腐蚀后带有腐蚀产物的金属质量，g；

　　　　S——金属表面积，m^2；

　　　　t——腐蚀时间，h。

　　在质量指标中，首选失重指标，因为失重直接表示的是金属被腐蚀的量。但当金属表面的腐蚀产物非常牢固地附着在金属表面而难以去除时，可以先用增重指标，然后再将其换算到失重指标。

1.4.2　厚度指标

　　厚度指标指的是，单位时间内金属厚度因腐蚀而减少的量。用厚度指标可以比较直观地评价金属的腐蚀程度，通常由失重指标的换算得到。

$$v_L = \frac{L}{t} = \frac{m_0 - m_1}{\rho \times S} \times \frac{1}{t} = \frac{v^-}{\rho} \times \frac{24 \times 365}{(10^3)^2} \times 10^3 = \frac{8.76 \times v^-}{\rho} \tag{1-5}$$

式中　　v_L——腐蚀的厚度指标，mm/a；

　　　　L——金属被腐蚀的厚度，mm；

　　　　ρ——金属的密度，g/cm^3。

　　腐蚀的质量指标和厚度指标对于均匀的电化学腐蚀和化学腐蚀都可采用。

1.4.3　电流密度指标

　　电流密度指标是以金属电化学腐蚀过程的腐蚀电流密度来表示金属的腐蚀

速度。

根据法拉第定律，当电极上通过 96485C 的电量时，将发生得失 1mol 电子的电极反应，同时析出（或溶解）与得失 1mol 电子对应的电极反应的物质的量。即通过电化学体系的电量和参加电化学反应的物质量之间存在一定的关系，这种关系可表示为：

$$Q = nF\xi \tag{1-6}$$

式中 Q——通过电极的电量，C；

n——电极反应的转移电子数；

ξ——参与电极反应的物质摩尔数；

F——法拉第常数，$1F = 96485C \approx 96500C$。

对于发生腐蚀的金属来说，式（1-6）中参与反应的物质摩尔数也就是金属被腐蚀的摩尔数，也即：

$$Q = nF\xi = nF\frac{m_0 - m_1}{M} \tag{1-7}$$

式中，M 为反应物质的摩尔质量（g/mol）。

在电化学腐蚀过程中，金属的腐蚀电流密度 i_{corr} 与电极上通过的电量 Q 之间有如下关系：

$$Q = I_{corr} \times t = i_{corr} \times S \times t \tag{1-8}$$

式中 I_{corr}——腐蚀电流强度；

i_{corr}——腐蚀电流密度。

将式（1-7）代入式（1-8）中，因为 $1F = 96500C = 26.8A \cdot h$，所以可得：

$$i_{corr} = \frac{Q}{S \times t} = \frac{nF}{M}\frac{m_0 - m_1}{S \times t} = nF\frac{v^-}{M} = 26.8 \times \frac{n \times v^-}{M} \tag{1-9}$$

式中，i_{corr} 的单位为 A/m^2。在腐蚀电化学研究中，i_{corr} 的单位通常采用 A/cm^2，此时式（1-9）可以写成如下形式：

$$i_{corr} = 26.8 \times 10^{-4} \times \frac{n \times v^-}{M} \tag{1-10}$$

在上述三种金属腐蚀速度的表示方法中，厚度指标因比较直观、易于判断而通常成为判断金属耐蚀性能和介质侵蚀性的首选指标。在进行腐蚀速度测定时，一般先采用重量法获得失重指标，采用电化学方法获得电流密度指标，然后再通过式（1-5）和式（1-10）换算得到厚度指标。关于金属耐蚀性能的评价，不同金属、在不同介质环境中有不同的评价标准。《钢质管道内腐蚀控制规范》（GB/T 23258—2020）给出了钢质管道内腐蚀性的评价指标，见表 1-1。

表 1-1　钢质管道内腐蚀性评价指标　　　　　　　　　（mm/a）

项　目	腐蚀性级别			
	低	中	较重	严重
平均腐蚀率	<0.025	0.025~0.12	0.13~0.25	>0.25

　　需要强调的是，以上三种金属腐蚀速度的表示方法，获得的是金属被腐蚀表面的平均腐蚀速度，因此均只适用于均匀腐蚀，对不均匀腐蚀和局部腐蚀不能适用。由于局部腐蚀类型多，腐蚀机理也各不相同，因此其评价方法也较为复杂，这在后面章节中再做介绍。

习　　题

1-1　什么是金属的腐蚀？请举例说明金属腐蚀防护的重要性。

1-2　什么是化学腐蚀和电化学腐蚀？请举例说明。

1-3　按腐蚀形态分，金属腐蚀可分为哪些类型？

1-4　常用的评定金属均匀腐蚀速度的方法有哪几种？相互之间如何进行单位换算？为什么这些方法不适用于局部腐蚀？

1-5　低碳钢在海水中的腐蚀速率为 0.4440g/（m^2·h），试换算成以 mm/a 表示的厚度指标，并计算腐蚀电流密度。设 ρ_{Fe} = 7.8g/cm^3。

1-6　20 号碳钢试片规格为 25mm×30mm×3mm，悬挂小孔径 3mm，浸在 25℃的自来水中。试验前试片重 17.0858g，浸泡 10d 后取出，清除腐蚀产物后称重为 16.9988g，问试片年腐蚀率多少（以 mm/a 计）？若用该材质制作盛水储罐，假定使用期 20a，壁厚至少要多厚？假设该储罐的最小允许壁厚为 1.5mm，ρ_{Fe} = 7.8g/cm^3。

1-7　测得铁在 H_2SO_4 中的腐蚀电流密度 i_{corr} = 1×10^{-5}A/cm^2，试将其换算成质量表示法及厚度表示法的腐蚀速率。已知铁的摩尔质量为 55.84g/mol，ρ_{Fe} = 7.8g/cm^3。

1-8　有一锌样品表面积为 30cm^2，质量为 21.4261g，在 400℃高温空气中氧化 180h 后质量为 21.4279g，已知 ρ_{Zn} = 7.14g/cm^3。试求 v^-、v^+ 和 v_L。

2 金属电化学腐蚀的热力学原理

2.1 原电池及电极电位

2.1.1 原电池及其电动势

原电池是指通过氧化还原反应产生电流的装置，即将化学能转变为电能的装置。世界上第一个原电池是由意大利的物理学家亚历山德罗·伏特（Alessandro Vlota）于 1799 年发明的伏打电堆。该电堆的每一个单元由一块铜片和一块锌片作为电极，两电极之间用一片浸过盐液的布作为电解质，如此重复，数十个单元堆叠在一起，可产生明显的电流。1836 年，英国化学家丹尼尔在此基础上发明了世界上第一个能稳定工作的实用

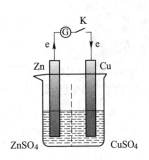

图 2-1 铜锌原电池示意图

电池——铜锌原电池，又称"丹尼尔电池"。如图 2-1 所示，该原电池是将一块锌片置于硫酸锌溶液中，将一块铜片置于硫酸铜溶液中，两种电解质溶液之间用盐桥或离子膜连接，锌片和铜片之间用导线连接。一个原电池由阳极、阴极、电解质溶液和电子导体四部分组成。阳极是发生氧化反应的电极，其电位较低，又称为负极；阴极是发生还原反应的电极，其电位较正，又称为正极。在铜锌原电池中，当外电路的开关 K 合上时，原电池开始工作，电流计 G 中会显示有电流通过，阳极和阴极表面分别发生电极反应，其中锌电极为阳极（负极），发生氧化反应：

$$Zn \longrightarrow Zn^{2+} + 2e$$

铜电极为阴极（正极），发生还原反应：

$$Cu^{2+} + 2e \longrightarrow Cu$$

对电池反应：

$$fA_O + gB_R \Longleftrightarrow mA_R + nB_O$$

式中　A_O，A_R——物质 A 的氧化态和还原态；

　　　B_R，B_O——物质 B 的还原态和氧化态。

该电池反应吉布斯自由能的变化 ΔG 与原电池电动势 ε 之间有如下关系：

$$- \Delta G = nF\varepsilon \tag{2-1}$$

式中　　n——反应物质得失电子数；

　　　　F——法拉第常数（96500C）。

在标准状况下，反应标准吉布斯自由能的变化 $\Delta G^{\ominus}$ 与原电池标准电动势 $\varepsilon^{\ominus}$ 之间关系如下：

$$- \Delta G^{\ominus} = nF\varepsilon^{\ominus} \tag{2-2}$$

ΔG 与反应物和产物活度之间的关系可用范特荷甫（Van't Hoff）等温式表述：

$$\Delta G = \Delta G^{\ominus} + RT\ln\frac{\alpha_{A_O}^{f} \cdot \alpha_{B_R}^{g}}{\alpha_{A_R}^{m} \cdot \alpha_{B_O}^{n}} = \Delta G^{\ominus} + RT\ln\frac{[生成物]^{\omega}}{[反应物]^{\sigma}} \tag{2-3}$$

式中　　　　　　　　R——气体常数，为 8.314J/（K·mol）；

　　　　　　　　　　T——绝对温度，K；

α_{A_O}，α_{A_R}，α_{B_O}，α_{B_R}——分别为物质 A_O、A_R、B_O 和 B_R 的活度；

$[生成物]^{\omega}$，$[反应物]^{\sigma}$——分别为生成物和反应物的活度积，ω 和 σ 分别为生成物和反应物的计量系数。

根据式（2-1）~式（2-3）可以得到原电池电动势与参与原电池反应的物质之间的关系：

$$\varepsilon = \varepsilon^{\ominus} - \frac{RT}{nF}\ln\frac{[生成物]^{\omega}}{[反应物]^{\mu}} \tag{2-4}$$

又因为 $\Delta G^{\ominus}$ 与标准摩尔化学位 $\mu^{\ominus}$ 之间有如下关系：

$$\Delta G^{\ominus} = \sum \nu_{生成物} \cdot \mu_{生成物}^{\ominus} - \sum \nu_{反应物} \cdot \mu_{反应物}^{\ominus} \tag{2-5}$$

式中　　ν——计量系数。

因此，原电池的标准电动势 $\varepsilon^{\ominus}$ 可以用原电池的反应物和生成物的标准摩尔化学位 $\mu^{\ominus}$ 来计算：

$$\varepsilon^{\ominus} = -\frac{\Delta G^{\ominus}}{nF} = -\frac{\sum \nu_{生成物} \cdot \mu_{生成物}^{\ominus} - \sum \nu_{反应物} \cdot \mu_{反应物}^{\ominus}}{nF} \tag{2-6}$$

2.1.2　电极和电极电位

2.1.2.1　电极

原电池中的阳极和阴极，统称为电极。在电化学领域的不同场合，电极有不同的含义。通常电极指的是由电子导体（金属）和离子导体（电解质）组成的体系，如图 2-1 中由铜片与硫酸铜溶液组成的体系（Cu｜CuSO₄）表示铜电极，由锌片和硫酸锌溶液组成的体系（Zn｜ZnSO₄）表示锌电极。有时候电极仅表示电子导体，如铂电极、石墨电极等。

2.1.2.2 电极电位

当组成电极的金属相和溶液相接触时，在相的界面将发生带电粒子的转移，并形成双电层。如铜锌原电池中的锌电极，当金属锌与硫酸锌溶液接触时，锌被氧化成锌离子进入溶液，同时将等电量的电子留在金属中。由于相界面两侧带有过剩的相反电荷，金属中的过剩电子和溶液中过剩锌离子就会相互吸引，聚集在界面两侧，形成如图2-2（a）所示的双电层。对于铜锌原电池中的铜电极，当金属铜与硫酸铜溶液接触时，

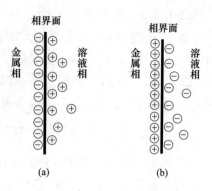

图 2-2 金属│溶液界面形成的双电层

溶液中的铜离子发生还原而沉积在金属铜表面，在这种情况下，通过电极反应，溶液中的正离子减少，出现过剩的阴离子，而金属相则出现过剩的铜离子，因此形成了图2-2（b）所示的双电层。双电层的形成就产生了相间电位差，这个相间电位差就是该"金属│溶液"电极的电极电位。

当电极由多个相组成时，电极电位是组成电极的各个相之间的相间电位差之和。对于简单的由两相组成的"金属│溶液"电极，电极电位 $\Delta\phi_M$ 就是金属相的内电位 ϕ_M 和溶液相的内电位 ϕ_S 的差值：

$$\Delta\phi_M = \phi_M - \phi_S \qquad (2\text{-}7)$$

式中，$\Delta\phi_M$ 称为电极的绝对电极电位。

由于相的内电位 ϕ_M 和 ϕ_S 无法测量，因此绝对电极电位也是无法测量的。虽然绝对电极电位无法测量，但是可以参照原电池电动势的测量和计算方法获得电极的相对电极电位。目前实验室测量和文献中查找的电极电位均为相对电极电位，其中最常用的是氢标电位。

氢标电位就是待测电极相对于标准氢电极的电极电位，在文献和手册中，如无特殊说明，所列的电位一般均为氢标电位。例如，要测定锌电极的相对电极电位，可以将锌电极与标准氢电极组成一个原电池：

$$\mathrm{Zn}\,|\,\mathrm{ZnSO_4}(\alpha_{Zn^{2+}})\,\|\,\mathrm{H^+}(\alpha_{H^+}=1),\mathrm{H_2}(101.325\mathrm{kPa})\,|\,\mathrm{Pt}$$

该原电池的电动势 ε 为组成原电池的两个电极的绝对电极电位的差值，也为它们的相对电极电位的差值：

$$\varepsilon = \Delta\phi_{Zn} - \Delta\phi_H = E_{Zn} - E_H^{\ominus}$$

国际上规定，在任何温度下，标准氢电极的相对电极电位都为0，因此测定得到的该原电池的电动势，就是待测锌电极的氢标电位。

$$\varepsilon = E_{Zn} \qquad (2\text{-}8)$$

事实上，在实际测量时，常用饱和甘汞电极、银-氯化银电极、饱和硫酸铜电极等作为参比电极，这些电极在使用和储存上更为方便。

2.1.2.3　平衡电极电位

在"金属│溶液"电极体系中，电极反应的发生是由于金属离子在两相中的电化学位 μ_i 的不同，金属离子自发地从电化学位高的一相转移到电化学位低的一相，直到该金属离子在两相中的电化学位相等，这时建立了如下的电化学平衡：

$$M^{n+} + ne \underset{v_2}{\overset{v_1}{\rightleftharpoons}} M$$

这时金属离子从金属相进入到溶液相中的速度 v_1（氧化反应方向），和溶液中金属离子得到电子被还原为 M 的速度 v_2（还原反应方向）相等，电极反应处在平衡状态。此时金属│溶液界面就建立了一个稳定的双电层，具有不变的电位差值，这个电位差值就是该金属电极的平衡电极电位。在平衡电极电位下，金属│溶液界面同时达到了电荷平衡和物质平衡。

平衡电极电位可以通过热力学方法计算得到。

标准平衡电极电位（标准电位）可以参照原电池标准电动势的计算方法，将待测标准电极与标准氢电极组成一个原电池，则该原电池电动势就是待测标准电极的电极电位（氢标电位）。

如对上述的电极反应，因为

$$\Delta G^{\ominus} = -nF\varepsilon^{\ominus} = -nFE_e^{\ominus}$$

所以标准电极电位 $E_e^{\ominus}$ 为：

$$E_e^{\ominus} = -\frac{\Delta G^{\ominus}}{nF} = -\frac{\mu_M^{\ominus} - \mu_{M^{n+}}^{\ominus}}{nF} \tag{2-9}$$

表 2-1 列出了部分常见电极的标准电极电位。

表 2-1　一些常见电极的标准电极电位

电极组成	电极反应式	$E_e^{\ominus}/V$	电极组成	电极反应式	$E_e^{\ominus}/V$
$K^+ \mid K$	$K^+ + e \rightleftharpoons K$	-2.924	$Ni^{2+} \mid Ni$	$Ni^{2+} + 2e \rightleftharpoons Ni$	-0.23
$Ca^{2+} \mid Ca$	$Ca^{2+} + 2e \rightleftharpoons Ca$	-2.76	$Pb^{2+} \mid Pb$	$Pb^{2+} + 2e \rightleftharpoons Pb$	-0.126
$Mg^{2+} \mid Mg$	$Mg^{2+} + 2e \rightleftharpoons Mg$	-2.378	$H^+, H_2 \mid Pt$	$2H^+ + 2e \rightleftharpoons H_2$	0.000
$Al^{3+} \mid Al$	$Al^{3+} + 3e \rightleftharpoons Al$	-1.66	$Br^-, AgBr \mid Ag$	$AgBr + e \rightleftharpoons Ag + Br^-$	+0.0713
$Ti^{2+} \mid Ti$	$Ti^{2+} + 2e \rightleftharpoons Ti$	-1.63	$Cl^-, AgCl \mid Ag$	$AgCl + e \rightleftharpoons Ag + Cl^-$	+0.2223
$Zn^{2+} \mid Zn$	$Zn^{2+} + 2e \rightleftharpoons Zn$	-0.762	$Cu^{2+} \mid Cu$	$Cu^{2+} + 2e \rightleftharpoons Cu$	+0.337
$Cr^{3+} \mid Cr$	$Cr^{3+} + 3e \rightleftharpoons Cr$	-0.740	$H_2O, O_2 \mid Pt$	$O_2 + 2H_2O + 4e \rightleftharpoons 4OH^-$	+0.401
$Fe^{2+} \mid Fe$	$Fe^{2+} + 2e \rightleftharpoons Fe$	-0.440	$Ag^+ \mid Ag$	$Ag^+ + e \rightleftharpoons Ag$	+0.7998

在非标准状况下，根据式（2-4）和式（2-8），有：

$$E_e = E^\ominus - \frac{RT}{nF}\ln\frac{[\text{生成物}]^\omega}{[\text{反应物}]^\mu} = E^\ominus + \frac{RT}{nF}\ln\frac{[\text{反应物}]^\mu}{[\text{生成物}]^\omega} \tag{2-10}$$

无特殊说明，一般电极电位均采用还原电位。对于还原反应，式（2-10）中的反应物为氧化态物质，生成物为还原态物质，因此式（2-10）可以写为：

$$E_e = E^\ominus + \frac{RT}{nF}\ln\frac{[\text{氧化态}]^\sigma}{[\text{还原态}]^\omega} \tag{2-11}$$

式中，E_e 为非标准状况下的平衡电极电位，V；[氧化态]$^\sigma$、[还原态]$^\omega$ 分别为氧化态物质和还原态物质的活度积。

式（2-11）就是著名的用来计算平衡电位的能斯特方程。对于简单的金属电极，该公式可以简化为：

$$E_e = E_e^\ominus + \frac{RT}{nF}\ln\alpha_{M^{n+}} \tag{2-12}$$

2.1.2.4 非平衡电极电位

前面讨论的平衡电极是一种可逆电极，这种电极通常由金属与含这种金属离子的溶液构成，在这个"金属|溶液"电极体系中，在相的界面只发生一个电极反应，当这个反应的正向和逆向反应（金属与金属离子之间的氧化和还原反应）速度相等时，该电极就建立了可逆的平衡状态。但对于大多数电极体系而言，金属所接触的介质中除了这种金属的离子外，还有其他物质也会参与得失电子的过程，使金属电极上同时存在两个或两个以上的反应，这时在"金属|溶液"界面就难以建立某个电极反应的平衡状态。

例如，将铁片浸泡在不含 O_2 的稀盐酸溶液中，如图 2-3 所示，铁片上将同时存在氧化和还原两个反应。

氧化反应（失电子，也即阳极反应）：

$$Fe \rightleftharpoons Fe^{2+} + 2e$$

还原反应（得电子，也即阴极反应）：

$$2H^+ + 2e \rightleftharpoons H_2$$

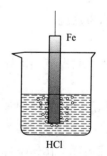

图 2-3　Fe|HCl 电极体系

在这个电极体系中，只要铁片和溶液中的氢离子没有消耗完，上述两个反应就将朝着氧化（铁电极）和还原（氢电极）方向不断进行，铁不断被氧化，而氢离子不断被还原，在这种状况下，铁片上的这两个电极反应均为不可逆的电极反应，都不可能处在各自的平衡状态。这个表征不可逆电极反应的电极电位就是非平衡电极电位。非平衡电极电位不能用能斯特方程进行计算，只能通过测定得到。

当非平衡电极体系中的两个电极反应速度相等时，如图2-3中铁的溶解速度与氢离子的还原速度相等，这时这个非平衡电极体系就处于电荷平衡状态，其电极电位就保持稳定，称为稳定电位。在稳定电位下，虽然电荷达到了平衡，但物质处于不平衡状态，铁将不断被溶解。实际的腐蚀体系均处于这种非平衡状态，稳定电位就是腐蚀体系的自腐蚀电位。

2.2　金属电化学腐蚀倾向判断

根据热力学数据，可以判断金属腐蚀发生的可能性。通常可以采用腐蚀反应自由能变化和电极电位来判断。

2.2.1　腐蚀反应自由能变化与腐蚀倾向

根据热力学第二定律，一切自发过程都是有方向性的，过程发生之后，它们都不能自动地恢复原状。热量可以从温度较高的物体自发地传递到温度较低的物体，但不能从温度较低的物体自发地传递到温度较高的物体。化学反应也一样，例如，在稀硫酸铜溶液中金属锌可以与铜离子自发地发生取代反应，而在硫酸锌溶液中锌离子和金属铜却不会自发地发生取代反应。这些自发进行的过程具有一个共同的特征，即不可逆性。在化学热力学中，采用自由能的变化（ΔG）来判别化学反应进行的方向及限度。对任意的在恒温、恒压条件下进行的化学反应，其平衡条件是：

$$(\Delta G)_{T,P} = \sum_i v_i \mu_i = 0 \qquad (2\text{-}13)$$

对于自发反应：

$$(\Delta G)_{T,P} < 0 \qquad (2\text{-}14)$$

而对不能自发进行的反应，则

$$(\Delta G)_{T,P} > 0 \qquad (2\text{-}15)$$

从腐蚀热力学的观点看，金属的腐蚀就是由于金属与周围环境介质构成了一个热力学不稳定的体系，该体系有从不稳定向稳定转变的倾向。可以通过腐蚀反应的自由能变化$(\Delta G)_{T,P}$来判断腐蚀发生的可能性。对于腐蚀反应：

如果$(\Delta G)_{T,P}<0$，则腐蚀反应可能发生，而且ΔG的负值越大，金属的腐蚀倾向越大，金属就越不稳定；

如果$(\Delta G)_{T,P}>0$，则腐蚀反应不可能发生，而且ΔG的正值越大，表示金属越稳定。

例如，在无氧的稀HCl溶液中（pH=0），铁可以发生腐蚀，而铜不发生腐蚀；但在含氧的稀HCl溶液中铜可以发生腐蚀。这可以通过反应自由能的变化来解释。

（1）无氧的稀 HCl 溶液中（pH=0）：

$$Fe + 2H^+ \longrightarrow Fe^{2+} + H_2$$

$\mu^\ominus$:   0   0   -84976   0   （J/mol）

$$\Delta G = -84976 \text{J/mol}$$

（2）无氧的稀 HCl 溶液中（pH=0）：

$$Cu + 2H^+ \longrightarrow Cu^{2+} + H_2$$

$\mu^\ominus$:   0   0   +65008   0   （J/mol）

$$\Delta G = +65008 \text{J/mol}$$

（3）含氧的稀 HCl 溶液中（pH=0）：

$$Cu + \frac{1}{2}O_2 + 2H^+ \longrightarrow Cu^{2+} + H_2O$$

$\mu^\ominus$:   0   -1938   0   +65008   -237304   （J/mol）

$$\Delta G = 65008 - 237304 + 1938 = -170358 \text{J/mol}$$

以上结果表明，铁在无氧的稀 HCl 溶液中$(\Delta G)_{T,P}$为负，有较大的腐蚀倾向。但铜在无氧的稀 HCl 溶液中$(\Delta G)_{T,P}$为正，不会发生腐蚀。而铜在含氧的稀 HCl 溶液中，腐蚀反应的$(\Delta G)_{T,P}$是个较大负值，铜的腐蚀倾向较大。

需要注意的是，腐蚀反应的自由能变化值 ΔG 只能用来判断金属腐蚀倾向的大小，不能用来说明金属腐蚀的速度。高负值的 ΔG 并不意味着高的金属腐蚀速度，金属腐蚀速度的大小与动力学因素有关。不过当 ΔG 为正值时，却可以肯定地说，在给定条件下腐蚀反应将不可能进行。

2.2.2 电极电位与腐蚀倾向

对于电化学腐蚀来说，可以用电极电位来判断金属发生电化学腐蚀的可能性。

电化学腐蚀是在腐蚀原电池中进行的，腐蚀原电池的自由能变化和原电池电动势 ε、电极电位 E_{e1} 和 E_{e2}（将原电池中的两个电极分别计作电极 1 和电极 2）之间存在如下关系：

$$\Delta G = -nF\varepsilon = -nF(E_{e1} - E_{e2})$$

在这个原电池中，当电极 1 的电极电位 E_{e1} 大于电极 2 的电极电位 E_{e2} 时，则 ΔG 为负值，原电池两极接通后可自发工作，其中电极 1 为阴极，发生还原反应，而电极 2 为阳极，发生氧化反应，而金属的腐蚀就是金属被氧化生成金属离子的过程。因此可以从电极电位的角度来判断腐蚀倾向，就是在腐蚀体系中，若 $E_M < E_0$，则金属 M 可被体系中的氧化剂 O 所腐蚀。其中，E_M 为金属电极电位，E_0 为环境介质中的某种氧化剂的还原电位。

在一般的腐蚀手册和相关文献资料中，可以查到常见金属电极和常见的腐蚀性物质（氧化剂）发生还原反应的标准电位，因此可通过标准电位来粗略判断金属发生腐蚀的可能性。例如前面的例子：在无氧的稀 HCl 溶液中（pH = 0），铁可以发生腐蚀，而铜不发生腐蚀；但在含氧的稀 HCl 溶液中，铜可以发生腐蚀。这可以通过标准电位来说明。

$$2H^+ + 2e \xrightarrow{\quad\quad} H_2 \qquad\qquad E_{e,H}^{\ominus} = 0V$$

$$\frac{1}{2}O_2 + 2H^+ + 2e \xrightarrow{\quad\quad} H_2O \qquad E_{e,O}^{\ominus} = 1.229V$$

$$Fe^{2+} + 2e \xrightarrow{\quad\quad} Fe \qquad\qquad E_{e,Fe}^{\ominus} = -0.44V$$

$$Cu^{2+} + 2e \xrightarrow{\quad\quad} Cu \qquad\qquad E_{e,Cu}^{\ominus} = 0.337V$$

在无氧的稀 HCl 溶液中，由于铁电极电位低于氢电极电位，因此铁可以被氢离子所腐蚀；而铜电极电位高于氢电极电位，因此铜不会被氢离子腐蚀。但铜电极电位却低于氧电极电位，因此铜可以被 O_2 所腐蚀。

用标准电位来判断金属腐蚀倾向，有其粗略性和局限性。如实际腐蚀体系中金属电极电位并非标准电位，并且随环境介质的变化而变化。另外，工程中使用的金属绝大多数是合金，采用纯金属的电极电位来判断，不是太合理。

2.3　腐蚀原电池

2.3.1　腐蚀原电池的形成

金属在水溶液和其他大多数体系中发生的腐蚀都属于电化学腐蚀，这种腐蚀的发生是在一个原电池中进行的。

例如，将一块铁片浸泡在无氧的盐酸溶液中 [见图 2-4（a）]，可以马上看到铁与溶液中的氢离子发生快速反应，铁溶解后以离子的形式进入溶液，使溶液的颜色从无色逐渐转变为黄绿色，同时铁片表面出现大量的氢气泡。此时铁片上同时发生两个电极反应。

阳极反应：　　　　　　　　$Fe \xrightarrow{\quad\quad} Fe^{2+} + 2e$

阴极反应：　　　　　　$2H^+ + 2e \xrightarrow{\quad\quad} H_2$

可以将图 2-4（a）分解画为图 2-4（b），即将铁片上发生阳极反应的区域放在左边（阳极），发生阴极反应的区域放在右边（阴极），这两个区域之间短路连接。图 2-4（b）就是一个原电池的结构，具有原电池的四个组成部分，即阳极、阴极、电解质和电子回路。但这个短路的原电池与一般的可以对外输出电流的原电池又有本质区别，即它不能对外做功，其作用结果只是使金属发生腐蚀破坏，原电池中产生的电流全部以热能的形式消失。这种只是导致金属材料腐蚀破坏而不能对外做有用功的短路原电池，就称为腐蚀原电池，或腐蚀电池。

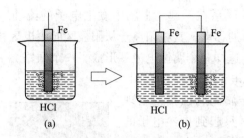

图 2-4 腐蚀原电池

在腐蚀原电池中，可以有不止一个的阳极反应或阴极反应。例如合金发生腐蚀，合金中的不同组分均可作为阳极被溶解，这时就有不止一个的阳极反应；当电解质溶液中同时存在氢离子和溶解氧时，氢离子的还原反应和氧气分子的还原反应可能同时发生，这时就有不止一个的阴极反应。但不管有几个阳极反应和几个阴极反应，在自然腐蚀状态下，总的阳极反应速度（氧化速度）必定等于总的阴极反应速度（还原速度）。

在实际腐蚀体系中，金属表面阴极和阳极区域的形成通常与金属所含杂质有关。例如，碳钢在不含氧的稀酸中的腐蚀，碳钢表面除了基体 Fe，还含有一定量的碳，如图 2-5 所示，碳的电位高于基体 Fe，因此含碳区域成为阴极，而基体 Fe 成为阳极。Fe 被氧化失去电子，以 Fe^{2+} 的形式进入溶液；释放的电子则通过基体铁（电子导体）到达阴极（碳）区域，被阴极表面的 H^+ 获得；H^+ 得到电子被还原为

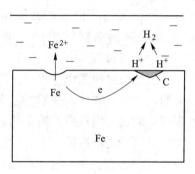

图 2-5 碳钢表面腐蚀电池的形成

H_2，离开金属表面。这就是一个实际体系中的腐蚀原电池结构。

2.3.2 腐蚀原电池的工作历程

金属的电化学腐蚀是在腐蚀原电池中进行的，腐蚀原电池在工作中，存在以下三个基本过程。

（1）阳极过程。阳极金属发生氧化反应，生成的金属离子进入溶液，释放的电子留在金属中。

$$[M^{n+} \cdot ne] \longrightarrow M^{n+} + ne$$

（2）阴极过程。溶液中的氧化性物质（O）在阴极表面得到阳极释放的电子，被还原。在腐蚀体系中，常见的氧化性物质是溶液中的氢离子和氧气分子。

$$O + ne \longrightarrow [O \cdot ne]$$

（3）电流流动。阳极过程和阴极过程是相对独立、互不依赖的两个过程，

它们通过电流的流动联系在一起。金属中发生电子的流动，电子从阳极流向阴极；溶液中发生离子的移动，其中阳离子从阳极区向阴极区移动，而阴离子从阴极区向阳极区移动。这样整个腐蚀电池就形成了一个回路。

图 2-6 是腐蚀原电池的工作示意图。在腐蚀原电池中，金属的腐蚀集中出现在阳极区，而阴极区只起到传递电子的作用。腐蚀原电池工作时，上述三个基本过程既相互独立，又彼此紧密联系。只要其中一个过程受到较大阻力不能进行，则其他两个过程也将不能进行，这样整个腐蚀电池的工作就会停止，金属的电化学腐蚀过程也就停止了。从腐蚀控制的角度来看，只要通过某些方法抑制腐蚀原电池中的某个过程的进行，就

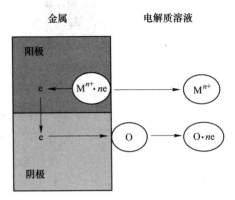

图 2-6　腐蚀原电池工作示意图

可以控制金属的腐蚀过程，如在阴极和阳极之间采取绝缘措施（控制电子流动）、阳极表面涂覆保护层（抑制阳极过程）、降低溶液中的氧化性物质浓度（抑制阴极过程）等。

在腐蚀原电池工作过程中，随着电极反应的进行，阳极区和阴极区附近的电解质组成会发生变化。在阳极区附近，阳极金属的溶解使金属离子浓度升高；而在阴极区附近，电解质溶液中氢离子的还原或溶解氧的还原均会使溶液的 pH 值升高，具有较高浓度的 OH^-，因此在电解质溶液中就出现了金属离子浓度和 OH^- 浓度不同的区域。由于这些带电粒子在不同区域的浓度差异和带电性质的不同，扩散和电迁移作用就会产生，金属离子会从浓度高的阳极区域向浓度低的阴极区域移动，而 OH^- 则从阴极区域向阳极区域移动。当这两种离子在移动过程中相遇时，就会进一步发生反应，生成难溶性的沉淀物（氢氧化物），这就是电化学腐蚀的次生过程。

$$M^{n+} + nOH^- \longrightarrow M(OH)_n \downarrow$$

这些难溶性的沉淀物，或多或少地会沉积在腐蚀电池的阴、阳极表面。有时这种沉淀膜较为致密，可在一定程度上抑制腐蚀过程的进行。但多数情况下，这种氢氧化物沉淀膜较为疏松，其保护性较差。

如果被腐蚀的金属具有几种价态，通常是先通过阳极反应生成低价态的离子进入溶液中，然后再通过次生反应形成低价态的氢氧化物。例如碳钢在中性水溶液中发生腐蚀时，先通过阳极氧化生成 Fe^{2+} 进入溶液，Fe^{2+} 在扩散中遇到 OH^- 就生成了 $Fe(OH)_2$ 沉淀。

$$Fe^{2+} + 2OH^- \longrightarrow Fe(OH)_2 \downarrow$$

在溶液中 O_2 的继续作用下，腐蚀的次生产物会进一步发生氧化，如上述的 $Fe(OH)_2$ 可以被溶液中的溶解氧进一步氧化形成 $Fe(OH)_3$，即

$$4Fe(OH)_2 + O_2 + 2H_2O \longrightarrow 4Fe(OH)_3\downarrow$$

2.3.3 腐蚀原电池的类型

腐蚀原电池又简称腐蚀电池。腐蚀电池的形成原因有很多，形式也不一样。根据组成腐蚀电池的电极大小，综合考虑腐蚀电池形成的主要影响因素及金属被破坏的形式，腐蚀电池一般可分为超微腐蚀电池、微观腐蚀电池和宏观腐蚀电池三大类。

2.3.3.1 超微腐蚀电池

超微腐蚀电池形成的原因是金属表面存在超微观的电化学不均匀性，这种超微观的电化学不均匀性可以是原子级别的，因此腐蚀电池中阴极和阳极的面积都非常小，阴极和阳极之间的电位差也很小，并且随着腐蚀的进行不断发生变化。如某个区域在这个时刻为阳极，在下一时刻可能就转变为阴极，阴、阳极交替变换，即金属表面变幻不定地分布着大量的超微阴极和超微阳极。

这种腐蚀电池作用的结果是使得金属表面发生全面腐蚀。铁在稀盐酸中的腐蚀，就是形成了这种腐蚀电池。

2.3.3.2 微观腐蚀电池

微观腐蚀电池是指金属表面存在许多微小的电极而形成的腐蚀电池。微观腐蚀电池的产生主要是由于金属表面存在电化学的不均匀性，这种不均匀性的形成有多种原因，常见原因如下。

（1）金属表面化学成分存在不均匀性。工业中使用的金属均含有一定量的各式杂质，杂质与金属基体一般具有不同的电位。当金属与电解质溶液接触时，这些杂质就以微电极的形式与基体金属构成短路了的微电池体系。当杂质电位比基体正时，杂质作为微阴极，加速基体的腐蚀；而当杂质电位比较负，成为微阳极时，基体金属会受到一定程度的保护。例如，碳钢中的渗碳体（Fe_3C）具有比基体铁更高的电位，在腐蚀微电池中成为微阴极而加速基体铁的腐蚀；铜中含有杂质铁时，铁成为微阳极，可以使铜的腐蚀受到一定的抑制。

（2）金属微观组织结构存在不均匀性。金属或合金内部一般存在着不同组织结构的区域，具有不同的电极电位值。例如，工业上使用的绝大多数金属属于晶体材料，其微观组织由晶粒构成，晶粒和晶粒之间存在晶界。晶界是原子排列比较紊乱、杂质原子易于富集的区域，具有比晶粒更低的电位值。因此，在腐蚀介质中晶粒成为腐蚀微电池的阴极，而晶界成为阳极，首先发生腐蚀。

（3）金属不同区域物理状态存在不均匀性。在制造、加工、运输、安装和运行过程中，金属材料和设备局部区域常会发生变形或承受一定的内应力。这些变形较大和应力集中的区域具有较大的电化学活性，成为腐蚀电池的阳极，首先

发生腐蚀。例如，铁板的弯曲部位因变形较大和应力集中，易发生腐蚀。

（4）金属表面膜存在不完整性。多数工业中使用的金属，表面存在一层保护性表面膜，膜电位一般高于基体金属。如果这层表面膜不完整，出现破损，则破损处裸露出电位更负的基体金属，成为腐蚀微电池的阳极而受到腐蚀。

以上微观腐蚀电池用肉眼是难以观察到的，阴、阳极的尺寸非常小。许多金属的局部腐蚀，如点蚀、晶间腐蚀、应力腐蚀破裂等，都是由于微观腐蚀电池的形成而逐步发展的。常见的微观腐蚀电池的形成原因如图 2-7 所示。

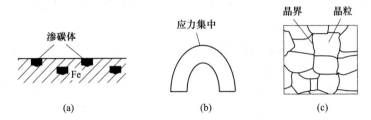

图 2-7   常见的微观腐蚀电池形成原因
（a）化学成分不均匀；（b）物理状态不均匀；（c）组织结构不均匀

2.3.3.3   宏观腐蚀电池

宏观腐蚀电池是指由肉眼可见的大阴极和大阳极所构成的大电池。这种腐蚀电池的阴极区和阳极区可以明显区分，常见的有以下三种类型。

A   不同金属的接触电池

腐蚀介质中，当两种电极电位不同的金属或合金相互接触或用某种方式（如使用导线）连接时，就形成了不同金属的接触电池。这种接触电池属于宏观腐蚀电池，可造成电极电位较低的金属腐蚀加速，而电极电位较正的金属则可得到保护，这种腐蚀电池又称为腐蚀电偶。这种电极电位较低的金属因与电极电位较高的金属相接触而加速腐蚀，称为电偶腐蚀。例如，火电厂由黄铜冷却管和碳钢管板组成的凝汽器，因黄铜和碳钢在冷却水中直接接触，就构成了一个宏观腐蚀电池。在冷却水中，黄铜的电极电位高于碳钢的电极电位，因此碳钢成为这个腐蚀原电池的阳极，腐蚀被加速，即碳钢受到电偶腐蚀；而黄铜管成为腐蚀电池的阴极，腐蚀被抑制。

在接触电池中，两种相互接触的金属之间的电极电位相差越大，则电偶腐蚀越严重。这里的电极电位指的是接触前两种金属分别在腐蚀介质中的实测电位，即各自的自腐蚀电位。

两种金属在腐蚀介质中接触时，到底哪种金属会加速腐蚀，这可以根据金属的电偶序来判断。所谓电偶序，就是按照金属在某一特定腐蚀介质中的实测电位（腐蚀电位）从高到低排列成序。表 2-2 为部分金属和合金在清洁海水中的电偶序表，根据这个电偶序表，当表中有两种金属在腐蚀介质中相互接触时，排在下面的金属将发生电偶腐蚀。表 2-2 还列出了一些金属的标准电位，可以看到，有些金属在电偶序中的位置与其标准电位并不一致。例如金属钛的标准电位很负，只有 -1.63V，但它在海水中的腐蚀电位很正，甚至高于银的电位，与石墨接近，因此钛在海水中具有较强的耐蚀性能。

表 2-2　部分金属和合金在清洁海水中的电偶序和标准电位

	电偶序	标准电位/V
电位正端（阴极性）	铂	1.19
	金	1.68
	石墨	
	钛	-1.63
	银	0.7998
	哈氏合金 C（Hastelloy C）	
	18-8 型不锈钢（钝态）	
	1Cr13 不锈钢（钝态）	
	因科镍（Inconel）合金（钝态）	
	镍（钝态）	
	蒙乃尔（Monel）合金	
	铜镍合金	
	青铜，铜	0.337
	黄铜	
	哈氏合金 B（Hastelloy B）	
	因科镍（Inconel）合金（活化态）	
	镍（活化态）	-0.23
	铅	-0.126
	18-8 型不锈钢（活化态）	
	1Cr13 不锈钢（活化态）	
	铸铁	
	钢或铁	-0.440
	工业纯铝	-1.66
	锌	-0.762
电位负端（阳极性）	镁和镁合金	-2.378

B　浓差电池

同一金属的不同部位接触到不同浓度的介质时，就会形成浓差电池。常见的浓差电池有盐浓差电池和氧浓差电池。

（1）盐浓差电池。当金属处于其自身离子的盐溶液，且金属的不同部位接触盐浓度不同的介质时，就形成了盐浓差电池。例如，有一铜棒，其一端与稀硫酸铜溶液接触，另一端和浓硫酸铜溶液接触，根据能斯特方程，铜电极的电极电位与溶液中的铜离子浓度有如下关系：

$$E_e = E_e^{\ominus} + \frac{RT}{nF}\ln\alpha_{Cu^{2+}}$$

因此，与稀硫酸铜溶液接触的一端具有较负的电极电位值，成为盐浓差电池中的阳极而受到腐蚀；而与浓硫酸铜溶液接触的另一端电极电位较正，成为盐浓差电池的阴极，发生还原反应。在阴极端，溶液中的铜离子发生还原，形成金属铜沉积在铜棒表面。盐浓差电池作用的结果，是使稀溶液这一端的离子浓度增加，而浓溶液这一端的离子浓度下降，最后使得不同区域的盐浓差现象消失。

（2）氧浓差电池。当金属的不同部位与含氧量不同的溶液接触时，由于氧电极电位的不同，因此形成了氧浓差电池。氧浓差电池通常是由于充气不均匀引起的，这种腐蚀电池在实际腐蚀体系中比较常见，危害性比较大，是造成金属局部腐蚀的重要因素之一。例如有缝隙的金属表面在腐蚀介质中，缝隙内介质因处于滞留状态，含氧量较低，而缝隙外的溶液与大气接触，含氧量较高。对氧电极反应：

$$O_2 + 2H_2O + 4e \longrightarrow 4OH^-$$

根据能斯特方程：

$$E_e = E_e^{\ominus} + \frac{RT}{nF}\ln\frac{p_{O_2}}{\alpha_{OH^-}^4}$$

式中，p_{O_2} 为氧气分压。

因此，在含氧量高的介质中的金属的电极电位高于在含氧量低的介质中的金属电极电位，从而使与含氧量低的介质接触的金属成为阳极而受到腐蚀。

C　温差电池

金属与不同温度的同一介质接触时，形成的宏观电池就是温差电池。温差电池腐蚀通常发生在热交换设备中，例如钢制热交换器，温度较高的一端成为腐蚀电池的阳极区，加速腐蚀；而温度较低的一端为阴极区。在温差腐蚀电池中，由于两个电极的电极电位属于非平衡电位，且温度自身对腐蚀反应有较大的影响，因此不能简单地用能斯特方程来说明电极的极性。

图 2-8 是常见的宏观腐蚀电池。在实际腐蚀体系中出现的腐蚀现象往往较

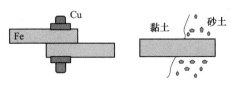

图 2-8　宏观腐蚀电池

为复杂，形成的腐蚀电池类型也不是一成不变的，可能会出现几种类型的腐蚀电池的共同作用，且在腐蚀过程中，还可能出现腐蚀电池的相互转换，这需要根据具体情况进行具体分析。

2.4 电位-pH 图

电位-pH 图是一种电化学平衡图，表示腐蚀体系中的电化学或化学反应的电位、pH 值和离子活度之间的关系，通常以氢标电位为纵坐标、溶液的 pH 值为横坐标，并将浓度指定为一个数值，这样在电位-pH 图中可以得到某个反应的等温、等浓度的电位-pH 线。根据电位-pH 平衡线，可以清楚看出腐蚀体系中各种反应在什么情况下达到平衡，在什么情况下会发生氧化反应或还原反应，继而进一步推断出金属在什么情况下不会腐蚀，在什么情况下会发生腐蚀，或通过什么方法可以控制金属的腐蚀。电位-pH 图又称为布拜图，它是比利时腐蚀科学家布拜（M. Pourbaix）于 1938 年发明并首先应用于金属腐蚀与防护的研究中。目前，电位-pH 图已广泛应用于无机化学、分析化学、湿法冶金、电池、电催化、电化学精炼、电沉积等领域。

下面以 Fe-H$_2$O 体系的理论电位-pH 图为例，介绍这种图的绘制方法、代表的含义及其在金属腐蚀与控制中的应用。

2.4.1 腐蚀体系中的反应类型

在由金属与腐蚀介质构成的腐蚀体系中，存在着多种反应，包括阳极反应、阴极反应、次生反应、腐蚀产物的进一步氧化反应等。对于有电子参与的氧化还原反应，这些反应的发生与电位有关；对于有 H$^+$ 或 OH$^-$ 参与的反应，这些反应的进行还与溶液 pH 值有关；同时反应物和产物的离子活度对任何反应的进行都可产生影响。金属在水溶液中发生的腐蚀反应，可以用下面的通式来表示：

$$aO + mH^+ + ne \Longrightarrow bR + cH_2O$$

式中，O 表示氧化态物质；R 表示还原态物质。

根据能斯特方程，该反应在 25℃、1atm（大气压）下的平衡关系式为：

$$E_e = E_e^{\ominus} + \frac{0.0591}{n}\lg\frac{\alpha_O^a \cdot \alpha_{H^+}^m}{\alpha_R^b} = E_e^{\ominus} + \frac{0.0591}{n}\lg\frac{\alpha_O^a}{\alpha_R^b} - \frac{0.0591m}{n}pH \quad (2\text{-}16)$$

从式（2-16）可以看出，反应的平衡电位与溶液的 pH 值及参与反应的离子活度有关。金属铁在水溶液中发生的腐蚀反应，一般存在着以下三种反应类型。

（1）既有电子又有 H$^+$ 参与的平衡反应，如

$$Fe_2O_3 + 8H^+ + 2e \Longrightarrow 3Fe^{2+} + 4H_2O$$

其平衡条件（25℃）为：

$$E_e = 0.980 + 0.0885 \lg \alpha_{Fe^{2+}} - 0.2364 pH$$

当离子活度 $\alpha_{Fe^{2+}}$ 一定时，这个反应的平衡电位与溶液 pH 值呈线性关系，在电位-pH 图中，表现为一条斜率为负的斜线。

（2）只有电子而无 H^+ 参与的平衡反应，如

$$Fe^{2+} + 2e \Longrightarrow Fe$$

其平衡条件（25℃）为：

$$E_e = -0.440 + 0.0295 \lg \alpha_{Fe^{2+}}$$

由于没有 H^+ 的参与，因此该反应的平衡电位与溶液 pH 值无关，只与离子活度 $\alpha_{Fe^{2+}}$ 有关。当离子活度 $\alpha_{Fe^{2+}}$ 一定时，平衡电位值也是个定值。因此，在电位-pH 图中，上述平衡关系式表现为平行于横坐标的直线。

（3）有 H^+ 参与而无电子参与的反应，如

$$Fe^{2+} + 2H_2O \Longrightarrow Fe(OH)_2 + 2H^+$$

这个反应没有电子参与，不是氧化还原反应，因此其平衡条件与电位无关。可以根据平衡常数获得反应平衡时 $\alpha_{Fe^{2+}}$ 与 pH 值之间的关系：

$$K = \frac{\alpha_{H^+}^2}{\alpha_{Fe^{2+}}}$$

$$\lg \alpha_{Fe^{2+}} = -\lg K + 2\lg \alpha_{H^+} = -\lg K - 2pH$$

25℃ 时，上述反应 $\lg K = -13.29$，因此可得：

$$\lg \alpha_{Fe^{2+}} = 13.29 - 2pH$$

当离子活度一定时，pH 值也是个定值，因此在电位-pH 图中，上述平衡关系式表现为平行于纵坐标的直线。

改变平衡关系式中的离子活度，在电位-pH 图中将得到一簇代表不同离子活度的电位-pH 平衡线。

2.4.2　水的电位-pH 图

大多数金属的腐蚀发生在水溶液中，水中的 H^+ 和溶解氧 O_2 是最常见的造成金属腐蚀的氧化性物质，因此对水中这些侵蚀性物质的氧化还原反应平衡条件进行分析，对金属腐蚀行为研究有重要意义。

水中可以发生如下化学与电化学反应：

$$H_2O \Longrightarrow H^+ + OH^-$$

$$2H^+ + 2e \Longrightarrow H_2$$

$$O_2 + 4H^+ + 4e \Longrightarrow 2H_2O \quad （酸性溶液中）$$

$$O_2 + 2H_2O + 4e \Longrightarrow 4OH^- \quad （中性和碱性溶液中）$$

上述氢电极反应和氧电极反应是腐蚀原电池中最常见的两个阴极还原反应。

根据 pH 值的不同，氧电极反应有两种形式。

2.4.2.1 氢电极反应平衡条件

对于氢电极反应，25℃下其平衡条件为：

$$E_e = E_e^{\ominus} + \frac{2.303RT}{2F}\lg\frac{\alpha_{H^+}^2}{p_{H_2}} = -0.0295\lg p_{H_2} - 0.0591pH$$

当氢气分压 p_{H_2} 一定时，电位与 pH 值呈线性关系，直线斜率为 -0.0591。在不同的 p_{H_2} 下，得到的平衡关系式的差别在于其在纵坐标上的截距不一样。

当 p_{H_2} = 101.325kPa 时，有：$E_e = -0.0591pH$；

当 p_{H_2} = 1013.25kPa 时，有：$E_e = -0.0295 - 0.0591pH$；

当 p_{H_2} = 10.1325kPa 时，有：$E_e = 0.0295 - 0.0591pH$。

根据上述平衡关系式，在电位-pH 图中就可以得到代表氢电极反应的一簇平行线，如图 2-9 中的ⓐ线所示。

2.4.2.2 氧电极反应平衡条件

在 pH 值不同的溶液中，氧电极反应虽然有两种反应式，但根据能斯特方程得到的平衡关系式却是一样的。以在酸性介质中的氧电极反应为例，其平衡关系式为：

$$E_e = E_e^{\ominus} + \frac{2.303RT}{4F}\lg(p_{O_2} \cdot \alpha_{H^+}^4) = 1.229 + 0.0148\lg p_{O_2} - 0.0591pH$$

当 p_{O_2} = 101.325kPa 时，有：

$$E_e = 1.229 - 0.0591pH$$

在电位-pH 图中，氧电极反应的平衡线也表现为斜率为 -0.0591 的斜线，如图 2-9 中的ⓑ线所示。与氢电极反应的平衡线相比较，在相同的 pH 值下，氧电极反应的平衡电位比氢电极反应平衡电位高 1.229V。

图 2-9 就是水的电位-pH 图（25℃、101.325kPa），该图反映了水中 H^+ 和 O_2 的氧化还原反应的平衡条件。当体系实际电位位于某反应平衡线时（即 $E=E_e$），说明该反应氧化方向速度和还原方向速度相等，反应处于平衡状态。当实际电位高于反应平衡电位（即 $E>E_e$）时，说明与平衡状态相比较，电极表面产生了更多的正离子，即此时电极反应的氧化方向速度大于还原方向速度，发生净的氧化反应；反之，当实际电位低于反应平衡电位（即 $E<E_e$）时，说明电极表面出现更多的电子积累，此时电极反应的还原方向速度大于氧化方向速度，发生净的还原反应。

图 2-9 中，在ⓐ线下方，对于氢电极反应来说，反应朝着还原方向进行，产物为 H_2，ⓐ线下方是 H_2 稳定存在的区域。

$$2H^+ + 2e \longrightarrow H_2$$

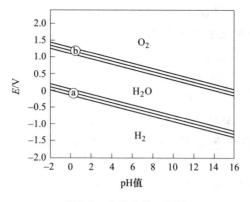

图 2-9　水的电位-pH 图

在ⓐ线上方，对于氢电极反应来说，反应朝着氧化方向进行，产物为 H^+，ⓐ线上方是 $H_2O(H^+)$ 稳定存在的区域。

$$H_2 \longrightarrow 2H^+ + 2e$$

在ⓑ线下方，对于氧电极反应来说，反应朝着还原方向进行，产物为 H_2O，ⓑ线下方是 H_2O 稳定存在的区域。

$$O_2 + 4H^+ + 4e \longrightarrow 2H_2O$$

在ⓑ线上方，对于氧电极反应来说，反应朝着氧化方向进行，产物为 O_2，ⓑ线上方是 O_2 稳定存在的区域。

$$2H_2O \longrightarrow O_2 + 4H^+ + 4e$$

综上所述，在水的电位-pH 图中，ⓐ线和ⓑ线之间是水的热力学稳定区，ⓐ线下方是 H_2 的热力学稳定区，ⓑ线上方是 O_2 的热力学稳定区。在腐蚀研究中，析氢反应和耗氧反应是最常见的阴极反应，因此ⓐ线和ⓑ线通常被放入金属-水体系的电位-pH 图，用以分析金属被 H^+ 和 O_2 所腐蚀的热力学条件。

2.4.3　铁-水体系的电位-pH 图

下面以 25℃、101.325kPa 下的铁-水（$Fe\text{-}H_2O$）体系电位-pH 图为例，说明金属-水体系的电位-pH 图的绘制方法以及图中点、线、面的含义。

电位-pH 图的绘制过程可以按以下步骤进行。

（1）列出腐蚀体系中可能存在的物质形态。在 $Fe\text{-}H_2O$ 体系中，可能存在的反应物质有：

1）铁及其离子，如 Fe、Fe^{2+}、Fe^{3+} 以及在强碱性介质中存在的 $HFeO_2^-$；

2）铁的氧化物和氢氧化物，如 Fe_3O_4、Fe_2O_3、$Fe(OH)_2$、$Fe(OH)_3$ 等；

3）水中的 H^+ 和 O_2。

上述反应物质中，一般将氧化物和氢氧化物分别考虑，因此绘制 Fe-H$_2$O 体系的电位-pH 图时，需要选择是以 Fe、Fe$_3$O$_4$、Fe$_2$O$_3$ 为平衡固相，还是以 Fe、Fe(OH)$_2$、Fe(OH)$_3$ 为平衡固相。

（2）列出各类物质之间的相互反应，并计算每个反应的平衡关系式。在一般的 Fe-H$_2$O 体系中，上述物质之间存在如下电化学反应与化学反应，通过能斯特方程和反应平衡常数可以获得这些反应的平衡关系式：

① $Fe^{3+}+e \rightleftharpoons Fe^{2+}$ 　　　　　　$E_e=0.771+0.0591 \lg \dfrac{\alpha_{Fe^{3+}}}{\alpha_{Fe^{2+}}}$

② $Fe_3O_4+8H^++8e \rightleftharpoons 3Fe+4H_2O$ 　　$E_e=-0.0855-0.0591 pH$

③ $3Fe_2O_3+2H^++2e \rightleftharpoons 2Fe_3O_4+H_2O$ 　$E_e=0.221-0.0591 pH$

④ $Fe_2O_3+6H^+ \rightleftharpoons 2Fe^{3+}+3H_2O$ 　　$\lg \alpha_{Fe^{3+}}=-0.723-3pH$

⑤ $Fe^{2+}+2e \rightleftharpoons Fe$ 　　　　　　$E_e=-0.440+0.0295 \lg \alpha_{Fe^{2+}}$

⑥ $HFeO_2^-+3H^++2e \rightleftharpoons Fe+2H_2O$ 　$E_e=0.493-0.0885 pH+0.0295 \lg \alpha_{HFeO_2^-}$

⑦ $Fe_2O_3+6H^++2e \rightleftharpoons 2Fe^{2+}+3H_2O$ 　$E_e=0.728-0.1773 pH-0.0591 \lg \alpha_{Fe^{2+}}$

⑧ $Fe_3O_4+8H^++2e \rightleftharpoons 3Fe^{2+}+4H_2O$ 　$E_e=0.980-0.2364 pH-0.0885 \lg \alpha_{Fe^{2+}}$

⑨ $Fe_3O_4+2H_2O+2e \rightleftharpoons 3HFeO_2^-+H^+$ 　$E_e=-1.819+0.0295 pH-0.0885 \lg \alpha_{HFeO_2^-}$

⑩ $Fe(OH)_2+2H^++2e \rightleftharpoons Fe+2H_2O$ 　　$E_e=-0.045-0.0591 pH$

⑪ $Fe(OH)_3+H^++e \rightleftharpoons Fe(OH)_2+H_2O$ 　$E_e=0.179-0.0591 pH$

⑫ $Fe(OH)_3+e \rightleftharpoons HFeO_2^-+H_2O$ 　　$E_e=-0.810-0.0591 \lg \alpha_{HFeO_2^-}$

⑬ $Fe(OH)_3+3H^++e \rightleftharpoons Fe^{2+}+3H_2O$ 　$E_e=1.507-0.17731 pH-0.0591 \lg \alpha_{Fe^{2+}}$

⑭ $Fe(OH)_2+2H^+ \rightleftharpoons Fe^{2+}+2H_2O$ 　　$\lg \alpha_{Fe^{2+}}=13.29-2pH$

⑮ $Fe(OH)_2 \rightleftharpoons HFeO_2^-+H^+$ 　　　　$\lg \alpha_{HFeO_2^-}=-18.30+pH$

⑯ $Fe(OH)_3+3H^+ \rightleftharpoons Fe^{3+}+3H_2O$ 　　$\lg \alpha_{Fe^{3+}}=4.85-3pH$

ⓐ $2H^++2e \rightleftharpoons H_2$ 　　　　　　　$E_e=-0.0591 pH$

ⓑ $O_2+4H^++4e \rightleftharpoons 2H_2O$ 　　　　$E_e=1.229-0.0591 pH$

（3）做出各类反应的电位-pH 图，并汇总。Fe-H$_2$O 体系的电位-pH 图又可分为以 Fe、Fe$_3$O$_4$、Fe$_2$O$_3$ 为平衡固相的电位-pH 图和以 Fe、Fe(OH)$_2$、Fe(OH)$_3$ 为平衡固相的电位-pH 图。如果以 Fe、Fe$_3$O$_4$、Fe$_2$O$_3$ 为平衡固相，则采用上述反应①~⑨进行电位-pH 图绘制；如果以 Fe、Fe(OH)$_2$、Fe(OH)$_3$ 为平衡固相，则采用上述反应①、⑤、⑥和⑩~⑯进行电位-pH 图绘制，最后再添加氢电极反应和氧电极反应的平衡线ⓐ和ⓑ。图 2-10 和图 2-11 分别为以 Fe、Fe$_3$O$_4$、Fe$_2$O$_3$ 为平衡固相和以 Fe、Fe(OH)$_2$、Fe(OH)$_3$ 为平衡固相的电位-pH 图。

在绘制电位-pH 图时，对有离子参与的反应（非 H$^+$ 或 OH$^-$），需先将离子活度设定为某个定值，如 1mol/L，这样就可以获得这个反应确定的 E_e-pH 之间的关系，在电位-pH图中就得到这个反应的一条平衡线。改变离子活度，通常取离子活度为1mol/L、10^{-2}mol/L、10^{-4}mol/L和10^{-6}mol/L，得到相互平行的一簇平衡线。再在这些平衡线旁标注离子活度的对数，表示反应平衡时离子的活度大小。如图2-10和图2-11中，平衡线旁的0、-2、-4和6表示相应反应建立平衡时的离子活度分别为1mol/L、10^{-2}mol/L、10^{-4}mol/L和10^{-6}mol/L。

电位-pH图中每条平衡线的上方（电位更正），是氧化态物质的稳定区，平衡线下方（电位更负）则是还原态物质的稳定区。例如，在图2-10和图2-11中，对于平衡线①，其上方是Fe^{3+}稳定存在的区域，下方是Fe^{2+}稳定存在的区域；对于平衡线⑤，其上方是Fe^{2+}的稳定区，下方是Fe的稳定区。当两条代表不同反应的平衡线相交时，平衡线就终止了，因为继续延伸就会进入另一种物质的稳定区。

从电位-pH图可以看出，在酸性水溶液中，随着电位的升高，金属Fe先被氧化为低价态的Fe^{2+}，在更高电位下，Fe^{2+}再进一步被氧化为Fe^{3+}；在中性水溶液中，Fe在氧化过程中主要生成氧化物或氢氧化物。图2-10显示，随着电位的升高，铁首先被氧化生成Fe_3O_4，电位的进一步升高时，Fe_3O_4进一步被氧化为Fe_2O_3。

在金属-水体系的电位-pH图中，通常添加代表氢电极反应的平衡线ⓐ和代表氧电极反应的平衡线ⓑ，以便于分析金属是否会被水溶液中的H^+或O_2所腐蚀。

在电位-pH图中，每条线都代表了两种物质之间的平衡条件。例如，图2-10和图2-11中的平衡线⑤，表示水溶液中Fe和Fe^{2+}之间的平衡条件；图2-11中的平衡线⑩，代表了水溶液中Fe和$Fe(OH)_2$之间的平衡条件。

电位-pH图中直线间的交点具有三相点的特征，表示三种物质能稳定共存的电位、pH条件。例如在图2-10中，线⑤、线⑦和线⑧的交点表示在特定浓度下，金属Fe、Fe_3O_4和Fe^{2+}可以共存的电位、pH条件。图2-11中的线⑤、线⑦和线⑧的交点，则是Fe、Fe^{2+}、和$Fe(OH)_2$三种物质的共存条件。

电位-pH图中，由相交直线所包围的面表示体系中某种物质能稳定存在的电位-pH范围。如图2-10中，由线①、线⑤、线⑦和线⑧所包围的面，是Fe^{2+}稳定存在的电位-pH范围；由线⑤、线②和线⑥所包围的面，则是金属Fe稳定存在的电位-pH范围。离开这个特定范围，这种物质就不稳定。

除了铁-水体系的电位-pH图，常见金属铜、锌、铝等的电位-pH图均可按照以上方法进行绘制。图2-12是电力系统另一种常见的金属材料铜在水溶液中的电位-pH图，对应的平衡固相为Cu、Cu_2O、CuO和Cu_2O_3，在铜-水（$Cu-H_2O$）体系中，发生的主要反应和平衡关系式如下：

① $Cu^{2+}+2e \Longrightarrow Cu$　　　　　　　$E_e=0.337+0.0295\lg\alpha_{Cu^{2+}}$

② $2Cu^{2+}+H_2O+2e \Longrightarrow Cu_2O+2H^+$　　$E_e=0.203+0.0591pH+0.0591\lg\alpha_{Cu^{2+}}$

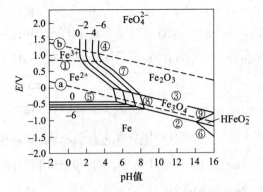

图 2-10　25℃时 Fe-H$_2$O 体系的电位-pH 平衡图

（平衡固相：Fe、Fe$_3$O$_4$、Fe$_2$O$_3$）

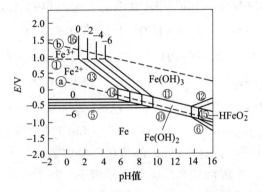

图 2-11　25℃时 Fe-H$_2$O 体系的电位-pH 平衡图

（平衡固相：Fe、Fe(OH)$_2$、Fe(OH)$_3$）

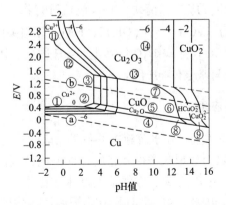

图 2-12　25℃时 Cu-H$_2$O 体系的电位-pH 平衡图

（平衡固相：Cu、Cu$_2$O、CuO）

③ $CuO+2H^+ \Longrightarrow Cu^{2+}+H_2O$ $\lg\alpha_{Cu^{2+}}=7.89-2pH$

④ $Cu_2O+2H^++2e \Longrightarrow 2Cu+H_2O$ $E_e=0.471-0.0591pH$

⑤ $2CuO+2H^++2e \Longrightarrow Cu_2O+H_2O$ $E_e=0.669-0.0591pH$

⑥ $CuO+H_2O \Longrightarrow HCuO_2^-+2H^+$ $\lg\alpha_{HCuO_2^-}=-18.83+pH$

⑦ $CuO_2^-+2H^++e \Longrightarrow CuO+H_2O$ $E_e=2.609-0.1182pH+0.0591\lg\alpha_{CuO_2^-}$

⑧ $HCuO_2^-+4H^++2e \Longrightarrow Cu_2O+3H_2O$ $E_e=1.783-0.1182pH+0.0295\lg\alpha_{HCuO_2^-}$

⑨ $CuO_2^{2-}+6H^++2e \Longrightarrow Cu_2O+3H_2O$ $E_e=2.560-0.1773pH+0.0591\lg\alpha_{CuO_2^{2-}}$

⑩ $CuO_2^{2-}+4H^++2e \Longrightarrow Cu+2H_2O$ $E_e=1.515-0.1182pH+0.0295\lg\alpha_{CuO_2^{2-}}$

⑪ $Cu_2O_3+6H^+ \Longrightarrow 2Cu^{3+}+3H_2O$ $\lg\alpha_{Cu^{3+}}=-6.09-3pH$

⑫ $Cu_2O_3+6H^++2e \Longrightarrow 2Cu^{2+}+3H_2O$ $\lg\alpha_{Cu^{3+}}=2.114-0.1773pH+0.059\lg\alpha_{Cu^{2+}}$

⑬ $Cu_2O_3+2H^++2e \Longrightarrow 2CuO+H_2O$ $\lg\alpha_{Cu^{3+}}=1.648-0.0591pH$

⑭ $Cu_2O_3+H_2O \Longrightarrow 2CuO_2^-+2H^+$ $\lg\alpha_{CuO_2^-}=-16.33+pH$

ⓐ $2H^++2e \Longrightarrow H_2$ $E_e=-0.0591pH$

ⓑ $O_2+4H^++4e \Longrightarrow 2H_2O$ $E_e=1.229-0.0591pH$

从物质随电位和 pH 值的变化规律来看，Cu-H_2O 体系的电位-pH 图与 Fe-H_2O 体系的电位-pH 图有相似之处，都是在低电位区域，属于固体金属的稳定区；随着电位升高，在强酸性和强碱性水溶液中，属于可溶性金属离子的稳定区；在中性及弱碱性水溶液中，属于金属氧化物的稳定区。但对于不同的金属，发生物质转变的具体电位及溶液 pH 值是不一样的。

需要注意的是，在以上位-pH 图中，仅列出了 Fe-H_2O 体系和 Cu-H_2O 体系中的主要物质之间发生反应的平衡线，并未包括所有物质和反应。如 Fe-H_2O 体系中与其他可溶性离子 $FeOH^{2+}$、$Fe(OH)_2^+$、FeO_4^{2-} 等相关的反应和平衡关系式，并未列入图 2-10 和图 2-11 的 Fe-H_2O 体系电位-pH 图中。因此上述电位-pH 图只是相关金属-水体系的简略电位-pH 图。

2.4.4 电位-pH 图的应用

电位-pH 图中汇集了金属在水溶液中的各类反应的热力学数据，显示了金属-水体系中各类物质的热力学形成条件和稳定存在的电位、pH 值范围。根据金属-水体系的电位-pH 图，可以直观、方便地判断水溶液中金属发生腐蚀的可能性，指示腐蚀控制的途径，因此，电位-pH 图在金属腐蚀与防护研究中应用较广。

电位-pH 图在应用中，又进行了简化，即在电位-pH 图中，对有离子（非 H^+ 或 OH^-）参与的反应，均取离子活度为 10^{-6} mol/L 的平衡线。对于一般腐蚀体系，由于水溶液中参与腐蚀反应的离子浓度较小，可以用浓度代替活度。布拜在将电位-pH 图用于腐蚀研究时，做过这样的假设：在一个不含其自身离子的水溶液中，金属因腐蚀溶解而产生的离子浓度如果始终小于 10^{-6} mol/L，可以认为这种金属在水溶液中没有发生腐蚀；而当作为金属腐蚀产物的离子浓度大于 10^{-6} mol/L 时，可以认为金属发生了腐蚀。因此，可以利用离子浓度为 10^{-6} mol/L 的平衡线，作为金属是否发生腐蚀的界限，这样得到的电位-pH 图，就称为简化的电位-pH 图。图 2-13 和图 2-14 分别为 Fe-H_2O 体系和 Cu-H_2O 体系的简化电位-pH 图（平衡固相均为金属和金属的氧化物）。根据稳定存在的物质类型，这种简化的电位-pH 图可以分成以下三个区域。

（1）腐蚀区。在这个区域内，稳定存在的是可溶性金属离子，如图 2-13 中，腐蚀区内 Fe^{2+}、Fe^{3+} 和 $HFeO_2^-$ 等离子稳定存在。在这个区，金属可以自发溶解，铁处于不稳定状态，可能发生腐蚀。

（2）免蚀区。在这个区域内，金属在热力学上稳定存在，即使将金属放在较为苛刻的腐蚀环境中，只要其处于免蚀区，就不会发生腐蚀。

（3）钝化区。在这个区域内，稳定存在的是金属的氧化物，如 Fe-H_2O 体系中的 Fe_3O_4 和 Fe_2O_3，Cu-H_2O 体系中的 Cu_2O、CuO 和 Cu_2O_3。在合适条件下，这个区域内金属表面如果生成了致密的氧化物保护膜（即钝化膜），则金属可以受到该钝化膜很好的保护，具有较小的腐蚀速度。

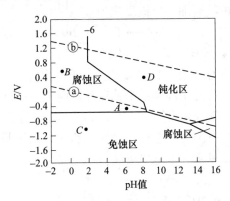

图 2-13 简化的 Fe-H_2O 体系电位-pH 平衡图（25℃）

根据电位-pH 图，可以从理论上来预测金属腐蚀发生的可能性，及选择控制腐蚀的途径。下面以 Fe-H_2O 体系的简化电位-pH 图（见图 2-13）为例，说明电位-pH 图的应用。

2.4.4.1 判断金属在腐蚀体系中的状态

根据金属在实际腐蚀体系中的电位和溶液 pH 值，通过电位-pH 图可以判断金属的状态。例如，金属铁如果分别处于图 2-13 中的 A、B、C、D 四个位置，

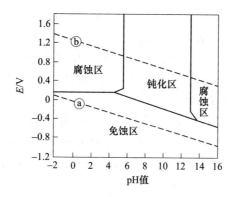

图 2-14　简化的 Cu-H_2O 体系电位-pH 平衡图（25℃）

从图中可以明显看出，A 点和 B 点处于腐蚀区，因此铁在这两个状态下将发生腐蚀；C 点处于铁的免蚀区，在该点位置的铁处于热力学稳定状态，不会腐蚀；D 点处在钝化区，铁表面将会生成氧化物膜（钝化膜），钝化膜对铁具有一定的保护作用，因此铁的腐蚀受到抑制。

2.4.4.2　预测腐蚀的可能性及腐蚀类型

当铁处于图 2-13 中的 A、B、C、D 四个不同位置时，可以预测铁处于 A 点和 B 点位置可发生腐蚀。从腐蚀类型来看，由于 A 点处于ⓐ线下方，因此在不含氧的水溶液中将发生析氢腐蚀，电极反应为：

阳极反应：　　　　　　　　　$Fe \longrightarrow Fe^{2+} + 2e$

阴极反应：　　　　　　　　　$2H^+ + 2e \longrightarrow H_2$

由于 A 点也处于ⓑ线下方，因此如果是在含氧的水溶液中，铁也会被 O_2 腐蚀，即发生耗氧腐蚀，这时腐蚀体系中就存在着两个阴极反应。

B 点与 A 点一样，都处于腐蚀区，都是 Fe^{2+} 和水的稳定区，但 B 点处于ⓐ线上方，因此金属在此状态不会发生析氢腐蚀。然而 B 点还是处于ⓑ线下方，因此金属将发生耗氧腐蚀，发生以下电极反应。

阳极反应：　　　　　　　　　$Fe \longrightarrow Fe^{2+} + 2e$

阴极反应：　　　　$O_2 + 4H^+ + 4e \longrightarrow 2H_2O$

电位-pH 图还可以用来判断金属的腐蚀产物，如铁在 A 点和 B 点状态下的腐蚀产物是 Fe^{2+}，在 D 点的腐蚀产物则是 Fe_2O_3。

2.4.4.3　指示腐蚀控制的途径

对于处于腐蚀区的金属，要控制该金属的腐蚀，可以通过改变金属的电位和溶液的 pH 值，使之离开腐蚀区。例如处于 A 点的金属铁，要将其移出腐蚀区，有以下三种途径，如图 2-15 所示。

（1）将铁的电极电位降低，使之进入免蚀区。可以使用外电流或将电极电位更负的金属与要保护的金属连接。当铁的电极电位处于图2-12中平衡线⑤的下方时，由于该区域是铁的热力学稳定区，因此铁不会发生腐蚀。这种方法又称为阴极保护法，在第3章中将做详细介绍。

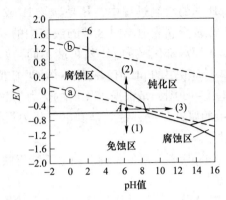

图2-15 Fe-H₂O体系中的腐蚀控制途径

（2）将铁的电极电位升高，使之进入钝化区。对于升高电位可以钝化的体系，通过给被保护的金属铁通入阳极电流或使用钝化剂，可以使铁表面形成钝化膜，进入钝化区。这种保护方法又称为阳极保护法，在第5章中将做详细介绍。

（3）调节水溶液的pH值，使金属进入钝化区。在偏碱性的水溶液中，金属铁表面易形成氧化物保护膜，使铁的腐蚀速度减小。比如，发电厂通常调节炉水pH值至9~11范围，使锅炉钢表面钝化，以抑制腐蚀的进行。

2.4.5 电位-pH图的局限性

以上介绍的电位-pH图都是根据热力学数据绘制，因此也称为理论电位-pH图。利用这种理论电位-pH图可以较为方便地研究许多金属腐蚀问题，但其在应用过程中，存在比较明显的局限性。

（1）因为金属的理论电位-pH图只是一种热力学的电化学平衡图，与其他利用热力学数据进行腐蚀倾向判断一样，它只能用来分析金属发生腐蚀倾向性的大小，而不能用来预测腐蚀速度的大小。

（2）电位-pH图中的各条平衡线，表示金属与其离子之间或溶液中的离子与含有该离子的腐蚀产物之间建立平衡的条件，但在实际腐蚀体系中，金属在与之接触的腐蚀介质中可能并不具备这个平衡条件。

（3）理论电位-pH图在绘制过程中，只考虑了OH⁻对反应平衡产生的影响。但在实际的腐蚀体系中，往往存在着Cl⁻、SO_4^{2-}、PO_4^{2-}等阴离子，这些离子也可参与到腐蚀体系的各类化学和电化学反应中，使问题复杂化。

（4）理论电位-pH图中的钝化区是金属氧化物和氢氧化物稳定存在的区域，

在不同条件下，这些氧化物和氢氧化物对金属的保护作用差别较大，只有覆盖完整且致密的氧化物保护膜，才对金属具有较好的保护作用，但这在理论电位-pH图中并不能反映出来。

（5）在理论电位-pH图的绘制过程中，凡是涉及 H^+ 或 OH^- 的反应，都默认溶液本体和电极表面，以及金属表面不同区域的液层中的 pH 值都相等。但在实际的腐蚀体系中，金属表面局部区域的 pH 值可能不同，如阴极区域的 pH 值往往高于其他区域。金属表面液层的 pH 值和溶液本体的 pH 值也会有一定差别。

（6）大多数理论电位-pH图，是根据25℃时的热力学数据绘制的，不能反映较高温度下金属-水体系的腐蚀过程，特别是发电厂热力设备在运行过程中（高温高压）的金属腐蚀过程。

（7）大多数理论电位-pH图针对的是纯金属，不能反映实际工程中合金在水溶液中的腐蚀行为。

从电位-pH图的发展过程来看，自从布拜提出并开始绘制金属-水（M-H₂O）体系的电位-pH图以来，人们对电位-pH图的研究越来越深入，现在已有90多种元素与水构成体系的电位-pH图。电位-pH图也已从简单发展到了复杂，最初的电位-pH图只涉及一种元素（及其氧化物和氢氧化物）与水构成的体系，现在人们将金属的电位-pH图同腐蚀实际情况紧密结合，绘制了考虑溶液中其他离子或合金中其他组分的三元、四元等多元体系的电位-pH图、浓溶液的电位-pH图、以及较高温度（60℃、100℃、150℃、200℃、250℃乃至300℃）条件下的电位-pH图等。

从电位-pH图的绘制方法上看，早期的电位-pH图都是手工绘制的，只适用于体系简单、影响因素少的电位-pH图绘制。随后电位-pH图的绘制方式由手工方法逐渐向采用计算机进行计算和绘制过渡，尤其是针对复杂体系的电位-pH图。另外，三维或多维电位-pH图也开始发展。

习　题

2-1　请写出能斯特方程的一般表达式，该方程适用于测定什么电位？

2-2　什么是平衡电位和非平衡电位？

2-3　请计算铁电极 Fe^{2+}/Fe 在标准状况（25℃、101.325kPa）下的氢标电位（$\alpha_{H^+} = 1mol/L$，$\alpha_{Fe^{2+}} = 1mol/L$），已知 $\mu_{Fe^{2+}} = -84935.2 J/mol$。

2-4　求25℃时下列电池中，正负极的电极电位各为多少伏，电池电动势有多大？
$Pt \mid Pb \mid Pb^{2+}(\alpha = 0.02mol/L) \parallel Cl^-(\alpha = 0.1mol/L) \mid Cl_2(101.325kPa) \mid Pt$
已知 $E^{\ominus}_{Pb^{2+}/Pb} = -0.126V$，$E^{\ominus}_{Cl_2/Cl^-} = 1.359V$。

2-5　下列电池中，计算说明哪个电极发生氧化反应，哪个电极发生还原反应。
$Ag, AgBr \mid Br^-(\alpha = 0.001) \parallel Cl^-(\alpha = 0.01) \mid AgCl, Ag$

其中 $E_{Ag,AgBr/Br^-}^{\ominus}=0.095V$，$E_{Ag,AgCl/Cl^-}^{\ominus}=0.2224V$。

2-6　如何根据腐蚀反应自由能变化 $(\Delta G)_{T,P}$ 和电极电位判断金属腐蚀发生的可能性？

2-7　某一循环冷却水系统采用碳钢冷却管，当循环冷却水中含有 $1\times10^{-5}mol/L$ 的 Cu^{2+} 时，是否会在碳钢管上析出 Cu？

2-8　什么是腐蚀原电池，其基本组成是什么？腐蚀原电池有哪几种类型？

2-9　什么是微观腐蚀电池和宏观腐蚀电池，分别是如何形成的？

2-10　电位-pH 图中点、线、面的含义是什么？

2-11　根据 $Fe-H_2O$ 体系电位-pH 图，处于腐蚀区的 Fe 可采取哪几种方法防止腐蚀？

金属电化学腐蚀动力学原理

第2章介绍了金属电化学腐蚀的热力学原理，从化学热力学角度阐述了金属发生腐蚀的根本原因以及如何进行金属腐蚀倾向的判断。但在实际应用中，人们除了想了解金属为什么会发生腐蚀外，更关心的是金属的腐蚀速度。腐蚀环境中金属的腐蚀倾向与腐蚀速度之间并无直接联系，大的腐蚀倾向并不一定对应着大的腐蚀速度。例如金属铝和钛，从热力学的角度来说，这两种金属的标准电极电位分别为$-1.66V$和$-1.63V$，具有较大的腐蚀倾向，但在实际使用中，它们在自然环境和多数腐蚀介质中却具有非常好的耐腐蚀性能，特别是金属钛及其合金。要获得金属腐蚀速度的大小，就要了解和掌握金属腐蚀的动力学过程。

本章介绍金属电化学腐蚀的动力学原理及其应用，要求掌握不同条件下金属电化学腐蚀动力学规律、金属腐蚀速度的电化学测定方法及其影响因素、金属的电化学保护等内容。

3.1 极 化 现 象

3.1.1 极化作用

金属的电化学腐蚀是在腐蚀原电池中进行的，发生腐蚀的金属作为腐蚀电池的阳极发生氧化反应，金属的腐蚀速度就是阳极反应电流密度。腐蚀原电池中产生的电流除了与原电池两极间的电位差有关外，还与原电池体系中存在的各类反应阻力有关。金属电化学腐蚀动力学研究的主要就是在不同条件下电极过程所受的阻力及变化规律，表现在电极过程中，就是电极的极化现象和规律。

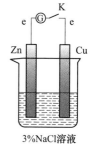

图 3-1 铜锌腐蚀
原电池示意图

例如，将具有相同表面积的铜片和锌片分别浸泡在 3% 的 NaCl 溶液中，外电路用导线将铜片和锌片连接在一起，同时接上电流计和开关，这样就形成了一个腐蚀原电池，如图 3-1 所示。在原电池外电路未接通之前，测得铜电极的开路电位 $E_{Cu,0} = 0.063V$，锌电极的开路电位 $E_{Zn,0} = -0.778V$，这个原电池中还存在欧姆电阻（溶液电阻和外电路电阻）约 300Ω。根据欧姆定律，可以预测这个腐蚀电池外电路接通后在电流计

中产生的电流强度 I_0 为：

$$I_0 = \frac{E_{c,0} - E_{a,0}}{R} = \frac{E_{Cu,0} - E_{Zn,0}}{R} \approx 2803\mu A$$

式中　$E_{Cu,0}(E_{c,0})$——铜电极（阴极，cathode）的开路电位，V；

　　　　$E_{Zn,0}(E_{a,0})$——锌电极（阳极，anode）的开路电位，V；

　　　　R——原电池总欧姆电阻，Ω。

　　观察原电池外电路接通后的现象，可以发现在外电路接通瞬间，电流计中产生了一个很大的起始电流 $I_0 \approx 2800\mu A$，但电流计中显示的电流强度在数秒钟内下降很快，随时间推移不断减小，并逐渐到达一个稳定值 $I_s \approx 40\mu A$。与起始电流相比较，这个稳定电流值下降为原来的约 1/70。

　　原电池在接通后，为什么回路中通过的电流会降低？根据欧姆定律，原电池中产生的电流大小与原电池两极间的电位差和体系的总电阻有关，电流的降低意味着原电池两极间的电位差减小，或体系欧姆电阻增大。由于电流的变化是在非常短的时间内发生的，在这么短的时间内体系的欧姆电阻是不会有明显变化的，因此上述原电池通过的电流强度的降低只可能是由于两极间的电位差减小。实验测量了原电池中阳极和阴极电位随时间的变化，结果如图 3-2 所示。

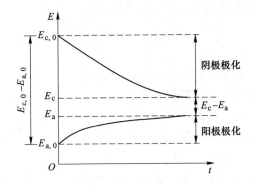

图 3-2　原电池接通后阳极和阴极电位随时间的变化

　　图 3-2 显示，在原电池接通后，铜电极（阴极）的电极电位随时间不断负移，而锌电极（阳极）的电极电位则随时间不断正移，结果使阴阳极间的电位差不断减小。当原电池阳极和阴极电位达到稳定时，两极间电位差减小到 $E_c - E_a$。原电池中产生的稳定电流与 $E_c - E_a$ 直接相关：

$$I_s = \frac{E_c - E_a}{R}$$

　　由于电流达到稳定时两极间电位差 $E_c - E_a$ 比原电池接通前的两极间电位差 $E_{c,0} - E_{a,0}$ 要小得多，因此稳定电流强度 I_s 远小于起始电流强度 I_0。

这种由于通过电流引起的原电池两极间电位差减小并因而引起电池工作电流强度降低的现象，称为原电池的极化作用。

原电池的极化作用，本质上是由于组成原电池的两个电极的极化作用引起的。有电流通过时，电极电位偏离起始电位的现象，称为电极极化。其中阳极电位向正方向移动的现象称为阳极极化，阴极电位向负方向移动的现象称为阴极极化。

从原电池的外电路来看，电流从阴极流出再流入阳极。将流入阳极的电流称为阳极极化电流 I_a，从阴极流出的电流称为阴极极化电流 I_c。在同一个原电池中，I_a 和 I_c 两者数值相等，但方向相反。本书规定阳极极化电流为正值，阴极极化电流为负值。

由于极化作用的存在，原电池的工作电流大幅度减小。因此从腐蚀的角度来看，极化可以降低腐蚀电池中产生的腐蚀电流，从而降低金属电化学腐蚀的速度。

与极化作用相对应的是去极化作用。去极化作用就是消除或减弱电极极化作用的过程。腐蚀介质中常存在一些可以起到去极化作用的物质，这些能够减少电极极化作用的物质就称为去极化剂。显然，去极化剂的存在促进了金属的腐蚀。水溶液中最常见的去极化剂是氢离子和溶解氧。

3.1.2   极化曲线

电极的极化行为通常可以用极化曲线来表征和分析。极化曲线就是极化过程中，电极电位和电流强度或电流密度的关系曲线。极化曲线中的电流密度称为极化电流密度，所对应的电位称为极化电位。通过极化曲线可以分析电极的极化类型、极化性能及其影响因素。图 3-3 是极化曲线示意图，极化曲线的起点分别是阴极和阳极的开路电位（或起始电位）$E_{c,0}$ 和 $E_{a,0}$。图中 $E_{c,0}C$ 为阴极极化曲线，阴极极化电位随着极化电流密度（绝对值）的增大而负移；$E_{a,0}A$ 为阳极极化

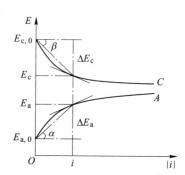

图 3-3   极化曲线示意图

曲线，阳极极化电位随着极化电流密度的增大而正移。

极化曲线中，某一极化电流密度 i，所对应的电极电位（极化电位）E 与开路电位 E_0 之间的差值，称为电流密度为 i 时的电极极化值，计作 ΔE，即

$$\Delta E = E - E_0 \tag{3-1}$$

对应于某个具体电极，又有阳极极化值 ΔE_a 和阴极极化值 ΔE_c：

$$\Delta E_a = E_a - E_{a,0}$$

$$\Delta E_{\mathrm{c}} = E_{\mathrm{c}} - E_{\mathrm{c},0}$$

式中，E_{a} 和 E_{c} 分别为阳极和阴极的极化电位。

由于阳极极化时电位正移，而阴极极化时电位负移，因此阳极极化值 ΔE_{a} 总是为正值，而阴极极化值 ΔE_{c} 为负值。

极化曲线还可以反映任一电流密度下电极电位变化的趋势，这种趋势可以用极化率来表示。极化率又有真实极化率和平均极化率之分。极化曲线的点切线斜率称为真实极化率。图 3-3 中电流密度为 $|i|$ 时的电位对于电流密度的导数 $\dfrac{\mathrm{d}E_{\mathrm{a}}}{\mathrm{d}i_{\mathrm{a}}}$ 和 $\dfrac{\mathrm{d}E_{\mathrm{c}}}{\mathrm{d}i_{\mathrm{c}}}$ 分别表示阳极和阴极在该电流密度下的真实极化率。$\dfrac{\Delta E_{\mathrm{a}}}{\Delta i_{\mathrm{a}}}$ 和 $\dfrac{\Delta E_{\mathrm{c}}}{\Delta i_{\mathrm{c}}}$ 分别为阳极和阴极在电流密度 $0\sim i$ 范围内的平均极化率，也可用图 3-3 中的夹角 α 和 β 的正切 $\tan\alpha$ 和 $\tan\beta$ 分别表示阳极和阴极的平均极化率。

极化曲线对于揭示金属腐蚀的基本规律有重要的意义。可以根据极化曲线来判断电极的极化程度，进而判断电极反应的难易程度。若某电极极化曲线较陡，说明极化率较大，则该电极反应所受的阻力也就越大，电极反应就不易发生；反之，极化曲线的极化率较小，则电极反应所受的阻力较小，电极反应就容易进行。因此，极化曲线广泛应用于金属腐蚀机理及防控措施研究中。

需要注意的是，以上极化电流密度、极化值、极化率以及后面涉及的其他表征极化电位和极化电流密度等数值的正负号，只是用于表明它们极性的不同，在不同书籍和文献中可能会有不一样的定义，在进行不同体系极化性能等比较分析和讨论时，一般只需考虑它们的绝对值。

极化曲线需要通过实验测试得到，测试可以采用控制电流法（给定电流密度值，测定电极电位值）和控制电位法（给定电极电位值，测量对应的电流密度值）。目前一般采用控制电位法进行测试，测试仪器应具有恒电位功能，并通过测试软件使电极电位按照一定的速度变化，记录下每个电位下电极中通过的电流密度，即可得到极化曲线。

3.1.3 平衡电极的极化

电极反应是伴随着不同电极间的电量转移而在电极/溶液界面发生氧化态物质与还原态物质相互转化的过程。当某一电极表面只发生着单一的电极反应（称之为单电极体系）：

$$O + ne \underset{\overrightarrow{i_{\mathrm{a}}}}{\overset{\overrightarrow{i_{\mathrm{c}}}}{\rightleftharpoons}} R \tag{3-2}$$

式中，$\overrightarrow{i_{\mathrm{a}}}$ 和 $\overrightarrow{i_{\mathrm{c}}}$ 分别为电极反应的阳极反应电流密度和阴极反应电流密度（注意：

$\overleftarrow{i}_a$ 和 $\overrightarrow{i}_c$ 非极化电流，无正负号，均取正值）。

当这个电极反应达到平衡时，其电极电位就是该电极反应的平衡电位 E_e。此时该电极反应的阳极反应电流密度和阴极反应电流密度相等：

$$\overleftarrow{i}_a = \overrightarrow{i}_c = i_0$$

式中，i_0 称为电极反应的交换电流密度。

交换电流密度是电极反应的特征参数，表示平衡电位下电极的正向反应和逆向反应的交换速度。任何电极反应均有其独特的交换电流密度。

在平衡电位下，电极的正逆向反应速度相等，此时电极反应处于平衡状态，没有外电流进出这个单一的电极体系。当电极体系有净（外）电流通过时，电极反应的平衡状态被打破，其正向和逆向反应速度不再相等，电极电位将偏离平衡电位。外电流可以由腐蚀电池自身产生，也可以由外部电源供给。我们将外电流作用下电极电位与平衡电位之间的差值称为过电位 η，即

$$\eta = E - E_e \qquad (3-3)$$

当电极电位偏离平衡电位向正向移动时，该电极发生净的氧化反应，即阳极反应，过电位就是阳极过电位：

$$\eta_a = E_a - E_{a,e}$$

当电极电位偏离平衡电位向负向移动时，该电极发生净的还原反应，即阴极反应，过电位就是阴极过电位：

$$\eta_c = E_c - E_{c,e}$$

根据过电位的定义可以得出，阳极过电位为正值，阴极过电位为负值。同样，该正负号只是说明过电位的极性。不同文献中可能会有不一样的定义。

值得注意的是，过电位 η 与极化值 ΔE 是两个不同的概念。过电位是针对单一电极反应，表示该反应的电极电位偏离平衡电位的程度；极化值是针对某一电极体系，表示电极电位偏离开路电位的程度。当电极上只有一个电极反应（理想电极）且开路电位就是这个电极反应的平衡电位时，该电极反应的过电位就是极化值。当同一电极上存在着两个以上的电极反应时，如实际的腐蚀体系，则开路电位是非平衡电位，电极体系的极化值就不可能是体系中某一电极反应的过电位。

当电位偏离平衡状态时，对于反应（3-2），其阳极反应电流密度和阴极反应电流密度将不再相等，稳态情况下两者之间的差值正是流经此电极体系的外（净）电流：

$$i = \overleftarrow{i}_a - \overrightarrow{i}_c$$

当 $\overleftarrow{i}_a > \overrightarrow{i}_c$ 时，该电极发生净的氧化反应，此时的外电流称为阳极反应电流密度 i_a。当 $\overleftarrow{i}_a < \overrightarrow{i}_c$ 时，该电极发生净的还原反应，此时的外电流称为阴极反应电流密度 i_c。

3.1.4　极化原因和类型

由于极化作用可以大幅度降低腐蚀原电池的工作电流强度，减缓金属的腐蚀速度，因此探讨极化作用的形成原因、分析极化作用本质及影响因素，对金属电化学腐蚀的控制具有重要意义。

在金属/电解质溶液界面发生的电极过程，涉及物质输送、吸附、电荷传递等多个连续的步骤。一般来说至少包含以下三个基本步骤。

（1）电解质溶液中的反应物从溶液内部向电极表面输送的步骤，称为液相传质步骤。

（2）到达电极表面的反应物进行得电子或失电子反应而生成产物的步骤，称为电荷传递步骤或电化学步骤。这一步骤通常是最复杂也是最主要的步骤。

（3）产物离开金属表面的过程。若电极反应产物是离子，则产物向溶液内部扩散的过程也是液相传质步骤；若产物是固体或者气体，则称为生成新相步骤。

除了上述三个基本步骤之外，有时在第二个步骤前、后，可能存在反应前和（或）反应后的表面转化步骤。在稳态条件下，电极过程中各串联步骤的速度是相等的，就是整个电极过程的速度。但各步骤所受到的阻力是不一样的，有的步骤阻力大，而有的步骤阻力小，整个电极反应的速度将由其中阻力最大的步骤决定。这个阻力最大、决定整个电极反应过程速度的步骤，称为速度控制步骤。

极化的原因及类型与控制步骤息息相关，极化正是由于控制步骤所受阻力造成的。电极的极化性能主要体现速度控制步骤的动力学特征。根据控制步骤的不同，极化可以分为以下类型。

（1）浓度极化。如果反应物从溶液内部向电极表面输送或产物离开电极表面向溶液内部输送的过程存在较大阻力，则传质过程速度缓慢，成为电极过程的速度控制步骤，即液相传质步骤成为控制步骤而造成的极化称为浓度极化。这种极化发生时，由于传质过程阻力大，造成反应物或产物在溶液内部和电极表面出现浓度差，因此又称为浓差极化。

（2）活化极化。如果电极反应所需的活化能高，则电荷传递步骤阻力大、速度缓慢而成为电极过程的速度控制步骤，由此造成的极化称为活化极化，或电化学极化。

（3）电阻极化。当电极体系存在欧姆电阻，如溶液电阻或电极表面膜电阻，则电极上有电流通过时，将会产生欧姆电位降。这部分欧姆电位降将包括在总的极化值中，其值的大小与体系欧姆电阻和电极上通过的外电流大小有关。电阻极化与电极过程的几个步骤都没有关系，不是电极反应的某种控制步骤的直接反映。但由于习惯叫法，很多著作都沿用电阻极化这一术语，事实上这是把欧姆电位降也当作是一种类型的极化了。对于固定体系，电阻极化是电流的线性函数，即电阻固定时电阻极化与电流成正比。电阻极化紧随着电流的变化而变化，当电流中断时，它就迅速消失。因此采用断电测量方法，可以使测量的极化值中不包含电阻极化。

下面重点讨论电极的浓度极化和活化极化。

3.2　浓　度　极　化

本节在讨论浓度极化时，假设电荷传递步骤或其他的化学转化步骤速度很快，整个电极反应过程的速度完全由液相传质步骤所控制，并讨论单一电极反应的浓度极化。

3.2.1　液相传质方式

在电化学体系中，物质在电解质溶液中的传质过程，一般通过下列三种方式进行。

（1）扩散。若溶液中某物质在不同区域存在着浓度梯度，则该物质就会自发地从高浓度区向低浓度区进行迁移，这种传质方式称为扩散。溶液中电极表面具有浓度梯度的液层，通常称之为扩散层，扩散是扩散层中传质的主要方式。

（2）对流。对流就是物质的粒子随着流动的液体而移动。对流又有自然对流和强迫对流两种形式。自然对流就是溶液中不同区域由于存在浓度差和温度差而产生密度差，在重力场自然作用下而发生的相对流动。强迫对流通常是使用外部机械力，如人工搅拌所引起的对流。在扩散层中，由于溶液基本处于静止状态，因此对流传质的作用不大。

（3）电迁移。电迁移是带电粒子在电场力作用下的传质方式。对于溶液中的带电粒子，除了扩散和对流两种传质方式外，其还会在电场力的作用下发生电迁移。原电池电解液中所有离子都可在电场作用下进行电迁移。溶液中局外电解质（与电极反应无关的离子）浓度越大，与电极反应有关离子的电迁移数就越小。在局外电解质浓度足够大时，可以不考虑与电极反应有关离子的电迁移对传质过程的影响。

3.2.2　理想情况的稳态扩散过程

在液相传质的三种方式中，多数情况下，传质的阻力主要集中在扩散层中物质的扩散过程。在最简单情况下，假设溶液中有大量的局外电解质，则与电极反应有关离子的电迁移作用可以忽略不计；另外假设在扩散层以外的溶液本体中，由于自然对流的存在，溶液中反应物或产物的浓度总是均匀的。在这种理想情况下，液相传质只有扩散传质一种方式，液相传质步骤的阻力就集中于物质在扩散层中的扩散过程，这种浓度极化又称为扩散极化。

　　在以上的理想状况下，电极表面与溶液本体中的反应物与产物的浓度差就只存在于扩散层中。如果扩散物质在扩散层中每一点的扩散速度都相等，使得扩散层中的浓度梯度不随时间改变，这种理想状况又称为稳态扩散的传质过程。下面将体系进一步简单化，讨论一维的理想稳态扩散过程，即物质在扩散层中只沿着垂直于电极表面的方向进行稳态扩散，如图3-4所示。图中 zOy 面为电极表面，x 轴方向就是扩散方向。根据菲克（Fick）第一定律，在稳态扩散过程中，单位时间内通过单位面积的扩散物质流量为：

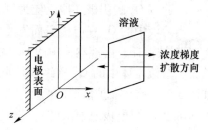

图3-4　一维理想扩散过程

$$J = -D\frac{dc}{dx} \qquad (3\text{-}4)$$

式中　J——扩散物质的扩散速度，mol/$(cm^2 \cdot s)$；

　　　D——扩散物质的扩散系数，cm^2/s；

　　　$\dfrac{dc}{dx}$——扩散物质的浓度梯度，mol/cm^4。

　　式（3-4）中的负号表示物质的扩散方向（高浓度区扩散至低浓度区）与浓度梯度（低浓度区至高浓度区）方向相反。

　　液体中扩散物质的扩散系数常用 Wilke-Chang 公式进行估算：

$$D_{AB} = 7.4 \times 10^{-15}\frac{(\varphi M_B)^T T}{\mu V_A^{0.6}}$$

式中　D_{AB}——溶质 A 在溶剂 B 中的扩散系数，m^2/s；

　　　φ——溶剂的缔合参数，对于溶剂水，$\varphi = 2.6$；

　　　M_B——溶剂 B 的摩尔质量，g/mol；

　　　T——溶液的温度，K；

　　　μ——溶剂 B 的黏度，Pa·s；

　　　V_A——溶质 A 在正常沸点下的分子体积，cm^3/mol。

　　因此，溶液中扩散物质的扩散系数 D 的大小取决于扩散物质的分子体积、溶剂的黏度以及溶液的温度。在恒定温度下，溶剂的黏度和扩散物质的分子体积越大，扩散系数就越小。当溶剂和扩散物质确定时，则该扩散物质在此特定溶剂中的扩散系数大小主要与温度有关。在 25℃ 的稀溶液中，H^+ 和 OH^- 的扩散系数分

别为 $9.3 \times 10^{-5} \mathrm{cm^2/s}$ 和 $5.2 \times 10^{-5} \mathrm{cm^2/s}$，$O_2$ 的扩散系数为 $1.9 \times 10^{-5} \mathrm{cm^2/s}$。

　　在实际的电化学腐蚀体系中，最常见的受扩散控制的电极反应为氧的阴极还原反应。氧气分子作为一种气态分子，在水溶液中的溶解度低，扩散系数小，其扩散阻力比较大，因此氧气分子在扩散层中的扩散过程往往成为决定电极反应速度的控制步骤，是典型的扩散极化控制的例子。

　　下面以 O_2 的阴极还原反应为例来讨论扩散控制的电极过程。

　　当溶液中的 O_2 在电极表面发生还原反应时，随着反应的进行，电极表面的 O_2 不断被消耗，溶液本体中的 O_2 就会不断向电极表面扩散。假设溶液的体积足够大，溶液本体中的 O_2 始终保持原有浓度，则浓度梯度主要分布在扩散层中，如图 3-5 所示。在扩散层的两侧（溶液侧和电极表面侧），O_2 的浓度分别为溶液本体浓度 c_0 与电极表面浓度 c_s。对于稳态扩散，扩散层中 O_2 的浓度梯度为：

$$\frac{\mathrm{d}c}{\mathrm{d}x} = \frac{c_0 - c_s}{\delta} \tag{3-5}$$

式中，δ 为扩散层的厚度，在静态溶液中，扩散层厚度一般为 $0.01 \sim 0.05 \mathrm{cm}$；在搅拌情况下，$\delta$ 大幅减小，但一般不小于 $10^{-4} \mathrm{cm}$。

　　将式（3-5）代入式（3-4）中，可以得到氧气分子在理想稳态扩散过程中的流量表达式：

$$J = -D \frac{c_0 - c_s}{\delta} \tag{3-6}$$

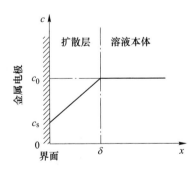

图 3-5　电极-溶液界面扩散层中扩散物质的浓度分布

3.2.3　扩散控制的浓度极化方程

　　对于扩散极化控制的电极反应，反应物在扩散层中的扩散过程成为速度控制步骤，因此该电极反应的速度就等于扩散物质的扩散速度。根据法拉第定律，对于电化学反应，参与电化学反应的物质量 ξ 与体系中产生的电量 Q 之间存在一定关系 [见式（1-6）]，将电量 Q 以电流密度的形式表示，则可得：

$$i = \frac{Q}{S \times t} = nF \frac{\xi}{S \times t} = nFJ \qquad (3\text{-}7)$$

将式（3-6）代入式（3-7），可得到受扩散极化控制的阴极还原反应速度的电流密度表达式：

$$i = - nFD \frac{c_0 - c_s}{\delta} \qquad (3\text{-}8)$$

对于 O_2 的阴极还原反应，在 c_0 和 δ 都不变的情况下，O_2 的阴极还原反应电流密度与 O_2 在电极表面的浓度 c_s 有关。c_s 越小，O_2 的阴极反应电流密度越大。当 c_s 为 0 时，意味着反应物 O_2 一到达电极表面就立即被还原，则 O_2 的阴极反应电流密度达到最大值。这个对应于 c_s 为 0 时的阴极反应电流密度，称为极限扩散电流密度，以 i_L 表示，即

$$i_L = - nFD \frac{c_0}{\delta} \qquad (3\text{-}9)$$

由式（3-9）可知，极限扩散电流密度与反应物质在溶液本体中的浓度 c_0 成正比，与扩散层的厚度 δ 成反比。$|i_L|$ 表示受扩散极化控制的电极反应的最大反应速度，常用于估算耗氧反应的最大反应速度。

下面推导扩散控制阴极反应的浓度极化方程。极化方程表示极化过程中极化电流密度与极化电位之间的关系，对于单一的电极反应，极化电位通常用过电位 η 来相对表示。

对电极反应： $\qquad\qquad O + ne \Longrightarrow R$

假设反应产物 R 为独立相。当电极反应受扩散极化控制时，由于电极过程的最慢步骤是物质在扩散层中的扩散过程，因此可以认为电荷传递步骤处于平衡状态，可以用能斯特方程计算电极电位。

在浓度极化发生之前，电极表面的反应物浓度与溶液本体的反应物浓度相等，此时电极处在平衡状态，平衡电极电位为：

$$E_e = E_e^{\ominus} + \frac{RT}{nF} \ln \gamma_0 c_0 \qquad (3\text{-}10)$$

式中，γ_0 为反应物 O 的活度系数。

浓度极化发生后，电极表面的反应物浓度下降为 c_s，此时的电极电位为极化电位，该极化电位与 c_s 有关：

$$E = E_e^{\ominus} + \frac{RT}{nF} \ln \gamma_0 c_s \qquad (3\text{-}11)$$

根据式（3-10）和式（3-11），可以得到：

$$\eta = E - E_e^{\ominus} = \frac{RT}{nF} \ln \frac{c_s}{c_0} \qquad (3\text{-}12)$$

又根据式（3-8）和式（3-9）推算得到：

$$\frac{c_s}{c_0} = 1 - \frac{i}{i_L} \tag{3-13}$$

将式（3-13）代入式（3-12）中，得：

$$\eta = \frac{RT}{nF}\ln\left(1 - \frac{i}{i_L}\right) \tag{3-14}$$

式（3-14）即为单纯扩散控制的阴极反应的浓度极化方程，图3-6为相对应的浓度极化曲线。从式（3-14）和图3-6可以看出，阴极反应的浓度极化曲线有如下特点。

（1）受浓度极化控制的电极反应，极化电流密度有最大值，即$|i_L|$。

（2）由于$|i_L|$是受浓度极化控制的电极反应的最大电流密度，因此i/i_L是个小于1的正值，$1 - i/i_L$也是个小于1的正值，故过电位η是个负值。

（3）当极化电流密度$|i|$无限接近于$|i_L|$时，$1 - i/i_L$是个无限接近于零的正值，因而过电位η趋向于负的无穷大。

（4）当$|i| \ll |i_L|$时，可将式（3-14）中对数项按级数形式展开，略去高次方项，简化为如下形式：

$$\eta = -\frac{RT}{nF}\frac{i}{i_L} \tag{3-15}$$

此时，过电位η与极化电流密度i呈线性关系。

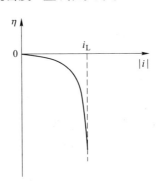

图 3-6　扩散控制的阴极浓度极化曲线

3.3　活　化　极　化

本节在讨论活化极化时，假设反应物和产物在溶液和电极表面之间的转移过程速度较大而使液相传质步骤的速度足够快，这样浓度极化便可忽略不计。下面讨论单电极体系（一个电极上只发生一个电极反应）的活化极化。

活化极化是由电荷传递步骤（即电化学步骤）活化能较高引起的，而电极反应的活化能与电极电位有关，下面先来看一下电极电位对反应活化能的影响。

3.3.1 电极电位对电化学步骤活化能影响

金属电极反应和酸性介质（pH<3）中的氢电极反应一般受活化极化控制，这里以金属电极反应为例来讨论电极电位对反应活化能的影响。

电极反应 $O+ne \rightleftharpoons R$ 朝着氧化方向或还原方向进行时，需要克服一定的能垒，即反应需要一定的活化能。可以用图 3-7 的势能曲线 1 来表示电极反应的活化能，图中 A 点表示氧化态物质 O（如金属离子 M^{n+}）在电极中的势能，B 点表示氧化态物质在溶液中的势能，C 点为活化分子的能量。假设电极反应在电极表面的双电层中进行，A 点和 B 点在水平方向上的距离就是双电层的厚度 l。将 C 点和 B 点的水平距离记作 $\alpha \cdot l$，C 点和 A 点的距离就是 $(1-\alpha)l$，α 表示活化分子在双电层中的相对位置。图 3-7 中 ΔG_a、ΔG_c 分别为阳极反应活化能和阴极反应活化能，分别表示电极反应朝着氧化方向和还原方向进行时所需克服的能垒。

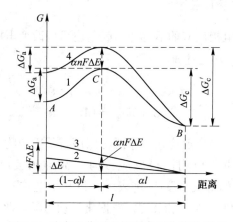

图 3-7　改变电位对电极反应活化能的影响

对于电极反应，电极表面带电状态的改变，将会对反应过程中的带电粒子的能级产生影响，从而改变电极反应的活化能，进而影响电化学反应速度。

在电极反应过程中，当有 1mol 的物质参与反应时，电极表面将会产生 nF 的电量。若电极电位增加了 ΔE（设 $\Delta E>0$），则电极表面的附加静电能增加值为 $nF\Delta E$。设电位增加后双电层中各点的电位变化如图 3-7 中曲线 2 所示，则双电层中各点的附加静电能增加值可用曲线 3 表示，其中活化分子的能量增加值为 $\alpha nF\Delta E$，A 点的总势能增加值为 $nF\Delta E$，B 点的势能则不变。将势能曲线 1 和双电层能量变化曲线 3 叠加，就可以得到电位改变后的新的势能曲线 4。可以看到，电极电位增加 ΔE 后阴极反应和阳极反应的活化能分别发生了如下变化：

$$\Delta G'_{\rm c} = \Delta G_{\rm c} + \alpha n F \Delta E \qquad (3\text{-}16)$$

$$\Delta G'_{\rm a} = \Delta G_{\rm a} + \alpha n F \Delta E - n F \Delta E = \Delta G_{\rm a} - (1 - \alpha) n F \Delta E \qquad (3\text{-}17)$$

式中　$\Delta G_{\rm a}$，$\Delta G_{\rm c}$——电极电位改变前的阳极反应、阴极反应活化能；

$\Delta G'_{\rm a}$，$\Delta G'_{\rm c}$——电极电位改变后的阳极反应、阴极反应活化能；

α——阴极反应的传递系数或对称系数；

$1-\alpha$——阳极反应的传递系数或对称系数。

α 和 $1-\alpha$ 表示电极电位对阴极反应和阳极反应活化能的影响程度。阴极反应和阳极反应的传递系数之和为 1。α 值一般为 0.3~0.7。

从式（3-16）和式（3-17）可以看出，电极电位增加（正移）后，阴极反应所需活化能增大，而阳极反应所需的活化能减小，从而使得电极反应朝着还原方向（阴极反应方向）更难进行，而朝着氧化方向（阳极反应方向）更易进行。反之，如果 $\Delta E < 0$（电位负移），则电极反应朝着还原方向（阴极反应方向）更易进行。

3.3.2　电极电位与电极反应速度

电位变化改变了电极反应的活化能，因而也可以改变电极反应的速度。

3.3.2.1　电化学反应速度

对于电极反应：

$$O + ne \underset{v_{\rm a}, i_{\rm a}}{\overset{v_{\rm c}, i_{\rm c}}{\rightleftharpoons}} R$$

该电极反应的正、逆向反应速度，既可以用表示反应物质变化量的绝对反应速度 $v_{\rm a}$、$v_{\rm c}$ 来表示，也可以用阳极反应方向（简称阳极反应）或阴极反应方向（简称阴极反应）的电流密度 $i_{\rm a}$ 和 $i_{\rm c}$ 表示。设某个电位下该电极的阳极反应和阴极反应的活化能分别为 $\Delta G_{\rm a}$ 和 $\Delta G_{\rm c}$，根据化学动力学，此时阳极反应速度和阴极反应速度 $v_{\rm a}$、$v_{\rm c}$ 分别为：

$$v_{\rm a} = K_{\rm a} c_{\rm R} = k_{\rm a} c_{\rm R} {\rm e}^{\frac{-\Delta G_{\rm a}}{RT}} \qquad (3\text{-}18)$$

$$v_{\rm c} = K_{\rm c} c_{\rm O} = k_{\rm c} c_{\rm O} {\rm e}^{\frac{-\Delta G_{\rm c}}{RT}} \qquad (3\text{-}19)$$

式中　$c_{\rm R}$，$c_{\rm O}$——还原态物质、氧化态物质的浓度；

$K_{\rm a}$，$K_{\rm c}$——阳极反应、阴极反应的速度常数；

$k_{\rm a}$，$k_{\rm c}$——频率因子（指前因子）。

用电流密度来表示电极反应速度，则阳极反应和阴极反应电流密度分别为：

$$i_{\rm a} = nF v_{\rm a} = nF k_{\rm a} c_{\rm R} {\rm e}^{\frac{-\Delta G_{\rm a}}{RT}} \qquad (3\text{-}20)$$

$$i_{\rm c} = nF v_{\rm c} = nF k_{\rm c} c_{\rm O} {\rm e}^{\frac{-\Delta G_{\rm c}}{RT}} \qquad (3\text{-}21)$$

要注意的是，i_a 和 i_c 是在同一电极反应上、与阳极反应方向和阴极反应方向的绝对反应速度相对应的电流密度，称为绝对电流密度，是不能使用电流计直接测量得到的。i_a 和 i_c 在同一个电极上出现，任何电极反应，在不同电位下，均存在着各种的 i_a 和 i_c（正、逆向反应电流密度）。

当电极反应处于平衡状态时，其电极电位 $E = E_e$，此时 $i_c = i_a = i_0$，即平衡电位下电极的阳极反应和阴极反应电流密度 i_a 和 i_c 相等，其值就是该电极反应的交换电流密度 i_0。根据式（3-20）和式（3-21），可得：

$$i_0 = nFk_c c_0 e^{\frac{-\Delta G_c^\ominus}{RT}} = nFk_a c_R e^{\frac{-\Delta G_a^\ominus}{RT}} \qquad (3-22)$$

式中，$\Delta G_a^\ominus$ 和 $\Delta G_c^\ominus$ 分别表示平衡电位下阳极反应和阴极反应的活化能。

从式（3-22）可知，一个电极反应的交换电流密度 i_0，与反应物浓度、溶液温度和反应的活化能直接相关，另外还与电极材料类型和表面状态等因素相关，这些因素可以影响反应速度常数和指前因子。

一个电极反应的交换电流密度 i_0 反映了该电极反应进行的难易程度，在相同过电位下，交换电流密度越大，电极反应的活性越大，电极反应的可逆性就越好。表 3-1 列出了不同电极反应的交换电流密度。

表 3-1　室温下不同电极反应的交换电流密度

电极材料	电解质溶液	电极反应	$i_0 / \text{A} \cdot \text{cm}^{-2}$
Hg	1mol/L HCl	$2H^+ + 2e \rightleftharpoons H_2$	2×10^{-12}
Pt	1mol/L HCl	$2H^+ + 2e \rightleftharpoons H_2$	10^{-3}
Pt（镀铂黑）	1mol/L HCl	$2H^+ + 2e \rightleftharpoons H_2$	10^{-2}
Sn	1mol/L HCl	$2H^+ + 2e \rightleftharpoons H_2$	10^{-8}
Fe	1mol/L $FeSO_4$	$Fe^{2+} + 2e \rightleftharpoons Fe$	10^{-4}
Zn	1mol/L $ZnSO_4$	$Zn^{2+} + 2e \rightleftharpoons Zn$	2×10^{-5}

从表 3-1 可以看到，在相同电解质溶液中发生的同一个电极反应，如析氢反应，因电极材料的不同，交换电流密度 i_0 差别很大，最大为 10^{-2}A/cm^2，最小为 $2 \times 10^{-12} \text{A/cm}^2$。不同的电极反应，有其各自的交换电流密度。

3.3.2.2　电极电位变化对反应速度的影响

处在平衡状态的电极反应，假设电极电位改变了 ΔE，根据式（3-16）和式（3-17），该电极的阳极反应活化能和阴极反应活化能 ΔG_a 和 ΔG_c 也会发生变化：

$$\Delta G_c = \Delta G_c^\ominus + \alpha nF\Delta E \qquad (3-23)$$

$$\Delta G_a = \Delta G_a^\ominus - (1 - \alpha)nF\Delta E \qquad (3-24)$$

将式（3-23）和式（3-24）分别代入式（3-20）和式（3-21）中，可以得到

52

电极电位变化后该电极的阳极反应和阴极反应的电流密度分别为：

$$i_a = nFk_a c_R \mathrm{e}^{\frac{-\Delta G_a}{RT}} = nFk_a c_R \mathrm{e}^{\frac{-(\Delta G_a^\ominus - (1-\alpha)nF\Delta E)}{RT}} = nFk_a c_R \mathrm{e}^{\frac{-\Delta G_a^\ominus}{RT}} \mathrm{e}^{\frac{(1-\alpha)nF\Delta E}{RT}} \quad (3\text{-}25)$$

$$i_c = nFk_c c_O \mathrm{e}^{\frac{-\Delta G_c}{RT}} = nFk_c c_O \mathrm{e}^{\frac{-(\Delta G_c^\ominus + \alpha nF\Delta E)}{RT}} = nFk_c c_O \mathrm{e}^{\frac{-\Delta G_c^\ominus}{RT}} \mathrm{e}^{\frac{-\alpha nF\Delta E}{RT}} \quad (3\text{-}26)$$

将式（3-22）代入式（3-25）和式（3-26）中，另外对于单电极的反应，由于 $\Delta E = E - E_e = \eta$，因此用过电位 η 来表示电位的变化值 ΔE，可以得到：

$$i_a = i_0 \mathrm{e}^{\frac{(1-\alpha)nF\eta}{RT}} \quad (3\text{-}27)$$

$$i_c = i_0 \mathrm{e}^{\frac{-\alpha nF\eta}{RT}} \quad (3\text{-}28)$$

式（3-27）和式（3-28）也可以写成对数形式，经整理后，可得：

$$\eta = \frac{2.3RT}{(1-\alpha)nF}\lg\frac{i_a}{i_0} = -\frac{2.3RT}{(1-\alpha)nF}\lg i_0 + \frac{2.3RT}{(1-\alpha)nF}\lg i_a \quad (3\text{-}29)$$

$$\eta = \frac{2.3RT}{\alpha nF}\lg\frac{i_0}{i_c} = \frac{2.3RT}{\alpha nF}\lg i_0 - \frac{2.3RT}{\alpha nF}\lg i_c \quad (3\text{-}30)$$

式（3-27）~式（3-30）是电化学步骤控制电极反应的最基本的动力学公式，表明当电极电位偏离平衡电位时，电极的阳极反应和阴极反应的电流密度 i_a 和 i_c 与电位偏离值过电位 η 之间的关系。式（3-29）和式（3-30）显示，过电位与 $\lg i_a$ 和 $\lg i_c$ 呈线性关系。分别在普通坐标（$\eta \sim i$）和半对数坐标（$\eta \sim \lg i$）中对式（3-27）~式（3-30）作图，可得 η 与 i_a 和 i_c 之间的关系曲线，分别如图 3-8（a）和（b）所示。图 3-8 表示过电位对某一电极反应的正、逆向反应电流密度的影响，图中曲线均非极化曲线。

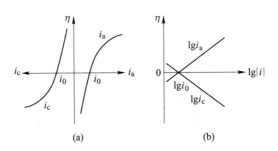

图 3-8　过电位 η 与 i_a、i_c 之间关系

3.3.3　活化极化方程

前面提到，当电极反应达到平衡状态时，电极电位 $E = E_e$，该反应的正、逆向反应电流密度 $i_c = i_a$，这时该电极上无外电流通过。当给电极体系施加一个外电流，或改变电极电位使电极反应处于非平衡状态时，$i_c \neq i_a$，这时宏观上表现

为电极上有外电流流过，这个外电流也称为极化电流。在稳态情况下：

$$i = i_a - i_c \tag{3-31}$$

如果 $i>0$，则 i 为阳极极化电流密度 i_a；如果 $i<0$，则 i 为阴极极化电流密度 i_c。将式（3-27）和式（3-28）代入式（3-31），可得受活化极化控制的电极反应的极化电流密度与过电位之间的关系：

$$i = i_0 \left[e^{\frac{(1-\alpha)nF}{RT}\eta} - e^{\frac{-\alpha nF}{RT}\eta} \right] \tag{3-32}$$

式（3-32）就是活化极化方程，表示受活化极化控制的单电极反应的速度（以极化电流密度表示）与电位（以过电位表示）的关系。

分别在普通坐标（$\eta \sim i$）和半对数坐标（$\eta \sim \lg i$）中对式（3-32）作图，可得过电位 η 与极化电流密度 i 之间的关系曲线，即活化极化曲线，如图 3-9（a）和（b）所示。图中虚线为不同过电位下的 i_a 和 i_c。若电极反应的传递系数 $\alpha = 0.5$，则曲线以原点对称，大多数电极反应的传递系数多接近于 0.5。

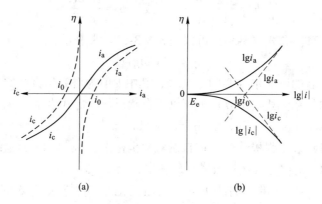

图 3-9　单电极体系过电位与极化电流密度的关系

式（3-32）的活化极化方程比较复杂，在过电位较高和较低的情况下，可以将之简化。

3.3.3.1　强极化时的动力学方程

强极化即过电位 $|\eta|$ 比较大时的极化，又分为强阳极极化和强阴极极化。

强阳极极化就是过电位 η 很大且为正值，使得活化极化方程中的 $e^{\frac{(1-\alpha)nF}{RT}\eta} \gg e^{\frac{-\alpha nF}{RT}\eta}$，此时式（3-32）可以简化为：

$$i = i_0 e^{\frac{(1-\alpha)nF}{RT}\eta} \tag{3-33}$$

写成对数形式并整理后得：

$$\eta = -\frac{2.3RT}{(1-\alpha)nF}\lg i_0 + \frac{2.3RT}{(1-\alpha)nF}\lg i \tag{3-34}$$

强阴极极化就是过电位 η 为负值但绝对值很大，使得活化极化方程中的

$e^{\frac{-\alpha nF}{RT}\eta} \gg e^{\frac{(1-\alpha)nF}{RT}\eta}$，此时式（3-32）可以简化为：

$$-i = |i| = i_0 e^{\frac{-\alpha nF}{RT}\eta} \tag{3-35}$$

写成对数形式并整理后得：

$$-\eta = |\eta| = -\frac{2.3RT}{\alpha nF}\lg i_0 + \frac{2.3RT}{\alpha nF}\lg|i| \tag{3-36}$$

根据前面的定义，阴极过电位和阴极极化电流密度为负值，因此在讨论时用绝对值表示。一般当电极体系一定时，式（3-34）和式（3-36）中的 T、α、i_0 和 n 均为定值，因此从式（3-34）和式（3-36）可知，在强极化条件下电极反应的过电位与极化电流密度的对数值呈线性关系。设

$$a = -\frac{2.3RT}{(1-\alpha)nF}\lg i_0 \quad 或 \quad a = -\frac{2.3RT}{\alpha nF}\lg i_0$$

$$b = \frac{2.3RT}{(1-\alpha)nF} \quad 或 \quad b = \frac{2.3RT}{\alpha nF}$$

则式（3-34）和式（3-36）可以用式（3-37）来表示：

$$|\eta| = a + b\lg|i| \tag{3-37}$$

这就是著名的塔菲尔（Tafel）公式，其中 b 值为塔菲尔直线的斜率，称为常用对数塔菲尔斜率。式（3-37）也可以用自然对数的形式表示：

$$|\eta| = a + \beta\ln|i| \tag{3-38}$$

式（3-38）表示强极化时，在自然对数坐标中，$|\eta|$ 与 $\ln|i|$ 呈线性关系，直线的斜率为 β，也称为自然对数塔菲尔斜率，$b = 2.3\beta$。

从图 3-9（b）的极化曲线可见，在强极化区 $|\eta|$ 与 $\lg|i|$ 之间呈线性关系，这部分线段称为塔菲尔区或塔菲尔线。将塔菲尔线段延长至与横坐标轴相交，即当 $|\eta|$ 为 0 时，对应的电流密度就为交换电流密度，这也是测量电极反应交换电流密度的一种方法。

下面讨论一下在什么情况下可以满足强极化的条件。一般认为，当被忽略项不到另一项的 1% 时，这种忽略是合理的，不会造成较大误差。例如对强阳极极化，当 $e^{\frac{(1-\alpha)nF}{RT}\eta} > 100 e^{\frac{-\alpha nF}{RT}\eta}$ 时，就可以认为电极满足强极化条件。假设 $n = 1$，$\alpha = 0.5$，在 25℃ 时，通过计算可得过电位 $\eta > 0.118V$ 时可满足塔菲尔公式的使用条件。通常取过电位 $|\eta| > 0.12V$ 作为强极化的范围。

3.3.3.2　微极化时的动力学方程

微极化是指电极反应的过电位 $|\eta|$ 值很小，使得活化极化方程中指数项的 $\frac{(1-\alpha)nF}{RT}|\eta|$ 和 $\frac{-\alpha nF}{RT}\eta$ 都趋近于 0。在这种情况下，对式（3-32）的指数项可以按级数形式展开，并略去数值很小的高次项，根据：

$$\lim_{x \to 0} e^x = 1 + x \tag{3-39}$$

式（3-32）可以简化为：

$$i = i_0 \left[\frac{(1 - \alpha)nF}{RT} \eta - \frac{-\alpha nF}{RT} \eta \right] = i_0 \frac{nF}{RT} \eta \tag{3-40}$$

式（3-40）也可写为如下形式：

$$\eta = \frac{RT}{i_0 nF} i = R_F i \tag{3-41}$$

$$R_F = \frac{RT}{i_0 nF} \tag{3-42}$$

式（3-41）表明，当过电位值 $|\eta|$ 很小时，过电位 η 与极化电流密度 i 之间呈线性关系。式（3-41）在形式上与欧姆定律一致，因此微极化也称线性极化。

式（3-41）和式（3-42）中的 R_F 称为活化极化电阻或法拉第电阻，相当于电极反应中电荷传递过程的等效电阻。从式（3-42）可见，R_F 值的大小与电极反应的交换电流密度 i_0 有很大的关系，R_F 与 i_0 成反比。i_0 越大的电极反应，R_F 就越小，意味着电极反应就越容易进行；反之，电极反应就难以进行。

从式（3-42）也可以看出 i_0 对电极极化性能的影响。i_0 越大，R_F 越小，当极化电流密度 i 一定时，$|\eta|$ 越小，说明电极就越不易极化；而 i_0 越小，R_F 越大，当极化电流密度 i 一定时，$|\eta|$ 越大，说明电极越易极化。当 i_0 趋向于无穷大时，R_F 趋向于 0，在一定的极化电流 i 下，$|\eta|$ 始终趋向于 0，这种电极称为不会极化的电极。当 i_0 趋向于 0 时，R_F 趋向于无穷大，这时即使给电极通入一个非常小的极化电流密度 i，$|\eta|$ 总是无穷大，这种电极就是理想的极化电极。

在 $n = 1$，$\alpha = 0.5$，环境温度 25℃ 的情况下，通常认为过电位 $|\eta| < 0.01V$ 时，可以满足微极化的条件。

在图 3-9（a）的普通坐标系中，可以看出在原点附近过电位 η 与极化电流密度 i 之间的线性关系，该区域（通常 $|\eta| < 0.01V$）称为微极化区。在 $|\eta| = 0.01 \sim 0.12V$ 的区域，活化极化方程不能简化，该区域称为弱极化区。$|\eta| > 0.12V$ 的区域为强极化区。在图 3-9（b）的半对数坐标系中，该区域 $|\eta|$ 与 $\lg |i|$ 呈线性关系。

3.4 复 合 极 化

当单电极体系的电极反应速度同时受到电化学步骤和液相传质步骤控制时，由此引发的极化称为复合极化。在实际的电极反应过程中，反应速度或多或少都受到这两个步骤的共同控制。比如受到活化极化控制的电极反应，随着反应的进行，电极表面附近反应物和产物的浓度与溶液本体中的相关物质浓度总会存在一些差别，这样就会出现浓度极化，也就是活化极化和浓度极化往往同时存在。

下面以阴极极化过程为例来讨论复合极化，讨论时主要利用活化极化方程，根据浓度极化出现时电极表面反应物浓度的变化，再对活化极化方程进行修正。对处于强极化的阴极反应过程，活化极化方程式（3-32）可以简化为：

$$|i| = i_0 e^{\frac{-\alpha n F}{RT} \eta} = i_0 e^{\frac{-\eta}{\beta}}$$

式中，β 为自然对数塔菲尔斜率。

当扩散步骤和电化学步骤同时成为电极反应过程的控制步骤时，反应物在电极表面的浓度与溶液本体中的浓度 c_0 会出现差别，假设此时电极表面的反应物浓度下降为 c_s，则阴极极化电流密度下降为：

$$|i| = i_0 \frac{c_s}{c_0} e^{\frac{-\eta}{\beta}}$$

将式（3-13）代入上式，可得：

$$|i| = i_0 \left(1 - \frac{i}{i_L}\right) e^{\frac{-\eta}{\beta}} \tag{3-43}$$

整理后得到：

$$|i| = \frac{i_0 e^{\frac{-\eta}{\beta}}}{1 + \frac{i_0}{|i_L|} e^{\frac{-\eta}{\beta}}} \tag{3-44}$$

式（3-44）表明了扩散极化和电化学极化共同对电极反应的影响，是扩散步骤和电化学步骤同时成为电极反应的控制步骤时的动力学公式。其存在两种极端情况。

（1）$\dfrac{i_0}{|i_L|} e^{\frac{-\eta}{\beta}} \ll 1$。

在这种情况下，式（3-44）可简化为：

$$|i| = i_0 e^{\frac{-\eta}{\beta}}$$

这个式子就是强极化时的活化极化方程，表示电化学步骤成为电极反应的唯一控制步骤。这种情况对应于电极反应的交换电流密度 i_0 比极限扩散电流密度 $|i_L|$ 要小得多，且阴极反应的过电位 $|\eta|$ 很小的情况。

（2）$\dfrac{i_0}{|i_L|} e^{\frac{-\eta}{\beta}} \gg 1$。

在这种情况下，式（3-44）可简化为：

$$|i| = |i_L|$$

即阴极反应速度完全由扩散步骤控制，此时阴极极化电流密度等于极限扩散电流密度，而与过电位无关。这种情况对应于电极反应的交换电流密度与极限扩

散电流密度相差不多，且阴极反应的过电位$|\eta|$很大的情况。

对式（3-44）两边取对数，整理后可得：

$$|\eta| = \beta \ln \frac{|i|}{i_0} - \beta \ln \left(1 - \frac{i}{i_L}\right) \qquad (3-45)$$

式（3-45）等号右侧第一项表示活化极化过电位，第二项表示浓度极化过电位。当极化电流密度$|i|$较小时，电极表面反应物浓度下降不明显，电极极化主要表现为活化极化；随着$|i|$增大，反应物消耗加快，电极表面的反应物浓度逐渐下降，出现浓度极化，电极过程由活化极化和浓度极化混合控制；当$|i|$增大接近于$|i_L|$时，电极表面的反应物浓度接近于零，浓度极化过电位急剧增大，此时电极过程主要由浓度极化控制。

当电极反应的$i_0 \ll |i_L|$时，根据式（3-45）可以获得电极反应的复合极化曲线，如图3-10所示。其中AB段相当于$\frac{i_0}{|i_L|}\mathrm{e}^{\frac{-\eta}{\beta}} \ll 1$时的情况，此时$|\eta| \sim \lg|i|$关系符合塔菲尔公式，在图3-10中表现为一段塔菲尔直线。BC段为由活化极化和浓度极化共同控制（即复合极化控制）的电极过程极化曲线，随着$|i|$的增大，复合极化控制下的极化曲线逐渐偏离塔菲尔极化曲线，扩散步骤对电极反应速度的影响越来越大。当$|i|$增大到接近于$|i_L|$时，也就是对应于图中的C点，电极反应完全由扩散步骤所控制。

当电极反应的i_0与$|i_L|$接近时，不会出现塔菲尔直线段。

以上讨论的复合极化，对传质过程只考虑了扩散传质方式，忽略了对流和电迁移的传质过程，实际上这两种传质方式对稳态传质过程都会有一定影响，但通常影响比较小。比如浓度极化比较突出的氧的阴极还原过程，由于氧气分子是中性分子，不存在电迁移的作用。有的去极化剂虽是带电离子，如氢离子，但在溶液中大量局外电解质的存在下，反应物的电迁作用也可以忽略不计。多数腐蚀体系的极化过程都会涉及复合极化，因此了解和掌握复合极化的规律和特点，对电化学腐蚀控制具有一定意义。

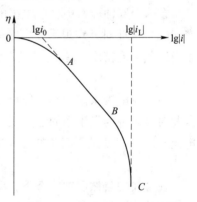

图3-10　复合极化下的阴极极化曲线

3.5　均匀腐蚀体系的电极动力学

3.2～3.4节讨论了单电极体系的动力学过程，推导出了活化极化、浓度极化和复合极化的极化方程和简化了的近似公式，绘制了相应的极化曲线。单电极体系指的是一个电极上只发生一个电极反应的电化学体系，这个体系的开路电位就是这个电极反应的平衡电位。当电极反应达到平衡状态时，金属电极不发生腐蚀。相对于实际的腐蚀体系，这种单电极体系是一种理想化的电极体系。对实际的电化学腐蚀体系，可以认为是由若干个单电极体系构成的。

3.5.1 金属的自然腐蚀状态

金属在自然腐蚀过程中，其表面至少发生着两个电极反应，一个是金属的氧化反应（阳极反应），另一个则是与之接触的环境介质中去极化剂的还原反应（阴极反应）。

以铁在不含氧的盐酸溶液中的腐蚀为例，铁中均含有一定量的杂质碳，将铁浸泡在盐酸溶液中，铁表面就形成了一个短路的腐蚀原电池。铁基体是短路原电池的阳极，碳是短路原电池的阴极，分别发生如下反应。

阳极反应（铁的单电极反应）：

$$Fe^{n+} + ne \underset{i_{aM}}{\overset{i_{cM}}{\rightleftharpoons}} Fe \tag{3-46}$$

阴极反应（碳表面的氢电极反应）：

$$nH^+ + ne \underset{i_{aC}}{\overset{i_{cC}}{\rightleftharpoons}} \frac{n}{2}H_2 \tag{3-47}$$

在这个腐蚀体系中，铁电极的阳极反应电流密度i_{aM}始终大于其阴极反应电流密度i_{cM}，因此对外表现为发生净的氧化反应，即发生阳极极化。稳态情况下，其阳极极化电流密度i_{aM}就是铁的溶解速度：

$$i_{aM} = i_{aM} - i_{cM}$$

而对氢电极来说，其阴极反应电流密度i_{cC}始终大于其阳极反应电流密度i_{aC}，因此对外表现为发生净的还原反应，即发生阴极极化。稳态情况下，其阴极极化电流密度$|i_{cC}|$就是氢离子的还原速度：

$$|i_{cC}| = i_{cC} - i_{aC}$$

在金属的自然腐蚀状态下，由于没有外电流进出这个腐蚀体系，此时，金属的溶解速度与氢离子的还原速度相等，即

$$i_{aM} = |i_{cC}| = i_{corr} \tag{3-48}$$

式中，i_{corr}为金属的自溶解电流密度，也就是金属的（自）腐蚀电流密度。

这样的腐蚀体系，是在一个孤立的金属电极上同时以相等的速度进行着两个电极反应，一个氧化反应和一个还原反应，这种现象称为电极反应的耦合，相互耦合的反应称为共轭反应，其相应的腐蚀体系称为共轭体系。

在这个共轭腐蚀体系中，铁电极和氢电极分别进行氧化反应和还原反应，即

分别发生阳极极化和阴极极化。假设铁电极和氢电极均发生活化极化，则这两个电极在极化过程中的动力学规律均应遵循各自的活化极化方程。由于两个电极反应在同一金属表面发生，金属表面不同区域的电位差很小，在不考虑阳极和阳极之间的欧姆电阻情况下，这两个电极反应必定会各自极化到一个相同的电位。图3-11 是这个共轭腐蚀体系中两个电极的极化曲线，展示了体系中两个单电极的动力学过程，其中 $E_{eC}C$ 是氢电极的阴极极化曲线，$E_{eM}A$ 是铁电极的阳极极化曲线，这两条极化曲线的交点则对应于这个腐蚀体系的（自）腐蚀电位 E_{corr} 和腐蚀电流密度 i_{corr}，这是因为只有这个交点可以满足自腐蚀的条件：在相同电位下、以相等的速度进行两个电极反应。

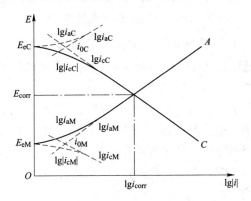

图 3-11　共轭腐蚀体系中两个单电极反应动力学过程

腐蚀电位 E_{corr} 又称为稳定电位，因为在自然腐蚀状态下，腐蚀体系中的两个电极反应的速度相等，即阳极氧化反应释放的电子正好被阴极还原反应所消耗，电极表面没有静电荷的累积，电位也不再随时间变化，这个状态为稳定状态，此时的电极电位为稳定电位。腐蚀电位 E_{corr} 还是腐蚀体系的开路电位，因为从外电路来看，这时没有外电流进出这个腐蚀体系。腐蚀电位 E_{corr} 又是混合电位，因为 E_{corr} 既不是阳极反应的平衡电位，也不是阴极反应的平衡电位，而是处于这两个电极反应的平衡电位之间的一个非平衡电位，这个电位值由两个电极反应的动力学过程共同决定。E_{corr} 与腐蚀体系中两个电极反应的动力学参数有关，特别是这两个电极反应的交换电流密度和平衡电位。

注意区分腐蚀体系的稳定状态与电极反应的平衡状态，这是两个完全不同的状态。平衡状态针对只有一个电极反应的单电极体系，当这个反应的物质交换和电荷交换都达到平衡时，就达到了平衡状态，在平衡状态下金属不会发生腐蚀。而稳定状态针对实际的腐蚀体系，这种体系中金属表面同时存在两个或两个以上的电极反应，当阳极反应失去的电子和阴极反应得到的电子相等时，腐蚀体系就达到了电荷平衡，即腐蚀电极电位可以达到稳定状态，但物质不平衡，金属会不断被溶解，去极化剂则不断被还原。

3.5.2 活化极化控制的均匀腐蚀动力学

下面讨论受活化极化控制的腐蚀体系的动力学过程。当腐蚀体系中的阳极反应和阴极反应均受活化极化控制时，这个体系就称为活化极化控制的腐蚀体系。

同样以铁在不含氧的盐酸溶液中的腐蚀为例，在这个腐蚀体系中，铁表面一般不会生成钝化膜或其他类型的覆盖层（膜），因此铁的氧化溶解过程受活化极化控制；在氢离子浓度不太低的酸性溶液中，氢离子的还原反应一般也受活化极化控制。这样就形成了一个活化极化控制的腐蚀体系。

3.5.2.1 活化控制体系的腐蚀速度和腐蚀电位

A 活化控制体系的腐蚀电流密度及其影响因素

铁在不含氧的盐酸溶液中，铁电极表面同时存在铁的溶解反应和氢离子的还原反应，反应式见式（3-46）和式（3-47）。

假设在腐蚀电位下，腐蚀体系的两个电极反应都处于强极化，即腐蚀电位偏离两个电极反应的平衡电位都较远。氢电极和铁电极的标准电位差值为 0.440V，若腐蚀电位处于两个电极反应的平衡电位中间附近，则在腐蚀电位下，两个电极反应的过电位 $|\eta|>0.12$V，即强极化条件是可以满足的。对于多数腐蚀体系，上述假设是可以成立的。

对于活化极化控制的电极反应，电极反应的速度可以用活化极化方程式（3-32）来表示。金属铁的溶解速度为：

$$i_{aM} = i_{aM} - i_{cM} = i_{0M}\left[e^{\frac{(1-\alpha_M)n_M F}{RT}\eta_M} - e^{\frac{-\alpha_M n_M F}{RT}\eta_M} \right] \tag{3-49}$$

氢离子的还原速度为：

$$|i_{cC}| = i_{cC} - i_{aC} = i_{0C}\left[e^{\frac{-\alpha_C n_C F}{RT}\eta_C} - e^{\frac{(1-\alpha_C)n_C F}{RT}\eta_C} \right] \tag{3-50}$$

式（3-49）和式（3-50）中，i_{0M}、α_M、n_M、i_{0C}、α_C 和 n_C 分别为铁电极和氢电极的交换电流密度、对称系数和电荷转移数，η_M 和 η_C 分别表示这两个电极反应的过电位，即

$$\eta_M = E_{corr} - E_{eM} \tag{3-51}$$

$$\eta_C = E_{corr} - E_{eC} \tag{3-52}$$

对于多数腐蚀体系，在腐蚀电位下 $|\eta_M|>0.12$V、$|\eta_C|>0.12$V，即腐蚀电位下两个电极反应均处于强极化，因此式（3-49）和式（3-50）可以简化为：

$$i_{aM} = i_{0M} e^{\frac{(1-\alpha_M)n_M F}{RT}\eta_M} = i_{0M} e^{\frac{E_{corr}-E_{eM}}{\beta_a}} \tag{3-53}$$

$$|i_{cC}| = i_{0C} e^{\frac{-\alpha_C n_C F}{RT}\eta_C} = i_{0C} e^{\frac{-(E_{corr}-E_{eC})}{\beta_c}} \tag{3-54}$$

$$\beta_a = \frac{RT}{(1-\alpha_M)n_M F} = \frac{b_a}{2.3}$$

$$\beta_c = \frac{RT}{\alpha_c n_c F} = \frac{b_c}{2.3}$$

式中，β_a、β_c 分别为阳极反应和阴极反应的自然对数塔菲尔斜率；b_a、b_c 分别为阳极反应和阴极反应的常用对数塔菲尔斜率。

由于在自然腐蚀状态下有 $i_{aM} = |i_{eC}| = i_{corr}$，因此式（3-53）和式（3-54）可以写成如下形式：

$$i_{0M} e^{\frac{E_{corr}-E_{eM}}{\beta_a}} = i_{corr} \tag{3-55}$$

$$i_{0C} e^{\frac{-(E_{corr}-E_{eC})}{\beta_c}} = i_{corr} \tag{3-56}$$

对式（3-55）与式（3-56）两边取对数，整理后得：

$$E_{corr} = E_{eM} + \beta_M \ln \frac{i_{corr}}{i_{0M}} \tag{3-57}$$

$$E_{corr} = E_{eC} - \beta_C \ln \frac{i_{corr}}{i_{0C}} \tag{3-58}$$

即

$$\beta_M \ln \frac{i_{corr}}{i_{0M}} + \beta_C \ln \frac{i_{corr}}{i_{0C}} = E_{eC} - E_{eM} \tag{3-59}$$

对式（3-59）中的每项除以 $\beta_a + \beta_c$，整理后可得：

$$i_{corr} = i_{0M} e^{\frac{\beta_a}{\beta_a+\beta_c}} \cdot i_{0C} e^{\frac{\beta_c}{\beta_a+\beta_c}} \cdot e^{\frac{E_{eC}-E_{eM}}{\beta_a \beta_c}} \tag{3-60}$$

式（3-60）表明，活化控制腐蚀体系的腐蚀电流密度 i_{corr} 由构成这个腐蚀体系的阳极反应和阴极反应的动力学参数决定，具体有以下几个方面。

（1）i_{0C} 和 i_{0M} 的影响。i_{0C} 和 i_{0M} 是腐蚀体系中阳极反应和阴极反应的交换电流密度。两个电极反应的 i_{0C} 和（或）i_{0M} 越大，电极反应阻力越小，腐蚀电流密度就越大。交换电流密度的大小与电解质溶液中反应物浓度、电极材料种类和表面状态等有关。图 3-12 示意了在 i_{0M} 不变情况下，i_{0C} 对 i_{corr} 的影响。当阴极反应交换电流密度从 i_{0C1} 增大到 i_{0C2} 时，腐蚀电流密度也从 i_{corr1} 增大到 i_{corr2}。

（2）β_a 和 β_c 的影响。β_a 和 β_c 是腐蚀体系中阳极反应和阴极反应的自然对数塔菲尔斜率。β_a 和（或）β_c 对 i_{corr} 的影响主要体现在式（3-60）中的 $\frac{E_{eC}-E_{eM}}{\beta_a+\beta_c}$ 这一项。β_a 和（或）β_c 数值越大，腐蚀电流密度 i_{corr} 越小。图 3-13 是 β_a 和 β_c 对 i_{corr} 影响的示意图。从该图可以看出，当阳极反应塔菲尔斜率从 β_{a1} 增大到 β_{a2}（$\beta=b/2.3$）时，腐蚀电流密度从 i_{corr1} 降低到 i_{corr2}。

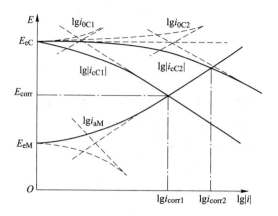

图 3-12　交换电流密度对腐蚀速度的影响

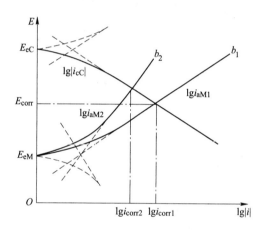

图 3-13　塔菲尔斜率对腐蚀速度影响

（3）$E_{eC}-E_{eM}$值的影响。腐蚀体系中阴极和阳极反应的平衡电极电位差值$E_{eC}-E_{eM}$是腐蚀原电池工作的推动力。从式（3-60）中$\dfrac{E_{eC}-E_{eM}}{\beta_a+\beta_c}$这一项可以看出，$E_{eC}-E_{eM}$值越大，$i_{corr}$就越大。$E_{eC}-E_{eM}$值的变化可以从改变$E_{eC}$或$E_{eM}$来实现。图 3-14 表示了阳极反应平衡电位$E_{eM}$对$i_{corr}$的影响。当平衡电位从$E_{eM1}$负移至$E_{eM2}$，$E_{eC}-E_{eM}$值增大，在其他参数都不变的情况下，腐蚀电流密度从$i_{corr1}$增大到$i_{corr2}$。

B　腐蚀电位及其影响因素

由式（3-55）与式（3-56），可以得到腐蚀电位E_{corr}与腐蚀体系中两个电极反应的动力学参数之间的关系。由

$$i_{0M}\mathrm{e}^{\frac{E_{corr}-E_{eM}}{\beta_a}}=i_{0C}\mathrm{e}^{\frac{-(E_{corr}-E_{eC})}{\beta_c}}$$

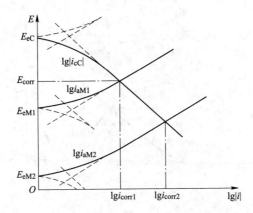

图 3-14 阴阳极平衡电位差值对腐蚀速度的影响

两边取对数，得：

$$\ln i_{0M} + \frac{E_{corr} - E_{eM}}{\beta_a} = \ln i_{0C} + \frac{E_{eC} - E_{corr}}{\beta_c}$$

整理后得到：

$$E_{corr} = \frac{\beta_a \beta_c}{\beta_a + \beta_c} \ln \frac{i_{0C}}{i_{0M}} + \frac{E_{eM}\beta_c + E_{eC}\beta_a}{\beta_a + \beta_c} \tag{3-61}$$

假设 $\beta_a = \beta_c = \beta$，则有：

$$E_{corr} = \frac{\beta}{2} \ln \frac{i_{0C}}{i_{0M}} + \frac{E_{eC} + E_{eM}}{2} \tag{3-62}$$

由式（3-62）可以看出，在腐蚀体系中，当两个电极反应的塔菲尔斜率相等时，阴极反应和阳极反应的交换电流密度 i_{0C} 和 i_{0M} 对腐蚀电位 E_{corr} 具有决定性的影响。当 $i_{0C} = i_{0M}$ 时，$E_{corr} = \frac{E_{eC} + E_{eM}}{2}$；当 $i_{0C} \gg i_{0M}$，E_{corr} 正移至与阴极反应平衡电位 E_{eC} 接近；当 $i_{0C} \ll i_{0M}$ 时，E_{corr} 负移至与阳极反应的平衡电位接近。

图 3-15 是 i_{0C} 和 i_{0M} 对 E_{corr} 影响的示意图。当 i_{0C} 和 i_{0M} 相等时，E_{corr} 处于两个电极反应的平衡电极电位中间，如图 3-15（a）所示；当腐蚀体系中两个电极反应的交换电流密度相差较大时，腐蚀电位就靠近交换电流密度较大的那个电极反应的平衡电位，如图 3-15（b）和（c）所示。

对于大多数的腐蚀体系，阳极反应和阴极反应的交换电流密度相差不大，因此其腐蚀电位与两个共轭反应的平衡电位相距较远。

3.5.2.2 活化控制腐蚀体系的极化

金属在自然腐蚀状态下，其电极电位为腐蚀电位 E_{corr}，且阳极反应速度 i_{aM} 与阴极反应速度 $|i_{cC}|$ 相等，此时腐蚀体系中无外电流进出。假设在腐蚀电位下，体系中这两个电极反应都处于强极化，即 $|\eta_M| > 0.12V$、$|\eta_C| > 0.12V$，则有：

$$i_{aM} = |i_{cC}| = i_{corr} = i_{0M}e^{\frac{E_{corr}-E_{eM}}{\beta_a}} = i_{0C}e^{\frac{-(E_{corr}-E_{eC})}{\beta_c}} \tag{3-63}$$

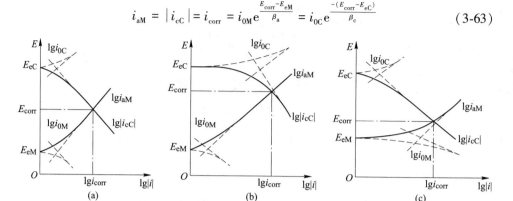

图 3-15　交换电流密度对腐蚀电位的影响

当有外电流通过时，腐蚀体系的电极电位偏离腐蚀电位（即稳定电位或开路电位）的现象，称为腐蚀体系的极化。腐蚀体系中通过的外电流称为腐蚀体系的极化电流。此时 $E \neq E_{corr}$、$i_{aM} \neq |i_{cC}|$。设极化时电极电位偏离腐蚀电位的值为 ΔE，即 $E = E_{corr} + \Delta E$，ΔE 就是式（3-1）中的极化值。

腐蚀体系中阳极反应的过电位可表示为：

$$\eta_M = E - E_{eM} = E - E_{corr} + E_{corr} - E_{eM} \tag{3-64}$$

阴极反应的过电位可表示为：

$$\eta_C = E - E_{eC} = E - E_{corr} + E_{corr} - E_{eC} \tag{3-65}$$

将式（3-64）代入式（3-53），可得阳极极化电流密度与 ΔE 的关系：

$$i_{aM} = i_{0M}e^{\frac{E-E_{eM}}{\beta_a}} = i_{0M}e^{\frac{E_{corr}-E_{eM}}{\beta_a}} \cdot e^{\frac{E-E_{corr}}{\beta_a}} = i_{corr}e^{\frac{\Delta E}{\beta_a}} \tag{3-66}$$

将式（3-65）代入式（3-54），可得阴极极化电流密度与 ΔE 的关系：

$$|i_{cC}| = i_{0C}e^{\frac{-(E-E_{eC})}{\beta_c}} = i_{0C}e^{\frac{-(E_{corr}-E_{eC})}{\beta_c}} \cdot e^{\frac{-(E-E_{corr})}{\beta_c}} = i_{corr}e^{\frac{-\Delta E}{\beta_c}} \tag{3-67}$$

当腐蚀体系发生稳态极化时，体系中两个电极反应的极化电流密度的差值就是体系中通过的外电流，即：

$$i = i_{aM} - |i_{cC}| = i_{corr}\left(e^{\frac{\Delta E}{\beta_a}} - e^{\frac{-\Delta E}{\beta_c}}\right) \tag{3-68}$$

式（3-68）就是活化控制腐蚀体系的极化曲线方程，表示受活化极化控制的腐蚀体系发生极化时，外电流 i 与极化值 ΔE 之间的关系。当 $i>0$ 时，腐蚀体系发生阳极极化，外电流为阳极极化电流密度，记作 i_A。当 $i<0$ 时，腐蚀体系发生阴极极化，外电流为阴极极化电流密度，记作 i_C。

根据式（3-68）绘制腐蚀体系的极化曲线，如图 3-16 所示，其中 ΔE 为正的曲线 $E_{corr}A$ 称为实测阳极极化曲线，ΔE 为负的曲线 $E_{corr}C$ 称为实测阴极极化曲线。从图 3-16 可以看出，活化极化控制腐蚀体系的极化曲线与活化极化控制单电极体系的极化曲线在图形上十分相似，说明这两个体系的极化电位与极化电流密度之间存在相同的变化规律。与单电极体系类似，活化极化控制腐蚀体系的极化曲线也分为线性极化区、强极化区和介于线性极化和强极化区之间的弱极化区三个区域。

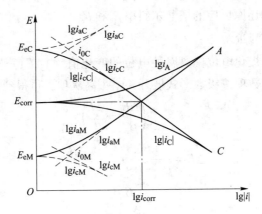

图 3-16 活化控制腐蚀体系的极化曲线

3.5.2.3 活化控制腐蚀体系的极化公式

A 强极化时的近似公式

当腐蚀体系发生强极化时，即 $|\Delta E| > 0.12\text{V}$，式（3-68）的腐蚀体系的极化曲线方程可以进行简化。

（1）强阳极极化。腐蚀体系发生强阳极极化时，采用式（3-33）的简化方式，式（3-68）可以简化为：

$$i = i_{aM} = i_{corr}\text{e}^{\frac{\Delta E}{\beta_a}}$$

将其改写为对数形式后得到：

$$\Delta E = \beta_a(\ln i - \ln i_{corr}) = b_a(\lg i - \lg i_{corr}) \tag{3-69}$$

（2）强阴极极化。腐蚀体系发生强阴极极化时，采用式（3-35）的简化方式，式（3-68）可以简化为：

$$|i| = |i_{cC}| = i_{corr}\text{e}^{\frac{-\Delta E}{\beta_c}}$$

将其改写为对数形式过后得到：

$$|\Delta E| = \beta_c(\ln |i| - \ln i_{corr}) = b_c(\lg |i| - \lg i_{corr}) \tag{3-70}$$

式（3-69）和式（3-70）即为腐蚀体系强极化时的近似公式，表明腐蚀体系发生强极化时，极化值 $|\Delta E|$ 与腐蚀体系的极化电流密度（即腐蚀体系的外电流）的对数 $\lg|i|$ 呈线性关系。

从形式来看，腐蚀体系强极化时的动力学公式 [见式（3-69）式（3-70）]

与单电极体系强极化时的动力学公式［见式（3-37）］类似，即电位的变化值与极化电流密度的对数呈线性关系。因此，式（3-69）和式（3-70）也称为腐蚀体系的塔菲尔公式。要注意的是，在腐蚀体系的塔菲尔公式中，强阳极极化时的塔菲尔斜率是金属电极反应的塔菲尔斜率 β_a 和 b_a，而强阴极极化时的塔菲尔斜率是体系中去极化剂的还原反应的塔菲尔斜率 β_c 和 b_c。

B　微极化时的近似公式

当腐蚀体系的极化电位偏离腐蚀电位的变化值（$|\Delta E|$）小于 0.01V 时，对式（3-68）中的指数项按级数形式展开并略去高次项，可得到：

$$i = i_{corr}\left(\frac{\Delta E}{\beta_a} + \frac{\Delta E}{\beta_c}\right)$$

$$\Delta E = \frac{\beta_a\beta_c}{\beta_a + \beta_c} \cdot \frac{i}{i_{corr}} = \frac{B}{i_{corr}}i \qquad (3-71)$$

$$B = \frac{\beta_a\beta_c}{\beta_a + \beta_c}$$

式（3-71）是腐蚀体系微极化时的近似公式，表明腐蚀体系处于微极化时，极化值 $|\Delta E|$ 与极化电流密度 $|i|$ 之间呈线性关系。

记 $\frac{\Delta E}{i} = R_p$，R_p 为极化阻率，是线性极化区极化曲线的斜率。则式（3-71）可表示为：

$$i_{corr} = \frac{B}{R_p} \qquad (3-72)$$

式（3-72）称为 Stern 公式，表明微极化时腐蚀体系的腐蚀电流密度与极化阻率 R_p 成反比。利用这个公式，可以进行金属腐蚀速度的测试，具体详见 3.7 节。

3.5.3　阴极过程受复合极化控制体系的均匀腐蚀动力学

这里讨论阳极过程受活化极化控制、阴极过程受复合极化控制的腐蚀体系的动力学过程。这种腐蚀体系，典型的例子就是金属的耗氧腐蚀体系，氧的阴极还原过程往往受活化极化和浓度极化共同控制，而且多数情况下浓度极化很突出。

假设该腐蚀体系中，金属电极和氧电极均处于强极化，即过电位 $|\eta_M| > 0.12V$、$|\eta_C| > 0.12V$，则参照式（3-66），金属的阳极溶解速度为：

$$i_{aM} = i_{0M}e^{\frac{\eta}{\beta_a}} = i_{corr}e^{\frac{\Delta E}{\beta_a}} \qquad (3-73)$$

根据复合极化控制的单电极体系的动力学过程，参照式（3-43），考虑浓度极化的氧的阴极还原速度为：

$$|i_{cC}| = i_{0C}\left(1 - \frac{i_{cC}}{i_L}\right)e^{\frac{-(E-E_{eC})}{\beta_c}} \tag{3-74}$$

在腐蚀电位下 $E = E_{corr}$、$|i_{cC}| = i_{corr}$，腐蚀体系极化时 $\Delta E = E - E_{corr}$，将这些关系代入式（3-74），整理后得到氧电极的阴极极化电流密度与极化值 ΔE 的关系为：

$$|i_{cC}| = \frac{i_{corr}e^{\frac{-\Delta E}{\beta_c}}}{1 - \frac{i_{corr}}{|i_L|}\left(1 - e^{\frac{-\Delta E}{\beta_c}}\right)} \tag{3-75}$$

当这个腐蚀体系发生极化时，腐蚀体系的极化电流密度为：

$$i = i_{aM} - |i_{cC}| = i_{corr}\left[e^{\frac{\Delta E}{\beta_a}} - \frac{e^{\frac{-\Delta E}{\beta_c}}}{1 - \frac{i_{corr}}{|i_L|}\left(1 - e^{\frac{-\Delta E}{\beta_c}}\right)}\right] \tag{3-76}$$

式（3-76）就是阳极过程为活化极化控制、阴极过程为复合极化控制的腐蚀体系的极化曲线方程。

当 $i_{corr} = |i_L|$ 时，式（3-76）中的右侧项分母约等于 1，式（3-76）可简化为式（3-68）的形式，即腐蚀体系主要受活化极化控制。

当 $i_{corr} \approx |i_L| \approx |i_{cC}|$ 时，这时腐蚀体系完全受阴极反应的浓度极化控制，此时式（3-76）可简化为：

$$i = i_{corr}\left(e^{\frac{\Delta E}{\beta_a}} - 1\right) \tag{3-77}$$

式（3-77）为完全受阴极浓度极化控制的腐蚀体系的极化曲线方程，对于这种腐蚀体系，例如完全受氧的浓度极化控制的耗氧腐蚀体系，腐蚀电位处于氧的扩散控制区，金属的腐蚀电流密度就是氧的极限扩散电流密度，腐蚀速度完全受氧的扩散过程控制。图 3-17 为这种腐蚀体系的极化曲线。

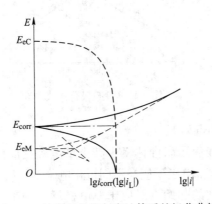

图 3-17　浓度极化控制腐蚀体系的极化曲线

3.6 理想极化曲线和实测极化曲线

前面介绍了单电极体系和实际腐蚀体系的动力学过程。单电极是一种理想化的电极，是指一个电极上只发生一个电极反应的理想状态。单电极的极化表示这个电极反应在偏离平衡电位后的极化电位与电极反应速度（以极化电流密度表示）的关系。实际腐蚀体系由若干个单电极组成。最简单的腐蚀体系就是共轭腐蚀体系，体系中存在有两个单电极的反应，即金属的氧化反应和去极化剂的还原反应。对实际腐蚀体系进行极化曲线测量，得到的是腐蚀体系的极化电位与外电流的关系。虽然从定义上来看，极化曲线就是表征某个体系的极化电位与外电流（极化电流）之间的关系，但对于单电极体系和实际腐蚀体系来说，极化电位和外电流的含义是完全不一样的，但它们之间又存在着某种联系。

3.6.1 理想极化曲线

理想极化曲线是指在理想电极上得到的极化曲线。理想电极就是前面介绍的单电极，在这种电极表面只发生了一个电极反应。共轭腐蚀体系由两个单电极组成，因此这个腐蚀体系中存在两条理想极化曲线，如图 3-18 所示，其中曲线 $E_{eC}C$ 为理想的阴极极化曲线，表示腐蚀体系中去极化剂的阴极还原过程。曲线 $E_{eM}A$ 为理想的阳极极化曲线，表示腐蚀体系中被腐蚀金属的阳极溶解过程。

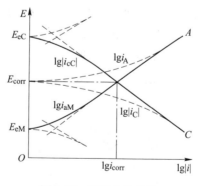

图 3-18   理想极化曲线

理想极化曲线的特点如下。

（1）理想极化曲线表示腐蚀体系中某个单电极反应的动力学过程，曲线中的极化电流密度表示这个电极反应在不同极化电位下的反应速度。

（2）理想极化曲线的起始点对应于单电极反应的平衡电位。对于腐蚀体系中的两条理想极化曲线，其起点分别对应于金属电极（阳极）的平衡电位 E_{eM} 和阴极反应的平衡电位 E_{eC}。

（3）共轭腐蚀体系中的两条理想极化曲线（分别对应于阳极反应和阴极反应）的交点，对应于这个腐蚀体系的腐蚀电位 E_{corr} 和腐蚀电流密度 i_{corr}。

（4）由于一个腐蚀体系由若干个单电极反应构成，而通过仪器测量的方法只能得到体系中阳极反应和阴极反应的极化电流密度的差值（即腐蚀体系的外电流），不能直接获得其中某个电极反应的速度，因此理想极化曲线是不能通过实验方法直接测得的。

3.6.2 实测极化曲线

在实验室通过电化学测量仪器，对腐蚀体系进行极化曲线测量，获得的就是实测极化曲线。实测极化曲线中的极化电流密度，是腐蚀体系中金属阳极溶解速度和去极化剂的还原速度的综合反映。图 3-19 为腐蚀体系的实测极化曲线，其中曲线 $E_{corr}C$ 为实测的阴极极化曲线，曲线 $E_{corr}A$ 为实测的阳极极化曲线。实测极化曲线表示腐蚀体系的极化电位与极化电流密度（通过腐蚀体系的外电流）之间的关系。实测极化曲线的特点如下。

（1）腐蚀体系中的两条实测极化曲线，起始点均为这个腐蚀体系的腐蚀电位 E_{corr}。

（2）腐蚀体系实测极化曲线中的极化电流密度（外电流）i_A 和 i_C，表示在相同极化电位下，这个腐蚀体系中的金属阳极溶解速度 i_{aM} 和去极化剂阴极还原速度 $|i_{cC}|$ 的差值。

腐蚀体系阳极极化时：

$$i_A = i_{aM} - |i_{cC}| > 0$$

腐蚀体系阴极极化时：

$$i_C = i_{aM} - |i_{cC}| < 0$$

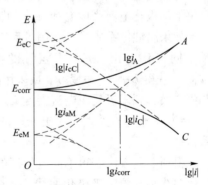

图 3-19 实测极化曲线

（3）一定条件下，实测极化曲线和理想极化曲线重合。当腐蚀体系发生阳极极化时，随着电位的正移，金属阳极溶解速度 i_{aM} 不断增大，而去极化剂的还原速度 $|i_{cC}|$ 不断减小；当极化电位 E 正移至 $E \geqslant E_{eC}$ 时，$|i_{cC}| = 0$，此时 $i_A = i_{aM}$，实测阳极极化曲线和理想阳极极化曲线重合。当腐蚀体系发生阴极极化时，随着电位的负移，金属阳极溶解速度 i_{aM} 不断减小，而去极化剂的还原速度 $|i_{cC}|$ 不断增大；当极化电位 E 负移至 $E \leqslant E_{eM}$ 时，$i_{aM} = 0$，此时 $|i_C| = |i_{cC}|$，即实测阴极极化曲线和理想阴极极化曲线重合。

根据实测极化曲线和理想极化曲线之间的上述关系，可以通过先测量实测极化曲线，再经过一定的计算和变换，获得理想极化曲线。

在实验室进行极化曲线测量时，通过仪器获得的极化电流是通过电极的电流强度，需再除以电极表面积后获得极化电流密度。对于均匀腐蚀来说，采于用电流强度和采用电流密度是一致的。但由于与腐蚀速度相关的是电流密度，因此极化曲线的电流坐标多用电流密度来表示。

3.6.3　理想极化曲线的绘制

理想极化曲线反映了腐蚀体系中某个单电极反应的动力学过程。通过理想极化曲线可以获得这个反应的阻力及其影响因素、反应的控制步骤、在腐蚀体系中的作用等信息，因此其在腐蚀研究中具有重要意义。

理想极化曲线虽然不能直接测量得到，但根据其与实测极化曲线之间的关系，可以在实测极化曲线的基础上获得。

下面介绍理想极化曲线的两种绘制方法。

3.6.3.1　根据实验数据计算绘制出理想极化曲线

这种方法是通过实验获得不同极化电位下金属的溶解速度和去极化剂的还原速度，即获得 $E \sim i_{aM}$ 和 $E \sim |i_{cC}|$ 之间关系，再绘制得到理想极化曲线。

首先通过实验方法获得实测极化曲线，然后在实测极化曲线中读取不同极化电位下的极化电流密度 i_A 和 $|i_C|$，即获得不同电位 E 所对应的 i_A 和 $|i_C|$ 值。

如果腐蚀体系中唯一的阴极反应是氢离子的还原反应，则可以采用容量法测量不同极化电位（E）下氢气的析出量，并将之换算到阴极反应电流密度 $|i_{cC}|$（获得 $E \sim |i_{cC}|$ 关系）。或采用重量法测定不同电位下金属的阳极溶解速度，并将之换算到阳极反应电流密度 i_{aM}（获得 $E \sim i_{aM}$ 关系）。再利用 $i_A = i_{aM} - |i_{cC}|$ 和 $|i_C| = |i_{cC}| - i_{aM}$ 的关系，求出未知的 i_{aM} 或 $|i_{cC}|$（获得 $E \sim i_{aM}$ 关系或 $E \sim |i_{cC}|$ 关系）。

根据上述方法获得不同电位下的 i_{aM} 和 $|i_{cC}|$ 的数据，就可以绘制出理想阴极极化曲线和理想阳极极化曲线。两个电极反应的平衡电位 E_{eM} 和 E_{eC}，分别对应于 i_{aM} 和 $|i_{cC}|$ 为 0 时的电极电位。

当氢离子是腐蚀体系中唯一的去极化剂时，在绘制实测极化曲线的过程中可以较为准确地计算单位时间内氢气的析出量，进而可以较为简便地得到理想极化曲线的绘制数据。而对于以氧气作为去极化剂的腐蚀体系，氧气的消耗量不好测定，因此通常只能通过阳极金属溶解量的测试来获得绘制理想极化曲线所需的数据。

采用这种方法绘制理想极化曲线，工作量较大，绘制时间比较长。

3.6.3.2　实测极化曲线外推法

获得理想极化曲线的另一种比较简便的方法，就是实测极化曲线外推法。

对于活化极化控制的腐蚀体系，实测极化曲线的塔菲尔区与理想极化曲线重合，因此可以通过实测极化曲线的外推来绘制理想极化曲线。这种方法只适用于活化极化控制的腐蚀体系。

首先通过实验方法获得腐蚀体系的实测极化曲线，然后在实测极化曲线的塔菲尔区，将塔菲尔直线外推至电流密度为 $10^{-5} A/cm^2$，这里假设在极化电流密度 $|i|>10^{-5} A/cm^2$ 区域，极化电位 E 与 $\lg|i|$ 呈线性关系，如图 3-20（a）所示。再假设在极化电流密度 $|i|<10^{-5} A/cm^2$ 区域，极化电位 E 与 $|i|$ 呈线性关系，因此在普通坐标上继续绘制 $|i|=0 \sim 10^{-5} A/cm^2$ 区域的理想极化曲线，如图 3-20（b）所示。最后将普通坐标中获得的极化曲线，转换到半对数坐标中，与通过第一步获得的极化曲线连接，如图 3-20（c）所示，这样就得到了完整的理想极化曲线。

外推法的优点在于可以避免复杂且大量的实验操作；缺点是该法只适用于活化极化控制的腐蚀体系，而且在小电流区域进行外推作图时会产生较大的误差。尤其是该法只考虑了理想极化曲线的强极化区和微极化区，没有考虑弱极化区，产生误差不可避免。

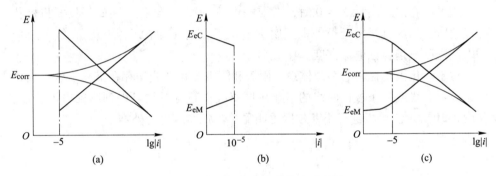

图 3-20　实测极化曲线外推法示意图

3.7　测定腐蚀速度的电化学方法

对于实际的腐蚀体系，人们最关心的是金属的腐蚀速度，这是因为只有知道了金属的腐蚀速度，才能预测设备的使用寿命，比较不同防腐蚀措施的保护效果，并对防护技术进行合理选择和设计。

测定金属的腐蚀速度，最经典的方法是重量法。该法是将金属试片放置在腐蚀环境介质中，经过一定时间后取出，称取腐蚀前后金属试片的重量变化值（通常采用失重值），再将其换算为单位面积、单位时间内的重量变化值，这就是重量法表示的腐蚀速度。这种方法的优点是准确可靠，条件允许的情况下可以实现现场挂片，获得某些具体腐蚀环境中金属设备或设施的准确腐蚀数据。但重量法实验周期较长，操作也比较麻烦，实现不了快速测定。采用电化学方法进行腐蚀速度的测定，较为快速简便，有的也能实现现场监控。本节介绍三种测定腐蚀速度的电化学方法。

3.7.1　塔菲尔直线外推法

塔菲尔直线外推法是通过测定腐蚀体系的实测极化曲线，通过塔菲尔直线段的外推获得金属的腐蚀电流密度。利用这种方法求腐蚀速度，必须对体系进行强极化，即腐蚀体系的极化值$|\Delta E|$要大于 0.12V。

腐蚀体系的极化曲线方程式（3-68），在$|\Delta E|>0.12$V 的强极化条件下，可以简化为腐蚀体系的塔菲尔公式［见式（3-39）和式（3-70）］，即

$$\Delta E = b_a(\lg i - \lg i_{corr})$$

及

$$|\Delta E| = b_c(\lg|i| - \lg i_{corr})$$

根据上述两个公式，在强极化区（塔菲尔区），E 与$\lg|i|$呈线性关系，因此在半对数坐标上极化曲线在塔菲尔区表现为直线形式，如图 3-16 所示。从塔菲尔公式可以看出，当$|\Delta E|=0$时，对应的电流密度$|i|=i_{corr}$。因此，只要将极化曲线的塔菲尔区直线段延长外推至腐蚀电位 E_{corr} 处（即$|\Delta E|=0$），直线上对应的电流密度就是腐蚀电流密度。

对于活化极化控制的腐蚀体系，阳极和阴极极化曲线均存在塔菲尔区，通过两条极化曲线或一条极化曲线的塔菲尔区直线进行外推均可得到腐蚀电流密度，如图 3-21 所示。可以选择塔菲尔区更明显的极化曲线进行外推。

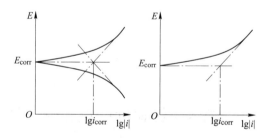

图 3-21　塔菲尔直线外推法求腐蚀电流密度

与重量法相比，采用塔菲尔直线外推法测定腐蚀速度更为简单、快速，测定时也无需知道腐蚀体系的动力学参数如 b_a 和 b_c 的数值。但这种方法只适用于活化极化控制的腐蚀体系，因为只有这个体系的极化曲线存在塔菲尔区。

另外，利用这种方法进行腐蚀电流密度测定时，需要对腐蚀体系进行强极化。强极化时腐蚀体系中产生较大的外电流，过大的极化电流密度可使金属表面发生大面积溶解，使得电极表面状态发生较大变化，也可能导致金属腐蚀机理方面的变化，这样就得不到准确的腐蚀电流密度。此外，极化电流过大，还会使腐蚀体系的欧姆电压降增大，带来较大的系统误差。

3.7.2 线性极化法

线性极化法测定金属的腐蚀速度，是利用腐蚀体系在进行微极化时，电极电位与极化电流密度之间呈线性关系，并满足式（3-72）所列的 Stern 公式：

$$i_{corr} = \frac{B}{R_p}$$

$$B = \frac{\beta_a \beta_c}{\beta_a + \beta_c} = \frac{b_a b_c}{2.3(b_a + b_c)}, \quad R_p = \frac{\Delta E}{i}$$

常数 B 与腐蚀体系中两个电极反应的塔菲尔斜率 b_a、b_c 有关，通常可以通过实验或者查阅文献获得 b_a、b_c 的值，从而计算出常数 B。

从 Stern 公式可以看出，微极化时腐蚀体系的腐蚀电流密度 i_{corr} 与极化阻率 R_p 成反比，线性极化法测定腐蚀速度主要就是测定 R_p 的数值。测定时，在微极化区 $\Delta E = \pm 10\text{mV}$ 范围内，每隔一定时间给腐蚀体系施加一个极化值 ΔE，测定该极化值下腐蚀电极中产生的外电流 i，并求出相应的 R_p。连续测定得到若干个 R_p 值，并求出平均值 $\overline{R}_p$。将 $\overline{R}_p$ 与 B 值一起代入式（3-72），即可得到平均腐蚀电流密度 i_{corr}。

线性极化法起源于 20 世纪 50 年代，Simmons、Skold 和 Larson 等人在实验中首先发现微极化时极化电位和极化电流密度之间存在线性关系，后来 Stern 和 Geary 从理论上推导出了线性极化方程，并进一步得到 Stern 公式。线性极化法在工业上已得到了广泛的应用。

Stern 公式在推导过程中，对腐蚀体系进行了两个假设：活化控制腐蚀体系及单电极的强极化，这也成为了该公式的使用条件。因此，利用 Stern 公式进行金属腐蚀速度测定需要同时满足以下两个条件：

（1）腐蚀体系受活化极化控制，即体系中的阳极反应和阴极反应均受活化极化控制，浓度极化和电阻极化等可忽略不计；

（2）腐蚀体系阳极反应和阴极反应的平衡电位与腐蚀电位都相距较远，使腐蚀体系中的单电极反应满足强极化条件。

线性极化法可以快速测定金属的瞬时腐蚀速度。另外，由于测定时对腐蚀体系进行的是微极化，不会破坏金属的表面状态，也不影响金属的腐蚀机理，因此可以实现对金属腐蚀速度的无损测量。利用线性极化原理制成的金属腐蚀速度测量仪，可用于金属腐蚀过程的连续检测及现场监控。

线性极化法的缺点主要是准确性不太高。一方面，由于线性极化区是近似的，不同腐蚀体系的线性极化区不同，同一个腐蚀体系中的阳极反应和阴极反应的线性极化区也不一样；另一方面，实际腐蚀体系的开路电位随着腐蚀的进行也会有一定变化，由于微极化时施加的极化值本来就小，因此连续测量时开路电位的微小变化可能会给测试结果带来较大误差。此外，溶液欧姆电阻也会影响测试结果，因此线性极化法不适用于低电导率体系。

3.7.3　弱极化区测量法

以上介绍的塔菲尔直线外推法和线性极化法，分别在极化曲线的强极化区和线性极化区进行金属电化学腐蚀速度的测定。利用这两种方法测定金属的腐蚀速度，均具有方便、快捷的优点，但也存在准确度较差等缺点。弱极化区处于极化曲线的微极化区和强极化区之间，弱极化区测量法一般取腐蚀电极的极化值 $\Delta E = 20 \sim 70\text{mV}$、$\Delta E = -70 \sim -20\text{mV}$ 范围进行测试。在这个电位范围内，既可以避免塔菲尔直线外推法中由于强极化而引起的金属表面状态和腐蚀机理等变化，又可以降低线性极化法中由于线性极化区选择和开路电位漂移而带来的误差，因此弱极化区测量法的测量准确性相对较高。

这里简要介绍四点法以及截距法的测定原理。

3.7.3.1　四点法

四点法是分别在实测阳极极化曲线和实测阴极极化曲线的弱极化区，于 $\Delta E = 20 \sim 70\text{mV}$、$\Delta E = -70 \sim -20\text{mV}$ 范围选取极化值为 $\pm\Delta E$ 和 $\pm 2\Delta E$ 的四个点，分别读取这四个点对应的极化电流密度 i_{A1}、i_{A2}、$|i_{C1}|$、$|i_{C2}|$ 并满足 $\dfrac{i_{A1}}{|i_{C1}|} = \sqrt{\dfrac{i_{A2}}{|i_{C2}|}}$，利用式（3-78）进行腐蚀电流密度的计算：

$$i_{\text{corr}} = \frac{i_{A1} \times |i_{C1}|}{\sqrt{i_{A2} \times |i_{C2}| - 4i_{A1} \times |i_{C1}|}} \tag{3-78}$$

下面介绍式（3-78）的推导过程。

在阳极极化曲线的弱极化区选取极化值分别为 ΔE 和 $2\Delta E$（设 $\Delta E > 0$）的两个点，读取极化电流密度分别为 i_{A1} 和 i_{A2}，代入式（3-68）的腐蚀体系极化曲线方程，可得：

$$i_{A1} = i_{\text{corr}}\left(e^{\frac{\Delta E}{\beta_a}} - e^{\frac{-\Delta E}{\beta_c}}\right) \tag{3-79}$$

$$i_{A2} = i_{\text{corr}}\left(e^{\frac{2\Delta E}{\beta_a}} - e^{\frac{-2\Delta E}{\beta_c}}\right) \tag{3-80}$$

在阴极极化曲线的弱极化区选取极化值分别为 $-\Delta E$ 和 $-2\Delta E$ 的两个点，读取极化电流密度分别为 $|i_{C1}|$ 和 $|i_{C2}|$，代入式（3-68）的腐蚀体系极化曲线方程，可得：

$$|i_{C1}| = i_{\text{corr}}\left(e^{\frac{\Delta E}{\beta_c}} - e^{\frac{-\Delta E}{\beta_a}}\right) \tag{3-81}$$

$$|i_{C2}| = i_{\text{corr}}\left(e^{\frac{2\Delta E}{\beta_c}} - e^{\frac{-2\Delta E}{\beta_a}}\right) \tag{3-82}$$

式 (3-79) 乘以式 (3-81) 得:

$$i_{A1} \times |i_{C1}| = i_{corr}^2 \left(e^{\frac{\Delta E}{\beta_a}} - e^{\frac{-\Delta E}{\beta_c}} \right) \left(e^{\frac{\Delta E}{\beta_c}} - e^{\frac{-\Delta E}{\beta_a}} \right) = i_{corr}^2 \left[e^{\frac{\Delta E}{\beta_a} + \frac{\Delta E}{\beta_c}} - 2 + e^{-\left(\frac{\Delta E}{\beta_a} + \frac{\Delta E}{\beta_c} \right)} \right]$$

$$= i_{corr}^2 \left[e^{\frac{\Delta E}{2}\left(\frac{1}{\beta_a} + \frac{1}{\beta_c} \right)} - e^{-\frac{\Delta E}{2}\left(\frac{1}{\beta_a} + \frac{1}{\beta_c} \right)} \right]^2$$

$$\sqrt{i_{A1} \times |i_{C1}|} = i_{corr} \left[e^{\frac{\Delta E}{2}\left(\frac{1}{\beta_a} + \frac{1}{\beta_c} \right)} - e^{-\frac{\Delta E}{2}\left(\frac{1}{\beta_a} + \frac{1}{\beta_c} \right)} \right] \tag{3-83}$$

式 (3-80) 乘以式 (3-82) 得:

$$i_{A2} \times |i_{C2}| = i_{corr}^2 \left[e^{\Delta E\left(\frac{1}{\beta_a} + \frac{1}{\beta_c} \right)} - e^{-\Delta E\left(\frac{1}{\beta_a} + \frac{1}{\beta_c} \right)} \right]^2$$

$$\sqrt{i_{A2} \times |i_{C2}|} = i_{corr} \left[e^{\Delta E\left(\frac{1}{\beta_a} + \frac{1}{\beta_c} \right)} - e^{-\Delta E\left(\frac{1}{\beta_a} + \frac{1}{\beta_c} \right)} \right] \tag{3-84}$$

式 (3-84) 除以式 (3-83) 得:

$$\sqrt{\frac{i_{A2} \times |i_{C2}|}{i_{A1} \times |i_{C1}|}} = e^{\frac{\Delta E}{2}\left(\frac{1}{\beta_a} + \frac{1}{\beta_c} \right)} + e^{-\frac{\Delta E}{2}\left(\frac{1}{\beta_a} + \frac{1}{\beta_c} \right)} \tag{3-85}$$

令

$$Y = \sqrt{\frac{i_{A2} \times |i_{C2}|}{i_{A1} \times |i_{C1}|}}, X = \frac{\Delta E}{2}\left(\frac{1}{\beta_a} + \frac{1}{\beta_c} \right) \tag{3-86}$$

将式 (3-86) 代入式 (3-85), 可得:

$$Y = e^X + e^{-X}$$

即

$$e^{2X} - Ye^X + 1 = 0$$

用求根公式解此方程得:

$$e^X = \frac{Y + \sqrt{Y^2 - 4}}{2}$$

$$e^{-X} = \frac{Y - \sqrt{Y^2 - 4}}{2}$$

将上式代入式 (3-83) 中可得

$$\sqrt{i_{A1} \times |i_{C1}|} = i_{corr} \sqrt{Y^2 - 4}$$

最终得到:

$$i_{corr} = \frac{\sqrt{i_{A1} \times |i_{C1}|}}{\sqrt{Y^2 - 4}} = \frac{i_{A1} \times |i_{C1}|}{\sqrt{i_{A2} \times |i_{C2}| - 4i_{A1} \times |i_{C1}|}}$$

采用四点法来计算腐蚀电流密度, 也只适用于活化极化控制的腐蚀体系, 这是因为其计算公式 (3-78) 是从活化极化控制腐蚀体系的极化曲线方程推导出来的。

3.7.3.2 截距法

截距法适用于阳极反应受活化极化控制、阴极反应完全受扩散极化控制的腐蚀体系中腐蚀速度的计算。这种腐蚀体系典型的例子就是耗氧腐蚀体系, 腐蚀电

位处于氧的极限扩散电流密度区，$i_{corr} \approx |i_L| \approx |i_{cC}|$，极化曲线如图 3-17 所示，式（3-77）给出了这个腐蚀体系的极化曲线方程。

测定这个腐蚀体系的阳极和阴极极化曲线，在两条极化曲线的弱极化区，分别选取极化值为 ΔE（设 $\Delta E > 0$）和 $-\Delta E$ 的两个点，并读取相应的极化电流密度值 i_A 和 $|i_C|$，将这两组数据分别代入式（3-77），可以得到：

$$i_A = i_{corr}\left(e^{\frac{\Delta E}{\beta_a}} - 1\right) \tag{3-87}$$

$$|i_C| = i_{corr}\left(1 - e^{\frac{-\Delta E}{\beta_a}}\right) \tag{3-88}$$

对式（3-87）和式（3-88）分别取倒数，有：

$$\frac{1}{i_A} = \frac{1}{i_{corr}} \times \frac{1}{e^{\Delta E/\beta_a} - 1} \tag{3-89}$$

$$\frac{1}{|i_C|} = \frac{1}{i_{corr}} \times \frac{1}{1 - e^{-\Delta E/\beta_a}} = \frac{1}{i_{corr}} \cdot \frac{e^{\Delta E/\beta_a}}{e^{\Delta E/\beta_a} - 1} \tag{3-90}$$

式（3-90）与式（3-89）相减可得：

$$\frac{1}{|i_C|} - \frac{1}{i_A} = \frac{1}{i_{corr}} \times \left(\frac{e^{\Delta E/\beta_a}}{e^{\Delta E/\beta_a} - 1} - \frac{1}{e^{\Delta E/\beta_a} - 1}\right) = \frac{1}{i_{corr}}$$

即

$$\frac{1}{|i_C|} = \frac{1}{i_{corr}} + \frac{1}{i_A} \tag{3-91}$$

式（3-91）就是利用截距法求取浓度极化控制腐蚀体系的腐蚀速度的公式。

利用这种方法求取腐蚀电流密度 i_{corr}，首先测定腐蚀体系的极化曲线，然后在极化曲线的弱极化区（$\Delta E = 20 \sim 70\text{mV}$、$\Delta E = -70 \sim -20\text{mV}$），选取数对极化值分别为 $\pm\Delta E$ 的数据点，分别读取相对应的极化电流密度 i_A 和 $|i_C|$。再以 $\frac{1}{i_A}$ 为横坐标，$\frac{1}{|i_C|}$ 为纵坐标，利用以上数对对应于 $\pm\Delta E$ 的 i_A 和 $|i_C|$ 在这个坐标系中作图，可以得到一条直线，如图 3-22 所示。将直线外延至与 $\frac{1}{|i_C|}$ 轴相交，截距就是腐蚀电流密度 i_{corr} 的倒数 $\frac{1}{i_{corr}}$，经过换算即可得到 i_{corr}。

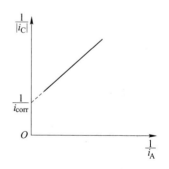

图 3-22　截距法测定腐蚀电流密度

以上介绍的测定腐蚀速度的电化学方法，都是基于腐蚀体系的基本动力学原理，利用不同的极化区域及特征来测定金属的腐蚀速度，由此可见极化曲线在金属腐蚀研究中具有相当重要的意义。

3.8 腐蚀极化图及其应用

腐蚀电流密度是金属腐蚀速度的一种表现形式。在前面介绍的腐蚀体系及单电极体系动力学过程中，极化电流均以电流密度表示。腐蚀原电池在工作过程中，通过阳极和阴极的电流强度是相等的。当阴极和阳极面积相等时，通过阴极和阳极的极化电流密度相等；但当阴极和阳极面积不相等时，通过两个电极的极化电流密度不再相等，这时极化曲线就要用电流强度来表示。

在腐蚀研究中，为了简单明了地对腐蚀的影响因素、控制步骤等进行定性分析，可以忽略极化曲线的细节变化，将极化曲线用直线表示，采用一种简化的极化曲线进行腐蚀分析。下面介绍的就是这种简化的极化曲线。

3.8.1 腐蚀电流与阴阳极平均极化率的关系

电化学腐蚀速度的大小与热力学因素和动力学因素都密切相关。热力学因素能够判断金属腐蚀发生的倾向，而动力学因素能够反映金属腐蚀的速度和历程。

再来看 3.1 节的铜锌腐蚀电池，在回路接通瞬间，原电池中产生的起始电流 I_0 与阳极、阴极开路电位和体系欧姆电阻有如下关系：

$$I_0 = \frac{E_{c,0} - E_{a,0}}{R} \tag{3-92}$$

原电池中产生的电流又引起腐蚀电池两极间电位差的减小，因而电池工作强度降低至一稳定值 I_s：

$$I_s = \frac{E_c - E_a}{R} \tag{3-93}$$

假设电极电位与极化电流密度之间呈线性关系，且体系欧姆电阻与电流密度无关，则有：

$$E_a = E_{a,0} + \omega_a i_a = E_{a,0} + \omega_a \frac{I}{S_a} \tag{3-94}$$

$$E_c = E_{c,0} - \omega_c i_c = E_{c,0} - \omega_c \frac{I}{S_c} \tag{3-95}$$

式中，S_a、S_c 分别为阳极和阴极的表面积；ω_a、ω_c 分别为阳极、阴极的极化阻率。令 $\frac{\omega_a}{S_a} = p_a$，$\frac{\omega_c}{S_c} = p_c$，$p_a$、$p_c$ 分别表示阳极、阴极的平均极化率。将其与式（3-94）、式（3-95）联立代入式（3-93）中，可得：

$$I = \frac{E_{c,0} - E_{a,0}}{R + p_a + p_c} \tag{3-96}$$

式（3-96）也可写为：

$$E_{c,0} - E_{a,0} = I \times R + I \times p_a + I \times p_c$$
$$= \Delta E_r + \Delta E_a + \Delta E_c \tag{3-97}$$

式（3-96）表明，腐蚀体系中产生的稳态工作电流（腐蚀电流），与构成腐蚀原电池的两个电极的起始电位、体系的欧姆电阻以及阳阴极的平均极化率有关。两电极的起始电位差越大、欧姆电阻及阳阴极的平均极化率越小，金属腐蚀速度就越大。与式（3-92）、式（3-93）相比，式（3-96）考虑了极化过程中各电极的反应阻力。即使腐蚀体系的欧姆电阻为0，根据式（3-96），体系的腐蚀电流也是一个完全确定的值，而非式（3-92）、式（3-93）中显示的无穷大。

由式（3-97）可见，腐蚀体系中金属腐蚀速度的大小取决于各个步骤存在的阻力，腐蚀原电池的起始电位差就用于克服R、p_a、p_c这些阻力。这些阻力通常称为腐蚀速度的控制因素，各项阻力与总阻力比值的百分数称为该阻力对整个腐蚀过程控制的程度。其中控制程度最大的因素称为腐蚀过程的主要控制因素，它对金属的腐蚀速度具有决定性的影响。

阳极极化对腐蚀过程的控制程度：

$$C_a = \frac{p_a}{R + p_a + p_c} \times 100\% = \frac{\Delta E_a}{E_{c,0} - E_{a,0}} \times 100\%$$

阴极极化对腐蚀过程的控制程度：

$$C_c = \frac{p_c}{R + p_a + p_c} \times 100\% = \frac{\Delta E_c}{E_{c,0} - E_{a,0}} \times 100\%$$

欧姆电阻极化对腐蚀过程的控制程度：

$$C_r = \frac{R}{R + p_a + p_c} \times 100\% = \frac{\Delta E_r}{E_{c,0} - E_{a,0}} \times 100\%$$

在电导率较大的溶液中腐蚀时，欧姆电阻对腐蚀过程的影响可以忽略不计。当腐蚀体系的欧姆电阻趋近于0时，可得到一个腐蚀电流强度的最大值：

$$I_{max} = \frac{E_{c,0} - E_{a,0}}{p_a + p_c} \tag{3-98}$$

3.8.2　腐蚀极化图的绘制与应用

3.8.2.1　腐蚀极化图的绘制

将腐蚀体系的理想阳极极化曲线和理想阴极极化曲线绘制在同一坐标系的同一象限中，就得到了腐蚀极化图（$E \sim I$或$E \sim i$关系图）。腐蚀极化图的横坐标常用电流强度表示，在阳极、阴极面积相等的情况下也可用电流密度表示。

如果只是为了定性地分析腐蚀体系的极化特性、影响腐蚀速度的因素、腐蚀体系的主要控制步骤等，则可以用直线代替曲线来绘制腐蚀极化图，这种用直线表示的腐蚀极化图称为伊文思（Evans）腐蚀极化图，如图 3-23 所示。图中直线 1 为腐蚀体系中的理想阴极极化曲线，表示去极化剂还原反应速度与电位的关系，直线 1 的斜率绝对值为阴极平均极化率 p_c；直线 2 为腐蚀体系中的理想阳极极化曲线，表示金属腐蚀溶解速度与电位的关系，直线 2 的斜率为阳极平均极化率 p_a。直线 1 与直线 2 的交点，对应于由这两个反应构成的腐蚀体系在欧姆电阻为 0 时的腐蚀电位 E_{corr1} 与腐蚀电流 I_{corr1}（$I_{max} = I_{corr1}$）。当体系的欧姆电阻不为 0

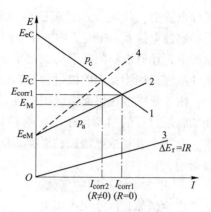

图 3-23 伊文思腐蚀极化图

时，若有电流通过就会产生欧姆电位降。欧姆电位将与体系中通过的电流强度成正比，$\Delta E_r = IR$，见直线 3。将直线 2 与直线 3 叠加，得到直线 4。直线 4 与直线 1 的交点所对应的电流强度就是 R 不为 0 时腐蚀体系地腐蚀电流 I_{corr2}。此时，阴极和阳极的极化电位不再相同，分别对应于 E_C 和 E_M，$E_C - E_M = \Delta E_r$。

根据腐蚀极化图，可以获得腐蚀体系中的不同阻力下 R、p_a 和 p_c 的大小，以及不同阻力产生的电位变化值 ΔE_a、ΔE_c 和 ΔE_r。

3.8.2.2 腐蚀极化图的应用

伊文思腐蚀极化图直观地显示了腐蚀体系中阳极和阴极的平衡电位 E_{eM} 和 E_{eC}、腐蚀电位 E_{corr} 及腐蚀电流 I_{corr}，同时通过计算也可以得到阳极、阴极极化的控制程度 C_a、C_c 和 C_r。

腐蚀极化图可用于解释各种腐蚀现象，分析腐蚀过程的影响因素及缓蚀剂的作用机理等，是研究电化学腐蚀过程的重要工具。

A 判断腐蚀反应的控制过程

a 阳极极化控制的腐蚀过程

若腐蚀体系欧姆电阻 $R = 0$，当阳极平均极化率远大于阴极平均极化率时，腐蚀电流由 p_a 决定，这种腐蚀称为阳极极化控制的腐蚀过程。由于 $p_a \gg p_c$，体系的腐蚀电位 E_{corr} 接近于阴极反应的平衡电位 E_{eC}，如图 3-24（a）所示，在这种情况下，任何影响阳极平均极化率 p_a 的因素都会使腐蚀电流发生明显变化，而阴极过程对腐蚀电流的影响较小。

例如，可在溶液中形成稳定钝化膜的金属材料的腐蚀通常是阳极极化控制的腐蚀过程，其腐蚀速度主要受钝化膜保护性的影响，任何可以破坏钝化膜的因素都会加快金属的腐蚀。

b 阴极极化控制的腐蚀过程

若腐蚀体系欧姆电阻 $R = 0$，当阴极平均极化率远大于阳极平均极化率时，

腐蚀电流由 p_c 决定，这种腐蚀称为阴极极化控制的腐蚀过程。由于 $p_c \gg p_a$，体系的腐蚀电位 E_{corr} 接近于阴极反应的平衡电位 E_{eC}，如图 3-24（b）所示，在这种情况下，任何影响阴极平均极化率 p_c 的因素都会对腐蚀电流产生较大影响，导致腐蚀减缓或加剧；而阳极过程对腐蚀电流的影响较小。

由于氧扩散缓慢而造成阴极过程受浓度极化控制的腐蚀体系，是阴极极化控制的腐蚀过程的典型例子。在这种体系中，氧的传质速度决定了金属的腐蚀速度，介质中氧气浓度增加、搅拌等促进传质过程的因素，均可以使耗氧腐蚀速度显著增大。

c 欧姆电阻控制的腐蚀过程

当腐蚀体系的欧姆电阻 R 很大，而阳极和阴极极化率 p_a 和 p_c 相对较小时，阴极极化曲线和阳极极化曲线不相交，这种腐蚀称为欧姆电阻控制的腐蚀过程，如图 3-24（c）所示。在欧姆电阻控制的腐蚀体系中，阴极和阳极的极化电位不相等，其差值就是欧姆电位降。

欧姆电阻很大的腐蚀体系，多见于地下管线或土壤中金属的腐蚀，以及高电阻率溶液（如纯水）中金属的腐蚀。对于这种腐蚀体系，环境介质电导率的变化，可引起金属腐蚀速度的较大变化。

d 混合极化控制的腐蚀过程

若腐蚀体系欧姆电阻 $R = 0$，当阴极平均极化率与阳极平均极化率相近时，腐蚀速度由 p_a 和 p_c 共同决定，这种腐蚀称为阳极、阴极极化混合控制的腐蚀过程，如图 3-24（d）所示。

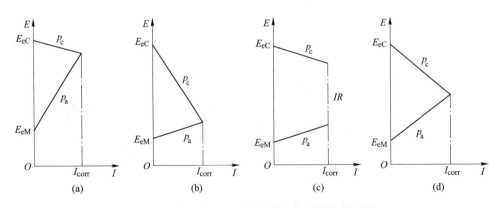

图 3-24 使用伊文思图判断腐蚀体系的控制过程

在混合控制情况下，任何影响阳极、阴极平均极化率的因素都会使腐蚀速度发生变化。若只是增大阳极或是阴极的平均极化率，不仅腐蚀速度会减小，而且腐蚀电位也会发生改变。若同时改变 p_a 和 p_c，可以使腐蚀电位 E_{corr} 基本不变，而

腐蚀电流 I_{corr} 发生比较大的改变。

B 腐蚀体系的影响因素研究

利用腐蚀极化图，可以分析研究不同因素对金属腐蚀过程的影响。下面举两个例子说明。

a 起始电位差对腐蚀速度的影响

腐蚀极化图中的起始电位是腐蚀体系中两个电极反应的平衡电位。如图 3-25 所示，在阳极、阴极极化率不变且不计欧姆电阻的情况下，减小阴极和阳极的平衡电位差值，腐蚀电流出现明显下降。

b 缓蚀剂作用机理研究

在阳极、阴极反应的平衡电位不变且欧姆电阻不计的情况下，阳极、阴极平均极化率 p_a、p_c 的变化会直接影响腐蚀速度。图 3-26（a）和（b）分别表明阳极、阴极平均极化率越大，即阳极极化曲线或阴极极化曲线的斜率越大，腐蚀电流越小；图

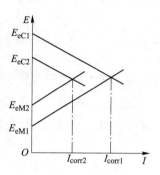

图 3-25 两极起始电位差对腐蚀电流影响

3-26（c）表明同时增大阳极、阴极平均极化率，即阳极极化曲线和阴极极化曲线的斜率同时增大，腐蚀速度显著减小。

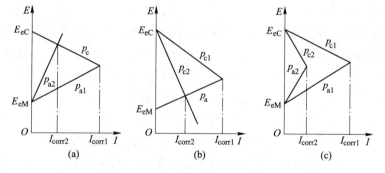

图 3-26 缓蚀剂对腐蚀速度的影响

缓蚀剂对金属的缓蚀作用，主要体现在对腐蚀体系中阳极过程或（和）阴极过程的抑制，因此可以使用伊文思图来判断缓蚀剂的作用机理。在使用缓蚀剂后，腐蚀体系的阳极平均极化率增大［见图 3-26（a）］，则说明此缓蚀剂为阳极型缓蚀剂，其作用机理通常是使金属表面生成钝化膜或是在金属表面吸附，从而阻碍阳极反应的进行，起到缓蚀作用。常用的阳极型缓蚀剂是一些氧化性物质，可以使金属表面形成氧化膜或是钝化膜，如铬酸盐、钼酸盐等。

若使用缓蚀剂后，阴极平均极化率增大［见图 3-26（b）］，则说明此缓蚀剂为阴极型缓蚀剂，如酸洗缓蚀剂等。从作用机理来看，这类缓蚀剂可以

吸附在阴极表面，抑制阴极反应如氢离子还原反应的进行，从而降低金属的腐蚀速度。

若使用缓蚀剂后，阳极和阴极平均极化率同时增加［见图3-26（c）］，则说明此缓蚀剂为混合型缓蚀剂。这类缓蚀剂多为有机复合配方，通过在阴极和阳极表面的吸附，同时抑制腐蚀体系的阴极过程和阳极过程。

3.9　阴极保护

利用电化学原理对处于腐蚀状态的金属进行保护，是一种比较经济、环保和有效的方法。在第2章介绍铁-水体系的电位-pH图时，曾经讲到，可以通过升高电位使金属进入钝化区或是降低电位使金属进入免蚀区，从而降低金属的腐蚀速度。这类金属腐蚀防护方法称为电化学保护法。

阴极保护是一种重要的电化学保护法。所谓阴极保护法，就是对被保护金属外加阴极极化，以减少或防止金属腐蚀的方法。其可以通过以下两种方式来实现。

（1）外加电流阴极保护法。这种方法就是使用外加直流电源，将被保护金属与直流电源的负极相连接，使被保护金属发生阴极极化而受到保护，又称为强制电流阴极保护法。

（2）牺牲阳极法。这种方法是将被保护金属与一种电位比其更低的金属连接，使腐蚀体系电位降低，即相当于对腐蚀体系进行了阴极极化，从而减少或防止被保护金属的腐蚀。在保护过程中，那种电位更负的金属通过自身的氧化溶解而给被保护金属提供电子，因此称其为"牺牲阳极"。

以上两种阴极保护的方法，虽然在具体实施时采用的方式不一样，但本质是一致的，均是使被保护金属发生阴极极化而起到保护作用。

图3-27是这两种阴极保护方法的实施示意图。在图3-27（a）的外加电流阴极保护中，需要使用一个辅助阳极以形成回路，保护时外加直流电源持续不断地给被保护金属提供电子，使其电位降低，发生阴极极化。直流电源通常采用恒电位仪、整流器、太阳能电池等。辅助阳极通常采用石墨、高硅铸铁、碳钢等导电性好、易于加工、成本较低的材料。

在图3-27（b）中，被保护金属与牺牲阳极短路连接，牺牲阳极可以直接焊接在被保护金属表面，也可以用导线将它们连接在一起。常用的牺牲阳极材料有镁及其合金、锌及其合金、铝及其合金等，通常根据腐蚀介质的导电性进行选择，在电导率低的淡水体系中一般选择镁及其合金，而在电导率高的海水环境中，一般选择锌和铝及其合金。

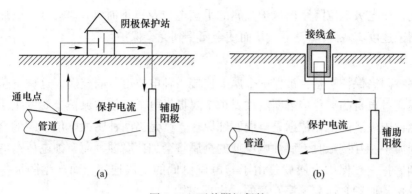

图 3-27　两种阴极保护

（a）外接电流阴极保护法；（b）牺牲阳极保护法

3.9.1　阴极保护原理

从电化学的角度来说，金属发生腐蚀的原因是金属在腐蚀电池中作为阳极而不断失去电子。阴极保护法就是通过给被保护金属提供电子，抑制金属因失去电子而被氧化，其中外加电流阴极保护法是通过外加电源不断为被保护金属提供电子，而牺牲阳极保护法则是通过一种电位更负的金属来为被保护金属提供电子，从而抑制被保护金属的腐蚀。下面利用伊文思腐蚀极化图来说明阴极保护的工作原理。

3.9.1.1　外加电流阴极保护法原理

外加电流阴极保护法的工作原理如图 3-28 所示。

在阴极保护前，没有外电流进出腐蚀体系，被腐蚀的金属表面同时进行着两个共轭反应：阳极发生金属的溶解反应，反应速度为 i_{aM}；阴极发生还原反应，反应速度为 $|i_{cC}|$。在稳定的自然腐蚀状态下，$i_{aM}=|i_{cC}|=i_{corr}$，这时腐蚀体系的电位为腐蚀电位或稳定电位 E_{corr}。

当采用外加直流电源对被保护金属施加阴极电流进行极化时，共轭反应的电量平衡被打破，i_{aM} 和 $|i_{cC}|$ 之间的差值就由外部电流来补

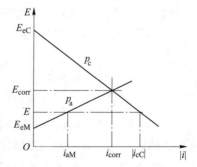

图 3-28　外加电流阴极保护原理

偿，电极电位开始从腐蚀电位 E_{corr} 向负方向移动。当电极电位从 E_{corr} 负移至 E 时，对应的被保护金属的溶解速度为 i_{aM}，显然 $i_{aM}<i_{corr}$，即在腐蚀体系的电位负移后，金属的溶解（腐蚀）速度较未施加阴极极化前明显降低。当继续加大阴

极极化，使电极电位降至被保护金属的平衡电位及以下时（$E \leqslant E_{eM}$），被保护金属的腐蚀速度 i_{aM} 就会降至零，从而使金属受到完全保护。

3.9.1.2　牺牲阳极保护法原理

牺牲阳极保护法是在被保护金属上连接一种电位更负的金属，这种电位更负的金属通过自身的氧化溶解而给被保护金属提供电子，使被保护金属发生阴极极化。牺牲阳极法的工作依据是电偶腐蚀原理，就是当两种腐蚀电位不同的金属在腐蚀介质中相互接触时，腐蚀电位低的金属将会加速腐蚀，而腐蚀电位高的金属则得到保护。被保护金属就是由于与电位更低的金属连接，而产生阴极保护效应。其保护原理具体参见第 6 章的"电偶腐蚀"。

3.9.2　阴极保护的基本控制参数

在进行外加电流阴极保护时，要使被保护金属得到较好的保护，除了要考虑金属溶解速度的下降程度外，还要考虑保护过程中其他反应过程对金属的影响，以及保护过程中的能耗等因素。通常需要综合考虑下面的三个基本控制参数。

3.9.2.1　最小保护电位

最小保护电位通常是指，使金属得到完全保护时的绝对值最小的负电位值。从图 3-28 来看，最小保护电位就是金属电极的平衡电位 E_{eM}。

最小保护电位与金属种类、腐蚀介质条件（组成、浓度、温度等）有关，可以根据实验或经验数据来确定。例如，钢铁在含氧环境中的最小保护电位一般为 -0.85V（相对铜/饱和硫酸铜电极，简称 CSE）。在无经验数据获得最小保护电位时，可以采用比腐蚀电位负 0.2~0.3V（对钢铁）和负 0.15V（对铝）的办法来确定，但最好是通过实验来确定最小保护电位的数值。

最小保护电位值常用作判断阴极保护是否充分的基准，是监控阴极保护的重要参数。

3.9.2.2　最大保护电位

最大保护电位是指，阴极保护时允许施加的绝对值最大的负电位值。

虽然从图 3-28 来看，只要控制被保护金属的电位 E 不高于其平衡电位 E_{eM}，金属的溶解速度就降为零。从阴极保护的实际应用来看，阴极保护电位绝对值越大，保护程度越高，保护距离也越长。但保护电位负移过大时，由于环境中析氢反应的发生，被保护金属存在氢脆等氢损伤的危险，另外金属表面的一些防腐保护层也会因析氢反应的发生而产生剥离现象（阴极脱离），反而使金属腐蚀加速。同时，保护电位太负将消耗过多的保护电流，造成能源浪费。

最大保护电位一般选取比析氢电位稍正的一个电位值，通常取 -1.2V（CSE）。

3.9.2.3 最小保护电流

使金属得到完全保护时所需的外加电流称为最小保护电流。

从图 3-28 可以看出，最小保护电流就是被保护金属达到最小保护电位时所对应的 I_{cC}，其数值大小与金属的种类及表面状态、介质的组成和浓度等有关。一般金属所处介质的腐蚀性越强、腐蚀体系的阴极极化率越低时，所需的保护电流就越大。

在上述阴极保护的控制参数中，保护电位是最主要的参数，这是因为电极过程直接与电位相关。只要能准确控制电位，就能保证阴极保护程度，并防止析氢反应的发生。而保护电流的影响因素较多，与环境介质的相关性较大，因此只能将其作为一个次要控制参数。

3.9.3 阴极保护效应

金属腐蚀体系在外加阴极极化电流作用下，电位负移，金属的溶解速度降低。金属溶解速度的降低程度 $(I_{corr} - I_{aM})$ 称为阴极保护效应，保护效应与外电流 $I_{外}$ 的比值称为保护效应系数 $K_{保}$。

$$K_{保} = \frac{I_{corr} - I_{aM}}{I_{外}} \tag{3-99}$$

阴极保护效应和阴极保护效应系数 $K_{保}$ 是衡量阴极保护效果的两个参数，$K_{保}$ 反映了阴极保护的难易程度；$I_{外}$ 为对腐蚀体系施加的阴极极化电流，阴极极化过程中，$I_{外} = I_{cC} - I_{aM}$。因此式（3-99）可变换为：

$$K_{保} = \frac{I_{corr} - I_{aM}}{I_{cC} - I_{aM}} = \frac{I_{corr} - I_{aM}}{I_{cC} - I_{corr} + I_{corr} - I_{aM}}$$

由于 $p_a = \dfrac{E_{corr} - E}{I_{corr} - I_{aM}}$，$p_c = \dfrac{E_{corr} - E}{I_{cC} - I_{corr}}$，代入上式可得：

$$K_{保} = \frac{p_c}{p_a + p_c} \tag{3-100}$$

从式（3-100）可以看出，阴极保护效应系数与阳极、阴极平均极化率 p_a 和 p_c 有关，特别是与 p_c 关系密切。阴极平均极化率 p_c 越大，阴极保护效应系数 $K_{保}$ 越高，即表明此腐蚀体系越易于进行阴极保护。在相同的外加阴极极化电流下，p_c 大的体系的金属越容易受到保护。

3.9.4 阴极保护的使用范围

阴极保护法因具有保护效果好、简单易行、副作用小等优点，目前广泛应用于我国的许多重大工程，如西气东输、南水北调等工程的地下管道保护，各类桥梁特别是跨海大桥的保护，海洋船舶、码头的保护，大型储罐、发电厂凝汽器及地下管道的保护等。

在采用阴极保护法时，需考虑以下因素。

（1）腐蚀介质必须可以导电，以便建立起连续的回路。如土壤以及水介质中都可以进行阴极保护。而对于气体介质和大气环境，由于不能导电一般不采用此类保护方法。

（2）金属材料在所处介质中应容易进行阴极极化，即腐蚀体系中的阴极反应平均极化率 p_c 不能太小，被保护金属的平衡电位 E_{eM} 也不能太低，否则阴极保护时所需的外电流过大，耗电量大，不适合采用阴极保护。

（3）对两性金属材料，如铝和铅，在进行阴极保护时，外加极化电流不宜太大，否则容易产生负保护效应，反而使这类金属的腐蚀速度增大。因为在进行阴极保护时，金属表面附近介质的 pH 值会升高，导致两性金属在碱性介质中发生溶解。但在酸性介质中，对两性金属进行阴极保护是可行的。因此在是否采用阴极保护及确定保护参数时，需要同时考虑金属材料种类以及环境介质条件。

（4）被保护的金属设备的形状结构不宜太过复杂。形状、结构过于复杂的设备或构筑物，在进行阴极保护时，会产生保护电流分布上的不均匀，使有些部位保护不足，达不到保护电位，而有些部位因保护电流集中而产生过保护。

习　　题

3-1　什么是极化和去极化？研究极化现象在腐蚀与防护研究中有何意义？产生极化的原因有哪些？

3-2　图 3-1 的锌铜电极面积均为 $5cm^2$，线路内电阻 120Ω，外电阻 110Ω。断路时，两电极位值分别为 $E_{Cu,0}=0.05V$、$E_{Zn,0}=-0.76V$。问：电路刚接通瞬间电流密度有多大？它是测得的稳定值 $200\mu A$ 的多少倍？求出稳定时的电池总极化值。（注：$\Delta E_{总}=\Delta E_a+|\Delta E_c|$）

3-3　什么是浓度极化，其产生原因是什么？

3-4　什么是极限扩散电流密度，它受哪些因素影响？

3-5　什么是活化极化，其产生原因是什么？

3-6　电极电位的变化对电荷传递步骤会产生什么影响，其影响的实质是什么？

3-7　试计算 18℃ 时，用 $1mA/cm^2$ 的电流密度在银电极上电解 0.1mol/L 的 $AgNO_3$ 水溶液时的阴极浓度极化过电位值。已知 $|i_L|=2mA/cm^2$。

3-8　在 pH=1 的除氧 H_2SO_4 中对铂电极进行阴极极化，测得数据见表 3-2，求氢离子在铂电极上放电的 b、i_0 值。

表 3-2　测得数据

序号	$i/A \cdot cm^{-2}$	E/V
1	-0.01	-0.334
2	-0.1	-0.364

3-9　电化学极化与交换电流密度 i_0 大小有何关系？

3-10　在酸性介质中测得下述金属电极上阳极过电位的数据满足塔菲尔关系：$|\eta|=a+b\lg|i|$，a、b 值见表 3-3。求在 Cu、Pb、Hg 上的反应传递系数 α、$1-\alpha$ 和交换电流密度 i_0（设 $n=1$）。

表 3-3　a 和 b 值

金属种类	Cu	Pb	Hg
a/V	0.87	1.56	1.40
b/V	0.120	0.110	0.118

3-11　说明 $\vec{i}_a$、$\overset{\leftarrow}{i}_c$、$i_0$、$i_a$、$i_c$ 之间的关系。

3-12　计算锌在 20℃、3%的 NaCl 溶液中的最大腐蚀速度（以 mm/a 表示）。已知氧在该介质中浓度为 $2.25\times10^{-7}\,mol/cm^3$，扩散层厚度为 $7.5\times10^{-2}\,cm$，氧扩散系数 $D=1.95\times10^{-5}\,cm^2/s$，$\rho_{Zn}=7.2\,g/cm^3$。

3-13　软钢在 pH＝2 的溶液中，25℃下其腐蚀电位相对饱和 $CuSO_4$ 电极为 -0.640V（饱和 $CuSO_4$ 电极电位为 0.316V），已知软钢上析氢反应的交换电流密度 $i_0=10^{-5}\,A/cm^2$，试计算软钢腐蚀速度（以 mm/a 表示）。设 $\alpha=0.5$、$M_{Fe}=56$、$\rho_{Fe}=7.8\,g/cm^3$，电化学控制步骤为单电子反应（设 $n=1$）。

3-14　什么是活化控制的腐蚀体系？请写出活化控制腐蚀体系的极化电流与极化电位之间关系式、强极化条件下 $\Delta E\sim\lg|i|$ 关系式，并分别画出示意图。

3-15　影响腐蚀速度和腐蚀电位的因素分别有哪些？

3-16　某钢制容器壁厚 2mm，允许腐蚀的厚度为 1mm，在腐蚀介质中用电化学方法测得其腐蚀电流 $i_{corr}=100\mu A/cm^2$，假设为均匀腐蚀，问该容器最多可使用多长时间？已知 $M_{Fe}=56$、$\rho_{Fe}=7.8\,g/cm^3$。

3-17　将铁置于 25℃、Fe^{2+} 活度为 1、pH 值为 3 的溶液中，已知铁在该溶液中交换电流密度为 $10^{-4}\,A/m^2$，H_2 在铁上析出的交换电流密度为 $10^{-3}\,A/m^2$，铁的氧化过程和氢离子还原过程的 b 值分别为 0.06V 和 0.112V。求铁在该溶液中的腐蚀电位和腐蚀电流密度。

3-18　什么是塔菲尔公式和 Stern 公式，有何应用？

3-19　25℃下某电极反应的交换电流密度 $i_0=5\times10^{-3}\,A/m^2$。
　　1）电位阳极极化时，其过电位为 0.199V，求稳态电流密度。
　　2）对电极进行阴极极化，$i_c=-0.205\,A/m^2$。问达到稳态时，过电位又是多少？设 $\alpha=0.5$、$n=1$。

3-20　什么是理想极化曲线和实测极化曲线？请画出示意图，并说明图中各线代表的含义。

3-21　采用线性极化仪评定耐海水用钢，极化值各为 +5mV 和 -5mV，测得电流值分别为 +34μA 及 -31.2μA，用失重法校得常数 $B=19.5mV$，求该钢材在海水中的平均腐蚀率（mm/a）。已知 $\rho_{Fe}=7.8\,g/cm^3$，试样表面积 $2cm^2$。

3-22　根据表 3-4 所列数据求阴极、阳极和电阻控制程度，并计算最大腐蚀电流密度和相应腐蚀电位。

表 3-4 题 3-22 数据

$i/A \cdot cm^{-2}$	E_c/V	E_a/V
0	-0.265	-0.420
4×10^{-4}	-0.295	-0.370

3-23 测定腐蚀速度的电化学方法有哪些？分别说明其测定原理及适用范围。

3-24 什么是伊文思腐蚀极化图？它是根据什么曲线绘制的？它在腐蚀研究中有哪些应用？

3-25 什么是阴极保护，其主要控制参数有哪些？请作图说明阴极保护原理和适用范围。

3-26 铁在海水中以 2.5g/($m^2 \cdot d$) 的速度腐蚀，假设发生的腐蚀为耗氧腐蚀并受氧去极化控制，试计算达到完全阴极保护时所需的最小初始电流密度（A/m^2）。

析氢腐蚀和耗氧腐蚀

金属腐蚀溶解是失电子的氧化过程，这个过程要顺利进行，腐蚀体系中必须同时存在能获得被金属释放的电子的氧化剂，又称为去极化剂。在实际腐蚀体系中，最常见的去极化剂就是腐蚀介质中的氢离子和氧气分子。其中，以氢离子为去极化剂的腐蚀过程称为析氢腐蚀，或氢去极化腐蚀；以氧气分子为去极化剂的腐蚀过程称为耗氧腐蚀，或氧去极化腐蚀。析氢腐蚀和耗氧腐蚀是最重要的且普遍存在的两类腐蚀。

4.1 析 氢 腐 蚀

金属发生电化学腐蚀的必要条件，是金属电极电位低于腐蚀介质中去极化剂的还原电位，对于析氢腐蚀来说，就是满足下列条件：

$$E_M < E_H$$

即金属电极电位 E_M 低于氢电极电位 E_H。根据能斯特方程，在 25℃、101.325kPa 下，氢电极的平衡电位为：

$$E_{eH} = -0.0591 pH \tag{4-1}$$

根据析氢腐蚀的必要条件，所有负电性的金属，都有发生析氢腐蚀的可能性，如工程中常用的钢铁、铝及铝合金、锌及锌合金、镁及镁合金等。正电性的金属如铜及铜合金、银等，一般不发生析氢腐蚀，但是当溶液中含有络合剂（如 NH_3、CN^-）而使金属离子（如 Cu^{2+}、Ag^+）的活度保持很低时，金属的电极电位会大幅度减小（负移），当其满足析氢腐蚀的必要条件时，Cu、Ag 等正电性金属也可能发生析氢腐蚀。

4.1.1 析氢反应的基本步骤

在酸性溶液中，析氢反应的总反应式为：

$$2H^+ + 2e \longrightarrow H_2 \tag{4-2}$$

在中性和碱性溶液中，氢离子来源于水的电离：

$$H_2O \longrightarrow H^+ + OH^-$$

水溶液中的氢离子一般以水合氢离子 H_3O^+ 的形式存在。析氢反应过程存在着以下几个连续进行的步骤。

（1）水合氢离子通过对流、扩散和电迁移的方式从溶液内部向阴极表面输送。这一步属于液相传质步骤。

（2）氢离子在阴极金属（M）表面发生还原反应，脱水并生成氢原子吸附在阴极金属表面。这一步属于电荷传递步骤。

$$H_3O^+ + e \xrightarrow[-H_2O]{M} MH \tag{4-3}$$

（3）吸附在金属表面的氢原子发生复合脱附，生成 H_2。

$$MH + MH \xrightarrow{-2M} H_2 \tag{4-4}$$

或发生电化学脱附过程：

$$MH + H_3O^+ + e \xrightarrow[-H_2O]{-M} H_2 \tag{4-5}$$

（4）氢气分子 H_2 形成气泡从电极表面逸出。

以上步骤中，速度最慢的步骤就是析氢过程的速度控制步骤，称为氢去极化的速控步骤。速控步骤往往存在较大的阻力，使整个氢去极化过程的进行受到阻碍，导致电极表面的电子不能被及时消耗。表面电子的积累使电极电位朝负方向移动，产生析氢过电位。在大多数情况下，氢去极化过程的以上几个步骤中，步骤（2）即电荷传递步骤最缓慢，成为析氢反应的速控步骤。

4.1.2　析氢反应的阴极极化曲线与氢过电位

在 pH<3 的溶液中，析氢反应一般受活化极化控制。主要原因有以下四个方面：

（1）在 pH<3 的溶液中，H^+ 浓度较高，可以为析氢反应的进行提供源源不断的反应物；

（2）H^+ 的扩散系数比较大，在 25℃ 的稀溶液中，H^+ 的扩散系数为 9.3×10^{-5} cm^2/s，是 O_2 的近 5 倍，因此 H^+ 在水溶液中的扩散传质速度较快；

（3）作为一种带电离子，在电解液中 H^+ 还存在电迁移的传质方式，而且电迁移的速度较快；

（4）析氢反应的产物是氢气分子 H_2，H_2 在阴极表面的析出对电解质溶液可以起到一个附加搅拌作用，进一步加强氢离子的传质过程。

因此，析氢反应进行过程中，H^+ 由于在溶液中的传质阻力较小，液相传质步骤所受的阻力小，浓度极化不突出。析氢反应的阻力主要集中在电荷传递步骤，即电化学步骤。析氢反应一般受活化极化控制。

4.1.2.1　析氢反应阴极极化曲线

对于活化极化控制的析氢反应，其阴极极化曲线遵循活化极化方程，可以用图 4-1 的极化曲线 $E_{eH}C$ 来表示析氢反应的阴极极化曲线。从图 4-1 可以看出，在析氢反应的平衡电位 E_{eH} 下，析氢反应不发生；只有当 $E<E_{eH}$ 时，析氢反应才会

发生，而且极化电位越低，析氢反应速度越快。当某种负电性金属 M 发生析氢腐蚀时，金属的阳极极化曲线如图 4-1 中曲线 $E_{eM}A$ 所示，则曲线 $E_{eM}A$ 和 $E_{eH}C$ 的交点对应的就是这种金属发生析氢腐蚀时的腐蚀电位 E_{corr} 和腐蚀电流密度 i_{corr}。可见在腐蚀体系中，析氢反应是在腐蚀电位 E_{corr} 下进行的，实际析氢电位与氢电极平衡电位的差值就称为析氢过电位，或氢过电位，用式（4-6）表示：

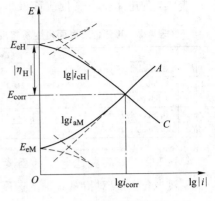

图 4-1 氢去极化的阴极极化曲线

$$|\eta_H| = E_{eH} - E_{corr} \qquad (4-6)$$

在析氢反应速度较小时，若 $|\eta_H| < 10\text{mV}$，根据微极化时的近似公式，$|\eta_H|$ 与极化电流密度 $|i|$ 呈线性关系：

$$|\eta_H| = R_F |i|$$

在强极化条件下（$|\eta_H| > 0.12\text{V}$），氢过电位与电流密度的对数呈线性关系，服从塔菲尔公式。

$$|\eta_H| = a + b\lg|i| \qquad (4-7)$$

式（4-7）中常数 a 表示单位电流密度下的过电位，例如 $|i| = 1\text{A/cm}^2$ 时，a 值就是该电流密度下的 $|\eta_H|$ 值。a 值由式（4-8）决定：

$$a = \frac{-2.3RT}{\alpha nF}\lg i_0 \qquad (4-8)$$

因此，a 值大小与发生析氢反应的电极材料、表面状态、溶液组成、温度等有关。氢在不同材料的电极上析出的过电位差别很大，说明不同材料对氢在电极表面的析出有不同的催化作用。依据 a 值的大小，金属材料大致可分为三类：

（1）高氢过电位金属，主要有铅、铊、汞、镉、锌、镓、锡等，a 值在 1.0~1.5V；

（2）中氢过电位金属，主要有铁、钴、镍、铜、金等，a 值在 0.5~0.7V；

（3）低氢过电位金属，主要有铂和钯等铂族金属，a 值在 0.1~0.3V。

电极的 a 值越大，说明该电极析氢反应越难以进行；a 值越小，则说明电极表面析氢的阻力越小。

常数 b 即常用对数塔菲尔斜率，b 值由下式决定：

$$b = \frac{2.3RT}{\alpha nF}$$

因此，b 值与电极材料无关，只与环境温度、电极反应的对称系数和电子转移数有关。对于绝大多数金属，α 约为 0.5，当 $n = 1$、$T = 25℃$ 时，$b \approx 0.118\text{V}$。

表 4-1 列出了部分金属表面发生析氢反应的常数 a 和 b 值。

表 4-1 部分金属表面发生析氢反应的常数 a 和 b 值（20℃，$|i|=1\text{A}/\text{cm}^2$）

金属	溶　　液	a/V	b/V	金属	溶　　液	a/V	b/V
Pb	0.5mol/L H_2SO_4	1.56	0.110	Ag	1mol/L HCl	0.95	0.116
Hg	0.5mol/L H_2SO_4	1.415	0.113	Fe	1mol/L HCl	0.70	0.125
Cd	0.65mol/L H_2SO_4	1.4	0.120	Ni	0.11mol/L NaOH	0.64	0.110
Zn	0.5mol/L H_2SO_4	1.24	0.118	Pd	1.1mol/L KOH	0.53	0.130
Cu	0.5mol/L H_2SO_4	0.80	0.115	光亮 Pd	1mol/L HCl	0.10	0.13

4.1.2.2 影响氢过电位的因素

氢过电位 $|\eta_H|$ 对析氢腐蚀的速度有重要影响。图 4-2 绘出了不同金属的氢过电位与电流密度的对数之间的关系。

从图 4-2 可见，不同金属材料表面发生的析氢反应，在相同的析氢电流密度下，氢过电位差别较大。金属的氢过电位与 a 值的变化趋势基本一致。一般来说，氢过电位 $|\eta_H|$ 受以下因素影响。

（1）电极材料。析氢反应在不同金属表面发生时，具有不同的交换电流密度数值。表 3-1 中列出了几种金属表面发生析氢反应的交换电流密度 i_0。例如，在 1mol/L HCl 溶液中，析氢反应在金属 Hg 表面发生时，i_0 为 $2\times10^{-12}\text{A}/\text{cm}^2$，在 Pt

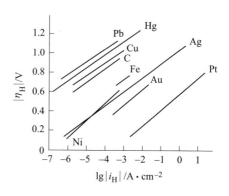

图 4-2　不同金属 $|\eta_H|$ 与电流密度之间的关系

表面发生时 i_0 为 $2\times10^{-3}\text{A}/\text{cm}^2$，两者相差 10^9 倍。根据式（4-8），i_0 越大，a 值越小，$|\eta_H|$ 就越小。

（2）温度的影响。通常环境介质温度的升高可使析氢反应的 i_0 增大，因此使 $|\eta_H|$ 减小。一般温度每增加 1℃，氢过电位约减小 2mV。

（3）金属的表面状态。表面状态的影响主要反映在表面粗糙度上，对相同的金属材料，表面粗糙度越大，实际表面积就越大，通过相同电量时极化电流密度 $|i|$ 就越小，氢过电位 $|\eta_H|$ 越小。

（4）溶液组成。溶液中存在的某些吸附类的缓蚀剂，如胺类、醛类等有机物，可以提高 $|\eta_H|$，从而抑制析氢腐蚀的发生。此外，溶液的 pH 值也是影响氢过电位的重要因素。一般来说，在常温的酸性溶液中氢过电位随 pH 值的增加而增加，pH 值每增加 1 单位，氢过电位就增加 59mV。

4.1.3　析氢腐蚀的控制过程

当氢电极电位一定时，从热力学角度来说，金属的电极电位越负，越可能发生析氢腐蚀。析氢腐蚀的阴极过程就是在金属表面发生的氢电极的还原反应过程，所以氢的还原反应过程直接影响金属的腐蚀速度。

对于纯金属，析氢腐蚀的阳极反应和阴极反应均匀地在整个金属表面上进行，没有明显的阳极区和阴极区的划分，此时金属的腐蚀速度不仅与阳极反应的过程有关，而且还与该金属上析氢反应的过电位有关。

当金属中含有电位比该金属电位更正的杂质时，如果杂质上的氢过电位比该金属上的氢过电位低，则阴极反应过程将主要发生在杂质表面，杂质就成为阴极区，基体金属就成为阳极区，阳极反应和阴极反应在电极表面的不同区域进行。此时杂质上析氢过电位的大小显著影响基体金属的腐蚀速度。

根据阴极和阳极的极化性能，金属的析氢腐蚀速度控制过程主要分为阴极控制、阳极控制和混合控制三种控制类型。

4.1.3.1　阴极控制的析氢腐蚀

除少数易钝化金属外，多数金属的析氢腐蚀受阴极极化控制。例如金属锌在酸性溶液中的溶解即是阴极极化控制下的析氢腐蚀，其腐蚀速度主要取决于析氢过电位的大小，如图 4-3 所示。这是因为对于锌的溶解反应，其交换电流密度较大，因而其阳极溶解反应的活化极化较小，阳极平均极化率 p_a 小，而纯锌表面发生析氢反应的阴极平均极化率 p_{c1} 较大，使析氢过

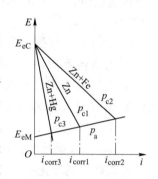

图 4-3　阴极控制的析氢腐蚀

电位 $|\eta_H|$ 较高，腐蚀电流密度为 i_{corr1}。在这种情况下，析氢腐蚀的速度 i_{corr} 主要受阴极极化控制，任何能影响 p_c 的因素，都能对析氢腐蚀速度产生较大影响。

当金属中含有杂质时，由于不同杂质具有不同的氢过电位，其中氢过电位高的杂质将使基体金属的腐蚀速度减小，而氢过电位低的杂质将使金属的腐蚀速度增大。在图 4-3 中，当锌中含有较低氢过电位的金属杂质，如含有杂质 Fe 等，阴极极化会减弱，阴极平均极化率减小为 p_{c2}，因而使 $|\eta_H|$ 降低，腐蚀速度增大为 i_{corr2}。反之，如果锌中含有析氢过电位高的金属杂质，例如金属 Hg，则阴极平均极化率减小为 p_{c3}，使 $|\eta_H|$ 降低，腐蚀速度减小为 i_{corr3}。

4.1.3.2　阳极控制的析氢腐蚀

阳极控制的析氢腐蚀主要发生在易钝化的金属中，如铝、不锈钢等在含有溶解氧的稀酸或氧化性酸中的腐蚀。这种情况下金属离子必须穿过钝化膜才能进入溶液，使阳极溶解过程具有较大阻力，因此有很强的阳极极化。图 4-4 为铝在稀硫酸中发生析氢腐蚀的腐蚀极化图，其中线 1 表示铝在不含氧的稀硫酸中的阳极极化曲线，阳极平均极化率为 p_{a1}，阴极平均极化率为 p_c，由于 p_{a1} 比 p_c 要大得多，因此在这个体系中铝的析氢腐蚀速度 i_{corr1} 受阳极极化控制。任何能影响 p_a 的因

素，都能对析氢腐蚀速度产生较大影响。

当稀硫酸溶液中有 O_2 存在时，由于 O_2 可以促进
铝、钛、不锈钢等钝态金属表面致密钝化膜的形成，
因而加大了阳极极化，使阳极平均极化率进一步增大
到 p_{a2}，进而使铝的析氢腐蚀速度降低到 i_{corr2}。当稀硫
酸溶液中存在可以破坏钝化膜的 Cl^- 时，铝表面钝化
膜不稳定，保护性差，使阳极平均极化率减小到 p_{a3}，
因而使铝的析氢腐蚀速度明显增大，为 i_{corr3}。

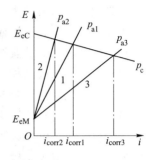

图 4-4   阳极控制的析氢腐蚀

4.1.3.3 混合控制的析氢腐蚀

析氢腐蚀体系在 p_a 与 p_c 相近时，属于混合控制的析氢腐蚀。这种体系中的析
氢腐蚀速度由 p_a 和 p_c 共同决定，任何 p_a 或 p_c 的变化，都会对析氢腐蚀速度产生较
大影响。

例如，铁和碳钢在酸性溶液中的析氢腐蚀就是阴、阳极混合控制的结
果，因为该体系的阴、阳极极化的程度相近。在给定的电流密度下，碳钢的
阳极和阴极极化都比纯铁的小，也就是碳钢的析氢腐蚀速度高于纯铁，这是
因为碳钢中阴极性杂质如 Fe_3C 含量比较高，具有较低的析氢过电位，促进
了基体 Fe 的腐蚀。

图 4-5 是碳钢发生析氢腐蚀的腐蚀极化图，腐蚀
体系的阳极平均极化率 p_{a1} 和阴极平均极化率 p_{c1} 相近，
属于混合控制的析氢腐蚀，腐蚀电流密度 i_{corr1} 由 p_a 和
p_c 共同控制。当钢中含有杂质 S 时，钢中可形成 Fe-
FeS 局部微电池，加速钢的腐蚀；而且由于钢中的 S
可溶于酸中，产生的 S^{2-} 极易吸附在铁表面，促进铁
的溶解过程，因而加剧钢的腐蚀。降低钢中的杂质 S
的含量，可对铁的溶解起到抑制作用。例如，图 4-5
中如果 S 含量的降低使阳极平均极化率增大到 p_{a2}，则

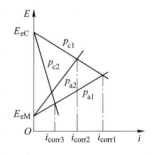

图 4-5   混合控制的析氢腐蚀

腐蚀电流密度下降到 i_{corr2}。另外，降低碳钢中阴极性杂质如 Fe_3C 的含量，可以
提高氢过电位 $|\eta_H|$，使阴极平均极化率增大。例如，图 4-5 中如果阴极平均极化
率增大到 p_{c2}，则腐蚀电流密度显著减小到 i_{corr3}。

4.1.4 析氢腐蚀的特征和控制

4.1.4.1 析氢腐蚀的特征

根据上述对析氢腐蚀规律的分析和讨论，析氢腐蚀的特征总结如下。

（1）析氢反应一般受活化极化控制，而该反应的浓度极化较小，可以忽略，
这与该反应的反应物氢离子的迁移速度快、扩散能力强，以及产物氢气分子对阴

极表面溶液的附加搅拌作用等有关。

（2）溶液 pH 值对析氢腐蚀影响很大。溶液 pH 值直接影响析氢腐蚀的速度。随着 pH 值的降低，溶液中氢离子浓度增大，阴极反应速度加快；另外氢离子浓度的增大使得氢电极电位正移，在氢过电位不变的情况下，腐蚀原电池的驱动力增大，析氢腐蚀速度更快。当溶液 pH 值升高时，则析氢腐蚀速度会显著减小。

（3）与金属材料种类及表面状态有关。析氢反应在不同金属表面发生时，具有不同的交换电流密度和析氢过电位。交换电流密度越大，析氢过电位越小，析氢腐蚀速度就越大。金属中存在的杂质类型和含量也会影响析氢腐蚀的速度。一般阴极性杂质含量越高，析氢反应面积增大，析氢腐蚀速度就越大。有些杂质可以影响析氢过电位，高氢过电位杂质可以抑制析氢腐蚀，而低氢过电位杂质则可促进析氢腐蚀。越是粗糙的金属表面，析氢过电位越小，与光滑的金属表面相比较，具有更大的析氢腐蚀速度。

（4）与温度的关系。温度升高将使析氢腐蚀速度增大。根据化学反应动力学原理，温度升高使阴极和阳极的反应加快，从而使腐蚀速度增加。另外温度升高使析氢过电位减小，从而增大析氢腐蚀的速度。

（5）与阴极区面积的关系。析氢反应在阴极表面进行，阴极区面积的增加，可以使氢过电位减小，阴极平均极化率也随之下降，从而使析氢反应加快，腐蚀速度增大。

4.1.4.2 析氢腐蚀的控制

析氢腐蚀一般受活化极化控制，腐蚀体系中的阳极过程和阴极过程对腐蚀速度都可产生较大影响。析氢过电位对析氢腐蚀速度影响较大，一般情况下，凡是增大析氢过电位的因素都可对析氢腐蚀产生一定的抑制作用。金属的阳极溶解过程受金属的钝化行为、表面状态等影响。

减小和防止析氢腐蚀的主要途径如下。

（1）降低金属中的有害杂质。如电位高于基体的阴极性杂质，其与基体形成腐蚀原电池，使基体处于阳极而加速腐蚀；另外阴极性杂质的增加可以在单位时间内使更多的氢离子被还原。因此，从腐蚀的角度来说，应尽量降低这些杂质的含量。

（2）改变合金组成。加入氢过电位大的金属元素，或降低氢过电位小的元素含量。如在金属中加入 Hg、Zn、Pb 等元素，可以提高氢过电位，抑制析氢反应的进行。而 Fe、Cu 等元素的氢过电位较低，可以促进析氢反应的发生。

（3）降低介质的侵蚀性。析氢腐蚀的发生与介质中的氢离子浓度较高直接相关，应提高腐蚀介质的 pH 值，一般在中性及碱性介质中，析氢腐蚀速度可以大幅度减小。另外介质中的一些活性阴离子如 Cl^-、S^{2-} 等，可以促进钝化类金属的阳极溶解过程，进而促进析氢腐蚀，应尽可能去除。

（4）加缓蚀剂保护。一些有机类缓蚀剂，通过在金属表面吸附成膜，抑制腐蚀电池的阴极过程和（或）阳极过程。例如，在工业设备和管道酸洗过程中使用的缓蚀剂，如硫脲类缓蚀剂，可以吸附在阴极区域，抑制析氢反应的进行，从而达到降低金属的析氢腐蚀速度的目的。

（5）其他途径。如设备和构筑物在出厂前，尽量保证金属表面平整光滑，降低表面粗糙度；尽量降低环境介质的温度等。

4.2　耗氧腐蚀

耗氧腐蚀是以氧气分子为去极化剂的腐蚀过程，即腐蚀体系中的阴极反应为 O_2 的还原反应。在 pH 值不同的溶液中，O_2 还原反应形式不同。

在酸性溶液中：

$$O_2 + 4H^+ + 4e \longrightarrow 2H_2O \tag{4-9}$$

在中性和碱性介质中：

$$O_2 + 2H_2O + 4e \longrightarrow 4OH^- \tag{4-10}$$

金属发生耗氧腐蚀，首先需满足金属发生电化学腐蚀的必要条件：

$$E_M < E_{O_2} \tag{4-11}$$

即金属电极电位 E_M 低于氧电极电位 E_{O_2}。在 25℃、101.325kPa 下，氧电极的平衡电位为：

$$E_{eO_2} = 1.229 - 0.059pH \tag{4-12}$$

对比氢电极的平衡关系式［见式（4-1）］，在相同 pH 值下，氧电极平衡电位比氢电极平衡电位高约 1.229V。因此，会有更多的金属满足式（4-11）的耗氧腐蚀必要条件。另外，只要是敞开体系，O_2 无处不在，一般的大气环境、自然水体、与空气接触的电解质溶液中均存在一定浓度的 O_2。因此，耗氧腐蚀比析氢腐蚀更为普遍。

4.2.1　氧还原反应步骤

在电化学腐蚀体系中，氢离子的还原过程（氢去极化过程）通常受活化极化控制。而在氧的还原过程（氧去极化过程）中，浓度极化常常比较突出，这是因为作为去极化剂的氧气分子和氢离子在腐蚀介质中的传质过程有很大不同。具体来说有以下三方面原因：

（1）作为一种气态分子，O_2 在水溶液中的溶解度不大，因此腐蚀介质中的 O_2 浓度很小，在常温常压下一般不超过 10mg/L，多在 5~9mg/L 之间；

（2）O_2 向电极表面的输送只能通过对流和扩散，不存在电迁移传质方式，由于 O_2 在溶液中的扩散系数比较小（在 25℃的稀溶液中为 $1.9×10^{-5}cm^2/s$），其传质阻力主要表现为 O_2 在扩散层中的扩散阻力；

（3）氧的还原反应产物中没有气体的析出，因此反应过程中不存在因气体析出（如析氢反应析出氢气）而产生的附加搅拌作用，其反应产物只能依靠液相传质方式从金属（阴极）表面离开。

因此，O_2 的阴极还原过程中，液相传质阻力（主要为扩散阻力）比较大，往往成为电极反应的速度控制步骤。

氧的阴极还原过程又可以分为两个基本环节，即氧向金属表面的输送过程和氧离子化反应过程。

4.2.1.1 氧向金属表面的输送过程

在耗氧腐蚀体系中，氧的还原反应在腐蚀电池的阴极表面进行，O_2 需要从溶液本体不断向电极表面输送。随着反应的进行，溶液中的 O_2 逐渐被消耗，大气中的氧气分子不断进入溶液。因此，氧向金属表面的输送过程，可用图4-6来表示，具体来说分为以下三个步骤：

（1）大气中的氧气分子通过气-液界面进入溶液，使其达到饱和浓度；

（2）氧气分子以对流和扩散方式通过溶液本体；

（3）氧气分子以扩散方式通过金属表面溶液的扩散层，并到达金属表面。

在以上 O_2 的传质过程中，步骤（3）往往成为速度控制步骤，即 O_2 通过扩散层到达金属表面的步骤。扩散层的厚度 δ 一般在 $0.01 \sim 0.05cm$ 范围，虽然 δ 较小，但 O_2 只能以扩散这种唯一且缓慢的传质方式通过扩散层，因此该步骤成为 O_2 传质过程的速控步骤。当氧向金属表面的输送速度低于氧在金属表面的还原反应速度时，则扩散步骤就成为氧阴极去极化的速控步骤。

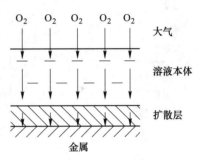

图4-6 氧向金属表面的输送过程

4.2.1.2 氧在金属表面的离子化反应过程

以酸性溶液中氧还原反应为例，其总反应式见式（4-9），是一个较为复杂的四电子反应，反应过程中会出现不稳定的中间产物。在酸性溶液中，氧还原反应的中间产物为过氧化氢或二氧化一氢离子，其基本步骤如下。

（1）一个 O_2 得到一个电子形成半价氧离子：

$$O_2 + e \longrightarrow O_2^- \tag{4-13}$$

（2）半价氧离子与 H^+ 结合形成二氧化一氢：

$$O_2^- + H^+ \longrightarrow HO_2 \tag{4-14}$$

（3）二氧化一氢再得到一个电子形成二氧化一氢离子：

$$HO_2 + e \longrightarrow HO_2^-\qquad(4\text{-}15)$$

（4）二氧化一氢离子与 H^+ 结合形成过氧化氢：

$$HO_2^- + H^+ \longrightarrow H_2O_2\qquad(4\text{-}16)$$

（5）过氧化氢发生歧化反应形成水：

$$H_2O_2 \longrightarrow H_2O + \frac{1}{2}O_2\qquad(4\text{-}17)$$

或$$\qquad\qquad H_2O_2 + 2H^+ + 2e \longrightarrow 2H_2O\qquad(4\text{-}18)$$

以上氧离子化反应的各步骤中，一般认为步骤（1）是速度控制步骤，即控制步骤为一个单电子的还原反应过程。

4.2.2　氧还原反应的阴极极化曲线

在氧的阴极还原过程中，浓度极化比较突出；但在反应速度比较小时，浓度极化不明显，这时不能忽略氧的离子化反应过程所受的阻力。因此，根据极化程度的不同，氧的阴极还原过程的速度与氧的离子化过程和氧向阴极表面的扩散过程均有一定的关系，因此氧还原反应的阴极极化曲线比较复杂。图4-7为氧还原反应的阴极极化曲线示意图，根据控制因素的不同，该曲线可分为四个区域（段）。

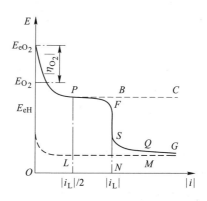

图 4-7　氧还原反应的阴极极化曲线

（曲线 $E_{eO_2}PBC$ 为单纯活化极化控制的氧还原阴极极化曲线；曲线 $E_{eH}M$ 为析氢反应的

阴极极化曲线；$|\eta_{O_2}|$ 为氧还原反应过电位；$|i_L|$ 为氧的极限扩散电流密度）

4.2.2.1　由活化极化控制的氧还原反应——曲线 $E_{eO_2}P$ 段

从氧电极的平衡电位 E_{eO_2} 出发，随着电位的负移，氧还原反应速度逐渐增大。在 $E_{eO_2}P$ 段，氧还原反应速度也即阴极极化电流密度 $|i|$ 较小，$|i| < \frac{1}{2}|i_L|$，这时阴极表面的氧气消耗量小，氧气的供应充裕，浓度极化还未出现，因此氧还

原反应速度主要受到电荷传递步骤的控制，即受活化极化控制。在一定条件下，氧还原反应过电位$|\eta_{O_2}|$与阴极极化电流密度$|i|$之间服从塔菲尔公式：

$$|\eta_{O_2}| = a + b\lg|i|$$

$$b = \frac{2.3RT}{\alpha nF}$$

式中，n为控制步骤的得失电子数，对于氧的离子化反应过程，控制步骤为式（4-13），即$n=1$。

随着阴极表面氧还原反应速度的增加，O_2的消耗量增大。如果阴极表面O_2的供应量始终充足，使O_2在阴极表面和溶液本体的浓度始终相等，则浓度极化就不会出现，阴极极化曲线将沿着$E_{eO_2}PBC$走向进行。但实际上，当$|i| > \frac{1}{2}|i_L|$时，由于O_2在阴极表面的消耗量加快，O_2在阴极表面的浓度低于其在溶液本体中的浓度，则浓度极化出现，阴极极化曲线的走向将偏离$E_{eO_2}PBC$，沿着$E_{eO_2}PFS$方向进行。

4.2.2.2 由复合极化控制的氧还原反应——曲线PF段

从P点开始，氧还原过程中出现了浓度极化，这时候阴极过程由氧的离子化反应和氧的扩散过程共同控制。在阴极极化曲线的PF段，$\frac{|i_L|}{2} < |i| < |i_L|$，氧还原反应的速度与氧的离子化反应过程和氧的扩散过程均有关，属于复合控制的阴极极化过程。在这个阶段，氧还原反应过电位$|\eta_{O_2}|$与阴极极化电流密度$|i|$之间服从复合极化方程：

$$|\eta_{O_2}| = (a_{O_2} + b_{O_2}\lg|i|) - b_{O_2}\lg\left(1 - \frac{|i|}{|i_L|}\right)$$

式中，等号右侧第一项表示活化极化过电位，第二项表示浓度极化过电位。

4.2.2.3 由浓度极化控制的氧还原反应——曲线FS段

随着阴极极化电流密度的进一步增大，O_2在阴极表面的消耗持续加快。如果O_2一扩散到阴极表面就被还原，也就是阴极表面O_2的浓度接近于零，这时候氧还原反应过程就完全受浓度极化（主要为扩散极化）控制，阴极极化电流密度接近于极限扩散电流密度（$|i| \rightarrow |i_L|$），阴极极化曲线出现FS段。此时氧还原反应过电位$|\eta_{O_2}|$急剧增大，使复合极化中的活化极化过电位可以忽略不计，因此氧还原反应过电位$|\eta_{O_2}|$与阴极极化电流密度$|i|$之间服从下列关系：

$$|\eta_{O_2}| = -b_{O_2}\lg\left(1 - \frac{|i|}{|i_L|}\right)$$

此时氧还原反应速度完全由氧的扩散过程控制，取决于溶液中氧的浓度及氧在溶液中的扩散条件。

4.2.2.4　由氧去极化与氢去极化共同组成的阴极反应——曲线 *SQG* 段

如果腐蚀体系中的阴极反应只有氧的还原反应，则其阴极极化曲线将沿着 *FSN* 方向进行。但实际上，随着阴极极化的进行，当电极电位低于氢电极的平衡电位 E_{eH} 时，水溶液中的氢离子也将发生还原反应，这时候阴极表面将同时存在两个还原反应：氧还原反应（氧去极化）和氢离子还原反应（氢去极化），阴极极化曲线将沿着 *SQG* 方向进行。此时，电极上总的阴极极化电流密度等于氧去极化电流密度与氢去极化电流密度之和：

$$|i_c| = |i_{O_2}| + |i_H| = |i_L| + |i_H|$$

在图 4-7 中，曲线 $E_{eH}LM$ 为受活化极化控制的析氢反应的阴极极化曲线，曲线 $E_{eO_2}PFSN$ 为氧还原反应的阴极极化曲线，曲线 $E_{eO_2}PFSQG$ 就是曲线 $E_{eO_2}PFSN$ 与曲线 $E_{eH}LM$ 的叠加。

4.2.3　耗氧腐蚀特点及影响因素

4.2.3.1　耗氧腐蚀的一般规律

第 3 章已述，腐蚀体系的腐蚀电流密度和腐蚀电位由构成腐蚀体系的金属阳极溶解过程和去极化剂的还原过程共同决定。耗氧腐蚀也一样，金属发生耗氧腐蚀的速度除了与氧的还原反应过程有关外，还与金属的阳极溶解过程有关。前面已介绍，氧的阴极极化曲线可分为四个区域，每个区域的控制步骤不同，当金属的阳极极化曲线与氧的阴极极化曲线相交在不同区域时，就具有不同的耗氧腐蚀速度及控制步骤。

A　腐蚀电位处在 $E_{eO_2}P$ 段

如果金属的平衡电极电位比较正，使得金属的阳极极化曲线与氧电极的阴极极化曲线相交于 $E_{eO_2}P$ 段，如图 4-8 中的曲线 1（金属 M_1）所示，则这种金属就具有较小的耗氧腐蚀电流密度：

$$i_{corr} < \frac{|i_L|}{2}$$

由于在这个区域中氧的还原过程受活化极化控制，而金属的阳极溶解过程一般也受活化极化控制，因此这是一个活化极化控制的耗氧腐蚀体系。金属铜的耗氧腐蚀，就是这种腐蚀体系的典型例子。

B　腐蚀电位处在 *FS* 段

如果金属的平衡电极电位比较负，使得金属的阳极极化曲线与氧电极的阴极极化曲线相交于 *FS* 段，见图 4-8 中的曲线 2 和曲线 3（金属 M_2 和 M_3），则金属的腐蚀电流密度就是氧的极限扩散电流密度：

$$i_{corr} = |i_L|$$

由于 FS 段属于氧的极限扩散电流密度区，在这个区域，氧的还原反应过程完全受浓度极化控制，且氧的扩散传质阻力大，成为腐蚀体系的控制步骤。从图 4-8 可以看出，只要腐蚀电位处在 FS 区，金属的腐蚀电流密度就与金属的阳极溶解过程无关，金属的平衡电极电位、阳极极化率等变化，均不对腐蚀电流密度产生影响。在这种腐蚀体系中，金属的耗氧腐蚀速度完全取决于溶解氧的浓度及氧在溶液中的扩散条件。碳钢、铁和锌等金属的耗氧腐蚀，就属于这种类型。

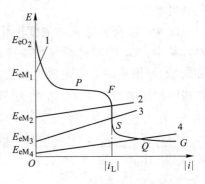

图 4-8　耗氧腐蚀体系的腐蚀极化图

C　腐蚀电位处在 SQG 段

如果金属的平衡电极电位很负，使得金属的阳极极化曲线与氧电极的阴极极化曲线相交于 SQG 段，见图 4-8 中的曲线 4（金属 M_4），则金属的腐蚀电流密度要大于氧的极限扩散电流密度：

$$i_{corr} > |i_L|$$

此时金属除了被溶液中的 O_2 腐蚀，还要被 H^+ 腐蚀，即腐蚀体系的阴极过程由氧去极化反应和氢离子去极化反应共同组成。金属镁和锰的耗氧腐蚀，就属于这种类型。

D　阴极性杂质数量对耗氧腐蚀影响小

金属表面的阴极性杂质是金属发生腐蚀时，阴极反应的发生部位。对于析氢腐蚀，由于氢离子的传质阻力小，金属表面的阴极性杂质含量越大，可以同时被还原的氢离子就越多，因此析氢腐蚀速度也就越大。而耗氧腐蚀由于 O_2 的传质阻力大，当金属表面的阴极性杂质已能满足扩散至金属表面的 O_2 被及时还原时，因 O_2 的扩散速度不变，即并不会有更多的 O_2 到达金属表面，在这种情况下，阴极性杂质数量的增加并不能使氧的还原反应速度增大。例如在同一种腐蚀介质中，含碳量不同的两种碳钢，耗氧腐蚀速度基本相同，而含碳量高的碳钢的析氢腐蚀速度，要高于含碳量低的碳钢。

4.2.3.2　耗氧腐蚀的影响因素

A　腐蚀介质中溶解氧的浓度

腐蚀介质中的溶解氧是耗氧腐蚀体系中氧还原反应的反应物。溶液中 O_2 浓度的增加，一方面使氧离子化反应速度加快，另一方面也使氧浓度极化的极限扩散电流密度增大；另外，O_2 浓度的增加也使氧电极的平衡电极电位正移，使腐蚀电池的推动力增大。因此，在一般情况下，溶液中 O_2 浓度的增加使耗氧腐蚀的速度增大。

图4-9显示了受氧的浓度极化控制的腐
蚀体系中，O_2浓度对耗氧腐蚀速度的影响，
在初始O_2浓度下，氧电极电位为$E_{eO_2,1}$，氧
的极限扩散电流密度为$|i_{L1}|$，耗氧腐蚀速度
$i_{corr1} = |i_{L1}|$。当溶液中O_2浓度增加后，氧电
极电位正移至$E_{eO_2,2}$，氧的极限扩散电流密度
增大为$|i_{L2}|$，耗氧腐蚀速度也增加为
$i_{corr2} = |i_{L2}|$。

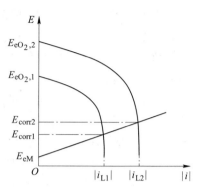

图4-9   氧浓度对耗氧腐蚀的影响

但对于易钝化金属，当氧浓度增大到一
定程度时，如果其腐蚀电流密度达到了金属的致钝电流密度，则金属从活性溶解
区正移至钝化区，金属表面由于生成了钝化膜而使金属的腐蚀速度大幅减小。因
此，氧浓度对金属的耗氧腐蚀速度的影响具有双重性。

B   温度的影响

在敞开体系中，温度对腐蚀速度的影响
同样具有双重性。一方面溶液温度升高提高
了O_2的扩散系数，使O_2的扩散速度加快，
同时从热力学角度来看，温度升高可加快电
极反应的速度，从而使金属耗氧腐蚀速度增
加；另一方面，当温度升高时，溶液中O_2
的溶解度降低，相应的溶液中O_2的浓度下
降，使金属的耗氧腐蚀速度减小。因此，在
敞开体系中，温度对腐蚀速度的影响要综合
考虑以上两方面的作用。图4-10所示是铁

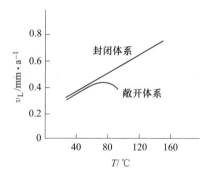

图4-10   温度对耗氧腐蚀速度的影响

在水中的耗氧腐蚀速度与温度的关系。其显示在温度较低时，随着水溶液温度的
升高，耗氧腐蚀速度增大，这时上述第一方面因素起主要作用；在水温达到约
80℃时，铁的腐蚀速度达到最大值；随后随着温度的进一步升高，耗氧腐蚀速度
减小，这时起主要作用的是第二方面的因素，即温度的进一步升高使溶液中O_2
浓度大幅下降，从而使腐蚀速度减小。

在封闭体系中，水中的O_2不能随着温度的升高而逸出，同时温度升高使气
相中的氧分压增大，进而使溶液中的氧溶解度增大，与温度升高导致的氧溶解度
减小的效应相抵消，即上述第二个因素可以不考虑，因此温度升高主要导致O_2
的传质更快及电极反应速度更大，因而金属的耗氧腐蚀速度将随温度的升高而持
续增大。

C 盐浓度的影响

水溶液中的盐浓度反映了溶液的电导率，盐浓度的增加使溶液电导率增大，溶液电阻减小，进而使耗氧腐蚀速度增大；但盐浓度的增加会导致水中 O_2 的溶解度显著降低，从这个角度来说金属腐蚀速度反而下降。图 4-11 所示为铁在不同浓度的氯化钠溶液中腐蚀速度。在该中性溶液中，铁发生耗氧腐蚀。从图中可以看出，当 NaCl 的质量分数为 3% 时，铁的腐蚀速度达到最大

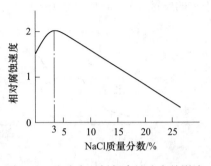

图 4-11 盐浓度对耗氧腐蚀速度的影响

值；在 NaCl 质量分数小于 3% 时，随着 NaCl 质量分数的增加，铁的腐蚀速度增大，这时影响铁腐蚀的主要因素是电导率的变化；当 NaCl 的质量分数超过 3% 时，随着 NaCl 质量分数的增加，氧的溶解度将显著降低，铁的腐蚀速度迅速减小。

D 溶液流速的影响

在受氧的扩散极化控制的腐蚀体系中，溶液流速的变化主要是改变了扩散层的厚度，进而对耗氧腐蚀速度产生影响。溶液流速越大，扩散层的厚度越小。在氧浓度一定的条件下，极限扩散电流密度 $|i_L|$ 与扩散层厚度 δ 成反比：

$$|i_L| = nFD\frac{c_0}{\delta}$$

因此在一般情况下，流速越大，扩散层厚度越小，氧的极限扩散电流密度越大，金属的耗氧腐蚀速度也就越大。但实际上流速对金属腐蚀速度的影响比较复杂，图 4-12（a）显示在流体流速变化的不同阶段（层流区、湍流区和高流速区），金属腐蚀速度随流速变化的规律略有不同。

在层流区内，随着溶液流速 v 的增加，扩散层厚度缓慢减薄，因此金属腐蚀速度缓慢增大；在湍流区，随着溶液流速的增加，扩散层厚度快速减薄，因此金属腐蚀速度随流速出现较为快速的增大。可用图 4-12（b）中的极化曲线来说明流速增加对金属腐蚀速度的影响。在流速分别为 v_1 和 v_2 的腐蚀体系，阴、阳极极化曲线的交点（对应于腐蚀体系的腐蚀电位和腐蚀电流密度）处于氧的扩散控制区，金属的腐蚀电流密度等于氧的极限扩散电流密度；当流速从 v_1 增加到 v_2 时，腐蚀体系中氧的极限扩散电流密度显著增大，金属的腐蚀速度显著增加；当流速增大到 v_3 时，腐蚀体系中的腐蚀电位处于氧的扩散控制区边缘，此时金属的腐蚀电流密度仍为该流速下的氧的极限扩散电流密度；当流速进一步增加时，金属的腐蚀速度不再随流速的增加而增大，例如图 4-12（b）中，流速从 v_3 增大到 v_4，虽然氧的极限扩散电流密度进一步增大，但腐蚀体系中阴、阳极极化曲线

的交点不变，即腐蚀速度不再随流速而变化。当流速处于高流速范围时，可能由于新的腐蚀类型如空泡腐蚀的出现，金属腐蚀速度再次随着流速的增加而增大。

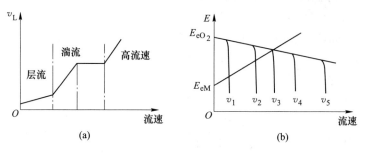

图 4-12　流速对耗氧腐蚀速度的影响

　　液体的流动也可以通过搅拌来实现。搅拌对耗氧腐蚀速度的影响与流速的影响类似，它会增加溶液相对于金属表面的切向流速，使扩散层的厚度减小。扩散层厚度 δ 与搅拌的角速度 ω 之间有如下关系：

$$\delta = 1.62 \left(\frac{D}{\nu} \right)^{\frac{1}{3}} \left(\frac{\nu}{\omega} \right)^{\frac{1}{2}}$$

式中，ν 为溶液的运动黏度。

　　上式结合极限扩散电流密度表达式，可以得到极限扩散电流密度与角速度之间的关系：

$$|i_{\mathrm{L}}| \propto \sqrt{\omega}$$

　　因此，搅拌时角速度越大，$|i_{\mathrm{L}}|$ 越大，金属耗氧腐蚀速度越大。

　　以上是一般情况下，流体的流动对耗氧腐蚀速度的影响。对于易钝化金属，如果流体的流动增强使得 $|i_{\mathrm{L}}|$ 达到致钝电流密度，则可能会促进金属进入钝化状态，从而降低腐蚀速度。

　　以上介绍的析氢腐蚀与耗氧腐蚀，本质上是在不同条件下发生的且具有不同规律的腐蚀过程。表 4-2 比较了这两种腐蚀的特点。

表 4-2　析氢腐蚀与耗氧腐蚀的比较

比较项目	析氢腐蚀	耗氧腐蚀
去极化剂的性质	氢离子作去极化剂，以对流、扩散、电迁移三种方式传质，扩散系数大	中性氧分子作去极化剂，只能以对流和扩散的方式传质，扩散系数小
去极化剂的浓度	一般浓度大；在酸性溶液中氢离子作去极化剂，在中性或碱性溶液中水分子作去极化剂	一般浓度较小；常温常压下腐蚀介质中的氧浓度通常不高于 10mg/L；随温度升高，氧溶解度下降

续表 4-2

比较项目	析氢腐蚀	耗氧腐蚀
阴极反应产物	产物氢气，以气泡的形式逸出时，对电极表面起到搅拌作用	产物水分子或氢氧根离子，只能以对流和扩散的方式离开电极表面，不产生附加搅拌作用
腐蚀的控制类型	阴极控制、阳极控制和混合控制都可能存在，其中阴极控制最常见，且主要是阴极的活化极化控制	以阴极控制为主，并且主要受氧扩散控制，阳极控制和混合控制的情况较少
合金元素或杂质的影响	影响显著；阴极性杂质越多，腐蚀速度越快；高氢过电位的合金元素可抑制腐蚀	影响较小；纯度不同的钢铁在同一腐蚀介质中的耗氧腐蚀速度基本相等
腐蚀速度的大小	因氢离子浓度和扩散系数均较大，一般析氢腐蚀速度较大	因氧的溶解度和扩散系数均较小，一般耗氧腐蚀速度较小

习　题

4-1　什么是析氢腐蚀和耗氧腐蚀，它们分别在什么情况下发生？

4-2　已知在 25℃、1mol/L 的 H_2SO_4 中，纯铁和纯铅表面发生的析氢反应的动力学参数如下：
交换电流密度 $i_{0(Fe)} = 10^{-6} A/cm^2$、$i_{0(Pb)} = 10^{-12} A/cm^2$，$b_c = 0.118V$。

1）比较氢在两种金属上的析出速度。

2）求氢在两种金属上的过电位值，设析氢反应速度 $|i_H| = 10^{-3} A/cm^2$。

4-3　试确定 25℃ 时，铁在中性的水中是否有可能发生析氢腐蚀。已知：$Fe(OH)_2$ 的溶度积为
1.65×10^{-15}，空气中 $p_{H_2} = 5.065 \times 10^{-5} kPa$，$E^{\ominus}_{Fe^{2+}/Fe} = -0.440V$，水的离子积为 1.008×10^{-14}。

4-4　影响耗氧腐蚀的主要因素有哪些？试述耗氧腐蚀一般规律。

4-5　比较析氢腐蚀和耗氧腐蚀的特点。

4-6　为什么说析氢腐蚀速度通常比耗氧腐蚀速度大，而耗氧腐蚀更普遍？

4-7　分析比较工业锌和纯锌在中性 NaCl 溶液和稀盐酸溶液中的腐蚀速度及阴极性杂质的
影响。

5 金属的钝化与阳极保护

在第 3 章可以看到，腐蚀体系中被腐蚀的金属电极发生阳极极化，且极化电位越正，金属的阳极溶解速度越大。这是一般金属的电化学腐蚀规律，遵循电化学腐蚀动力学原理。但对某些体系，当金属电极发生阳极极化、电位正移至一定值时，会出现金属阳极溶解速度的快速降低，这种现象就是金属的钝化现象。

金属的钝化现象在 18 世纪就被发现，因其可以显著地降低金属的腐蚀速度，人们对此现象进行了广泛研究，寻找钝化的规律，并应用于金属的腐蚀控制。

5.1 钝 化 作 用

5.1.1 钝化现象

5.1.1.1 钝化定义

将一块工业纯铁片放入不同浓度的硝酸溶液中，测定铁在不同溶液中的腐蚀速度，可以发现图 5-1 所示的规律。在硝酸浓度较低时，铁片会发生溶解，且随着硝酸浓度的增大，腐蚀速度加快，当硝酸浓度（质量分数）增大到 30% ~ 40% 时，铁的腐蚀速度达到最大；继续增大硝酸浓度，铁片的腐蚀速度则出现快速下降。此时观察铁的表面，可以发现已生成一层具有保护作用的氧化物膜（钝化膜）。

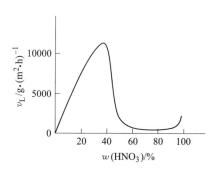

图 5-1 不同浓度硝酸溶液中
工业纯铁腐蚀速度

这种在一定条件下，受腐蚀的金属因表面状态发生突变而使其耐蚀性能大幅增加的现象，称为金属的钝化。金属发生钝化后所处的状态称为钝态，金属在钝态下的耐蚀性质称为钝性。

能够使金属产生钝化的通常是一些含有强氧化性物质的介质，如上述例子中的中等浓度硝酸溶液，以及含硝酸银、氯酸、高锰酸钾、重铬酸钾等化合物的溶液。除了这些氧化性介质可使金属发生钝化外，有些金属也可被非氧化性介质钝化，如镁可以在氢氟酸中发生钝化，汞和银可在氯离子作用下发生钝化。这些能够使金属发生钝化的物质都称为钝化剂。

5.1.1.2 钝化方法

金属的钝化通常可以通过以下两种方法实现。

（1）化学钝化。化学钝化又称为自（动）钝化，是指金属在介质中与钝化剂自然作用而产生的钝化现象。钝化剂就是前述的能使金属发生钝化的物质，如中等浓度的硝酸、浓硫酸、$K_2Cr_2O_7$、$HClO_3$、$KMnO_4$ 溶液等。有些金属易被空气或溶液中的 O_2 钝化，如 Cr、Al、Ti 等，这一类金属称为自钝化金属。不锈钢中含有一定量的金属铬，在氧的作用下也极易发生自钝化。

（2）电化学钝化。电化学钝化又称为阳极钝化，该方法利用外加电流使金属发生阳极极化，当电位升高到一定值时，金属表面可发生钝化，从而降低金属腐蚀速度。例如，304 不锈钢在 30%的稀硫酸中会发生快速溶解，使用外加电流对其进行阳极极化时，当电位升高至 0.14V 以上，不锈钢的溶解速度会迅速降低至原来的几万分之一，并在 0.14~1.2V 范围内维持这种较低的溶解速度，也即处于稳定钝化状态，这种现象就是电化学钝化或阳极钝化。

5.1.1.3 钝化特征

虽然化学钝化与电化学钝化采用不同的途径使金属表面发生钝化，但二者的本质是一致的，钝化后均使金属的表面状态发生显著变化，同时大幅度降低金属的溶解速度。一般来说，金属的钝化具有以下三个特征。

（1）发生钝化时，一般金属电极电位发生正移。钝化多是由于金属在氧化过程中，表面生成了致密的氧化物保护膜，这种膜具有比基体金属更高的电位，因此使钝化后的金属电位正移。

（2）金属发生钝化时，改变的只是金属的表面状态，金属基体性质不变。钝化不会影响基体金属的强度、硬度等特性。

（3）钝化后金属的腐蚀速度出现大幅度地下降。金属表面发生钝化后，其溶解速度一般可以下降 3~6 个数量级。

金属发生钝化，一般要同时满足以上三个特征。这里的钝化，不包括金属表面由于某些不溶性的盐层的沉积而产生的"机械钝化"。

需要注意的是，金属发生钝化一般使电位正移，但腐蚀体系电位正移并不一定对应于"钝化"。例如，对阴极去极化（阴极反应阻力减小）的腐蚀体系，腐蚀电位正移，但金属腐蚀速度也同时增大。只有同时满足电位正移和腐蚀速度大幅度下降这两个条件，金属表面才可能发生了钝化。另外，合适用量的钝化剂可以大幅减小金属的腐蚀速度，其属于缓蚀剂的一种类型，但不能说缓蚀剂就是钝化剂，缓蚀剂的种类很多，缓蚀机理也各不相同。

金属钝化现象的研究具有实际应用意义，处于钝态的金属的溶解速度很低，因此可以利用钝化现象来控制金属的腐蚀。例如，采用钝化剂对钢铁表面进行钝化处理，提高其耐蚀性能；在铁的冶炼中加入一些易钝化的合金元素，如铬、镍、钼、钛等，冶炼成不同类型的不锈钢，在氧化性酸中很容易钝化，一些双相不锈钢在海水中也具有很好的钝化性能，是应用很广的耐蚀材料。

但在有些应用领域，要避免钝化的出现。例如，在进行阴极保护时，作为牺牲阳极的金属需要维持正常溶解，要避免钝化的出现；在化学电源中，为了能使阴极和阳极之间充分、持久地放电，也要尽量避免电极出现钝化现象。

5.1.2　阳极钝化曲线

阳极钝化（电化学钝化）是诱导金属钝化的重要方法之一，该法通过阳极极化使金属发生钝化。钝化过程是一种特殊的阳极过程，从极化曲线来看，钝化金属的阳极极化曲线不再遵循塔菲尔规律。

典型的阳极极化曲线如图 5-2 所示，整条曲线分为四个区段，即金属活性溶解区、活化-钝化过渡区、稳定钝化区和过钝化区。在这四个不同的区段，金属表面发生不同的反应，呈现不同的表面状态。

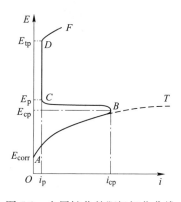

图 5-2　金属钝化的阳极极化曲线

5.1.2.1　金属的活性溶解区（AB 区）

从自腐蚀电位 E_{corr} 出发（对应于 A 点），使腐蚀金属电位正移，随着电位的升高，阳极极化电流密度增大，这个区段的电极极化电流密度与极化电位之间关系基本服从塔菲尔公式。在这个区段，金属发生活性溶解，阳极反应为：

$$M \longrightarrow M^{n+} + ne$$

对应于金属铁的反应为：

$$Fe \longrightarrow Fe^{2+} + 2e$$

图 5-2 中曲线 AT 是正常活性溶解状态下的金属阳极极化曲线（活化极化曲线）。对于可钝化体系，当电位升高到 B 点时，由于钝化的出现，其阳极极化行为将偏离曲线 AT 的活化极化曲线。

5.1.2.2　活化-钝化过渡区（BC 区）

当金属电位升高到 B 点附近时，金属表面开始生成氧化物膜。这些氧化物膜覆盖在金属表面，对金属的进一步溶解起到了一定的抑制作用，因此金属的溶解速度下降。电位越高，金属表面生成的氧化物膜越多，对金属溶解的抑制作用越强，金属的溶解速度就越小。在这个区段，金属表面可能生成了二价或三价的过渡性氧化物。

$$3M + 4H_2O \longrightarrow M_3O_4 + 8H^+ + 8e$$

对应于铁电极的钝化，该反应为：

$$3Fe + 4H_2O \longrightarrow Fe_3O_4 + 8H^+ + 8e$$

在钝化曲线中，B 点是钝化的起始点，B 点所对应的电位称为致钝电位 E_{cp}，所对应的电流密度称为致钝电流密度 i_{cp}。

5.1.2.3 稳定钝化区（CD 区）

当电位继续升高到达 C 点时，金属表面生成了稳定的钝化保护膜，此时金属具有非常小的溶解速度。随着电位的进一步升高，在 CD 区金属的溶解速度维持在这个较低水平。在此区段，金属表面形成了一层具有良好耐蚀性能的高价氧化物膜，发生的反应为：

$$2M + 3H_2O \longrightarrow M_2O_3 + 6H^+ + 6e$$

对应于铁电极，该反应为：

$$2Fe + 3H_2O \longrightarrow Fe_2O_3 + 6H^+ + 6e$$

钝化曲线中的 C 点也是个特征点，表示金属表面稳定钝化膜的形成。C 点所对应的电位称为维钝电位 E_p，所对应的电流密度称为维钝电流密度 i_p。一般来说，维钝电流大小表示被保护金属在特定环境中钝化的难易程度。金属的维钝电流密度越小，表示这个体系越易钝化。同时，维钝电流密度在某种意义上反映了钝化区钝态金属的腐蚀速度。维钝电流密度越小，表示金属的钝态越稳定，钝化膜对金属的保护作用越好。

5.1.2.4 过钝化区（DF 区）

当金属阳极极化到 D 点后，继续升高电位，极化电流密度将随之增大，这个 DF 区就是过钝化区。D 点对应的电位为过钝化电位 E_{tp}。当电位高于 E_{tp}，金属表面钝化膜受到破坏，可能是钝化膜被进一步氧化为更高价态的可溶性氧化物，金属的溶解速度又随着电位的升高而加快。在过钝化区发生的反应为：

$$M_2O_3 + 4H_2O \longrightarrow M_2O_7^{2-} + 8H^+ + 6e$$

如不锈钢的过钝化，就是由于钝化膜中的氧化铬进一步氧化为可溶性的离子：

$$Cr_2O_3 + 4H_2O \longrightarrow Cr_2O_7^{2-} + 8H^+ + 6e$$

过钝化的出现，也可能是由于阳极表面发生了新的阳极反应，如析氧反应。当电位高于氧平衡电位时，继续升高电位，析氧反应就可能发生：

$$4OH^- \longrightarrow O_2 + 2H_2O + 4e$$

从以上内容可以看出，在金属阳极钝化过程中，在不同的电位范围，金属表面发生不同的反应，具有不同的表面状态，因此也就具有不同的腐蚀速度。金属在阳极钝化过程中，在稳定钝化区具有最小的溶解速度，在腐蚀控制中，可以将金属的电极电位控制在稳定钝化区来减轻腐蚀。

5.2 钝 化 理 论

钝化可以大幅度降低金属的腐蚀速度，因此深入探讨金属钝化发生的原因，建立钝化理论并用于指导实际体系利用钝化进行腐蚀控制，具有重要意义。目前，常见的钝化理论主要有成相膜理论和吸附理论两种。

5.2.1 成相膜理论

成相膜理论认为，钝化是由于金属表面生成了一层致密的、覆盖性良好的钝化膜。这层钝化膜独立存在，能够将金属和腐蚀介质隔离开，从而阻止金属阳极溶解过程的进行，将金属从活性溶解状态转变成钝态。

有许多实验可以支持成相膜理论，主要如下。

（1）在某些钝化金属表面，观察到了钝化膜的存在。例如选用适当的溶剂，可以溶去基体金属，而将钝化膜单独分离出来。如使用 I_2-KI 甲醇溶液做溶剂可以分离出铁表面的钝化膜。这些实验证明了钝化金属表面钝化膜的存在。

（2）进行钝化膜厚度的测定。较早时候采用椭圆偏振仪通过光学方法进行钝化膜厚度的测定，随着现代测试技术的发展，X 射线荧光光谱、具有刻蚀功能的俄歇能谱等均可用于膜厚的测定。有人测定了在浓硝酸中钝化的铁、不锈钢和碳钢表面的钝化膜厚度，发现铁表面的钝化膜厚度为 $2.5\sim3.0nm$，不锈钢表面为 $0.9\sim1.0nm$，碳钢表面为 $9\sim11nm$。从钝化膜的保护性来看，不锈钢的最好，而碳钢的最差。以上实验说明，金属表面的钝化膜厚度为纳米级，一般为数个纳米；钝化膜对金属的保护性并不与钝化膜的厚度成正比。

（3）钝化膜的组成结构分析。采用 X 射线衍射、X 射线光电子能谱等分析钝化膜的组成结构，发现钝化膜主要为金属的氧化物，例如铁的钝化膜主要组成为 γ-Fe_2O_3，铝的钝化膜主要组成为 γ-Al_2O_3。结合其他技术也可以分析钝化膜的结构，如采用示踪原子法证明了在铬酸盐溶液中，铁表面生成的钝化膜中含有铬，并且有立方结构的氧化物。

（4）钝化前后电极电位的变化。一般情况下，金属发生钝化后电极电位会发生正移，这是由于表面生成了金属氧化物（氧化物电位要高于基体电位）；反之，将钝化后的金属表面打磨，去除表面膜后电位又出现了负移。这个实验说明金属的钝化使表面状态发生了变化，金属表面形成了钝化保护膜。

（5）钝化膜的还原实验。对钝化后的金属电极进行阴极充电曲线（又称活化曲线）测试。测试过程中，在钝化金属电极上通入一定强度的阴极电流，记录电极电位随时间的变化，结果如图 5-3 所示。随着阴极电流的通入，金属电极电位逐渐下降；当电位降至一定值时，出现一段电位不随时间变化或变化很小的水平段，水平段的出现说明阴极电流提供的电子被电极表面的某个还原反应所消耗，这个还原反应只可能是电极表面钝化膜的还原。水平段对应的电位称为活化电位或弗莱德电位（Flade potential），记作 E_F。根据通入的阴极电流大小和水平段停留的时间，可计算出电极表面的钝化膜还原所需消耗的电量，并以此为依据进一步计算钝化膜的厚度。

（6）金属的钝化易发生在腐蚀产物为固相物质的 pH 值范围。例如金属铁，一般在 pH 值为 8~12 范围容易钝化，因为在这个 pH 值范围，铁表面可以生成氧化物和氢氧化物。在酸性介质和强碱性介质中，铁电极反应的产物分别为可溶性离子 Fe^{2+} 和 $HFeO_2^-$，因此铁就难以钝化。说明金属的钝化确实需要在其表面形成一层保护性膜。但并不是所有的固态产物都能形成钝化膜，如铁表面疏松、附着力弱的铁锈，并不能较好地抑制铁的进一步腐蚀。

有些金属在酸性溶液中，按照热力学计算似乎不可能形成固态产物，但却可能会发生钝化，这可用简化电位-pH 图（见图 5-4）来解释。图 5-4 中用三条线粗略地画出了金属、金属氧化物和金属离子的稳定存在区，图中的虚线为金属与氧化物之间平衡线的延长线，表示在 pH 值较低的溶液中，亚稳态的金属氧化物的生成电位。图中 a 点为金属在酸性溶液中的初始状态，其处在腐蚀区，金属发生溶解时只可能生成可溶性的金属离子。要使处于 a 点的金属表面生成固相产物，可以通过三个途径来实现：

1）提高金属表面液层的 pH 值，使之从 a 点区域进入 b 点区域（$a \rightarrow b$）。

2）升高电位，使之从 a 点区域进入 c 点区域（$a \rightarrow c$）。

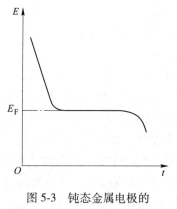

图 5-3　钝态金属电极的
阴极充电曲线

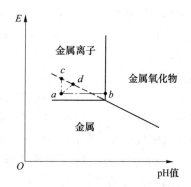

图 5-4　酸性溶液中金属生成
固态产物的可能途径

3）在提高溶液 pH 值的同时，升高电位，使之从 a 点区域进入 d 点区域（$a \rightarrow d$）。虽然 c 点和 d 点对应于亚稳态金属氧化物的形成，但在热力学上是可行的。

以上实验证明了钝化后的金属表面存在着钝化膜，钝化膜的主要组成为金属的氧化物，其厚度一般为 $1\sim10nm$；钝化后金属的电位正移；通入阴极电流可以使钝态电极活化，使钝化膜还原。这些实验有力地支撑了成相膜理论。

金属表面形成初始钝化膜后，金属的溶解过程以及膜的继续生长要通过钝化膜来实现。一般金属的钝化膜具有半导体性质，具有离子导电性。由于钝化膜厚度一般小于 $10nm$，而膜两侧的电位差约为十分之几到几伏，因此钝化膜内电场强度较高，可以达到 $10^6\sim10^7V/cm$。在这么强的电场作用下，金属离子（M^{n+}）和溶液中的阴离子（如 O^{2-}）可在钝化膜内迁移，到达膜/溶液界面或金属/膜界面而发生相互作用。金属达到稳定钝态后，其溶解速度大幅度降低，但并不会停止溶解。有人认为钝化后金属的溶解速度是由钝化膜微孔内金属的溶解速度决定的；也有人认为钝化膜的溶解是一个纯粹的化学过程，其溶解速度与电极电位无关。

5.2.2 吸附理论

虽然大量的实验结果表明，钝化后的金属表面确实存在着一层保护膜，但是并不能直接证明钝态就是由这层保护膜在金属和腐蚀介质之间的隔离作用引起的。因此有人提出了吸附理论。

吸附理论的主要观点是，金属发生钝化的原因并不一定是表面形成钝化膜，而是由于金属表面或部分表面生成了一层氧或含氧粒子的吸附层。这层吸附层最多只有单分子层厚，吸附的可以是氢氧根离子、氧离子或氧原子，最有可能的是氧原子。氧原子与金属最外侧的金属原子因化学吸附而结合，使金属表面的化学结合力饱和，因而改变了金属/溶液界面的结构，使阳极反应活化能显著提高，从而降低金属的溶解速度。这就是吸附理论认为的金属发生钝化的原因。

吸附理论也有相应的实验结果做支撑，主要如下。

（1）有时为了使金属发生钝化，只需要向电极表面通入非常小的电量，如通入不大于 $1mC/cm^2$ 的电量，这些电量甚至不足以在金属表面生成一层氧的单分子吸附层。例如，在 $0.05mol/L$ 的 NaOH 溶液中，通入 $1\times10^{-5}A/cm^2$ 的阳极电流密度使铁电极极化，只需要 $0.3mC/cm^2$ 的电量就能使铁钝化。

（2）部分金属表面被含氧粒子吸附，就能使金属的溶解速度大幅度减小。例如，金属铂在盐酸溶液中，当6%的表面被吸附氧覆盖时，其溶解速度可以下降75%；当12%的表面被吸附氧覆盖时，其溶解速度则减小94%。这个实验表明，金属表面甚至不需要形成一层氧的单分子层，就可以使金属产生较强的钝化作用。产生这种现象的原因，可能是含氧粒子优先吸附在最活泼、最先溶解的金属表面区域，使金属的反应活性大幅度减小。如金属晶格的顶角和边缘处若吸附了氧的单分子层，就能抑制金属的阳极溶解过程，使金属发生钝化。

（3）测定钝化前后金属/溶液界面电容的变化，发现在某些体系中金属钝化后界面电容变化不大，因此认为金属的钝化并不一定需要钝化膜。测定界面电容可以确定金属表面是否存在钝化膜。如果金属/溶液界面有钝化膜，即使是很薄的膜，其界面电容也比活泼金属表面的双电层电容要小得多。有人在金属镍和18-8型不锈钢表面进行测定，发现在金属的溶解速度开始出现大幅度下降的那一段电位范围内（钝化的初始阶段），界面电容的变化不明显，说明在这个阶段金属表面无钝化膜产生。

（4）吸附理论可以较好地解释金属的过钝化现象。在钝化体系中，当电位高于稳定钝化区的电位范围时，钝态金属的溶解速度会再次随电位的升高而增大，这就是过钝化。根据成相膜理论，在稳定钝化区，金属的溶解速度取决于钝化膜的化学溶解，与电极电位无关，这就无法解释过钝化出现的原因。而吸附理论则认为，升高阳极电位可以产生下面两个相反的作用：一是使含氧粒子在金属表面的吸附作用增强，从而对金属的阳极溶解过程的抑制作用更大；二是电位正移增强了界面电场对阳极反应的活化作用。在稳定钝化区电位范围内，上述两个作用相互抵消，使金属的溶解速度基本不随着电极电位的变化而变化。但在过钝化区，后一因素起了主要作用，并且当电位升高至可溶性高价含氧离子如 CrO_4^{2-} 的生成电位时，则氧的吸附不但起不到抑制阳极反应的作用，反而会促进这种可溶性高价离子的形成，因而就出现了金属溶解速度再次增大的现象。

但吸附理论中到底哪种含氧粒子会在金属表面吸附使金属发生钝化，以及这些含氧粒子的吸附是如何改变金属电极的反应能力，至今仍没有得到很好的解释。有人认为，金属表面原子的不饱和键在吸附氧原子后被饱和了，从而使这些原子失去了原有的活性，金属表面与氧的二维吸附状态也逐步发展为三维的氧化物状态。

5.2.3 两种钝化理论的比较

利用成相膜理论或吸附理论可以解释金属钝化过程中的一部分实验现象，但还不能用单一的理论来解释全部的实验事实。这两种理论各有其成功和不足之处，有时也出现一些矛盾问题。

成相膜理论的支撑实验确定了钝态金属表面存在钝化膜，但难以确定这层钝化膜是在何时形成的，是导致钝化的原因还是只是钝化的结果。有人发现碱溶液中钝化后的锌电极表面确实存在着成相氧化膜，但这种膜的还原电位高于锌的钝化电位，因此这种膜只可能是在锌钝化以后产生的，即这个体系中锌的钝化不可能是由钝化膜的生成导致的。

吸附理论认为，金属表面或部分表面被含氧粒吸附时，就可以使金属发生钝化，钝化膜的形成只是钝化的结果。主要支撑实验之一就是，有时候只需给电极通入非常小的阳极电流就可以使金属钝化。但是很难证明在通入这个小电流之前，金属电极表面是否已经存在钝化膜，因此也很难判断通入的电量究竟是用来形成吸附膜，还是用来修补钝化膜，因为修补钝化膜也只需非常小的电量。

有学者在前面两种理论基础上，提出这样的说法：金属的钝化首先是由于含氧粒子在金属表面的吸附，这些吸附粒子参与电化学反应后在金属表面形成第一氧层，使金属的溶解速度大幅度减小；随着阳极过程的进行，在第一氧层基础上继续生长形成成相的氧化物层，进一步抑制金属的阳极溶解过程。这种说法将两种理论结合在一起，但缺乏具体的实验支撑。

金属种类和介质的差异使不同情况下发生的金属钝化现象比较复杂。虽然成相膜理论和吸附理论对钝化现象的实质有不同的看法，但有一点是一致的，就是钝化后金属的表面状态发生了变化。不论是氧化物膜（钝化膜）还是吸附膜，都可以大幅降低金属的溶解速度。也许对于某些钝化体系，金属钝化的原因主要是由于表面钝化膜的形成；而对于另一些钝化体系，含氧粒子的吸附首先导致了金属表面的初步钝化，再继续发展形成钝化膜。相信随着科技的发展和研究的进一步深入，人们对金属钝化现象的认识必然会出现新突破，并形成新理论。

5.3　影响钝化的因素

本节分别针对电化学钝化和化学钝化，讨论影响金属钝化的主要因素。

5.3.1　钝化现象中的阳极过程

金属的电化学钝化是在阳极极化过程中产生的，因此金属的钝化特性可以用阳极钝化曲线来描述。图 5-5 中的曲线 ABCDF 是典型的阳极钝化曲线，该曲线分为活性溶解区、活化-钝化过渡区、稳定钝化区和过钝化区四个区。在稳定钝化区，金属表面生成致密的氧化物保护膜，使金属具有最小的溶解速度。但对于不同的钝化体系，由于金属的钝化性能、溶液中氧化性物质和侵蚀性离子类型和浓度等的差异，阳极钝化曲线会发生不同变化，钝化区的电位范围、钝化膜溶解速度等也各不相同，导致阳极钝化行为的不同。

5.3.1.1　存在二次反应，腐蚀产物覆盖在金属表面

在图 5-5 的活性溶解区（AB 区），金属发生溶解生成了可溶性的金属离子 M^{n+}。如果 M^{n+} 与溶液中的某些阴离子如 OH^-、SO_4^{2-} 等发生二次反应，生成难溶性腐蚀产物，如：

$$M^{2+} + 2OH^- \longrightarrow M(OH)_2$$

$$M^{2+} + SO_4^{2-} \longrightarrow MSO_4$$

这些疏松、多孔的二次产物覆盖在金属表面，对金属的进一步溶解会起到一定的阻滞作用，使金属电极的阳极极化增大，这样阳极钝化曲线会朝着图 5-5 中

曲线 1 的方向进行。当电位升高到致钝电位 E_{cp} 附近时，由于电极表面氧化物的生成使溶液中的金属离子减少，促使二次产物发生溶解，导致阳极极化电流密度增大，最后极化曲线又回复到 BC 区。由于二次产物的阻滞作用，这个体系的致钝电流密度 i_{cp} 将有所降低。

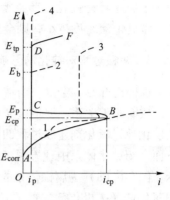

图 5-5　不同情况下的阳极钝化曲线

5.3.1.2　溶液中存在一定浓度的活性离子

这里的活性离子主要是指卤素离子，如 Cl^-、Br^- 和 I^-，这些离子对不锈钢、铝、铁、镍等金属表面的钝化膜具有较强的破坏作用。钝化膜的主要组成是不溶性的氧化物，当溶液中存在卤素离子时，在一定电位下，将发生以下反应：

$$M + 2X^- \longrightarrow MX_2 + 2e$$

即金属在溶解过程中与卤素离子结合生成了可溶性的卤化物，而不再是与氧反应生成不溶性的氧化物，从而使钝化膜受到破坏。上述反应需要在一定的电位下才会发生，且通常发生在钝化膜的局部区域，结果是使钝化膜出现小孔。这个导致钝化膜破坏的电位被称为小孔电位、点蚀电位、击穿电位或破裂电位，计作 E_b。E_b 的高低与卤素离子浓度有很大关系。溶液中卤素离子浓度越大，E_b 越低，稳定钝化区的电位范围就越小。图 5-5 中的曲线 2 就是溶液中存在活性离子时的阳极钝化曲线走向。

5.3.1.3　溶液中存在影响钝化膜组成结构的物质

金属的钝化性能除了与金属自身特性有关外，还与溶液组成有很大关系。上面介绍的卤素离子可以破坏钝化膜，导致钝化区电位范围缩小。除了卤素离子外，溶液中的其他离子也可影响金属的钝化性能，如 SO_4^{2-}、OH^-、NO_3^- 等可以促进金属的钝化，抑制卤素离子对钝化膜的破坏作用。溶液中存在硫离子时，可能通过掺杂使不锈钢表面钝化膜的导电性增强，从而使钝化膜的溶解速度增大。图 5-5 中曲线 3 就是溶液中存在硫离子时的阳极钝化曲线走向，硫离子的存在使维钝电流密度显著增大。

5.3.1.4　钝化膜外侧存在疏松氧化层

这种情况的典型例子是铝的阳极化处理。在金属铝表面已经形成致密钝化膜的情况下，继续升高电位，将使钝化膜外侧生成疏松氧化层并不断增厚，厚度可达 $200 \sim 300\mu m$，这种阳极氧化过程就是铝的阳极化处理。处理后生成的这层氧化层具有很高的电阻，在电位很大时也不会被击穿，因此使阳极钝化曲线具有较宽的稳定钝化区电位范围，见图 5-5 中的曲线 4。

总的来说，在金属的阳极钝化曲线中，致钝电位越负、致钝电流密度越小，说明金属越容易钝化；弗莱德电位和维钝电位越负，过钝化电位和点蚀电位越正，维钝电流密度越小，则金属的钝态越稳定。

5.3.2　阴极过程对钝化的影响

前面已介绍，金属在溶液中的钝化性能除了与金属自身特性有关外，还与溶液组成有很大关系。要使金属较好地钝化，溶液中一般需要存在氧化剂。氧化剂的氧化性、氧化剂还原过程的阴极极化曲线等对实际钝化曲线可产生较大影响。下面介绍钝化体系中理想阴极极化曲线对金属实测钝化曲线的影响，如图 5-6 所示。图 5-6（a）为腐蚀体系的理想阳极极化曲线和理想阴极极化曲线，根据溶液中氧化剂（去极化剂）的氧化性和浓度的不同，金属表面发生还原反应时的理想阴极极化曲线的起始电位（平衡电位）和极化率也不一样，并影响腐蚀电位和实测阳极钝化曲线。图 5-6（b）~（e）分别对应于不同的理想阴极极化曲线下的实测阳极钝化曲线。

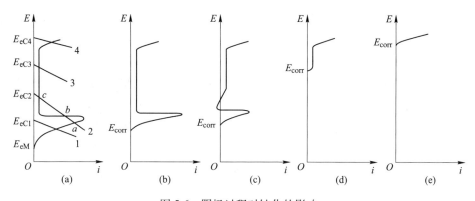

图 5-6　阴极过程对钝化的影响

（1）当溶液中的氧化剂氧化性很弱时，腐蚀电位处于活性溶解区 [见图 5-6（a）中的曲线 1]，例如不锈钢在无氧的稀硫酸溶液中和铁在稀硫酸溶液中的腐蚀即属于这种情况。在自然腐蚀状态下，该体系的金属电极处于活性溶解状态，具有较大的腐蚀电流密度。对这个体系进行阳极极化，可以得到完整的阳极钝化曲线，如图 5-6（b）所示。

（2）当溶液中的氧化剂氧化性较弱或氧化剂浓度不大时，例如不锈钢在含氧稀硫酸溶液中的腐蚀，理想阳极极化曲线和理想阴极极化曲线有三个交点 a、b、c [见图 5-6（a）中的曲线 2]，其中 a 点处于活性溶解区，b 点处于活化-钝化过渡区，c 点处于稳定钝化区。说明这个体系处在不稳定的状态，即可处在钝化区，又可处在活性溶解区。可通过比较体系的实际腐蚀电位与 b 点电位来判断体系所处的状态。如果实际腐蚀电位低于 b 点电位，则体系处于 a 点的活性溶解状态；反之，如果体系实际电位高于 b 点电位，则体系处于 c 点的钝化状态。对这个体系进行阳极钝化曲线测试，可以得到图 5-6（c）所示曲线。

（3）当溶液中存在中等强度的氧化剂时，理想的阳极极化曲线和阴极极化曲线相交于稳定钝化区，且只有一个交点，如图 5-6（a）中的曲线 3 所示。这种体系对应于自钝化体系，即金属在介质中可以自发进入钝化状态。铁在浓硫酸、中等浓度的硝酸中就是处于这种自钝化状态。对这个体系进行阳极极化，可以得到图 5-6（d）所示钝化曲线。

（4）当溶液中的氧化剂氧化性过强时，例如浓硝酸、含有六价铬化合物的硝酸等，理想的阳极极化曲线和阴极极化曲线相交于过钝化区，见图 5-6（a）中的曲线 4。在这种情况下，金属表面由于发生过钝化而受到较为严重的腐蚀，如不锈钢在发烟硝酸中的腐蚀就属于这种情况。对这个体系进行阳极极化时，金属不可能进入钝化状态，金属的溶解速度将随着电位的升高而快速增大，如图 5-6（e）所示。

5.3.3 影响化学钝化的因素

从极化曲线来看，化学钝化也就是自钝化对应于图 5-6（a）中的第 3 种情况，即腐蚀体系中理想的阳极极化曲线和阴极极化曲线相交于钝化区，且只有一个交点。由于自腐蚀电位处在钝化区，因此在自然腐蚀状态下金属可以自动进入钝化状态。下面以铁在硝酸中的自钝化为例，介绍影响自钝化的因素。

5.3.3.1 金属的钝化能力

不同金属在同一种介质中具有不同的钝化能力，这与金属的基本特性有关。常见金属中，钝化能力较强的有钛、铝、铬等金属，钝化能力较弱的有铁、锌、铅、铜等金属。常见金属按钝化能力从高到低排序，有：Ti>Al>Cr>Mo>Mg>Ni>Fe>Mn>Zn>Pb>Cu。钛、铝和铬是最常见的自钝化金属。将钝化能力强的金属元素加入到钝化能力弱的金属中冶炼成合金，则此合金的钝化性能较基体金属有显著提高。例如不锈钢，其最主要的合金元素是钝化性能较弱的铁，还含有 12% 以上的铬和其他合金元素，由于自钝化元素铬的加入，不锈钢成为了一种自钝化金属，其钝化能力较铁基体有大幅度提高。图 5-7（a）和（b）分别为铁电极和不锈钢电极在稀硝酸中的极化曲线，可见铁电极的腐蚀电位处于活性溶解区，具有较大的腐蚀速度；而不锈钢电极由于铬元素等合金元素的作用，具有较低的致钝电位和维钝电位、较小的致钝电流密度和维钝电流密度，因此其腐蚀电位在钝化区，处于稳定的自钝化状态，具有较小的腐蚀速度（$i_{corr}=i_p$）。

5.3.3.2 钝化剂的氧化性

要使金属发生自钝化，钝化剂的氧化性要适中。由图 5-6 已知，钝化剂的氧化性太弱，腐蚀电位处于活性溶解区，不能导致自钝化。而钝化剂的氧化性太强，又可能使体系处于过钝化。图 5-8 为铁电极在稀硝酸（曲线 1）和浓硝酸（曲线 2）

中的极化曲线，腐蚀电位分别处于活性溶解区和钝化区。可见只有浓硝酸才能使铁
电极发生自钝化。在一定范围内，钝化剂的氧化性越强，金属越易钝化。

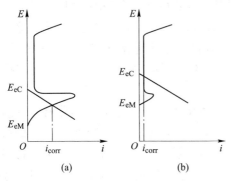
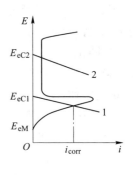

图 5-7　铁和不锈钢在稀硝酸中的极化曲线
　　(a) 铁；(b) 不锈钢

图 5-8　铁在不同浓度硝酸
溶液中的极化曲线

5.3.3.3　钝化剂的用量

作为钝化剂的氧化剂，在使用中用量必须足够，用量不足时反而会促进腐
蚀，因而当钝化剂作为缓蚀剂使用时，又称这种钝化型的缓蚀剂为"危险性缓蚀
剂"。钝化剂的作用是在金属表面形成钝化膜，当钝化剂用量不足时，金属表面
生成的钝化膜就不完整，局部未被钝化膜覆盖的区域会受到严重腐蚀。这主要是
因为，钝化膜的电位高于基体电位，未被钝化膜覆盖区域裸露出基体金属，成为
腐蚀原电池的阳极而加速腐蚀。

5.3.3.4　溶液温度的影响

温度对金属表面钝态的建立也有显著影响，一般温度低有利于金属的钝化，
温度越高金属越难以钝化。温度升高，一方面可以使金属电极的致钝电流密度增
大，从而使金属难以钝化；另一方面，温度升高可以提高钝化剂的氧化性，使腐
蚀电位正移，有可能使原本处于自钝化的体系因钝化剂氧化性过强而进入过钝化
区。例如在 25℃时，铁在 50%硝酸中可以发生自钝化，当温度升高至 75℃以上
时则铁不再发生钝化。

5.4　钝化曲线上的三个重要参数

5.4.1　弗莱德电位

当在已钝化的金属电极中通入一定大小的阴极电流时，电极电位将会随着时
间的延长而出现变化，以电位对时间作图，可以得到阴极充电曲线，如图 5-3 所
示。随着阴极电流的通入，金属电极电位随着时间的延长逐渐下降；当电位降至

一定值时，阴极充电曲线出现一段电位不随时间变化的水平段，此水平段对应的电位就是弗莱德电位 E_F。弗莱德电位其实就是钝化膜的还原电位。

一般弗莱德电位和致钝电位（钝化膜开始生成的电位）比较接近，说明钝化膜的生成和消失是在接近可逆条件下进行的。弗莱德电位也常与生成成膜氧化物的热力学平衡电位接近。假设钝化膜的生成和还原在可逆条件下进行，根据金属阳极钝化过程中氧化物的生成反应：

$$M + H_2O \longrightarrow MO + 2H^+ + 2e$$

可以获得弗莱德电位的计算公式：

$$E_F = E_F^{\ominus} + \frac{RT}{2F}\ln\alpha_{H^+}^2 = E_F^{\ominus} - 0.059pH$$

从上式可以看出，弗莱德电位与溶液的 pH 值呈线性关系。

前人通过实验也获得了弗莱德电位与溶液 pH 值之间的线性关系。25℃时，钝态铁电极在 0.5mol/L 的 H_2SO_4 溶液中，弗莱德电位 E_F 与溶液 pH 值之间有如下关系：

$$E_F = 0.63 - 0.059pH$$

对于金属铬和镍电极上的钝化膜，也得到了类似的线性关系。

Cr: $\qquad\qquad\qquad E_F = -0.22 - 0.118pH$

Ni: $\qquad\qquad\qquad E_F = 0.22 - 0.059pH$

利用弗莱德电位 E_F 可以来衡量金属钝态的稳定性，E_F 越小即金属的钝态稳定性越好。在相同的 pH 值下，根据上述铁、铬、镍三个电极的弗莱德电位与 pH 值之间的关系式，可以看出，铁电极的弗莱德电位最正，铬电极的弗莱德电位最负，说明三种金属中铁电极表面钝化膜的稳定性最差，而铬电极的钝化膜稳定性最好。

5.4.2 击穿电位

金属表面的钝化膜易被卤素离子所破坏。钝化金属表面被卤素离子活化时的电位称为击穿电位（E_b），这种腐蚀主要以小孔或点蚀的形式出现，因此又称为小孔电位或点蚀电位。

在一般的腐蚀介质中，最常见的卤素离子是氯离子，因此对钝态金属点蚀的研究，重点集中在氯离子对钝化膜的破坏作用。图 5-9 是 316 不锈钢电极在含不同浓度氯离子的模拟冷却水中测得的阳极极化曲线（45℃）。其中，曲线 1 不含氯离子，钝化区电位范围为 $-0.35 \sim +0.97V$（相对于饱和甘汞电极，SCE），电位大于 0.97V 出现过钝化。不锈钢钝化膜的主要组成是氧化铬和氧化铁，钝化区中电位约高于 0.50V 时出现钝态电流密度的增大，这可能与电位升高使氧化铬稳定性下降从而引起钝化膜组成和结构的变化有关。

图 5-9 显示，氯离子浓度不大于 200mg/L 时，氯离子的增加没有引起阳极极

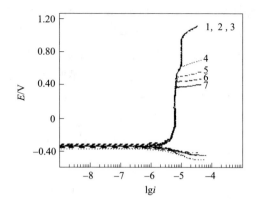

图 5-9　316 不锈钢电极在含不同浓度氯离子的模拟冷却水溶液中的阳极极化曲线

（氯离子浓度（mg/L）：1—0；2—100；3—200；4—300；5—400；6—500；7—600）

化曲线的明显改变，极化曲线与曲线 1 几乎重合。一般认为，点蚀只有在卤素离子浓度达到某一浓度以上时才会发生，该浓度界限因材料而异。在这种模拟冷却水中，不锈钢受氯离子作用发生点蚀的浓度界限为 200mg/L 左右。氯离子在浓度不大于 200mg/L 时没有促进不锈钢的点蚀是由于溶液中的 SO_4^{2-} 等的缓蚀作用；当氯离子浓度增加到 225mg/L 时，扫描至较低电位 0.73V 时就出现了电流的快速增加，出现点蚀。这个使电流出现快速增加的电位就是点蚀电位 E_b。随着氯离子浓度的继续增加，E_b 下降，但钝态电流没有出现明显变化。

　　一般认为，钝态金属的点蚀电位与氯离子浓度对数之间存在线性关系。以图 5-9 中获得的不锈钢点蚀电位 E_b 对氯离子浓度对数作图，结果如图 5-10 所示。316 不锈钢在模拟冷却水中的点蚀电位 E_b 与氯离子浓度〔Cl^-〕之间的关系为：

$$E_b = 2.57 - 0.79 \lg [Cl^-]$$

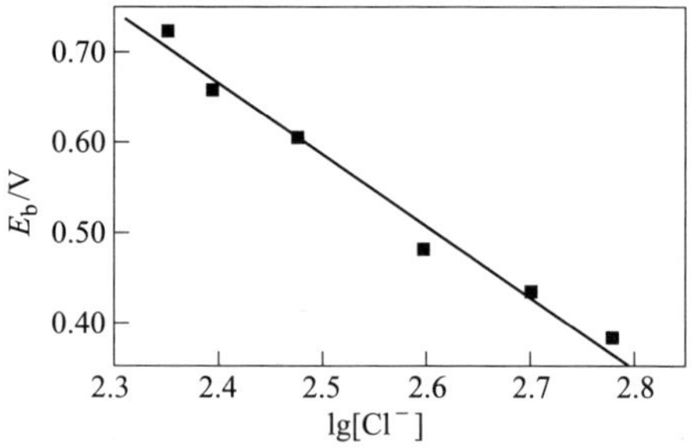

图 5-10　模拟冷却水中 316 不锈钢点蚀电位 E_b 与 $\lg [Cl^-]$ 的关系（45℃）

　　当腐蚀介质中的部分对不锈钢具有缓蚀作用的含氧酸根离子浓度也出现变化时，点蚀电位则与氯离子和含氧酸根离子浓度的比值有关，这里的含氧酸根离子，最主要的是 SO_4^{2-}。在以上的模拟冷却水中，316 不锈钢的点蚀电位与 $[Cl^-]$/$[SO_4^{2-}]$ 之间存在如下关系：

$$E_b = 0.54 - 0.79 \lg \frac{[Cl^-]}{[SO_4^{2-}]}$$

总的来说，可以通过点蚀电位的测定来判断金属的耐点蚀性能。点蚀电位越正，金属耐点蚀性能越好，金属的钝态稳定性越高。点蚀电位值是衡量金属钝化状态的稳定性以及各种介质对金属的侵蚀性能的重要指标。

5.4.3 保护电位

保护电位 E_{pp} 是指金属表面已经生成的腐蚀小孔重新被钝化而使金属受到保护时的电位。这个电位可以通过环状极化曲线的测定来获得。

利用电化学工作站可以很方便地测定金属电极的环状阳极极化曲线。不锈钢在氯化钠溶液中的环状阳极极化曲线如图 5-11 所示，测定时先对金属电极进行阳极极化，当电位升高到点蚀电位 E_b 时，电极表面开始出现点蚀；再升高电位，极化电流密度急剧增大，点蚀发展迅速；当极化电流密度增大到某一设定值 i_d（如 $100mA/cm^2$）时，立刻对电极电位反方向扫描，随着电位的降低，极化电流密度减小；当电流密度又回复到钝态电流密度时，所对应的电位就是保护电位 E_{pp}。电位回到 E_{pp} 时，可以认为

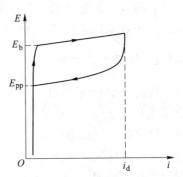

图 5-11　不锈钢在 NaCl 溶液中的环状阳极极化曲线

出现小孔的钝化膜已经得到修复，金属重新回复到钝化状态。在图 5-11 的环状极化曲线中，不同极化电位下电极表面点蚀状况不一样。当极化电位 $E < E_{pp}$ 时，金属处于钝化状态，此时不会发生点蚀；当 $E_{pp} < E < E_b$ 时，金属表面原有的腐蚀小孔会继续发展，但不会产生新点蚀孔；当 $E > E_b$ 时，金属表面出现新的点蚀孔。

E_b 和 E_{pp} 是反映金属耐点蚀性能的特征电位。

点蚀电位 E_b 反映钝化膜被破坏的难易程度，可以用来评价钝化膜的保护性和稳定性。E_b 越高，金属钝化膜越稳定，耐点蚀性能越好。

保护电位 E_{pp} 反映点蚀孔重新钝化的难易程度，可用于评价钝化膜的修复能力。E_{pp} 越高或越接近于 E_b，钝化膜修复能力越强，点蚀孔越容易再钝化。

E_b 和 E_{pp} 也是缝隙腐蚀的特征电位，用来评价金属耐蚀性能时，应注意区分电极表面发生的是何种腐蚀。在实验室进行点蚀电位的测定时，也要注意排除因电极与密封胶之间的缝隙而产生的干扰。

5.5　阳极保护

阳极保护是使金属免受腐蚀或减缓腐蚀的另一种电化学保护方法（第 3 章介绍了电化学保护法中的阴极保护）。阳极保护法是将被保护金属与外加直流电源的正极相连接，使金属阳极极化到稳定钝化区，从而降低金属的腐蚀速度。图 5-12 是阳极保护的示意图。国际上早在 1958 年就开始将阳极保护法应用于工业中。我国于 1961 年着手研究这种保护技术，并在 1967 年用于保护碳化塔设备，取得较好成果。阳极保护法适用于强氧化性介质中金属的防腐，使用效果显著且经济性较好。

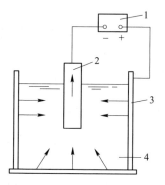

图 5-12　阳极保护示意图
1—直流电源；2—辅助电极；
3—被保护设备；4—腐蚀介质

5.5.1　阳极保护原理

在第 2 章介绍 $Fe-H_2O$ 体系电位-pH 图的应用时（见图 2-15）曾讲过，要使金属离开腐蚀区，可以通过升高电位使之进入钝化区，这样就可以使金属受到钝化膜的保护。但从电位-pH 图中，我们无法知道金属在钝化区到底受到了多大的保护，在钝化区金属的溶解速度到底降低了多少。下面利用极化曲线来介绍阳极保护的基本原理。

图 5-13 是可钝化体系的极化曲线，在进行阳极保护前，体系中理想的阳极极化曲线（对应于金属的溶解反应）和阴极极化曲线（对应于去极化剂的还原反应）相交于活性溶解区，在自然腐蚀状态下金属处于活性溶解状态，具有较大的腐蚀电流密度 i_{corr}。这个体系的理想阳极极化曲线存在钝化区。利用外电源对这个体系进行阳极极化，当电位 E 升高至稳定钝化区时（$E_p < E < E_{tp}$），金属的溶解速度大幅度降低到维钝电流密度 i_p，且 $i_p \ll i_{corr}$。这就是阳极保护的原理。

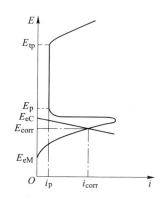

图 5-13　可钝化体系的极化曲线

从阳极保护原理可以看出，并非所有的金属腐蚀体系都适用阳极保护。阳极保护只适用于可钝化体系，即适用于金属的阳极极化曲线有钝化区存在的腐蚀体系，因为阳极保护的关键是使金属表面处于钝态并能够维持钝态。从腐蚀介质来看，阳极保护不适用于含有较高浓度活性离子如 Cl^- 的腐蚀体系，因为这些离子对钝化膜具有较大的破坏作用。阳极保护同样也不宜应用于溶液波动急剧、电位难以控制的腐蚀体系。

对某个体系进行阳极保护时，一般分两步进行。首先对被保护金属通以致钝电流密度，使其表面快速生成一层钝化膜而进入钝化区；然后再通以维钝电流密度，使金属电位维持在钝化区，保持其表面钝化膜不消失。

5.5.2 阳极保护参数

从阳极保护原理可知，阳极保护的关键是使金属钝化并维持钝态，阳极保护的主要参数就是围绕着如何使金属钝化并维持钝态而提出的。

5.5.2.1 致钝电流密度

在致钝电位下，使金属表面快速生成钝化膜所需通入的阳极极化电流密度就是致钝电流密度 i_{cp}。一般来说，致钝电流密度越小，金属越易钝化，在进行阳极保护时就可以选用容量小的电源设备，即可以减少设备的投资和耗电量，同时也可以减小钝化过程中金属的阳极溶解。

金属钝化所需的致钝电流密度大小受以下因素影响。

（1）金属的钝化性能。越易钝化的金属，在溶液中的致钝电流密度越小。如不锈钢和碳钢，在同一种介质中，不锈钢的致钝电流密度相对较小。

（2）介质组成。当介质中存在活性离子如氯离子时，金属就难以钝化；而当溶液中存在某种钝化型缓蚀剂或其他可促进金属钝化的物质时，如自钝化金属在含氧量高的环境介质中、不锈钢在硫酸根离子浓度大的介质中，则致钝电流密度相对较小。另外，介质 pH 值也可以影响致钝电流密度，一般在碱性环境介质中，金属表面较易钝化，致钝电流密度较小。

（3）介质温度。环境介质温度的升高，可以提高致钝电流密度。因此，在进行阳极保护时，一般不适合温度较高的腐蚀体系。

需要注意的是，对某个特定体系进行钝化时，通入金属表面的致钝电流密度，并不是全部都用来生成钝化膜，而是有一部分会消耗在金属腐蚀上。实验证明，通入的致钝电流越小，电流效率（建立钝态的有效电流）越低，这时通入的大部分电流会消耗在金属腐蚀上。当通入的电流小到某个极限值时，电流效率为零，即电流全部消耗在金属的腐蚀上。因此必须选择合适的致钝电流密度，使其具有较高的电流效率，又有利于选择容量较小的电源设备，具有较好的经济性。

也可以通过延长钝化时间来减小致钝电流密度，但不能小于极限值。对面积比较大的设备，一次钝化需要的致钝电流密度较大，此时可以采用分步钝化的办法来降低致钝电流密度，即将介质缓慢注入设备，使被介质浸没的金属表面依次建立钝化，这种钝化方法可以显著减小致钝电流密度和电源设备容量。

5.5.2.2　维钝电流密度

维钝电流密度 i_p 表示金属处于稳定钝化时的溶解速度，是阳极保护时金属的腐蚀速度。阳极保护时利用维钝电流密度生成氧化物来修补已溶解的钝化膜。根据法拉第定律，稳定钝化时金属的腐蚀速度与维钝电流密度之间有如下关系：

$$v^- = \frac{i_p M}{26.8n}$$

式中　v^-——稳定钝化区金属的腐蚀速度，g/(m²·h)；

　　　i_p——维钝电流密度，A/m²；

　　　n——金属的失电子数；

　　　M——金属的摩尔质量，g/mol。

维钝电流密度越小，说明阳极保护时金属的腐蚀速度越小，对金属的保护效果就越好，阳极保护时所需的耗电量也越小。维钝电流密度与金属自身的钝化性能及其所接触介质的钝化条件等相关。钝化能力强的金属在氧化性介质中一般具有较小的维钝电流密度。

5.5.2.3　钝化区电位范围

实施阳极保护时，稳定钝化区电位范围越宽越好，这样在进行保护时，即使控制的电位出现波动，不至于出现金属由钝态转变为活态或过钝化状态的可能性（即离开钝化区）；另外，钝化区的电位范围宽，对控制电位的仪器设备和参比电极的要求也可适当降低。反之，如果稳定钝化区的电位范围很窄，生产上工艺条件稍有波动，金属就有可能重新活化，阳极保护的实施就很困难。通常情况下，阳极保护的钝化区电位范围在不小于 50mV 时，能够起到较好的保护作用。

钝化区电位范围和金属自身钝化性能及金属材料所处的环境介质有关，如介质组成、温度、pH 值、氧化剂浓度等。

致钝电流密度、维钝电流密度和钝化区电位范围，可以通过测定金属的阳极钝化曲线来获得。

5.5.2.4　最佳保护电位

在稳定钝化区电位范围内，金属具有较小的溶解速度，一般该溶解速度随电位变化的变化较小。但在钝化区的不同电位下，金属表面钝化膜的性质有所不同，在进行阳极保护时，存在一个最佳保护电位。在最佳保护电位下，钝化膜具有最大的膜电阻、最小的膜电容，也即这时钝化膜的致密性和保护性最好。最佳保护电位必定是处于稳定钝化区，当在最佳保护电位下进行阳极保护时，金属的溶解速度较小，对金属的保护效果最好。

可以通过测定金属的阳极钝化曲线和电化学阻抗谱来获得最佳保护电位。测定不同电位下的电化学阻抗谱，可以获得不同电位下生成的钝化膜的膜电阻 R 和

膜电容 C。图 5-14 为铁在稀硫酸中的阳极钝化曲线，以及该体系中铁表面钝化膜的膜电阻 R 和膜电容 C 随电位变化曲线示意图。可以发现，在稳定钝化区电位范围内，随着电位的正移，膜电阻增大，双层电容减小，并出现了膜电阻最大而膜电容最小的一个最佳钝化电位区，此处金属表面钝化膜最致密，保护作用最好。该最佳保护电位区即阳极保护时的最佳电位控制范围。

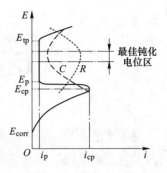

图 5-14　最佳保护电位的确定

5.5.3　联合保护

阳极保护在实际应用中，常与其他防腐蚀技术联合使用，以更好地防止设备的腐蚀。

（1）阳极保护和涂料联合防护。对工业设备进行阳极保护，其比较大的缺点是致钝电流密度较大，需要大容量的直流电源设备才能够建立钝化。实施单纯的阳极保护不仅对设备的要求很高，而且又增加了投资费用和运行费用。此外，在生产中若出现液面波动或是断电的现象，单纯的阳极保护容易出现金属表面活化现象，一旦活化后则难以实现再钝化。采用阳极保护与涂料联合防腐后，只需将涂料覆盖不严的地方，如针孔、龟裂及涂料破损处进行钝化，阳极保护面积大幅减小，致钝电流也随之大幅下降，表面发生活化后也容易进行再钝化。

（2）阳极保护与无机缓蚀剂联合防腐。阳极保护与无机缓蚀剂联合保护也能起到降低致钝电流密度的目的。一些钝化型的无机缓蚀剂如钼酸盐、钨酸盐（最早用有毒的重铬酸盐等）等，可以在钢铁表面形成钝化膜。阳极保护与这类缓蚀剂联合保护时，阳极保护面积较小，致钝电流密度显著下降。

习　题

5-1　什么是金属的钝化？化学钝化和电化学钝化有何异同？

5-2　影响电化学钝化因素有哪些？

5-3　影响化学钝化因素有哪些？

5-4　画出金属的阳极钝化曲线，说明该曲线上各特征区和特征点的物理意义，以及钝化曲线上参数 E_p、i_p、E_{cp}、i_{cp}、E_F、E_b、E_{pp}、E_{tp} 的含义。如何根据以上参数判断金属钝化能力及钝态稳定性？

5-5　如何用 E_b、E_{pp} 判断金属的耐点蚀性能？

5-6　什么是阳极保护，其保护原理是什么？阳极保护主要参数如何确定？阳极保护适用于什么体系？

5-7　比较阴极保护和阳极保护的原理和适用范围。

6 局部腐蚀形态

第 1 章已介绍，金属的腐蚀按照腐蚀形态分类，可以分为全面腐蚀和局部腐蚀两类。全面腐蚀指的是腐蚀在整个金属表面进行；而局部腐蚀指的是腐蚀集中在金属表面的某区域进行，其余地方不腐蚀或腐蚀很轻微。局部腐蚀的腐蚀区域可以是一个微观上很小的范围，也可以大到构件大小。

从腐蚀部位的特征来看，发生全面腐蚀时，金属表面形成了超微腐蚀电池，阴极和阳极尺寸非常小，紧密靠拢且在不断发生变化，即金属表面变幻不定地分布着大量的微阴极和微阳极。发生局部腐蚀时，通常形成了微观腐蚀电池或宏观腐蚀电池，腐蚀体系中的阴极区域和阳极区域可明显区分，而且多数情况下阳极区域面积很小，阴极区域面积则相对较大，因而使阳极区域的金属受到快速腐蚀。引起局部腐蚀的因素较多，根据金属发生局部腐蚀的条件、机理或腐蚀部位特征，局部腐蚀又可分为电偶腐蚀、缝隙腐蚀、点蚀、晶间腐蚀、应力腐蚀、磨损腐蚀、微生物腐蚀等几类。

从腐蚀危害性和腐蚀控制角度来看，全面腐蚀通常比较容易观测，并能对其腐蚀程度进行预测，可通过事先采取一定措施进行控制或及时更换腐蚀部件以防止腐蚀破坏事故的发生，因此危害性较小。而局部腐蚀发生的部位通常比较隐蔽，难以进行预测和预防。局部腐蚀导致的腐蚀破坏事故往往在没有明显预兆的情况下突然发生，因此危害性很大。在腐蚀破坏事例中，局部腐蚀占有很大的比重，一般可达到 90% 以上。

6.1 电 偶 腐 蚀

6.1.1 电偶腐蚀概述

在同一腐蚀介质中，两种腐蚀电位不同的金属相互接触时，腐蚀电位低的金属加速腐蚀，这种腐蚀就是电偶腐蚀，又称为接触腐蚀或双金属腐蚀。电偶腐蚀可以看作是由两个具有不同电位的金属构成的宏观腐蚀电池，由于在介质中电位不同，这两种金属之间会有电偶电流产生，腐蚀的结果为电位较正的金属成为腐蚀电池的阴极，其腐蚀速度反而减小；而电位较负的金属作为腐蚀电池的阳极，腐蚀速度增大，加速腐蚀破坏。电偶腐蚀指的就是这种电位较负金属的加速腐蚀。两种金属之间的电位差越大，电偶腐蚀现象越严重。

电偶腐蚀现象比较普遍，因为在一般的金属构筑物中，如工业生产中的设备和管道，不同金属的接触不可避免，在不同的金属部件组合连接的情况下常发生该类腐蚀。电偶腐蚀的事例较多，如黄铜部件连接到钢管上，会使钢管的连接处加速腐蚀。一些金属与非金属电子导体（如石墨、碳纤维材料等）接触时也会导致电偶腐蚀的发生，加速金属材料的腐蚀。在有些情况下，两种金属并未直接接触，也可能发生电偶腐蚀。例如，在发电厂的凝汽器中，当黄铜冷却管汽侧发生腐蚀时，腐蚀产生的铜离子随着凝结水进入锅炉系统，并沉积在炉管（碳钢）表面，此时沉积的铜单质与碳钢构成了微电偶腐蚀电池，加速炉管的腐蚀。因此，在设备结构设计上，应注意异种金属是否会因直接或间接接触而引起电偶腐蚀等问题。

6.1.2 电偶腐蚀原理

以两种表面积相同、腐蚀电位不同的负电性金属 M_1 和 M_2 在酸性溶液中的电偶腐蚀为例介绍电偶腐蚀原理。在接触之前，这两种金属各自发生析氢腐蚀，反应式如下。

对金属 M_1：

阳极反应 $\qquad\qquad\qquad M_1 \longrightarrow M_1^{n+} + ne$

阴极反应 $\qquad\qquad\qquad 2H^+ + 2e \longrightarrow H_2$

对金属 M_2：

阳极反应 $\qquad\qquad\qquad M_2 \longrightarrow M_2^{n+} + ne$

阴极反应 $\qquad\qquad\qquad 2H^+ + 2e \longrightarrow H_2$

假设上述反应均受活化极化控制，可以用图 6-1 的极化曲线来表示这两种金

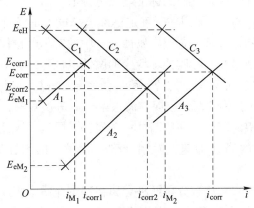

图 6-1　电偶腐蚀原理示意图

属的腐蚀状态。图中曲线 A_1 和 C_1 为金属 M_1 的理想的阳极极化曲线和阴极极化曲线，对应的自腐蚀电流密度为 i_{corr1}；曲线 A_2 和 C_2 为金属 M_2 的理想的阳极极化曲线和阴极极化曲线，对应的自腐蚀电流密度为 i_{corr2}。可以看出，体系中金属 M_1 的腐蚀电位 E_{corr1} 高于金属 M_2 的腐蚀电位 E_{corr2}。

当金属 M_1 和 M_2 在溶液中相互接触时，就构成了宏观腐蚀电池。这时体系的状态由曲线 A_3 和 C_3 决定，其中曲线 A_3 是两种金属接触后总的阳极极化曲线（A_1 和 A_2 的叠加），C_3 为接触后总的阴极极化曲线（C_1 和 C_2 的叠加）。曲线 A_3 和 C_3 的交点对应于这两种金属接触后的总的腐蚀电位 E_{corr} 和腐蚀电流密度 i_{corr}。显然接触后的腐蚀电位 E_{corr} 介于接触前两种金属的自腐蚀电位 E_{corr1} 和 E_{corr2} 之间。

对于金属 M_1，在与 M_2 接触后，由于 $E_{corr} < E_{corr1}$，因此 M_1 发生了阴极极化，其腐蚀速度由接触前的 i_{corr1} 下降为 i_{M_1}，即接触后金属 M_1 减缓了腐蚀。

对于金属 M_2，在与 M_1 接触后，由于 $E_{corr} > E_{corr2}$，因此 M_2 发生了阳极极化，其腐蚀速度由接触前的 i_{corr2} 增大到 i_{M_2}，即接触后金属 M_2 的腐蚀加速。

由此可得，两种腐蚀电位不同的金属接触时，电位较低的金属发生阳极极化，加速腐蚀溶解，这种现象称为接触腐蚀效应。而电位较高的金属发生阴极极化，腐蚀减缓，这种现象称为阴极保护效应，相当于 M_2 对 M_1 起到了牺牲阳极的保护作用。

6.1.3 电偶腐蚀的影响因素

6.1.3.1 腐蚀电位差

相互接触的两种金属之间的腐蚀电位差，是发生电偶腐蚀的推动力。判断相互接触的两种金属中哪种作为阴极性金属受到保护，哪种作为阳极性金属腐蚀加速时，所参考的标准不能是它们的标准电极电位值，而是它们在腐蚀体系中的实际电位值（即腐蚀电位）。原因在于确定标准电极电位的条件与金属所处的实际环境条件有很大差别，应该以它们在腐蚀介质中的实际电位作为判断依据。某些标准电极电位高的金属在实际腐蚀环境中的腐蚀电位可能相对较低，反而成为电偶腐蚀体系中的阳极而加速腐蚀。例如金属铝和锌，其标准电位值分别为 $-0.166V$ 和 $-0.762V$，将这两种金属在海水中组成电偶对时，根据标准电位值来判断，应该是金属铝为阳极，加速腐蚀；金属锌为阴极，腐蚀被抑制。而实际情况是，在海水中锌的腐蚀加速，而铝受到了保护，因为在海水中铝的电位为 $-0.60V$，而锌的电位为 $-0.83V$。

可以根据电偶序表来比较分析两种金属在特定介质中相互接触时，哪种金属会发生电偶腐蚀。电偶序表就是根据金属或合金在特定条件下测得的稳定电位（腐蚀电位）的相对高低排列而成的表。表 2-2 列出了部分金属和合金在清洁海水中的电偶序，表中排在越上面的金属电位越高，排在越下面的金属电位越低。当两种金属在这种特定介质中接触时，排在下面的金属就成为阳极性金属，其腐蚀会加速。电偶腐蚀的推动力是不同金属的腐蚀电位差，这个电位差越大，电偶腐蚀越严重。两种接触的金属在电偶序中相隔越远，作为阳极的金属腐蚀速度越大；而电偶序中相隔较近的金属接触时，阳极金属发生电偶腐蚀的程度较轻。

一般利用电偶序可以来判断电偶腐蚀发生的倾向性，但不能据其来说明金属的腐蚀速度大小，因为金属的腐蚀速度是由电极过程的动力学因素决定的。

在应用电偶序表时还需要注意腐蚀环境，在不同环境介质中金属的腐蚀电位不同，因此不能将一个环境介质中的电偶序，应用到另一个环境介质中作为金属腐蚀倾向的判断依据。同一种电偶组合在不同环境介质中腐蚀电位差的数值不一样，甚至会发生极性逆转。即使是在同一种环境介质中，随着腐蚀过程的进行，两种金属的腐蚀电位相对关系也会改变。例如，锌-铁电偶对在 70℃ 以下的热水中，锌是阳极；当水温升高到 80℃ 后，锌转变为阴极，而铁成为了阳极。

6.1.3.2 阴阳极表面面积比

电偶对中的阴极性与阳极性金属的面积比对电偶腐蚀速度有很大影响。当阴极性金属表面积 S_c 很大而阳极性金属表面积 S_a 很小（即 S_c/S_a 很大）时，阳极性金属的腐蚀速度将会很大。因为电偶对中阳极和阴极通过的电流强度相等，阴极面积越大，则阴极极化电流密度越小，阴极反应过电位（如析氢过电位）就越小，即阴极反应易进行；阳极面积越小，则阳极极化电流密度（也就是阳极金属溶解速度）越大，阳极金属的腐蚀就越严重。图 6-2 所示为某电偶对的阴、阳极面积比 S_c/S_a 与阳极腐蚀速度

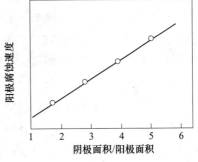

图 6-2　阴极、阳极面积比与阳极
腐蚀速度之间的关系

之间的关系。由图可见 S_c/S_a 越大，阳极金属的腐蚀速度也越大。

在工业生产中，会遇到形形色色的不同金属的偶接结构。从阴阳极面积比的角度来看，S_c/S_a 很大的结构，被称为大阴极小阳极结构。图 6-3（a）中的两块铜板用一个钢铆钉连接，就是一种典型的大阴极小阳极结构，从腐蚀角度来看，这是一种危险的结构，会导致阳极性金属的腐蚀加速，使连接结构很快受到破坏。而大阳极小阴极结构则相对比较安全，如图 6-3（b）中的两块钢板用一个铜铆钉连接，因为阳极面积大，腐蚀原电池中的阳极极化电流密度相对较小，阳极金属具有较小的腐蚀速度。

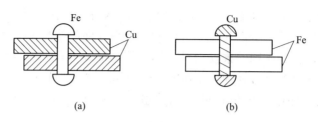

图 6-3　不同面积比的偶接结构

6.1.3.3　环境介质影响

腐蚀介质的电导率、温度、组成、流动状态等也会影响金属的电偶腐蚀。

介质电导率的高低反映了腐蚀体系中溶液电阻的大小。当金属发生全面腐蚀时，腐蚀介质的电导率越高，溶液电阻越小，金属的腐蚀速度就越大。而当金属发生电偶腐蚀时，腐蚀介质的电导率高，电偶电流就可以分散到离接触点较远的阳极表面上，也即意味着被腐蚀的阳极表面积大，使阳极金属的电偶腐蚀速度反而下降。例如，在海水中发生电偶腐蚀时，阳极金属的腐蚀比较均匀，腐蚀速度相对较小；而在电导率低的淡水中发生电偶腐蚀时，阳极金属的腐蚀集中在接触面附近，发生局部腐蚀，腐蚀区域具有较大的腐蚀速度。

介质温度的升高一般可以加快腐蚀反应的进行，使金属的腐蚀速度增大。但对于电偶腐蚀来说，温度的升高有时会影响电偶对的极性。例如，钢和锌形成电偶对时，在常温下锌为阳极，受到电偶腐蚀；但当温度升高到 80℃ 以上时，金属锌因快速腐蚀而使其表面被大量的腐蚀产物覆盖，其电位反而升高，当其电位高于钢的电极电位时，钢反而成为阳极，受到电偶腐蚀。

介质的组成、pH 值、流动状态等对电偶腐蚀的影响，主要反映在电偶对的极性上。例如，镁-铝电偶对在酸性和中性水溶液中，金属镁为阳极，受到电偶腐蚀；而在碱性水溶液中，电偶对的极性发生逆转，金属铝成为阳极而腐蚀加速。又如，不锈钢-铜电偶对在静态的不含氧的水溶液中，一般不锈钢是电偶对的阳极；而在流动的充气水溶液中，不锈钢由于表面发生钝化而电位升高，反而成为阴极，铜受到电偶腐蚀。

在常见的金属中，碳钢、铸铁、锌和铝等通常会成为电偶对中的阳极而加速腐蚀，而钛、不锈钢和黄铜等常成为电偶对中的阴极而受到一定的保护。

6.1.4　电偶腐蚀的控制

根据电偶腐蚀的原理，要控制电偶腐蚀的发生，或降低电偶腐蚀的速度，通常可以采取以下几种措施。

（1）避免不同金属的接触。电偶腐蚀是由不同金属的接触造成的，因此在设计上应避免腐蚀电位不同的金属相接触。当不可避免异种金属接触时，要尽量选用电偶序中位置相隔较近的金属。

（2）避免大阴极小阳极结构。由于阴极和阳极金属的表面积比对电偶腐蚀有较大影响，因此在设备结构上，应当避免大阴极小阳极结构的出现，防止阳极金属表面积过小而带来的加速腐蚀。

（3）在阴极和阳极金属之间采取绝缘措施。如果金属设备或构筑物中已存在腐蚀电位不同的金属相互接触的情况，则应想方设法对接触面采取绝缘措施，如在法兰接触面使用绝缘垫圈。但一定要仔细检查，确保做到真正的绝缘。如图6-3 中的两块钢板用铜铆钉连接时，要在钢和铜之间采取绝缘措施，既要注意铜铆钉帽与钢板之间的绝缘，也不要忘了铜铆钉杆与钢板之间的绝缘。

（4）将电偶对与环境介质隔开。采用保护性的涂层或镀层对电偶对进行保护，使电偶对与环境介质隔离开来，也可以有效防止电偶腐蚀的发生。在对电偶对进行涂层保护时，注意应在阳极和阴极金属表面同时进行涂覆，不要只在阳极表面涂覆涂层，因为这样就形成了大阴极小阳极结构，使阳极表面涂层的孔隙或破损处发生严重腐蚀。如果只能在一种金属表面涂覆，则应涂覆在阴极表面。

（5）阴极保护。对电解质溶液中的腐蚀，阴极保护是一种较为通用、保护性能优良的电化学保护方法。可以采用外加电源对电偶对实行阴极保护，也可以采用电位更低的牺牲阳极来减轻或避免阳极性金属的电偶腐蚀。

（6）改善介质。可以采用向腐蚀介质中投加缓蚀剂的方法来减缓电偶腐蚀（缓蚀剂保护），也可以通过消除阴极去极化剂的方法，如提高介质的 pH 值、降低介质中溶解氧含量等来降低介质的侵蚀性。

6.2 缝 隙 腐 蚀

6.2.1 缝隙腐蚀概述

缝隙腐蚀是指在金属的结构缝隙或因其他原因在金属表面形成的缝隙部位发生的一种腐蚀形态。在腐蚀介质中，如果金属与金属或与非金属的接触面存在着一定宽度的缝隙，当腐蚀介质进入缝隙内并处于滞留状态时，缝隙内部金属的腐蚀就会加速，这种局部腐蚀形态称为缝隙腐蚀，如图 6-4 所示。

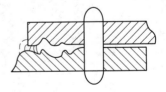

图 6-4 缝隙腐蚀

金属设备或构件中的缝隙并不少见，常见的缝隙有以下几类。

（1）金属设备或构筑物中的结构缝隙，如法兰连接面、螺母压紧面及垫片、螺帽、铆钉的接触面等。

（2）金属表面的固体沉积物如垢类物质、泥沙、腐蚀产物等，与金属基体相接触时，在接触面可形成缝隙。

（3）金属表面的保护膜与金属基体之间形成的缝隙。例如，钢铁设备表面通常采用有机涂层、金属镀层、陶瓷涂层等保护，当这些保护层不能与金属基体紧密连接时，也会形成缝隙。

并不是所有的缝隙都会导致缝隙腐蚀，导致腐蚀的缝隙一般是那些可以使缝内介质处于滞留状态的特小缝隙，这些缝隙的宽度一般在 $0.025 \sim 0.1mm$。如果缝隙宽度太小，缝外介质在表面张力作用下难以进入缝隙，则缝隙腐蚀不会发生；如果缝隙宽度太大，缝内外介质流动通畅，不会造成缝内物质的迁移困难，则缝内和缝外的腐蚀无大的差别，一般也就不发生缝隙腐蚀。

只有一定宽度范围内的缝隙，当缝内介质及腐蚀产物难以向外扩散时，缝内介质在组成、浓度与 pH 值等方面与缝外介质产生了较大的差异，才会导致缝内金属的加速腐蚀，而缝外金属的腐蚀则相对减轻。

6.2.2　缝隙腐蚀的机理

关于缝隙腐蚀的机理，可以结合氧浓差电池模型和闭塞电池的自催化作用模型进行解释。下面以碳钢在海水中的缝隙腐蚀为例来阐述缝隙腐蚀的机理，如图6-5所示。

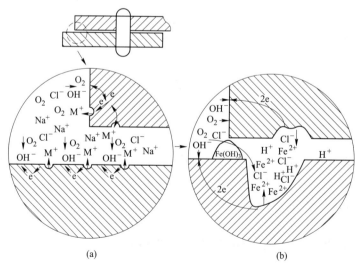

图 6-5　碳钢在海水中的缝隙腐蚀

缝隙腐蚀的发生和发展一般存在以下三个阶段。

（1）开始阶段。在缝隙腐蚀的开始阶段，缝内、缝外介质基本相同，缝内外进行较为均匀的氧去极化腐蚀,如图 6-5(a)所示。

(2)氧浓差电池的形成。随着腐蚀的进行,介质中的氧气逐渐被消耗。由于缝内介质处于滞留状态,氧需要通过扩散的方式进入缝隙内,因此缝内的氧被消耗后难以得到及时补充,即缝内介质处于缺氧状态,而缝外介质中的氧可以随时得到补充,这样缝内、外介质中的氧浓度就存在较大差异,缝内、外形成了氧浓差电池。缝内因氧浓度低而成为腐蚀电池的阳极,而缝外因氧浓度高而成为阴极,分别发生以下反应:

阳极反应(缝内) $Fe \longrightarrow Fe^{2+} + 2e$

阴极反应(缝外) $O_2 + 2H_2O + 4e \longrightarrow 4OH^-$

在缝口,则发生腐蚀的次生过程:

$$Fe^{2+} + 2OH^- \longrightarrow Fe(OH)_2 \downarrow \xrightarrow{O_2} Fe(OH)_3 \downarrow$$

随着缝口处二次腐蚀产物的不断形成和堆积,缝内逐渐形成闭塞区,并逐步发展为闭塞电池。

(3)闭塞电池自催化过程。当缝口完全被腐蚀产物堵住时,缝内外就形成了闭塞电池。闭塞电池一旦形成,腐蚀就进入到发展阶段,缝内金属的腐蚀可自动加速进行。

在这个阶段,随着缝内金属不断被溶解,产生的金属离子 Fe^{2+} 因处于闭塞区而难以扩散、迁移出去,使缝内介质中出现 Fe^{2+} 的积累。缝内含有高浓度的阳离子,促使缝外介质中的 Cl^- 不断迁移到缝内以保持缝内的电荷平衡,这样缝内就出现了高浓度的金属氯化物 $FeCl_2$。$FeCl_2$ 在缝内可发生如下水解反应:

$$FeCl_2 + 2H_2O \longrightarrow Fe(OH)_2 + 2H^+ + 2Cl^-$$

结果使缝内介质酸化,pH 值降低。这又促进了缝内金属的溶解,产生更多的阳离子进而又促使更多的 Cl^- 迁入缝内,导致 $FeCl_2$ 浓度增加,$FeCl_2$ 水解后使缝内介质进一步酸化,造成缝内金属的加速溶解。这样,就形成了闭塞电池的自催化过程,使缝内金属的腐蚀自动加速进行。

6.2.3 缝隙腐蚀的影响因素

(1)金属自身的敏感性。缝隙腐蚀是一种比较常见的局部腐蚀形态,一般的金属及合金都可发生缝隙腐蚀,但不同材料对缝隙腐蚀的敏感性不同。那些具有自钝化特性的金属和合金对缝隙腐蚀的敏感性高,且钝化能力越强,材料的缝隙腐蚀敏感性越高;而那些钝化能力相对较差的金属和合金对这种腐蚀的敏感性较低。例如对不锈钢和碳钢,在一般的腐蚀介质中,不锈钢的钝化能力强于碳钢,因此不锈钢对缝隙腐蚀的敏感性高,而碳钢则较低。

(2)环境介质。缝隙腐蚀易在充气、含活性阴离子的介质中发生,例如不锈钢在充气的、含高浓度氯离子的介质（如海水）中易发生缝隙腐蚀，且氯离子浓度越高，缝隙腐蚀发生的可能性越大。此外，介质温度也会对缝隙腐蚀产生影响，温度越高，金属和合金越容易发生缝隙腐蚀。

6.2.4　缝隙腐蚀的防护措施

（1）在设备的选材上，应尽量选用耐缝隙腐蚀的合金，如高镍、铬、钼的合金 Cr28Mo4、Cr30Mo3 等，这类合金具有较好的抗缝隙腐蚀能力，但开发难度大、成本高。

（2）在结构设计上，应尽量避免形成缝隙和形成积液的死角。可以采用对接焊的方式来替代铆接或螺栓连接的方法，防止连接部位出现缝隙。设备使用过程中，应及时清除金属表面的沉积物和腐蚀产物，减少这些物质在金属表面附着从而与金属基体之间形成的缝隙。当缝隙无法避免时，可以采用一些固体填充料填实缝隙，如对不锈钢可采用铅锡合金做填充料，防止腐蚀性介质进入缝隙，同时填充料还可以起到牺牲阳极的保护作用。

（3）在垫圈选用上，不要使用吸湿材料，可以选用聚四氟乙烯等不吸湿的材料来代替石棉、纸质等吸湿性材料。设备停用时，应取下湿垫圈。

（4）采用电化学保护。通常采用阴极保护法，也可采用阳极保护法，使金属处于稳定的钝化状态而降低其腐蚀速度。

6.3　点　　蚀

6.3.1　点蚀概述

在金属表面局部区域出现向深处发展的腐蚀小孔，其余表面不腐蚀或腐蚀轻微，这种腐蚀即为点蚀，又称孔蚀，或小孔腐蚀。图 6-6 为 304 不锈钢在 NaCl 溶液中的点蚀形貌。

300μm

图 6-6　不锈钢表面的点蚀形貌

（右图为点蚀孔放大图）

金属的点蚀一般具有以下特点。

（1）点蚀容易发生在那些具有自钝化特性的金属（如铝、钛等）或合金（不锈钢、铝合金、钛合金等）表面、在含较高浓度氯离子的介质中。例如，普通不锈钢、铝及其合金等在海水中，易发生点蚀。

（2）蚀孔小而深，孔径一般只有几十微米，而通常蚀孔的深度大于孔径。

（3）蚀孔在金属表面的分布不均匀，有时较为稀疏，有时较为密集。在多数情况下，蚀孔被腐蚀产物覆盖，增加了腐蚀的隐蔽性，使蚀点不易被检查出来。

（4）蚀孔通常沿着重力方向或横向发展，很少向上发展。例如，在水平放置的管道中，如果管内为腐蚀介质，则点蚀通常出现在管道的下半部分，而上半部分很少出现点蚀。

（5）点蚀的发生存在或长或短的孕育期，也即诱导期。金属在不同体系中的点蚀诱导期差别大，有的需要几天、几个月，有的则需要一年甚至几年。

点蚀对金属材料具有很强的破坏力，可以破坏金属表面的钝化膜，形成蚀孔并延伸至金属内部，从而降低材料的强度，影响设备的安全运行。点蚀还可以造成管壁材料的穿孔，引发油、汽等泄漏现象，甚至引发火灾、爆炸等巨大危害。

6.3.2　点蚀的机理

钝化后的金属表面覆盖着一层较为致密的钝化膜，点蚀的发生和发展与钝化膜的稳定性有关。下面以不锈钢在充气、含氯离子的中性介质中的点蚀为例，来说明点蚀的机理。点蚀的发生和发展一般可分为三个阶段。

6.3.2.1　引发阶段——蚀核的形成

在腐蚀介质中，金属表面的钝化膜仍具有一定的溶解能力，同时在 O_2 的作用下，被溶解的钝化膜也会得到及时修复，即再钝化。当钝化膜的溶解和修复处于动态平衡时，不锈钢就处于稳定的钝化状态，不易发生点蚀，如图 6-7 所示。但当介质中存在活性阴离子如氯离子时，上述平衡受到破坏，溶解后的钝化膜将

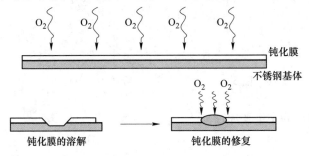

图 6-7　钝化膜的破坏和修复

得不到及时修复，因为氯离子可以优先地吸附在钝化膜上，阻止 O_2 与金属表面的接触，并与钝化膜中的金属阳离子结合形成可溶性的氯化物，从而抑制了金属表面的再钝化，结果使得这些发生钝化膜局部溶解而又不能再钝化的部位出现基体的裸露，形成孔径 $20\sim30\mu m$ 的小蚀坑，即蚀核。

在钝态金属表面，蚀核可优先在一些敏感位置形成。这些敏感位置也即腐蚀的活性点，主要是钝化膜中有缺陷的部位，如钝化膜的位错露头与划伤部位、晶格缺陷部位、非金属夹杂特别是硫化物（FeS、MnS 等）夹杂部位等。

6.3.2.2　发展阶段——蚀孔的形成

多数情况下，蚀核可以继续长大。一般当蚀核长大至孔径尺寸大于 $30\mu m$ 时，金属表面就出现了宏观可见的蚀孔。

蚀孔形成后，由于孔内是裸露的、处于活化状态的金属基体，电位较负，孔外是处于钝态、被钝化膜保护的金属，电位较正，因此孔内-孔外构成了一个活态-钝态微电偶腐蚀电池，如图 6-8 所示。该电池具有大阴极小阳极的结构特点，因此处于阳极的蚀孔部位具有很大的阳极电流密度，蚀孔沿着纵深加快腐蚀。而孔外的金属表面则受到了阴极保护，继续维持钝态。对于不锈钢的点蚀，孔内发生阳极溶解反应：

$$Fe \longrightarrow Fe^{2+} + 2e$$
$$Ni \longrightarrow Ni^{2+} + 2e$$
$$Cr \longrightarrow Cr^{2+} + 3e$$

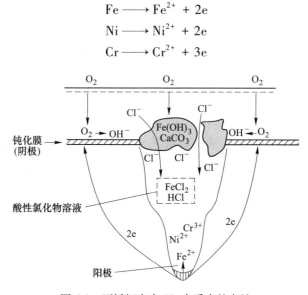

图 6-8　不锈钢在含 Cl^- 介质中的点蚀

孔外发生 O_2 的阴极还原反应：

$$O_2 + 2H_2O + 4e \longrightarrow 4OH^-$$

孔口发生二次反应：

$$Fe^{2+} + 2OH^- \longrightarrow Fe(OH)_2\downarrow \xrightarrow{O_2} Fe(OH)_3\downarrow$$

可见随着腐蚀的进行，孔口将出现腐蚀产物的沉积，但这种腐蚀产物多数较为疏松，对金属基体不具有保护作用。又由于孔内介质处于滞留状态，孔内生成的金属阳离子不易扩散出去，孔外的溶解氧也不易扩散进来，为了维持孔内介质的电中性，孔外的氯离子将迁入，使孔内形成高浓度的金属氯化物溶液。孔内氯化物发生水解使孔内介质 pH 值降低，这又加快了孔内金属的溶解速度，使蚀孔内的腐蚀不断加速，并在介质重力的影响下，蚀孔沿着重力方向向深处发展。

6.3.2.3 闭塞电池自催化

随着腐蚀的进行，孔口的腐蚀产物不断堆积。另外，孔外阴极反应使介质的 pH 值不断升高，使得水溶液中的一些可溶性盐类如 $Ca(HCO_3)_2$ 转化为 $CaCO_3$ 沉淀，沉积在孔口部位，如图 6-8 所示。当这些腐蚀产物和沉淀物将孔口完全堵塞时，孔内外便形成了闭塞电池。闭塞电池一旦形成，腐蚀就进入到自动加速进行的阶段，这一阶段的腐蚀机理与缝隙腐蚀的最后阶段相同，都是进入到了闭塞电池自催化阶段，即闭塞电池形成后孔内、孔外之间的物质交换更为困难，孔外的氯离子便不断迁入，使孔内的氯化物浓度更高，氯化物水解后使得孔内介质的 pH 值更低（某些条件下孔内介质的 pH 值可以降低至 0），这又进一步加速了孔内金属的腐蚀溶解，使蚀孔快速往深处发展，直至蚀穿金属断面。这种自催化作用可以使腐蚀电池的电动势达到几百毫伏至 1V，再结合重力的作用，蚀孔具有快速的深挖能力。因此，对一些不锈钢设备，可以发现金属表面一旦出现蚀孔，就可以在短时间内穿孔，这就是由于闭塞电池的自催化作用导致的结果。

要注意的是，在实际的腐蚀体系中，只有少数的蚀孔会蚀穿金属截面，而大量的蚀孔发展到一定深度后就不再发展了，这可以用蚀孔的再钝化机理来解释。随着蚀孔向深处发展，蚀孔底部和蚀孔口的溶液电阻增大，蚀孔内、外金属的电位相差几十毫伏以上，当蚀孔底部金属的电位降至金属的钝化区电位范围时，蚀孔内金属就可以实现再钝化。

另外，从腐蚀机理来看，点蚀和缝隙腐蚀有相同之处，都是在腐蚀的最后阶段形成闭塞区，出现闭塞电池的自催化作用；而且这两种腐蚀都易于发生在具有自钝化特性的金属或合金、在含氯离子的介质中。但这两种腐蚀又有本质区别，主要体现在以下几个方面。

（1）点蚀的产生源于金属表面的蚀核，通过腐蚀逐渐形成闭塞电池，使蚀孔内酸度增大，加速腐蚀；缝隙腐蚀的产生源于金属表面的较小缝隙，这个缝隙是事先就已经形成的，通过缝隙内外氧含量的不同而形成氧浓差电池，对金属腐蚀起加速作用。

（2）从闭塞电池的闭塞程度上看，点蚀的闭塞程度更大，而缝隙腐蚀的闭塞程度较小。

（3）点蚀的发生需要活性离子（如氯离子）的存在，而缝隙腐蚀不需要，但在含活性离子的介质中缝隙腐蚀更易发生。

（4）通过极化曲线测定，可以获得点蚀或缝隙腐蚀的击穿电位，但点蚀的击穿电位一般要高于缝隙腐蚀的击穿电位。

（5）从腐蚀形态来看，点蚀的蚀孔窄而深，而缝隙腐蚀的蚀坑宽而浅。

6.3.3 点蚀的影响因素

金属或合金表面发生点蚀的难易及点蚀程度，受金属或合金自身特性和腐蚀介质的共同影响。

6.3.3.1 金属或合金的性质

（1）金属或合金的钝化性能。金属或合金的钝化能力不同，对点蚀的敏感性也不同。一般具有自钝化特性的金属或合金，发生点蚀的敏感性较高，且金属钝化能力越强，对点蚀的敏感性越高。金属和合金的性质决定了它们的点蚀电位，点蚀电位高，材料的耐点蚀性能好，如钛合金的点蚀电位高于氧电极的电位，具有很好的耐点蚀性能。

（2）合金组分。合金中的不同组分对合金的耐点蚀性能产生不同的影响，如不锈钢中的 Mo、Cr、N 等元素属于抗点蚀的合金元素，而杂质 C 和 S 则是促进点蚀的杂质，可促进不锈钢点蚀的发生。

（3）金属的表面状态。一般情况下，光滑清洁的表面不易发生点蚀，粗糙表面或存在焊渣、杂屑等的表面都易发生点蚀。因此，在设备的运输、使用期间，应避免对金属材料的划伤和磨损，保持金属表面清洁和光滑，以降低点蚀产生的可能性。

6.3.3.2 腐蚀介质的性质

（1）活性离子。在侵蚀性离子（活性离子）存在的介质中，点蚀容易发生，尤其在含 Cl^- 的介质中，由于其穿透能力强，点蚀十分容易发生，如不锈钢、铝等金属材料在海水中易发生点蚀。介质中 Cl^- 浓度越大，金属越易发生点蚀。在氯化物中，含有氧化性金属阳离子的氯化物对点蚀的促进作用更强，例如 $FeCl_3$、$CuCl_2$、$HgCl_2$ 等都属于强烈的点蚀促进剂。这些金属离子的还原电位较高，即使是在不含氧的条件下，也能在阴极表面还原，起到阴极去极化的作用。

（2）缓蚀性离子。介质中的一些含氧阴离子，如 SO_4^{2-}、NO_3^-、OH^- 等则属于缓蚀性阴离子，可以抑制点蚀的发生。这主要是因为这些离子可以在钝化膜表面与 Cl^- 发生竞争吸附，从而抑制 Cl^- 对钝化膜的破坏作用，使点蚀难以发生和发展。

（3）介质温度。介质温度对点蚀的形成可产生较大影响。一般情况下，介质的温度越高，点蚀电位越低，钝态电流密度越大，钝化膜的稳定性越小，金属就越容易发生点蚀。当介质温度低于某个临界值时，金属就不会发生点蚀，这个温度称为临界点蚀温度（CPT, Critical Pitting Temperature）。临界点蚀温度是金属表面稳态点蚀萌生、发展的最低温度（即金属发生点蚀的最低温度）。当介质温度高于临界点蚀温度时，金属表面可以产生稳态点蚀。利用临界点蚀温度可以评价金属材料的点蚀敏感性，金属在介质中的临界点蚀温度越高，则金属的耐点蚀性能越好。

（4）介质的流速。介质流速的增大一般可以抑制金属点蚀的发生。这是由于流速的增大一方面有利于介质中的溶解氧向金属表面输送，促进不锈钢等钝态金属表面钝化膜的形成与修复；另一方面，流速的增大使金属表面的沉积物减少，降低了沉积物下点蚀形成的可能性。但当流速过大形成湍流时，可能会对钝化膜产生冲刷作用，使钝化膜受损，造成金属的冲刷腐蚀或磨损腐蚀。

6.3.4 点蚀试验方法

可通过电化学或化学的方法来评价金属在腐蚀介质中的耐点蚀性能。

6.3.4.1 电化学方法

该法主要是通过环状阳极极化曲线（见图 5-11）的测定，获得金属在腐蚀介质中的点蚀电位 E_b 和保护电位 E_{pp}（测定方法见 5.4 节），利用 E_b 和 E_{pp} 来评价金属的耐点蚀性能：

（1）首先根据 E_b 来评价，E_b 越正，金属的耐点蚀性能越好；

（2）当 E_b 相近时，则根据 E_{pp} 来评价，E_{pp} 越正，或越接近于 E_b〔即（E_b - E_{pp}）越小〕，则金属的耐点蚀性能越好。

6.3.4.2 化学方法

根据《金属和合金的腐蚀　不锈钢三氯化铁点腐蚀试验方法》（GB/T 17897—2016），可以采用化学法进行点蚀试验。

试验时将金属试片浸没在点蚀促进剂 $FeCl_3$ 溶液中。常使用两种点蚀促进剂，分别设置试验温度和试验时间如下：

（1）点蚀促进剂为 10% 的 $FeCl_3 \cdot 6H_2O$ 水溶液（即 6% 的 $FeCl_3$ 溶液），试验温度为 22℃±1℃ 或 50℃±1℃，连续试验 72h；

（2）点蚀促进剂为 10% $FeCl_3$ + 0.05mol/L HCl 溶液（即 6% $FeCl_3$ + 0.16% HCl 溶液），试验温度为 35℃±1℃ 或 50℃±1℃，连续试验 24h。

根据不锈钢的种类（耐点蚀性能）和预期的服役环境等因素，试验时可适当调整试验温度和试验时间。

试验后，对于点蚀严重而均匀腐蚀不明显的材料，可以通过测量试片的质量损失得出点蚀速度，同时测量蚀孔密度和深度来表征点蚀程度。

6.3.5　点蚀的防护措施

（1）提高材料的耐点蚀性能。材料在冶炼时，加入一些抗点蚀的合金元素，可以提高材料的耐点蚀性能。如在不锈钢中加入 Mo、Cr、N 等元素，采用精炼的方法降低杂质 S 和 C 的含量，可以提高不锈钢的耐点蚀性能。有些不锈钢如双相不锈钢、超级不锈钢，已具有优异的抗点蚀性能。

（2）改善环境介质。降低介质中的侵蚀性离子浓度，如尽量除去活性阴离子 Cl^-、氧化性阳离子 Fe^{3+}、Cu^{2+}、Hg^{2+} 等，提高介质的 pH 值至合适范围，降低介质的温度等，均有利于抑制金属材料的点蚀。

（3）加缓蚀剂保护。在实际的生产应用中，添加缓蚀剂抑制腐蚀是较为经济的一种方法。对金属点蚀的控制，通常可以采用钝化型缓蚀剂，如钼酸盐、钨酸盐等。这些缓蚀剂可以促进金属表面钝化膜的形成并提高钝化膜的稳定性，有效防止金属发生点蚀。铬酸盐和亚硝酸盐是最早出现的钝化型缓蚀剂，对铁合金具有优良的缓蚀性能，但受环保排放的限制，这两类缓蚀剂已被限制使用。

（4）阴极保护。采用外加电流阴极保护法，将被保护的金属电位降低至保护电位以下，可以有效抑制金属表面点蚀的发生。

6.4　晶　间　腐　蚀

6.4.1　晶间腐蚀概述

金属材料通常都是晶体材料，实际的金属晶体由大量不同方位的晶粒组成，晶粒和晶粒之间的界面称为晶界，如图 6-9 所示。晶粒内部的原子呈有序、规则排列，而晶界上原子的排列不规则，金属中的一些杂质也易在晶界聚集，因此晶界比晶粒具有更大的电化学活性，更易发生腐蚀。所谓晶间腐蚀，就是指金属的腐蚀集中在晶粒边界进行，其他区域不腐蚀或腐蚀很轻微的一种腐蚀形态。

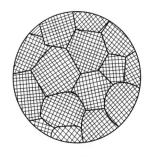

图 6-9　晶粒和晶界

晶间腐蚀的发生，使晶粒与晶粒之间的结合力大幅度减弱，严重时可使金属的机械强度完全丧失。另外发生晶间腐蚀的金属，从外观很难辨别腐蚀的存在，因此这种腐蚀具有较大的隐蔽性。例如，某些不锈钢发生晶间腐蚀时，表面还是呈现光亮的金属本色，但只要轻轻敲击就可以将金属破碎成细粒。因此这种腐蚀造成的设备损坏往往是突然发生的，危害性较大。

金属在腐蚀介质中发生晶间腐蚀，一般需满足以下的电化学条件：

（1）金属晶体中晶界与晶粒存在不同的组织或化学组分有显著差别，使它们的电化学性质存在较大差异，从而形成晶粒-晶界腐蚀微电池，这是晶间腐蚀发生的内因；

（2）金属与特定的腐蚀介质接触，使晶界和晶粒的电化学性质的差异得以体现出来，这是晶间腐蚀发生的外因。

晶间腐蚀通常发生在一些合金材料，如不锈钢、镍基合金、铝合金、镁合金等。晶间腐蚀的发生一般与这些材料在受热情况下使用或焊接有关。例如，不锈钢的晶间腐蚀常在受到不正确的热处理以后发生。使不锈钢产生晶间腐蚀倾向的热处理叫作敏化热处理。奥氏体不锈钢的敏化热处理范围为450~850℃，当奥氏体不锈钢在这个温度范围内较长时间加热（如焊接）或缓慢冷却时，就会产生晶间腐蚀敏感性。铁素体不锈钢的敏化温度在900℃以上，而在700~800℃退火可以消除晶间腐蚀倾向。

6.4.2 晶间腐蚀的机理

下面以奥氏体不锈钢的晶间腐蚀为例，来说明晶间腐蚀的机理。不锈钢的晶间腐蚀，可以用"贫铬理论"来解释。

不锈钢的主要组成元素为 Fe 和 Cr。从耐蚀性的角度来看，不锈钢中的 Cr 含量一般在达到 $n/8$（原子比，n 通常为 1 和 2）时，不锈钢固溶体的电极电位会突然升高，耐蚀性能会发生突跃，这就是合金耐蚀性的 $n/8$ 定律。根据此定律，要保证不锈钢有较好的耐蚀性能，其中的 Cr 含量（质量分数）至少要达到 11.7%以上（$n=1$）。考虑到不锈钢中含有的杂质 C 可与 Cr 结合形成碳化物，而消耗基体中的 Cr，因此不锈钢中 Cr 含量（质量分数）一般都在 13%以上，以保证固溶体中有足够的铬固溶量。

不锈钢材料在出厂前均已经过固溶处理，即将不锈钢加热到 1050~1150℃，使钢中各组分处在均相固溶状态，然后进行淬火，这样就可以获得均相固溶体。奥氏体不锈钢中含有少量的杂质 C，C 在奥氏体中的固溶度随温度的下降而减小。在 1100℃时，C 的固溶度约为 0.2%；在敏化温度范围（450~850℃），C 的固溶度约为 0.02%。而在一般的不锈钢中，杂质 C 的含量（质量分数）均要高于 0.02%，因此经固溶处理的钢，C 处在过饱和状态。

当不锈钢在敏化温度（450~850℃）下使用或缓慢冷却时，过饱和的碳会与铬元素结合，以 $(Fe,Cr)_{23}C_6$ 的形式从奥氏体中析出并分布在晶界上，$(Fe,Cr)_{23}C_6$ 的析出消耗了晶界附近大量的 Cr，而 Cr 的扩散速度很慢，晶界上被消耗的 Cr 不能从晶粒得到及时补充，结果使晶界附近的含铬量（质量分数）小于不锈钢钝化所必须的限量 13%，晶界出现贫铬区，如图 6-10 所示，而晶粒的含铬量基本未变。晶界上析出的碳化物附近 Cr 的分布如图 6-11 所示。Cr 是保障不锈钢耐蚀性的基础，铬含量的差异造成了在腐蚀环境中晶粒和晶界的电化学性质的不同。晶粒含铬量高 $[w(Cr)>13\%]$，处于钝化状态，电位较正；晶界含铬量低 $[w(Cr)<13\%]$，钝态受到破坏，电位较负。晶粒和晶界构成了钝态-活态微电偶腐蚀电池，且具有大阴极-小阳极结构，晶界成为了微电偶电池的阳极而受到迅速腐蚀。

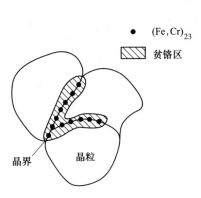

图 6-10　晶界贫铬区的形成

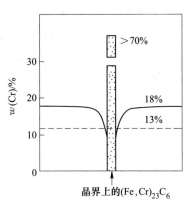

图 6-11　晶界上析出的碳化物附近铬的分布

6.4.3　晶间腐蚀的影响因素

6.4.3.1　热处理因素

晶间腐蚀的发生与材料的热处理温度 T 和时间 t 均有关。图 6-12 为钢的晶间腐蚀倾向与回火温度和时间的关系曲线（称为 C 形曲线或 Rollason 图），其中 AB 线为不同温度时出现晶间腐蚀倾向的最短时间，$A'B'$ 线为不同温度时消除晶间腐蚀倾向的最短时间，AB 线和 $A'B'$ 线之间的区域就是晶间腐蚀发生的区域。

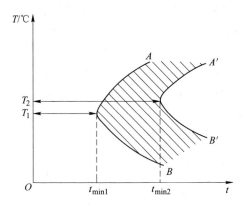

图 6-12　回火温度和时间对钢的晶间腐蚀影响

t_{min1}—T_1 时出现晶间腐蚀的最短时间；t_{min2}—T_2 消除晶间腐蚀的最短时间

热处理方式直接影响晶界碳化物的析出。不同热处理条件下晶界碳化物的析出形貌如图 6-13 所示，其中图 6-13（a）为淬火后的纯净晶界，无碳化物析出；图 6-13（b）为退火时析出的局部弥散的碳化物；图 6-13（c）、（d）为在敏化区沿晶界出现的连续网状碳化物；图 6-13（e）为延长加热时间时，由于扩散的持续进行，晶粒和晶界中铬的浓度趋向一致，使晶间腐蚀倾向降低。其他热处理因素如退火温度、淬火温度等若可以促进铬的扩散，也可以降低晶间腐蚀的敏感性。

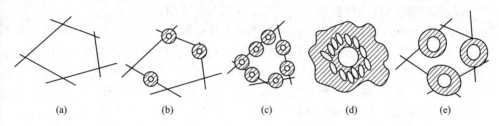

(a)　　　　　(b)　　　　　(c)　　　　　(d)　　　　　(e)

图 6-13　不同条件下析出的碳化物形貌

6.4.3.2　金属或合金组成的影响

金属或合金的组成元素不同，其晶间腐蚀敏感性也不同。下面以不锈钢为例进行说明。

（1）碳。前面已说明，不锈钢的晶间腐蚀是由于在一定温度下，晶界因碳化物（$Fe,Cr)_{23}C_6$ 的析出而出现贫铬区域引起的，因此碳含量直接影响不锈钢晶间腐蚀的敏感性。碳含量越高，不锈钢的晶间腐蚀敏感性越大。当碳含量（质量分数）低于 0.009% 时，不锈钢不会发生晶间腐蚀；当碳含量（质量分数）低于 0.02% 时，不锈钢的晶间腐蚀倾向较小；当碳含量（质量分数）大于 0.02% 时，不锈钢的晶间腐蚀倾向较大。

（2）铬。增加不锈钢的铬含量，一般可以降低其晶间腐蚀的敏感性。不锈钢的铬含量越高，其晶间腐蚀倾向越小。因为对铬含量较高的不锈钢，在其晶界发生碳化物析出时，碳化物周边的贫铬区域中的铬含量也相对较大，若能保持贫铬区铬含量始终大于 13%，则不锈钢的晶间腐蚀倾向较小。铬含量的增加也可以提高不锈钢不发生晶间腐蚀的允许碳含量，有人认为不锈钢的铬含量（质量分数）从 18% 提高到 22% 时，不发生晶间腐蚀的最高碳含量（质量分数）从 0.02% 提高到了 0.06%。

（3）其他元素。其他元素如镍、锰、氮，可促进不锈钢的晶间腐蚀，如不锈钢中镍含量的增加可缩短出现晶间腐蚀的时间。而钛、铌、钽这类元素则可降低晶间腐蚀的倾向，因为这些元素易于与碳结合而形成碳化物，将之加入不锈钢中，在敏化温度下碳优先与这些元素结合形成稳定的碳化物，从而抑制了碳化物（Fe,Cr）$_{23}$C$_6$ 在晶界的大量析出，防止晶界贫铬区的出现。

6.4.3.3 腐蚀介质的影响

晶间腐蚀的发生与发展与腐蚀介质也有很大的关系。对不锈钢来说，通常在酸性介质中易遭受较为严重的晶间腐蚀；当酸（硫酸或硝酸等）中含有氧化性阳离子如 Cu^{2+}、Hg^{2+} 和 Cr^{6+} 时，可加速晶间腐蚀的发生。

6.4.4 晶间腐蚀的控制

以不锈钢的晶间腐蚀控制为例，可以从以下几方面着手。

（1）冶炼中的稳定化处理。在不锈钢的冶炼过程中，加入一定量的稳定元素钛、铌或钽。由于钛、铌或钽与碳的结合能力明显大于铬与碳的结合能力，因此它们能与碳首先生成稳定的钛、铌或钽的碳化物，而且这种碳化物的固溶度又显小于（Fe,Cr）$_{23}$C$_6$，使不锈钢在敏化温度下不会在晶界大量析出（Fe,Cr）$_{23}$C$_6$，从而预防了晶间腐蚀的产生。加入元素钛、铌或钽后，还需对钢进行稳定化处理，即将不锈钢部件加热到 900℃，使碳与钛、铌或钽充分生成稳定的碳化物，减少（Fe,Cr）$_{23}$C$_6$ 在晶界的析出。

（2）降低不锈钢的碳含量。碳对不锈钢晶间腐蚀有重大影响，随着不锈钢中碳含量的增加，晶间腐蚀倾向也增大。一般碳含量（质量分数）小于 0.03% 的超低碳不锈钢，发生晶间腐蚀的敏感性较小，不易发生晶间腐蚀。但这种不锈钢的冶炼成本比较高。

（3）重新固溶处理。当不锈钢已经在敏化温度下停留、晶界析出了碳化铬并出现贫铬现象时，可对不锈钢重新进行固溶处理，即将不锈钢加热到固化温度 1050~1150℃并恒温一定时间，使晶界析出的（Fe,Cr）$_{23}$C$_6$ 充分溶解到固溶体中，然后淬火使之快速冷却到常温，防止碳化物的再次析出。

（4）采用更耐蚀的双相钢。双相不锈钢（DSS, Duplex Stainless Steel）是指奥氏体和铁素体各约占 50% 的不锈钢，一般较少相的含量（质量分数）不低于 30%。这种不锈钢兼具奥氏体不锈钢和铁素体不锈钢的优点，并弥补两者的不足，如具有奥氏体不锈钢的韧性和铁素体不锈钢优良的耐晶间腐蚀性能，而克服奥氏体不锈钢耐晶间腐蚀性能差和铁素体不锈钢加工性能差的缺点。与铁素体不锈钢相比，双相钢的塑性和韧性高，加工性能显著改善；与奥氏体不锈钢相比，双相钢的耐晶间腐蚀性能优异。双相钢已成为耐晶间腐蚀的优良材料。

6.5 选择性腐蚀

选择性腐蚀是合金的一种腐蚀形态，是指合金中电位较低、较活泼的组分被选择性地优先溶解下来，而另一种元素则在合金中富集，导致合金的机械强度下降，因此其又称为脱合金腐蚀。最常见的选择性腐蚀为黄铜的脱锌腐蚀，另外还有铜铝合金的脱铝腐蚀、铜镍合金的脱镍腐蚀等。下面以黄铜的脱锌腐蚀为例，介绍选择性腐蚀的机理和控制措施。

黄铜的主要合金元素是铜和锌，通常情况下铜和锌的含量（质量分数）分别为 70% 和 30%。在一般的腐蚀介质中，锌比铜活泼，因此可发生锌的选择性溶解，即脱锌腐蚀。脱锌后的黄铜表面几乎只剩下铜，这样就使黄铜表面颜色逐渐由黄色变为红色，同时黄铜的力学性能严重下降。

6.5.1 脱锌腐蚀的类型

黄铜的脱锌腐蚀具有以下两种类型。

（1）层状脱锌，也称为均匀脱锌。这种类型的脱锌腐蚀发生时，与腐蚀介质接触的整个黄铜表面均发生了脱锌，且呈现层状推进，脱锌后的黄铜表面留下一层多孔的紫铜层，表面颜色也由黄色变为紫红色，如图 6-14（a）所示。脱锌腐蚀发生后黄铜的厚度基本不减薄，但机械强度显著降低。

（2）栓状脱锌，也称为局部脱锌或塞状脱锌。栓状脱锌表现为黄铜表面局部区域发生锌的溶解，脱锌处常覆盖有白色或浅蓝色的腐蚀产物，去掉腐蚀产物后可以看见海绵状紫铜塞，去掉紫铜塞后呈现出腐蚀小孔，如图 6-14（b）所示。栓状脱锌产生的蚀孔可以达到一定的深度，甚至会导致穿孔现象的发生。

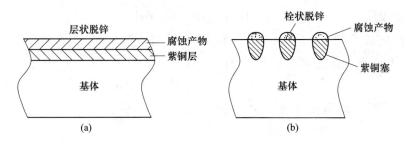

图 6-14　黄铜脱锌腐蚀示意图
（a）层状脱锌；（b）栓状脱锌

黄铜到底发生何种类型的脱锌腐蚀，与腐蚀介质特性及合金元素含量等有关。介质的 pH 值和黄铜中的锌含量对脱锌腐蚀类型可产生较大影响，锌含量高的黄铜在酸性介质中易发生层状脱锌，而锌含量低的黄铜在中性、弱酸性和碱性介质中易发生栓状脱锌。

6.5.2 脱锌腐蚀的机理

在不同情况下，黄铜的脱锌腐蚀可以用如下两种机理进行解释。

6.5.2.1 锌的优先溶解理论

这种理论认为，黄铜脱锌腐蚀的发生是由于其表面的锌发生了选择性溶解，表层的锌原子溶解后产生了空位，表层下的锌原子再通过这些空位扩散到表面层继续被溶解，而铜仍留在原位形成疏松的铜层。随着脱锌过程的进行，脱锌处的黄铜逐渐由黄变红，但仍保持着和基体金属类似的金相结构。

一些学者在研究中发现，在产生脱锌腐蚀的 α 黄铜表面的脱锌层中，含有与基体金属类似的孪晶和残余晶界，这验证了锌的优先溶解理论。但另一些学者在实验中发现脱锌后残留铜层中的孪晶与电解沉积铜的相同，由此对溶解理论提出了质疑，说明该种情况下的脱锌腐蚀具有不一样的机理。

6.5.2.2　铜的溶解——再沉积理论

这种理论认为，黄铜发生脱锌腐蚀时，铜和锌一起发生了溶解，并分别以离子的形式进入到溶液中，但由于铜离子的析出电位高于合金的腐蚀电位，因此在溶液静止或闭塞情况下，铜离子又可以从水中析出，并重新沉积在腐蚀表面，相当于在黄铜表面发生了铜的回镀现象。这时黄铜表面形成的紫铜层就具有与基体不同的金相结构，成为了独立相。根据这个理论，腐蚀发生时黄铜中的两种金属元素均发生溶解，假设体系中的去极化剂为 O_2，则发生如下电极反应。

阳极反应：
$$Zn \longrightarrow Zn^{2+} + 2e$$
$$Cu \longrightarrow Cu^+ + e$$

阴极反应：
$$O_2 + 2H_2O + 4e \longrightarrow 4OH^-$$

生成的 Zn^{2+} 和 Cu^+ 进入溶液，其中 Cu^+ 可与溶液中的 Cl^- 迅速作用，生成 Cu_2Cl_2。Cu_2Cl_2 可发生如下分解反应：
$$Cu_2Cl_2 \longrightarrow Cu + Cu^{2+} + 2Cl^-$$

分解出的 Cu^{2+} 可在黄铜表面发生还原反应，析出铜：
$$Cu^{2+} + 2e \longrightarrow Cu$$

这样黄铜表面就形成了一层类似于化学镀铜产生的纯铜层，但该铜层疏松、多孔，对黄铜不具有保护作用。

不同体系的电位-pH 平衡图如图 6-15 所示。其中实验电位-pH 平衡图的绘制方法是，在该实验介质（0.1mol/L NaCl 溶液）中，改变溶液的 pH 值，在不同 pH 值下测定黄铜的极化曲线，获得每个 pH 值下黄铜的零电流电位、钝化电位、保护电位等特征电位，并绘制在电位-pH 坐标面中，将相应的数据点连接，就可以勾画出不同反应的平衡线，获得免蚀区、腐蚀区和钝化区。

根据图 6-15（d）可以来判断不同电位-pH 条件下黄铜的腐蚀形态。

（1）当体系电位低于-0.94V 时，金属 Zn 和 Cu 均处于免蚀区，因此在此条件下黄铜不发生腐蚀。

（2）当体系电位处于-0.94~0.00V 之间、pH 值在酸性或弱碱性范围时（处于图 6-15 中的阴影区域），Zn^{2+} 和 Cu 在介质中稳定存在，即金属锌处于腐蚀区，而铜仍处于免蚀区。这时将发生锌的选择性优先溶解过程，而铜基本不溶解。

（3）当体系电位处于 0~0.20V 之间、pH 值处于酸性范围时（处于图 6-15 中的斜格线区域），Zn 和 Cu 都处于腐蚀区，因此在此区域 Zn 和 Cu 将同时发生溶解，但铜离子又可以发生还原并重新沉积在黄铜表面，即此时的脱锌腐蚀属于铜的溶解—再沉积历程。

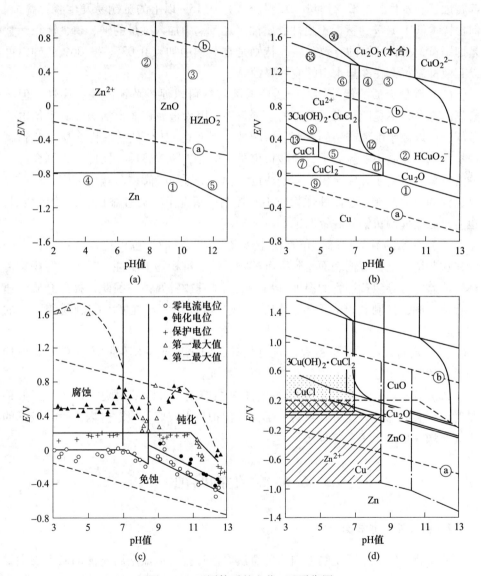

图 6-15　不同体系的电位-pH 平衡图

（a）简化的 Zn-H_2O 体系；（b）Cu-Cl$^-$-H_2O 体系；

（c）黄铜（70Cu-30Zn）在 0.1mol/L NaCl 溶液中的实验电位-pH 平衡图；（d）以上三图的叠加图

6.5.3　脱锌腐蚀的控制

与其他类型的腐蚀一样，脱锌腐蚀的发生与黄铜的耐蚀性能、介质侵蚀性等密切相关。要控制黄铜脱锌腐蚀的发生，可以采取以下几方面的措施。

（1）改变黄铜组成，提高黄铜耐脱锌腐蚀性能。黄铜的锌含量越高，其脱锌腐蚀越易发生，一般含锌量（质量分数）在15%以上的黄铜易发生脱锌腐蚀。但含锌量低于15%的黄铜不耐冲刷腐蚀。在黄铜中加入微量的砷、磷、锑等元素是抑制黄铜脱锌腐蚀的有效手段，特别是在黄铜中加入0.03%~0.06%的砷，可以有效抑制黄铜在冷却水中的脱锌腐蚀。

（2）降低介质的侵蚀性。介质中的溶解氧可以促进黄铜的脱锌腐蚀，但溶解氧的存在并不是脱锌腐蚀发生的必要条件，因为金属锌非常活泼，其平衡电位很低，可以被水电离产生的氢离子所腐蚀，因而在pH值低的酸性介质中脱锌腐蚀易发生。介质中的氯离子、硫酸根离子也可促进脱锌腐蚀。因此，控制介质中的溶解氧、氯离子和硫酸根等离子浓度，调节介质pH值在弱碱性范围，可以提高黄铜的耐蚀性能。在侵蚀性物质不易控制的情况下，通过添加合适的缓蚀剂，也可以有效抑制黄铜的脱锌腐蚀。

（3）介质的流动状态。介质在流速慢或不流动时，也可促进脱锌腐蚀，因为在这些情况下，黄铜表面易附着沉积物，造成沉积物下腐蚀。另外，沉积物传热性能差，可导致黄铜管的温度升高，从而加速脱锌腐蚀。因此，控制介质流速在合适范围，抑制黄铜表面沉积物的形成，可以在一定程度上抑制脱锌腐蚀的发生。

（4）表面处理。对黄铜表面进行处理，使之形成一层保护膜，可以有效抑制黄铜的脱锌腐蚀，如采用硫酸亚铁成膜处理。

（5）阴极保护。对水介质中黄铜的腐蚀控制，可以采用阴极保护。但如果是对黄铜管的保护，此方式对管口部位的保护效果较好，但对管内离管口较远的中间区域保护效果不一定理想。

6.6　微生物腐蚀

6.6.1　微生物腐蚀概述

微生物腐蚀是指微生物参与下的金属腐蚀过程。造成金属腐蚀的微生物主要是细菌，因此又称细菌腐蚀。微生物腐蚀广泛存在于海港、湖泊、地下管道、冷却水系统等环境的金属设备中。在冷却水系统中，微生物的存在会导致黏泥的产生，堵塞管道，降低传热效率，严重时可导致冷却管的穿孔，严重影响设备的安全高效运行，甚至造成较大的经济损失。

6.6.1.1 微生物的腐蚀作用

微生物腐蚀通常并不是指微生物自身对金属具有侵蚀作用，而是指微生物的生命活动过程或生命活动的结果对金属的电化学腐蚀过程产生间接或直接的影响。微生物的腐蚀作用主要体现在以下几个方面。

（1）微生物新陈代谢产物的腐蚀作用。有些微生物在环境介质中能产生强腐蚀性的代谢产物，如硫酸、硫化物等，对金属具有较大的侵蚀性。

（2）恶化腐蚀环境。一些细菌可以改变环境介质中的溶解氧、pH 值、盐浓度等，使介质对金属的侵蚀性增大，或更易形成腐蚀电池。细菌也可能会降低介质中缓蚀剂的稳定性。

（3）影响腐蚀反应的动力学过程。有些细菌如硫酸盐还原菌，其生命活动过程会促进腐蚀电池中的阴极反应，起到阴极去极化的作用。

（4）破坏金属表面的保护膜。细菌黏附在金属表面形成的生物膜，可以破坏金属表面钝化膜或其他非金属覆盖层，促进金属的腐蚀。

（5）细菌生命活动导致金属腐蚀的发生。一些细菌可以从金属中获取电子来维持自身的正常生命活动，获取电子的过程就导致了金属腐蚀的产生。

6.6.1.2 常见的腐蚀性菌

自然环境中存在着大量的细菌，但能参与金属腐蚀过程的细菌并不多。常见的腐蚀性细菌可根据需氧量的不同分为好氧菌和厌氧菌两种类型。

A 好氧菌

好氧菌是指在含有溶解氧的环境介质中能够生存的细菌。常见好氧菌包括铁细菌、硫氧化菌、假单胞菌等。

（1）铁细菌。铁细菌在自然界中分布广，种类多。与腐蚀有关的铁细菌主要是氧化铁杆菌，适宜该菌生长的温度范围为 $20 \sim 25\,℃$，pH 值范围为 $1.4 \sim 7.0$，在含有机物和可溶性铁盐的水体、土壤和锈层中，都有这种细菌的存在。这种菌能将环境中的二价铁氧化成三价铁，通过这个氧化反应，细菌获得了新陈代谢所需的能量。反应生成的高价铁盐，氧化性很强，可以将硫化物氧化成硫酸。

（2）硫氧化菌。具有腐蚀性的硫氧化菌主要是硫杆菌属的细菌，包括氧化硫杆菌、排硫杆菌和水泥崩解硫杆菌等，其中对腐蚀影响最大的是氧化硫杆菌。该菌可以将环境介质中的元素硫、硫代硫酸盐氧化为硫酸，从而造成金属的腐蚀。适合该菌生长的温度范围为 $28 \sim 30\,℃$，pH 值范围为 $2.5 \sim 3.5$。

（3）假单胞菌。假单胞菌是海水中常见的好氧菌，对不锈钢、铜镍合金等金属材料的腐蚀过程有重要影响。海水中的假单胞菌可以附着在不锈钢表面产生生物膜，生物膜随时间增加而增厚，使不锈钢表面产生蚀坑。该菌最适宜生长的温度为 35℃。

B 厌氧菌

厌氧菌是指在无氧条件下生活的一类细菌，如硫酸盐还原菌。该菌在自然界中种类繁多，在土壤、海水、江河水、油田等环境中分布十分广泛。适合该菌生长的温度范围为 25~30℃（耐热菌的温度范围可达 55~65℃），pH 值范围为 7.2~7.5。与金属腐蚀有关的硫酸盐还原菌，主要是脱硫弧菌属。该菌可以将介质中的硫酸盐还原为硫化物，如硫化氢。其造成的腐蚀类型多为点蚀这种局部腐蚀形态，腐蚀产物一般为黑色的硫化物。

6.6.2 微生物腐蚀的特征

微生物腐蚀的一个显著特征是在金属表面沉积黏泥的。这些黏泥是由微生物及其分泌产生的黏液（胞外聚合物）、介质中的土粒、死亡菌体、金属腐蚀产物等物质一同黏附在金属表面形成的黏滞性物质。金属受微生物腐蚀程度通常与其表面黏泥的聚集程度相关，同时，黏泥的产生破坏了金属表面膜的稳定性。另外，被黏泥覆盖的金属表面区域局部含氧量低，成为氧浓差电池的阳极，往往会出现点蚀现象。

在自然环境条件下，多种微生物可以相互共生。例如，在水管内壁的生锈结瘤处，铁细菌易在外侧大量繁殖，而锈瘤内外因含氧量的不同形成了氧浓差电池，锈瘤内缺氧区域适合硫酸盐还原菌等厌氧菌的生存。两种类型的细菌各得其所，加速了金属材料的腐蚀。

6.6.3 微生物腐蚀的机理

腐蚀性细菌可以通过多种方式来影响金属的腐蚀过程，因此微生物腐蚀的机理较为复杂。下面以硫酸盐还原菌（SRB）为例，介绍水中钢铁发生微生物腐蚀的几种机理。

6.6.3.1 阴极去极化理论

阴极去极化理论认为，在没有微生物存在的缺氧环境中，腐蚀体系的阴极反应为水电离产生的氢离子的还原反应，其获得的电子来自于铁的溶解反应。

阴极反应： $Fe \longrightarrow Fe^{2+} + 2e$ (6-1)

水的电离： $2H_2O \Longrightarrow 2H^+ + 2OH^-$ (6-2)

阴极反应： $2H^+ + 2e \longrightarrow 2H_{ad}$ (6-3)

$H_{ad} + H_{ad} \longrightarrow H_2$ (6-4)

以上反应中，氢离子被还原生成吸附氢原子的反应（6-3）成为电极反应的速度控制步骤，同时阴极反应生成的部分 H_2 可吸附在金属表面，阻碍电极反应的进行，因此在这种无菌缺氧情况下金属的溶解速度较小。

在微生物存在的情况下，微生物可以通过影响腐蚀体系中的阴极反应来促进腐蚀过程的进行。阴极去极化理论认为，SRB 可以利用体内的氢化酶，在还原水溶液中 SO_4^{2-} 的同时，将吸附在金属表面的氢原子除去，从而起到"阴极去极化"的作用，加速金属的阳极溶解过程。含菌腐蚀体系中主要的反应如下。

阳极反应： $$4Fe \longrightarrow 4Fe^{2+} + 8e \tag{6-5}$$

水的电离： $$8H_2O \rightleftharpoons 8H^+ + 8OH^- \tag{6-6}$$

阴极反应： $$8H^+ + 8e \longrightarrow 8H_{ad} \quad (吸附在铁表面) \tag{6-7}$$

SRB 参与阴极反应： $$SO_4^{2-} + 8H_{ad} \xrightarrow{SRB} S^{2-} + 4H_2O \tag{6-8}$$

二次反应： $$Fe^{2+} + S^{2-} \longrightarrow FeS \tag{6-9}$$

$$Fe^{2+} + 2OH^- \longrightarrow Fe(OH)_2 \tag{6-10}$$

总反应： $$4Fe + SO_4^{2-} + 4H_2O \xrightarrow{SRB} FeS + 3Fe(OH)_2 + 2OH^- \tag{6-11}$$

从上述反应可以看出，SRB 的存在加快了金属表面吸附氢原子的消耗，也就加快了控制步骤反应（6-7）的进行，即 SRB 降低了阴极极化，使金属腐蚀加速。另外，对 SRB 造成的微生物腐蚀，还可以看到钢铁表面生成了黑色疏松的腐蚀产物 FeS，对金属的保护作用较差。

SRB 对铁的腐蚀机理也可以用图 6-16 来说明。

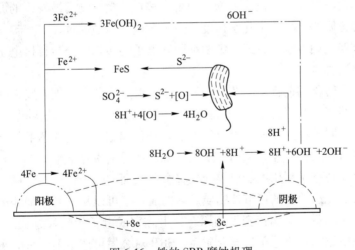

图 6-16 铁的 SRB 腐蚀机理

SRB 的阴极去极化理论具有一定的局限性，因为其只适用于能分泌氢化酶的 SRB，不能用于解释其他微生物的腐蚀过程。

6.6.3.2 生物催化阴极还原理论

生物催化阴极还原理论从微生物能量学角度来阐述微生物腐蚀机理。一些学者认为阴极去极化理论属于微生物能量学中的一种特殊情况。微生物能量学认为

SRB 的生命活动需要能量，由于存在碳源的消耗和上层生物膜的双重限制，贴近金属表面的 SRB 难以从周围环境摄取碳源而获取能量，此时金属就作为 SRB 的电子供体，使这些贴近金属的 SRB 从金属获取电子进行厌氧呼吸，还原介质中的硫酸根离子，从而获得自身生命活动所需的能量。SRB 从金属中捕获电子的过程导致了金属的微生物腐蚀。

该理论与阴极去极化理论的显著区别在于，阴极去极化理论以金属表面的阴极性杂质等作为微生物腐蚀的阴极区，而生物催化阴极还原理论以附着在金属表面的 SRB 为生物阴极，在 SRB 的活性酶作用下，在细胞膜内直接发生消耗阳极电子的 SO_4^{2-} 还原过程。根据生物催化阴极还原理论，在 SRB 腐蚀体系中存在如下反应。

阳极反应：
$$4Fe \longrightarrow 4Fe^{2+} + 8e$$

SRB 细胞内发生的阴极反应：
$$SO_4^{2-} + 9H^+ + 8e \longrightarrow HS^- + 4H_2O$$

二次反应：
$$Fe^{2+} + HS^- \longrightarrow FeS + H^+$$

腐蚀体系的阴极反应在 SRB 的细胞膜内进行，并生成 HS^-，Fe^{2+} 与 HS^- 结合产生硫化物，使不锈钢的钝化膜受到破坏，加速了不锈钢的腐蚀过程。

6.6.3.3　胞外电子转移理论

生物催化阴极还原理论从生物学的角度解释了微生物腐蚀发生的原因，胞外电子转移理论则是从生物电化学角度阐述了微生物腐蚀的过程。

根据细菌利用电子的方式，细菌细胞外电子的转移可分为直接电子转移和间接电子转移两种方式。

直接电子转移的前提是细菌与金属直接接触，细菌利用细胞膜上的特定膜蛋白以及纳米线（导电菌毛）来传递电子，在没有有机碳源的培养基中，SRB 细胞形成菌毛并附着在铁表面，以收集电子。SRB 细胞利用这些菌毛从金属表面转移电子以进行硫酸盐还原，从而在缺乏碳源的情况下幸存下来。

间接电子转移是利用电子传导介质将金属表面的电子传输至细菌。电子载体是一类具有氧化还原性的可溶性物质，它的氧化态可以从金属中捕获电子，当传递电子至微生物后，又能转变为还原态，由此完成电子的转移过程。研究表明，在溶液介质中添加特定电子传导介质后，SRB 对金属可产生更严重的腐蚀。

6.6.3.4　代谢产物腐蚀理论

与生物催化阴极还原理论和胞外电子转移理论不同，代谢产物腐蚀理论不涉及微生物对腐蚀的催化过程，认为微生物腐蚀主要是微生物的代谢产物促进了金属的腐蚀。微生物的腐蚀性代谢产物可与金属反应，促进金属的腐蚀溶解，例如，产酸细菌分泌的甲酸、乙酸、硝酸及硫酸等可使局部环境的 pH 值降低，使金属材料的耐蚀性能下降。

对于 SRB，其代谢产物 HS^-、S^{2-}、H_2S 等对金属有较强的侵蚀性，可与铁、铜、银等直接反应生成铁硫化物。在这样的环境介质中，钝化型金属如不锈钢表面的钝化膜会被硫化物取代，使不锈钢的钝化性能降低。在腐蚀初期，金属表面生成的硫化物可能对金属具有一定的保护作用，但多数金属硫化物疏松多孔，保护作用有限。在含硫离子的腐蚀介质中，金属表面因难以形成致密的氧化物钝化膜，导致金属的腐蚀溶解速度增大。

实际体系中金属的微生物腐蚀通常是一种或多种机制共同作用的结果，同种微生物对不同金属的微生物腐蚀机制也可能不一样。例如，就 SRB 对铜和碳钢的微生物腐蚀来说，铜的微生物腐蚀主要是微生物代谢产物作用的结果，而碳钢的微生物腐蚀存在着生物催化阴极还原和代谢产物的共同作用。可以从热力学数据来说明上述现象。298.15K 时，Fe^{2+}/Fe^0 的标准电位为 $-0.440V$，SO_4^{2-}/HS^- 的标准电位为 $-0.217V$，而 Cu^{2+}/Cu^0 的标准电位为 $0.159V$，从热力学角度来看，SRB 生物阴极不可能导致铜的氧化溶解（因铜电极电位更高），因此铜的 SRB 微生物腐蚀主要由 SRB 代谢产物硫离子等引起。而铁电极电位低于 SRB 中硫酸盐还原电位，因此 SRB 对碳钢等钢铁类金属的微生物腐蚀，同时包含了 SRB 的生物催化作用和代谢产物硫离子的侵蚀作用。

6.6.4　微生物腐蚀的控制

（1）杀菌。控制微生物腐蚀的最常见方法是使用杀菌剂。应根据微生物的特性和环境条件来选择合适的杀菌剂。杀菌剂可分为氧化性（氯气、次氯酸盐等）和非氧化性杀菌剂（季胺盐、戊二醛等）两大类别，实际使用时常将氧化性与非氧化性杀菌剂联合使用以达到更好的杀菌效果。同时，所使用的杀菌剂应具备稳定、高效且自身无腐蚀性等特点。另外，还可以采用紫外线、超声波等物理手段来杀灭微生物，有效防止微生物腐蚀的产生。

（2）改变细菌生存环境。微生物的生长需要一个适宜的环境，因此改变细菌的生长条件也是防止微生物腐蚀的一个重要手段。例如通过改善通气条件可以抑制厌氧性微生物的生长；工业水经曝气处理后可以显著改善氧含量，能有效抑制硫酸盐还原菌等厌氧微生物的生长。另外还可以通过减少细菌的营养源、改变环境介质的 pH 值及温度等来控制微生物的生存条件，抑制微生物的生长与繁殖。

（3）阴极保护。外加电流保护或牺牲阳极保护均可以抑制微生物腐蚀。另外，在阴极保护实施过程中，被保护的金属表面附近区域可形成碱性环境，它对细菌的活动有抑制作用。此方法在冷却水系统、地下管道等设施上已得到广泛的应用。对于碳钢部件的阴极保护电位可控制在 $-0.95V$ 以下，在此电位下碳钢能免受硫酸盐还原菌的腐蚀。

（4）涂（镀）层保护。在金属表面采用非金属覆盖层或金属镀层进行保护，这些光滑表面不易黏附微生物，可使金属表面细菌污垢的形成大幅度减少。也可在涂层中加入适量的杀菌剂，进一步抑制微生物在金属表面的附着，防止微生物腐蚀的发生。

6.7　应力腐蚀破裂

应力腐蚀破裂（SCC，Stress Corrosion Cracking）是指金属在拉应力和特定腐蚀介质共同作用下而引起的破裂。工程中常见的金属材料如碳钢、不锈钢、铜合金等，在特定介质中均可产生应力腐蚀破裂。这种破裂一开始只是一些微小裂纹，然后再扩展为宏观裂纹，腐蚀区域随着裂纹的扩展而发展，而其他大部分表面实际不受腐蚀。微裂纹一旦形成，其扩展速度比其他局部腐蚀速度要快得多。例如在海水中，碳钢的应力腐蚀速度是点蚀发展速度的 10^6 倍。应力腐蚀破裂的发生通常没有明显的预兆，断裂往往突然发生，因此这类腐蚀是所有腐蚀类型中破坏性和危害性最大的一种。

图 6-17 为应力腐蚀破裂的宏观和微观裂纹形貌。

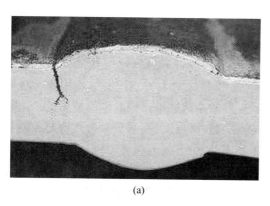
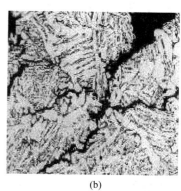

(a)　　　　　　　　(b)

图 6-17　应力腐蚀破裂形貌

（a）宏观裂纹形貌；（b）微观裂纹形貌

6.7.1　应力腐蚀破裂的产生条件

6.7.1.1　金属自身对 SCC 敏感

金属材料对 SCC 的敏感性取决于它的成分和组织，一般认为纯金属不易发生 SCC，合金则易发生。合金组织的变化，如晶粒大小改变、金相组织中存在缺陷等都会直接影响金属材料对 SCC 的敏感性。

6.7.1.2 受一定的拉应力作用

造成金属材料发生 SCC 的应力是指作用在材料上的固定拉伸应力（张应力），SCC 只有在拉应力作用下才会发生，而压应力反而可减轻或抑制 SCC 的发生。金属材料所受的拉应力，一般有以下几种来源。

（1）金属材料在制造、运输或安装过程中产生的残余内应力。

（2）金属设备或构件在使用过程中承受的工作应力。

（3）腐蚀产物引起的内应力。金属表面发生腐蚀时，如果腐蚀产物较为牢固地附着在金属表面，因腐蚀产物体积大于被腐蚀的金属体积，金属承受一定的组织应力。

在以上几种拉应力引起的破坏事例中，因残余应力引起的 SCC 占破裂总数的 80% 以上，其中又以焊接应力为主。

6.7.1.3 特定介质的作用

金属材料的应力腐蚀破裂要在特定介质作用下才会发生，不同材料发生 SCC 的特定介质不同，也即 SCC 的发生需要一定的材料与一定的介质相匹配。

表 6-1 列出了常见金属或合金发生 SCC 的部分特定介质。由表可以看出，氯化物可以使不锈钢、碳钢、铝合金等产生 SCC，而使铜合金产生 SCC 的特定介质主要是氨蒸气和胺类物质。

表 6-1　常用金属或合金发生 SCC 的部分特定介质

金属或合金	介　　质
奥氏体不锈钢	NaCl 水溶液、高温高压蒸馏水、海水
碳钢	NaOH 溶液、硝酸盐溶液
高铬钢	NaClO 溶液、海水、H_2S 水溶液
铜合金	氨蒸气、氨溶液、胺类物质、水蒸气
镍合金	NaOH 水溶液
铝合金	NaCl 水溶液、熔融 NaCl、海水、水蒸气
钛合金	发烟硝酸、甲醇-HCl、海水

6.7.2　应力腐蚀破裂的特征

与其他腐蚀类型相比较，应力腐蚀破裂有如下特征。

6.7.2.1 分三阶段进行

应力腐蚀破裂的发生和发展，分为孕育期、裂纹扩展期和裂纹失稳三个阶段。

（1）孕育期。孕育期是微裂纹的萌生阶段，其长短取决于材料的性能、环境介质的特性和拉应力的大小，一般材料在使用 2~3 个月到 1 年期间属于孕育期，但也有短至几分钟、或长达数年甚至更长的。在 SCC 发生过程中，此阶段延续时间最长，一般占总过程的 90%。如果材料本身有缺陷或裂纹，就不存在孕育期。

（2）裂纹扩展期。裂纹扩展期为裂纹的扩展过程。材料表面的微裂纹形成之后，在应力和特定介质的共同作用下，得到快速地发展。SCC 的裂纹扩展速度，虽然比纯机械快速断裂的裂纹扩展速度要慢得多，但比点蚀速度要快得多（约为点蚀发展速度的 10^6 倍）。不同合金的扩展速度大致相同，一般为 1~5mm/h。

（3）裂纹失稳阶段。经过孕育期和裂纹扩展期后，当形成的裂纹足以使材料失去原有的力学性能时，SCC 进入裂纹失稳阶段。此阶段很短，最后使材料发生破坏和断裂。

6.7.2.2　属于脆性断裂

SCC 属于脆性断裂过程，在断裂前材料几乎不发生明显的塑性变形，断裂往往突然发生。

6.7.2.3　裂纹的扩展方向

SCC 的裂纹扩展方向垂直于拉应力方向。

在金相显微镜下观察，SCC 裂纹主要有穿晶（裂纹穿越晶粒而延伸）、沿晶（裂纹沿晶界而延伸）和混合（同时含有穿晶裂纹和沿晶裂纹）三种形式。裂纹的扩展形式由材料和腐蚀介质共同决定。但不论裂纹以何种形式进行扩展，都具有一个共同特点，就是存在主干裂纹，在主干裂纹扩展延伸的同时，还有一些分支在同时发展。裂纹出现在与最大拉应力垂直的平面上。

6.7.3　应力腐蚀破裂的影响因素

6.7.3.1　材料的影响

一般二元或三元合金发生 SCC 的敏感性较大，而纯金属发生 SCC 的敏感性较小。如不锈钢发生 SCC 的敏感性要高于纯铁。在不锈钢中，元素周期表中的第五类元素氮、磷、砷、锑、铋及元素钼，可以提高不锈钢的 SCC 敏感性；而元素镍和硅，则可以降低不锈钢的 SCC 敏感性。例如，对于 1Cr18 不锈钢，随着镍含量的增加，其抗 SCC 性能增强。而对于钛合金来说，降低其中的含氧量和含铝量，同时加入适量的铌、钽和钒，则有利于提高其抗 SCC 的性能。

另外，即使是同一种材料，采用不同的热处理方式，获得不同的组织结构，就具有不同的 SCC 敏感性。即各种热处理方法对 SCC 敏感性的影响不一样，一般冷却速度越慢，SCC 的敏感性就越小。例如，在水淬、油淬和空冷三种淬火方式中，冷却最快的是水淬，其次是油淬，空冷处理的冷却速度最慢，从发生 SCC 的敏感性来说，水淬处理的发生 SCC 的敏感性最大，而空冷的敏感性则最小。

6.7.3.2　环境因素

材料发生 SCC 首先需要特定介质，即金属材料只有处于其发生 SCC 的特定腐蚀介质中，才会发生 SCC。常见金属发生 SCC 的特定介质可参见表 6-1。

除了特定介质外，氧化剂的存在对 SCC 有显著影响。图 6-18 为氧和氯化物含量对奥氏体不锈钢 SCC 的影响。由图可以看出，在中性氯化物溶液中，只有当含氧量超过 1mg/L 时，不锈钢才会发生 SCC，含氧量低于 1mg/L 不锈钢则不会发生 SCC。

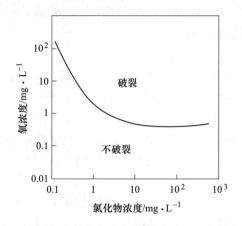

图 6-18　氧和氯化物含量对不锈钢 SCC 的影响

环境介质中有些物质的存在可以抑制 SCC 的发生。例如，奥氏体不锈钢在氯化钠水溶液中易发生 SCC，但在溶液中添加少量的甘油、甘醇、醋酸钠、硝酸盐、苯甲酸盐等物质时，可以使 SCC 减缓或停止。

介质的 pH 值对 SCC 可产生重要影响。碳钢在硝酸盐溶液中可发生 SCC，但 pH 值低的酸性硝酸盐溶液对碳钢的硝脆起加速作用。

SCC 的发生还与介质温度密切相关。一般情况下，环境介质的温度越高，合金越容易发生 SCC。有些体系存在发生 SCC 的临界破裂温度 $T_{临}$，介质温度低于这一值时，SCC 就不会发生；只有介质温度高于临界值 $T_{临}$，SCC 才会发生。例如，奥氏体不锈钢在低于 90℃ 的含氯离子水溶液中不发生 SCC。

6.7.3.3　应力

除了以上两个因素之外，材料 SCC 的发生还必须受到外加拉应力的作用，材料所受拉应力越大，破裂时间就越短。图 6-19 为外加拉应力 σ 和破裂时间 t 的关系。当材料所受的拉应力较小时，破裂时间显著延长；SCC 体系中存在一个临界应力值 $\sigma_{临}$，当材料所受拉应力低于这个临界值 $\sigma_{临}$ 时，材料不会发生 SCC。

6.7.4 应力腐蚀破裂机理

有关 SCC 的机理，许多学者提出了不同的学说，由于影响 SCC 的因素较多，人们对其机理仍未有统一的见解。在研究 SCC 时发现，当向腐蚀体系施加阳极电流时裂纹扩展会加速；而施加阴极电流时，裂纹扩展会受到抑制甚至停止。因此 SCC 应该是电化学腐蚀和应力的机械破坏共同作用的结果。下面以 SCC 的膜破裂机理为例来分析 SCC 的形成与发展过程。

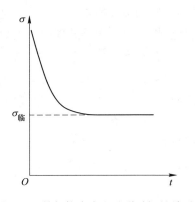

图 6-19 外加拉应力和破裂时间的关系

膜破裂机理如下。

（1）SCC 起源于裂纹源。SCC 易发生于二元或三元合金，这些合金表面一般都存在有钝化膜或其他类型的保护膜。但任何合金表面的钝化膜或保护膜都不会是完美无缺的，总会存在着一些缺陷或薄弱点，如夹杂物、位错等。这些缺陷或薄弱点的存在使材料表面出现了电化学的不均匀性。缺陷部位或薄弱点由于电位比较低，活性大，成为 SCC 的裂纹源。当材料表面存在划痕、小孔或缝隙时，这些部位就成为现成的裂纹源。

（2）裂纹源在拉应力和特定介质的共同作用下形成微裂纹。在特定的腐蚀介质中，在拉应力的作用下，裂纹源处的表面膜产生塑性变形而出现滑移阶梯。当滑移阶梯足够大时表面膜出现破裂，使底下的基体裸露。由于裸露的基体电位一般低于表面膜电位，二者电位差最大可达 0.76V，又由于裸露基体的表面积很小，因此形成了大阴极小阳极的腐蚀电池，使该裸露基体部位以较大的腐蚀电流密度被迅速溶解，形成蚀坑。以钢在中性氯化钠溶液中的 SCC 为例，裸露的基体部位为阳极，发生金属的阳极溶解反应：

$$Fe \longrightarrow Fe^{2+} + 2e$$

表面膜完整覆盖区域为阴极，发生氧的还原反应：

$$O_2 + 2H_2O + 4e \longrightarrow 4OH^-$$

蚀坑沿着与拉应力垂直的方向发展，形成微观裂纹。从裂纹源到形成蚀坑，需要一定的时间，这个时间就是孕育期。

（3）金属断面的破裂。微裂纹形成以后，裂纹尖端起着"应力升高器"的作用，应力高度集中，使裂纹尖端及其邻近区域不断变形屈服，裂纹便不断向深处发展，最后导致金属断面破裂。在裂纹扩展过程中，裂纹两侧表面可以再钝化，溶解速度比尖端要小得多，裂纹尖端微区则具有动态阳极的特征，其溶解速度是裂纹两侧的 10^4 倍。因此微裂纹一旦形成，扩展的速度就非常快。图 6-20 是以上过程的示意图。

从 SCC 发生的敏感电位来看，SCC 应该易发生在表面膜不稳定的电位范围（易出现裂纹源）。对于钝态金属，这个电位范围既不会处于稳定钝化区，也不会处于活性溶解区，而是处于表面膜不稳定的活化-钝化过渡区和钝化-过钝化过渡区，如图 6-21 所示。

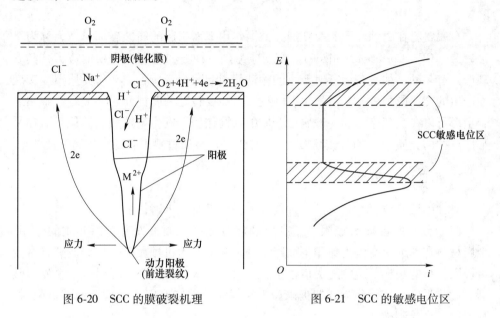

图 6-20 SCC 的膜破裂机理　　　　　图 6-21 SCC 的敏感电位区

6.7.5　应力腐蚀破裂的控制

（1）合理选材。SCC 的发生需要材料与特定介质相匹配，因此，针对某种特定腐蚀介质，可以选用在这种介质中不会发生 SCC 的金属材料。另外，有些材料对 SCC 的敏感性低，比如碳钢是一种耐 SCC 的常用材料，双相钢、高镍钢等耐 SCC 性能较好。

（2）降低或消除材料所受的拉应力。残余拉应力是产生 SCC 的主要原因。因此，设计上应尽量减小零件的应力集中，使构件与介质接触部分具有最小的残余应力。当设备或构件的残余应力较大时，可以采用适当的热处理方式来减小或消除残余应力。

（3）采用阴极保护。由于 SCC 在一定的电位范围内才会产生，因此采用外加电流的阴极保护法，使腐蚀体系的电位远离 SCC 敏感电位区域，能够有效防止 SCC 的产生。但对于高强度钢和其他对氢脆敏感的材料，不能采用这种保护方法。

（4）改善环境介质。除去介质中有害成分或添加缓蚀剂可以降低材料对 SCC

的敏感性。例如，通过除氧剂将介质中的氧含量降低到1mg/L以下，可以有效防止不锈钢SCC的发生；在介质中加入一定量的甘油、硝酸盐等，可以抑制不锈钢发生SCC。

6.8　腐蚀疲劳

　　金属材料在腐蚀介质和交变应力共同作用下而引起的腐蚀破坏形态，称为腐蚀疲劳（CF，Corrosion Fatigue）。交变应力是一种方向周期性变换的应力，其表现形式有多种，如设备运行时产生的振动而引起的交变应力，工作介质温度交变而产生的交变应力等。金属发生腐蚀疲劳不需要特定的腐蚀介质，大多数金属或合金都可以在交变应力和一般腐蚀介质的共同作用下发生腐蚀疲劳。但是，在易形成点蚀的介质中（如含较高Cl^-浓度的介质）金属材料更容易产生腐蚀疲劳。

6.8.1　腐蚀疲劳的特征

　　腐蚀疲劳是危害性较大的一种腐蚀形态，具有如下特征。
　　（1）没有腐蚀疲劳极限，但有腐蚀疲劳强度。如果没有腐蚀介质的作用，金属材料在单纯交变应力作用下而产生的破坏，称为机械疲劳。机械疲劳具有疲劳极限，指的是在一定的应力值以下，经过无穷次应力循环，材料也不会发生破裂，此临界应力值就称为疲劳极限。当材料所受的交变应力值低于疲劳极限时，材料就不会受到破坏。
　　在腐蚀介质的作用下，材料产生疲劳裂纹所需的交变应力值大幅度减小，而且没有腐蚀疲劳极限，即在任何交变应力下，只要循环次数足够多，金属材料都可能发生腐蚀疲劳。但存在腐蚀疲劳强度，即当循环次数一定时（一般为10^7），材料发生腐蚀疲劳所需的最小应力值。图6-22所示为金属材料在空气中发生机

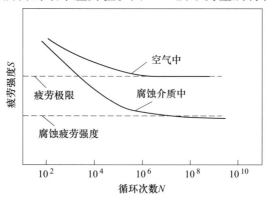

图6-22　空气和腐蚀介质中材料的疲劳曲线（S-N曲线）

械疲劳和在腐蚀介质中发生腐蚀疲劳时的疲劳曲线（S-N 曲线），S-N 曲线表示疲劳强度 S 与疲劳寿命（可循环次数 N）之间的关系，S 即为材料不产生破坏的最大交变应力值。由图 6-22 可以看出材料机械疲劳的疲劳极限和腐蚀疲劳的腐蚀疲劳强度。

（2）腐蚀疲劳的断口特征。金属发生腐蚀疲劳后，断口一般存在三个区域，即疲劳源、疲劳裂纹扩展区和最后断裂区，如图 6-23 所示。疲劳源是疲劳裂纹的起点，一般始发于材料表面的缺陷部位。当材料内部存在严重缺陷时，如具有脆性夹杂物、空洞等，疲劳源也可以从内部出现。疲劳源也可以有两个或两个以

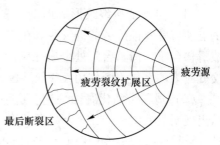

图 6-23 腐蚀疲劳断面示意图

上。腐蚀疲劳的疲劳裂纹扩展区，具有有别于其他腐蚀形态的显著特征，即裂纹扩展区呈现贝纹状或海滩波纹状的疲劳纹，这种疲劳纹的推进线就是裂纹扩展过程所留下的痕迹。最后断裂区是疲劳裂纹达到临界尺寸后发生的快速断裂，也称为瞬时断裂区。

疲劳源和疲劳裂纹扩展区一般被腐蚀产物覆盖，有时难以区分，需要将腐蚀产物去除后才能较好地区分。最后断裂区一般保持粗糙的金属光泽。

（3）从微观形貌来看，疲劳裂纹一般只有主裂纹，少有或没有分支，且多为穿晶型裂纹。裂纹尖端一般较钝，腐蚀裂纹一般较宽。

（4）腐蚀疲劳也是属于脆性断裂，断口没有明显的塑性变形。

由上述特征可以分析腐蚀疲劳与应力腐蚀破裂的区别，二者虽然腐蚀形态相似，但可以通过以下几点进行区分。

（1）比较材料承受的应力。腐蚀疲劳是由于交变应力的作用而产生，应力腐蚀破裂则是在拉应力的作用下产生。

（2）比较这两类腐蚀发生的介质条件。腐蚀疲劳的发生无需特定介质，而应力腐蚀破裂只有在某些特定的介质中才会发生。

（3）比较发生腐蚀的金属材料类型。腐蚀疲劳在纯金属或合金中都可以发生，应力腐蚀破裂主要发生在合金中。

（4）比较产生的裂纹形态。腐蚀疲劳产生的裂纹多为穿晶型，且一般只有主裂纹，分支裂纹不明显或没有分支裂纹；应力腐蚀破裂产生的裂纹有穿晶型、沿晶型或混合型三种类型，且均有主裂纹和分支裂纹。

6.8.2 腐蚀疲劳机理

在材料发生腐蚀疲劳过程中，腐蚀区域受到了两种形式的损伤。一是在交变

应力作用下引起的金属微区反复滑移，形成滑移带，这是金属发生疲劳损伤的基本原因；二是裂纹处金属与腐蚀介质发生电化学反应而产生的腐蚀溶解。腐蚀疲劳的发生和发展过程中这两种损伤同时存在，相互促进。

常见的腐蚀疲劳机理主要有以下三种理论。

（1）点蚀加速裂纹形成理论。这种理论认为，在腐蚀介质中金属表面形成的点蚀坑是腐蚀疲劳的裂纹源。在交变应力作用下，蚀坑区域优先发生滑移，形成滑移台阶。滑移台阶处金属在腐蚀介质作用下，发生腐蚀溶解，形成微裂纹。交变应力的反复不断作用使裂纹不断扩展。

（2）滑移带活化腐蚀理论。这种理论认为，在交变应力作用下，疲劳源区域出现明显的滑移带，不断发展后形成滑移台阶，使金属表面出现电化学不均匀性。滑移带集中的变形区域与未变形区域构成了腐蚀电池，变形区成为阳极，而未变形区成为阴极，阳极不断溶解而形成疲劳裂纹。

（3）保护膜破裂理论。这种理论认为，许多金属或合金表面存在有钝化膜或其他类型的保护膜，膜电位一般高于基体电位。在交变应力作用下，金属表面疲劳源区域产生滑移台阶，使保护膜遭到破坏，形成无膜的微小阳极区，而周边大面积有膜覆盖区域成为大阴极区，使阳极区遭受快速溶解，直到膜重新修复为止。重复以上滑移-膜破-溶解-成膜的过程，便逐步形成了腐蚀疲劳裂纹。

6.8.3　腐蚀疲劳的影响因素

（1）金属材料的影响。不同材料的耐腐蚀疲劳性能不同，一般不锈钢较耐腐蚀疲劳，而且增加铬元素的含量可以提高不锈钢的耐腐蚀疲劳性能。对有些材料，提高机械强度会增加其发生腐蚀疲劳的敏感性。另外，材料表面或内部存在缺陷时，也会促使腐蚀疲劳的产生。

（2）交变应力的影响。腐蚀疲劳与交变应力的大小及交变速度密切相关。材料所承受的交变应力越大，产生腐蚀疲劳的时间越短。当腐蚀时间一定时，应力的交变速度越快，越容易产生腐蚀疲劳。当应力交变的次数一定时，交变速度越快，由于金属材料与腐蚀介质接触的时间越短，越不容易发生腐蚀疲劳现象。

（3）环境介质的影响。材料所处的环境介质的腐蚀性越强，材料的耐腐蚀疲劳强度越低，腐蚀疲劳越容易发生。如在 pH 值较低、氯离子含量较高、溶解氧含量较高的环境介质中，材料易发生腐蚀疲劳。另外，提高介质温度也会降低材料的腐蚀疲劳强度。

6.8.4　腐蚀疲劳的控制

（1）材料表面处理。采用金属覆盖层保护（如金属材料表面的镀锌处理）、非金属覆盖层保护（如采用有机涂层处理）、金属表面的阳极化处理（如铝合金的阳极化处理)、表面硬化处理（如钛合金的表面渗氮处理）等表面处理方法，可以有效抑制疲劳源的产生，减缓腐蚀疲劳的发生。

（2）改善环境介质。在可能的情况下，可以通过降低环境介质中的侵蚀性物质如溶解氧、氯离子、硫离子等含量，将介质的 pH 值控制在合适范围内，并降低介质的温度来控制腐蚀疲劳的发生。另外，还可以通过添加缓蚀剂来降低材料的腐蚀疲劳敏感性。

（3）减少交变应力。通过合理设计、运行工艺的改进等来减少设备金属材料在运行过程中承受的交变应力，如通过措施减少设备的振动，保持运行中介质温度、压力的稳定性等，也可以抑制腐蚀疲劳的发生。

（4）阴极保护。对在电解质溶液中发生的腐蚀疲劳，可以采用阴极保护的方法抑制腐蚀疲劳的发生。钢铁表面的镀锌处理其实也起到了牺牲阳极的保护作用。

6.9 氢 损 伤

金属内部含有氢原子或与氢反应引起的脆性断裂，统称为氢损伤。氢损伤导致材料发生变脆、开裂等结构和性质的变化。

氢损伤是由于环境介质中的氢原子扩散到金属内部引起的。氢原子的半径很小，吸附在金属表面的氢原子（H）可以扩散到金属内部并在金属内部继续扩散，但氢原子一旦复合成氢气（H_2），就不具备扩散能力。环境介质中的氢原子，主要来自于高温潮湿气氛、腐蚀或电解的阴极过程。介质中的硫离子、磷化物和砷化物等可以降低金属表面的氢原子复合成氢气分子的速度，因而这些物质的存在可以增大金属表面氢原子的浓度，使氢损伤更易发生。

6.9.1 氢损伤的类型

氢损伤主要分为氢鼓疱、氢脆和氢蚀三种形式，是化工、石油、天然气等设备失效的一个主要原因。

6.9.1.1 氢鼓疱

这种腐蚀发生时，在金属表面和内部会出现一个个鼓包，鼓包内是高压的氢气，最终使材料发生破裂。

氢鼓疱的机理可以用图 6-24 来说明。假设金属表面某个区域发生氢离子的还原反应（例如析氢腐蚀的阴极区域），氢离子首先得到电子生成氢原子吸附在金属表面，大部分吸附氢原子相互复合形成氢气离开金属表面，但少量氢原子通过扩散进入金属内部。当金属内部存在空穴

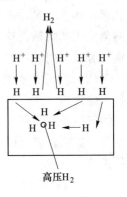

图 6-24 氢鼓疱

时，这些氢原子可以在空穴中复合形成氢气分子，而氢气分子在空穴中一旦形成，就不能在金属中继续扩散移动。随着金属表面氢原子向金属内部的持续扩散并在空穴中复合，空穴中的氢气分子不断积累，压力不断增大。空穴中的氢气压力可高达 10^9Pa，最后使金属材料发生脆性断裂。

6.9.1.2   氢脆

氢脆是指氢原子扩散到金属内部后，使金属变脆，在拉应力作用下金属发生脆性断裂。含氢的钢在未破裂前如果没有出现永久性损害，只要对其进行适当的热处理使钢脱氢，便可能恢复材料的性能，这时这种脆化是可逆的。

从腐蚀形态来看，氢脆与应力腐蚀破裂非常相似，但两者有本质的区别。应力腐蚀破裂是在拉应力和特定介质联合作用下引起的材料腐蚀现象，裂纹出现在阳极区域，施加阳极电流会加速材料的破裂，而且过程不可逆；氢脆则是由于氢原子扩散到金属内部使金属变脆，此时在拉应力作用下发生断裂的现象，裂纹出现在阴极区域，施加阴极电流可以加速材料的破裂，在形成裂纹前是可逆的。

6.9.1.3   氢蚀

氢蚀是指扩散进入金属内部的氢原子，与金属中第二相（夹杂物、合金添加剂等）发生交互作用生成高压气体，引起金属的脆性断裂。例如，碳钢的氢蚀是由于氢原子与钢中的渗碳体 Fe_3C 发生反应，形成气态 CH_4，气体在金属内不断积聚形成局部高压，造成材料的脆性断裂。反应式为：

$$4H + Fe_3C \longrightarrow 3Fe + CH_4(气态)$$

铜合金的氢蚀则是由于氢原子与合金中的 Cu_2O 反应，形成气态 H_2O。

$$2H + Cu_2O \longrightarrow Cu + H_2O(气态)$$

气体在金属内部产生巨大压力，造成金属的脆性断裂。

6.9.2   氢损伤的控制

（1）提高材料的耐氢损伤的性能。可在金属材料中加入一些防氢脆的合金元素，如 Ni、Mo 等，提高材料的抗氢脆性能。在易产生氢原子的环境介质中，避免使用沸腾钢，这是因为这种钢材内部存在空穴和其他缺陷，容易产生氢鼓疱；可以采用镇静钢，这种钢内部无空穴，耐氢鼓疱性能好。

（2）降低介质的侵蚀性。除去环境介质中可促进氢脆的有害物质，如硫化物、砷化物、氰化物等，这些物质可以减缓金属表面吸附氢原子的复合，导致更多的氢原子扩散到金属内部。在介质中添加缓蚀剂，这类缓蚀剂可以在金属表面形成保护膜，或可以加速氢原子在金属表面的复合，从而阻止氢原子向金属内部的扩散。

（3）烘烤脱氢。对已有氢原子扩散至金属内部、尚未形成裂纹的钢铁材料，可以采用烘烤脱氢的方法，使钢材脱氢。具体做法是，在 90~150℃ 的氛围中，对钢材进行烘烤，脱氢后的钢可以基本恢复无氢钢的力学性能。

（4）采用低氢焊条。焊接也是氢原子的一个来源。在焊接时，采用低氢焊条，并在干燥条件下焊接，可以减少氢原子的来源。

（5）覆盖层保护。可以在金属表面涂覆或包覆一层抗氢渗透的涂层或衬里，如采用有机涂层、橡胶、塑料做涂层或衬里。

6.10 磨损腐蚀

高速流动的腐蚀性流体与金属表面做相对运动而对金属材料造成的腐蚀破坏，称为磨损腐蚀，又称为冲刷腐蚀，简称磨蚀。造成磨损腐蚀的腐蚀性流体可以是气体，也可以是液体，或是含有固体颗粒、气泡的液体等。绝大多数金属或合金都易发生这类腐蚀破坏，而且在流速较大、腐蚀性较强的介质中更易发生，如一些高速旋转的设备如搅拌器、泵叶轮、汽轮机叶片，冷凝器冷却水入口端、管道中的弯管和弯头等。

磨损腐蚀是高速流体对金属表面的机械冲刷和对金属基体的电化学侵蚀共同作用的结果。其破坏性强于单一冲刷或电化学腐蚀而造成的损伤，受到磨损腐蚀的材料表面通常呈现蚀坑、沟槽等腐蚀形态。

6.10.1 磨损磨蚀的形式

磨损腐蚀主要有两种表现形式，即湍流腐蚀和空泡腐蚀。

6.10.1.1 湍流腐蚀

在设备或管道的局部区域，由于构件形状变化而使流体的流速增加并产生湍流，从而造成金属表面的破坏，这一腐蚀类型称为湍流腐蚀。例如在热交换器的进水侧，冷却水从大管径的水室进入小管径的冷却管，管口正好是流体从大管径转到小管径的过渡区间，这里便形成了湍流。流体进入冷却管后，可以很快恢复层流，层流对金属的磨损腐蚀并不明显。

湍流造成的磨损腐蚀较为严重。一方面，这是由于湍流对金属表面产生了一个高切应力，这个高切应力可以使金属表面的腐蚀产物甚至保护膜剥离，使基体裸露；当流体中含有固体颗粒或气泡时，流体对金属表面的切应力力矩便会得到增强，流体对金属表面的冲刷作用更大。另一方面，湍流加速了流体中的阴极去极化剂如溶解氧的传质过程，即增加了阴极去极化剂的供应量，使电化学腐蚀速度增大。因此，湍流腐蚀不单是机械磨损产生的破坏，而是高速流体的机械破坏与电化学腐蚀共同作用的结果。

受湍流腐蚀破坏的金属表面区域通常呈马蹄形的沟槽或凹坑，流体沿着流动方向切入金属表面层，由冲击而形成的凹坑处没有腐蚀产物的堆积，表面比较光滑。图 6-25 所示为换热器冷却水入口端冷却管管壁湍流腐蚀形貌。当高速流动的流体流经管道弯头时，由于流体流向发生了改变，因此在拐弯处可发生严重的湍流腐蚀或冲击腐蚀，使拐弯处的管壁厚度要薄于其他部分，如图 6-26 所示。

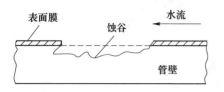

图 6-25　管壁湍流腐蚀形貌

图 6-26　弯管冲击腐蚀

6.10.1.2　空泡腐蚀

当流体与金属表面做相对高速运动时，金属表面局部区域形成涡流，使金属表面出现汽泡的生成和破灭现象，造成点状腐蚀，这种类型的磨损腐蚀称为空泡腐蚀，又称汽蚀或空穴腐蚀，如图 6-27 所示。从外观来看，空泡腐蚀有点类似点蚀，但蚀点的分布比较密集，表面显得比较粗糙。

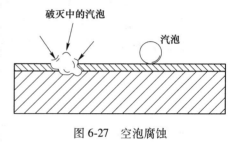

图 6-27　空泡腐蚀

在高速运动的流体中，可以产生蒸汽泡。例如高速转动的水轮机叶片，能够引起周围流体的压力不均，低压区金属表面形成空泡，当空泡破灭时，会产生巨大冲击力，据计算可达 415MPa，同时伴有声响。空泡的形成可以用伯努利方程进行说明：

$$P + \frac{\rho u^2}{2} = K(\text{常数}) \tag{6-12}$$

式中　　P——流体静压力；

　　　　ρ——流体密度；

　　　　u——流体流速。

从式（6-12）可以看出，流体的流速越大，流体的静压力就越小。当流体的流速足够大时，流体的静压力可低于液体的蒸汽压力，于是便在流体中产生了汽泡。例如，当高速流体流经形状复杂的金属部件表面时，部分区域流体的静压力低于液体蒸汽压力，于是这些区域就形成汽泡。当流体从高压区进入低压区时，汽泡受压而迅速破灭，汽泡破裂时会产生极大的冲击压力，形成的冲击波使金属表面发生塑性变形，破坏金属表面膜。

空泡腐蚀可以看作是汽泡破灭产生的冲击波和电化学腐蚀对金属联合作用的结果。其形成过程可以用图 6-28 来说明：

（1）高速流体中，汽泡在金属表面膜上形成，如图 6-28（a）所示；

（2）汽泡破灭，冲击波作用下金属表面发生塑性变形，使表面膜受损，如图 6-28（b）所示；

（3）裸露的基体金属被腐蚀，表面再次钝化，如图 6-28（c）所示；

（4）在同一部位的凹坑中生成新汽泡，如图 6-28（d）所示；

（5）汽泡再次破灭，金属表面膜再次被破坏，如图 6-28（e）所示；

（6）膜破裂部位进一步腐蚀，在蚀坑表面金属再次钝化，如图 6-28（f）所示。

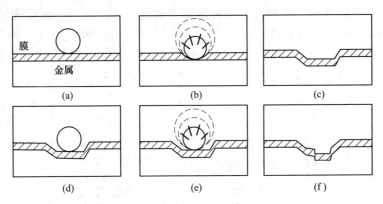

图 6-28　金属表面发生空泡腐蚀过程

以上步骤反复进行，在汽泡的不断生成与破灭过程中，金属表面逐渐出现蚀孔、蚀坑和冲击孔的形态。当流体中出现大量汽泡作用于金属表面的不同部位时，金属表面就可产生紧密相连的小蚀坑。当金属表面受冲击的强度超过材料的强度极限时，金属表面便出现裂纹。空泡腐蚀也可以在没有表面膜的金属表面发生。汽泡受外压破灭时产生的强大冲击力也可以将表面金属锤成小颗粒，使金属表面呈现出海绵状，说明表面膜并不是空泡腐蚀产生的必要条件。金属表面一旦变得粗糙，就形成了许多新空泡的生成核心。

6.10.2　磨损腐蚀的影响因素

磨损腐蚀是高速流体对金属的机械磨损和电化学腐蚀共同作用的结果，该腐蚀主要受以下几方面因素的影响。

（1）金属（合金）的耐磨蚀性能。由惰性元素组成的金属或合金，其自身耐蚀性能较好，因而其抗磨蚀性能主要取决于这种金属或合金的耐磨性能和抗冲击能力。由活泼元素组成的金属或合金，其抗磨损腐蚀性能与其表面膜的质量密切相关。合金组成对其耐磨蚀性能有重要影响，如铜镍合金比铜锌合金更耐磨蚀。在合金中添加某些合金元素，可以提高合金的耐磨蚀性能，例如，在铜镍合金中加入少量的铁制成三元合金能有效改善铜镍合金在海水中的耐磨蚀性能。

一般硬度高的金属（合金）耐磨性能较好，其抗磨蚀性能也优于硬度低的金属（合金）。例如，高硅铁硬化合金是一种抗磨蚀性能优良的材料。

（2）表面膜的耐磨蚀性能。金属材料表面膜的性质、成膜速度和膜的自修复能力，决定了表面膜的抗磨蚀性能。在表面膜能稳定存在并自动修复的介质中，金属具有较好的耐磨蚀性能。例如，不锈钢和钛合金等钝化型材料，能在含 O_2 介质（如海水）中自动、快速地生成致密稳定的钝化膜，因此其在海水中的耐磨蚀性能较好。而在表面膜不易形成或不能稳定存在的介质中，金属的耐磨蚀性能较差。例如，采用不锈钢的泵叶轮输送氧化性介质时，表面膜能够稳定形成，使用寿命较长；但如果用此泵输送还原性介质，由于在还原性介质中不锈钢表面形成的钝化膜性质不稳定，因此泵的使用寿命大幅度缩短。又如钛及钛合金能在许多介质中自发形成稳定、致密的 TiO_2 钝化膜，该钝化膜在含氯离子的水溶液中很稳定，因而钛及其合金在海水、氯化物溶液中具有优异的耐磨蚀性能。

（3）介质流速的影响。磨损腐蚀是在流动的流体中发生的一种腐蚀形态，受流速的影响较大。但流速对不同金属的磨损腐蚀的影响不一样。表 6-2 列出了海水流速对不同金属腐蚀速度的影响，可以发现如下规律。

表 6-2   海水流速对不同金属腐蚀速度的影响

材　料	腐蚀速度/mg·(dm²·d)⁻¹		
	0.3m/s	1.3m/s	9.0m/s
锡黄铜（HSn70-1）	2	20	170
铝黄铜	2	—	105
白铜（B30）	<1	<1	39
碳钢	34	72	254
316 型不锈钢	1	0	<1
钛	0	—	0
蒙乃尔合金	<1	<1	4

1）对于碳钢、铜及铜合金等金属，随着海水流速的增加，腐蚀速度增大。对于这类金属，流速的增加一方面对金属表面产生了更强的机械磨损作用，另一方面加快了阴极去极化剂（O_2）向金属表面的输送过程，这两方面作用的结果均使得金属的磨损腐蚀速度增大。

2）对于不锈钢、钛及其合金、蒙乃尔合金等自钝态材料，在含 O_2 的海水表面可自发生成致密钝化膜。对于这类合金，O_2 是钝化剂，在一定范围内，流速越大，O_2 的传质越快，单位时间就有更多的 O_2 达到合金表面，合金的钝态越稳定，其腐蚀速度反而越小。

另外，增加流体中的固态颗粒含量，可以使磨损腐蚀速度增大。而在含有缓蚀剂的介质中，流速的增加如果促进了缓蚀剂与金属表面的相互作用，同时又减少了金属表面的沉积物，则磨损腐蚀速度可以减缓。

6.10.3 磨损腐蚀的控制

（1）选用耐磨损腐蚀的材料。在易产生涡流和湍流的设备和部件中，采用耐磨蚀金属材料。例如，B30 白铜、高硅铸铁等材料的耐磨蚀性能较好。在腐蚀程度较为严重的部位，可以设计使用容易更换、增厚的部件来解决设备受冲刷磨损问题。

（2）改善设计。改进设备结构或几何构型，避免设备和管道在运行过程中出现湍流和涡流。例如，增大管径，减小流速，保持管内流体处于层流状态；变径管采用流线形设计；提高金属表面光洁度，减少汽泡生成的核心；在易受磨蚀的管口安装保护套圈，避免湍流腐蚀的出现。

（3）改善环境介质。尽量除去介质中的阴极去极化剂（如溶解氧），除去介质中的固体颗粒物质，降低介质温度等均可减缓磨损腐蚀。另外，可以采用缓蚀剂来抑制磨损腐蚀。

（4）表面处理。在金属表面涂覆一层耐磨涂层，将流体和金属基体隔离开来，也可有效防止磨损腐蚀的发生。

习　　题

6-1　什么是电偶腐蚀？请用极化曲线说明电偶腐蚀原理和防止方法。

6-2　什么是大阴极小阳极结构，有何危害？

6-3　缝隙腐蚀发生的条件是什么？什么是闭塞电池自催化作用？

6-4　什么是点蚀？点蚀易发生在什么体系中？如何测定材料的耐点蚀性能？

6-5　什么是晶间腐蚀？试用"贫铬理论"说明不锈钢晶间腐蚀原理。

6-6　什么是选择性腐蚀？试述黄铜脱锌腐蚀机理和控制方法。

6-7　什么是微生物腐蚀，有何特征？

6-8　请以硫酸盐还原菌为例说明微生物腐蚀的机理。微生物腐蚀有哪些控制方法？

6-9　什么是应力腐蚀破裂，其产生条件是什么，有何特征？

6-10　请说明应力腐蚀破裂的原理和防止方法。

6-11　什么是腐蚀疲劳，腐蚀疲劳有何特征？

6-12　腐蚀疲劳和应力腐蚀破裂有何区别？

6-13　氢损伤有哪几种类型，分别如何产生？如何防止金属氢损伤的产生？

6-14　磨损腐蚀是如何产生的，其有哪些表现形式？

6-15　试述磨损腐蚀机理、影响因素和控制方法。

7 火电厂热力设备运行腐蚀与防护

电力工业是国民经济和社会发展的重要基础产业。目前，我国主要的发电方式有火力发电、水力发电、核能发电、太阳能发电、风力发电等，其中火力发电仍是目前最主要的发电方式。火力发电主要是利用燃料（如煤炭、石油、天然气等）在锅炉内燃烧产生的化学能转换成蒸汽的热能，然后蒸汽热能在汽轮机内再转换成旋转机械能，最后旋转机械能通过发电机的作用转换成电能并向外输出。火力发电系统由锅炉、汽轮机、发电机等主要设备及其他附属设备组成。

依据发电技术的不同，火力发电可分为燃汽轮机发电、燃气-蒸汽联合循环发电、内燃机发电和蒸汽轮机发电等，火力发电主要指蒸汽轮机发电；依据燃料的不同，火力发电可分为燃煤发电、燃油发电、燃气发电、余热发电等；依据蒸汽压力和温度的不同，火力发电可分为中低压发电、高压发电、超高压发电、亚临界压力发电、超临界压力发电、超超临界压力发电等；依据输出能源的不同，火力发电还可分为凝汽式发电和热电。

我国的煤炭储量较为丰富，是火力发电厂的主要燃料。目前国内火电主要采用蒸汽轮机发电，本章主要介绍燃煤凝汽式电厂的运行腐蚀与控制。

7.1 火电厂热力设备腐蚀概述

火电厂运行期间，热力设备的不同部位可发生多种形态的腐蚀。运行中的热力设备受高热负荷、介质运动和应力等作用，既可发生一般的金属腐蚀形态，又可出现电厂热力设备特有的腐蚀类型。为了分析热力设备腐蚀特点和常用控制技术，首先需全面了解热力设备运行时的水汽和烟气流程、介质腐蚀特性及金属材料的耐蚀性特点等。

7.1.1 热力设备的腐蚀环境

火电厂热力设备运行时，接触的环境主要是不同品质的水汽和烟气。不少设备和管道，内侧接触的是水和蒸汽，外侧接触的是烟气。不同部位的环境介质具有不同的特征。下面先介绍发电机组的水汽系统、烟气系统及其特点。

7.1.1.1 热力设备接触的水汽循环系统和烟风系统

燃煤汽包锅炉凝汽式发电机组的生产过程如图 7-1 所示。从设备腐蚀的角度来看，该机组主要由水汽循环系统、烟风系统、冷却水系统等组成。下面分别介绍这三个系统的主要构成及流程。

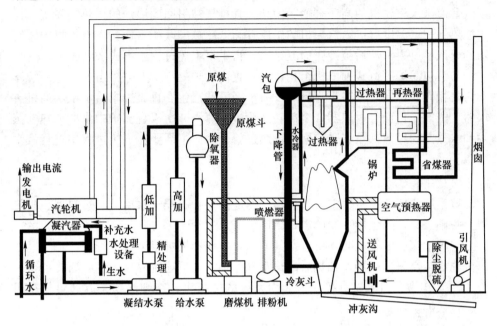

图 7-1　燃煤汽包锅炉凝汽式发电机组的生产过程

A　水汽系统

发电机组的水汽循环系统包括炉外水处理设备、除氧器、给水泵、高压加热器、省煤器、锅炉本体（包括汽包、水冷壁和下降管）、过热器、再热器、汽轮机、凝汽器、凝结水泵、精处理设备、低压加热器以及各种输送水汽的管道等。从图 7-1 可以看出，生水（未经处理的水）经水处理装置处理后成为除盐水；除盐水作为补给水送入凝汽器（小机组也可直接送入除氧器），加速凝汽器汽侧蒸汽的冷却并形成凝结水；凝结水经凝结水泵加压进入凝结水精处理装置，以去除其中的金属腐蚀产物和微量的溶解盐，再经过低压加热器加热后进入除氧器，经去除水中的溶解氧后，作为锅炉给水并借助给水泵加压后经高压加热器送入尾部烟道的省煤器；给水在省煤器内被加热为（或接近于）饱和水后，通过导管引入布置在炉顶的汽包；汽包中的水沿着炉墙外的下降管下行至水冷壁下联箱，通过下联箱分配给炉膛四周并列的水冷壁管；炉水在水冷壁管中吸收燃烧室内高温火焰和烟气的辐射热，一部分汽化为蒸汽，形成汽水混合物沿着水冷壁管上升并导入汽包。水冷壁管内汽水混合物流动的动力来自于该管内介质的密度与下降管管内的介质密度差异，即水冷壁内的汽水混合物密度小于下降管内的饱和水密度。携带水分的饱和蒸汽在汽包中进行气液分离，分离出来的饱和水与省煤器来水经下降管、下联箱、水冷壁后完成下一个循环而生成新的饱和蒸汽。分离出来的饱和蒸汽经汽包顶部引入过热器系统，在过热器内被加热到规定温度后，经主蒸汽管道送入汽轮机的高压缸膨胀做功，其排气被引回到锅炉的再热器系统，再次加热到一定温度后进入汽轮机的中压缸和低压缸继续膨胀做功。汽轮机中做完功的蒸汽经过凝汽器后被冷凝为凝结水，再重复上述过程，形成水汽循环。

与汽包锅炉凝汽式发电机组相比较，直流锅炉凝汽式发电机组的水汽系统基本与之相同，不同之处在于直流炉没有下降管和汽包。直流炉中给水依次通过省煤器、蒸发受热面、过热器并全部转变为过热蒸汽，由于直流炉中水的加热、蒸发和水蒸气的过热都是在受热面上连续进行，因此不需要在加热过程中进行汽水分离。

B　烟风系统

该系统包括送风机、空气预热器、燃烧器、省煤器、水冷壁、过热器、再热器、脱硝装置、除尘器、脱硫塔、烟囱等。

炉膛中煤粉的燃烧必须要有空气的助燃。在燃煤机组运行过程中，空气经送风机输送至空气预热器，预热后的热空气分别进入下述流程，并生成烟气：

（1）作为送粉风，直接进入制粉系统的磨煤机，与细煤粉一起通过排粉机后，进入燃烧器；

（2）作为助燃风，经过二次风箱后，进入燃烧器；

（3）燃烧器中的煤粉在空气中燃烧生成高温烟气，高温烟气依次通过炉膛和烟道中的过热器、再热器、省煤器、脱硝装置和空气预热器，加热以上装置中的蒸汽、给水和空气，再经过除尘器除尘后，由引风机将烟气输送到脱硫系统脱硫，最后通过烟囱排出。

C　冷却水系统

该系统主要为凝汽器提供冷源，在冷却管通过热交换将汽轮机的排气冷凝，使凝汽器汽侧保持高度真空，提高发电机组的热循环效率。凝结水作为锅炉给水循环使用。有关冷却水系统金属的腐蚀与防护，将在第9章做详细介绍。

7.1.1.2　热力设备接触的介质特点

下面介绍热力设备水汽系统和烟气系统环境介质特点。

A　炉外水处理系统和补给水管道

炉外水处理系统和补给水管道所接触的介质主要是生水和除盐水，其中离子交换设备还接触酸、碱或盐等化学物质。这些部位所接触的介质的溶解氧含量较高，可达 $6000 \sim 7000 \mu g/L$；介质温度小于 $100℃$，pH 值一般大于 7（与酸接触的设备除外）；生水的含盐量高，而除盐水的含盐量很低。

B　给水系统

给水系统是指除氧器与锅炉之间的设备和管道，包括给水泵、高压加热器、省煤器及相应的管道。给水泵和相应的输送管道内侧接触的是给水；高压加热器水侧接触的是给水，汽侧接触的是加热蒸汽；省煤器管的内侧是给水，外侧则与锅炉烟气接触。在该系统中，水温随水流方向逐渐升高，给水温度（通常指省煤器进水温度）随锅炉参数的不同而不同。对于压力为 13.72 MPa 的锅炉，给水温度为 240℃；对于压力为 16.66MPa 的锅炉，给水温度为 320℃；对于压力为 16.66MPa 的直流锅炉，给水温度为 260℃。

给水的 pH 值和溶解氧含量与给水采取的水化学工况直接相关。例如，给水采用全挥发处理 AVT［又分为氧化性全挥发处理 AVT(O) 和还原性全挥发处理 AVT(R) 两种方式］或联合水处理 CWT（也称加氧从处理 OT）时，均采用加氨调节 pH 值，但给水 pH 值控制范围不同。AVT 工况采用热力除氧方式进行给水除氧以抑制氧对热力设备的腐蚀，其中 AVT(R) 工况还需采用联氨进一步除氧；CWT 工况则采用加氧方式控制腐蚀，因此不同工况下给水的含氧量具有显著差异。例如，采用 AVT（R）的亚临界汽包锅炉，有铜给水系统的 pH 值需要控制在 8.8~9.3，而无铜给水系统 pH 值则控制在 9.2~9.6，给水中的溶解氧浓度控制在 7μg/L 以下。对采用加氧处理 OT 的直流锅炉，给水 pH 值控制范围为 8.0~9.0，溶解氧浓度控制范围为 30~150μg/L。

C 锅炉本体

锅炉本体由汽包、水冷壁管、下降管和联箱等组成，构成锅炉水循环系统。其中水冷壁管是直接产生蒸汽的部位，承受着很高的热负荷。蒸发区炉水和饱和蒸汽共存，在此区域的炉水易发生局部浓缩，可能使炉管产生较为严重的腐蚀。锅炉水的水质取决于补给水水质和锅炉水处理方式，特别是受后者影响。例如亚临界汽包锅炉，当炉水采用磷酸盐处理、给水采用 AVT(R) 处理时，锅炉水 pH 值的控制范围为 9.0~9.7，含盐量一般可控制在 20mg/L 以下；当对炉水不处理、给水采用 AVT(R) 处理时，同样控制炉水 pH 值在 9.0~9.7 范围，则炉水含盐量可低于 2.0mg/L。

采用 AVT 处理工况并正常运行的机组，锅炉水中的溶解氧浓度为零；除氧器运行不正常时，炉水中可能会含有一定量的溶解氧。采用联合水处理（加氧处理）工况的机组，锅炉水中会含有一定浓度的溶解氧。

D 过热器和再热器

过热器和再热器的内侧为高温高压蒸汽，外侧为炉烟。水汽系统中过热蒸汽的温度最高，但根据锅炉参数不同，过热蒸汽的温度也不一样。压力为 3.82MPa 的中压锅炉，过热蒸汽温度为 450℃；压力为 9.8MPa 的高压锅炉，过热蒸汽温度为 510~540℃；压力为 16.7MPa 的亚临界锅炉，过热蒸汽温度为 540~555℃；压力为 25.4MPa 的高效超临界机组，过热蒸汽温度可达 566℃。同样，再热蒸汽的温度和压力也因机组参数的不同而不同。

一般情况下过热蒸汽和再热蒸汽中均不含氧，而且杂质含量低。但如果饱和蒸汽携带较多的盐分，则过热蒸汽的含盐量也相应提高，有时还会在过热器内侧形成盐类沉积。

E　汽轮机

汽轮机高压级的蒸汽来自过热器，具有过热蒸汽属性。但过热蒸汽在汽轮机中逐级做功，温度和压力逐渐降低。如果过热蒸汽中含有杂质，这些杂质就会逐步沉积到叶片上。在汽轮机的高压、中压和低压级中，蒸汽所含杂质的种类和成分不同，尤其是在汽轮机的最后几级，蒸汽已经变为饱和蒸汽，部分蒸汽凝结成水而出现湿分，蒸汽中的盐类及酸性物质等转入湿分中，其中的 H^+、SO_4^{2-}、Cl^-、Cu^{2+} 等可对金属腐蚀产生较大影响。

F　凝汽器

凝汽器冷却管内侧接触的冷却水，一般直接取自电厂附近的地表水或地下水，水量大，几乎不经任何处理（有的进行混凝、沉降等简单处理）。冷却水含盐量大，pH 值一般大于 7，水中引起金属腐蚀的因素较多。凝汽器冷却管外侧接触做功的蒸汽和凝结水。凝结水水质纯净，杂质含量低，但当炉水采用加氨调节 pH 值时，氨随蒸汽进入凝汽器，可对铜管凝汽器产生腐蚀。另外，当凝汽器发生泄漏时，高含盐量的冷却水随凝结水进入水汽系统，成为锅炉安全运行的很大隐患。

G　凝结水系统

凝结水系统接触的介质为凝结水，杂质含量低，缓冲性能差，温度较低。当水中溶入二氧化碳时（漏入空气），凝结水的 pH 值可低于 7；水中同时含有溶解氧时，可造成碳钢类金属较为严重的氧腐蚀和二氧化碳腐蚀，使凝结水的含铁量显著增加。

H　疏水系统

疏水主要是蒸汽设备及管道中收集的凝结水或溢流水，其品质与凝结水系统相近。但疏水系统一般与大气相通，疏水中的氧气和二氧化碳含量都明显高于凝结水系统，因此疏水系统金属的腐蚀问题更为严重。

I　烟气系统

烟气系统是烟气的生成和排放系统。燃料在炉膛燃烧形成的烟气，经过烟道、烟气净化设备和烟囱，排放进入大气。烟气与水冷壁、过热器、再热器、省煤器、空气预热器等外表面接触，烟气温度从 1000℃ 以上沿烟道逐级降低，最后的排放温度小于 100℃。在烟道的不同区域，烟气的温度、组成会有差异，烟气中的含硫化合物、氯化物、灰尘、冷凝液等，对烟气系统的金属腐蚀可产生较大影响。

7.1.1.3 热力设备金属材料特性

A 火力发电设备的材料要求

目前，火力发电仍是我国电力供给的主导力量，并朝着大容量、高参数机组发展。我国的火力发电以煤为主要燃料，提高燃煤机组的效率、降低污染物排放不但是燃煤发电的永恒主题，而且更是火电结构调整的重要任务。提高火力发电机组热效率的主要措施是提高蒸汽的参数，即提高蒸汽轮机的蒸汽压力和温度参数。大容量、高参数机组特别是超（超）临界火电机组具有显著的煤耗低、污染排放小等特点，是我国未来火电发展的主导方向。

提高火力发电机组蒸汽的温度和压力，在提升机组热效率的同时，也对电站关键部件材料提出了更高和更新的要求，尤其是材料的热强性能、抗高温腐蚀性能、冷热加工性能等。因此，要确保机组在更高温度与压力下稳定运行，材料是关键因素之一，材料的选择及相应的制造技术是发展先进机组的技术核心。超（超）临界机组的服役条件较为恶劣，尤其是锅炉汽包、汽轮机箱体和蒸汽管道等结构承受更高的蒸汽压力和温度。对于锅炉材料来说应具备以下特性。

（1）耐高温强度。联箱和水冷壁、主蒸汽管道、过热器/再热器管都必须有与高蒸汽参数相适应的耐持久高温强度的性能特点。

（2）耐高温腐蚀。锅炉烟气侧的腐蚀是影响过热器、再热器、水冷壁寿命的一个重要因素。若金属承受的温度提高，则腐蚀速度将大幅度上升，因此超（超）临界机组中烟气侧腐蚀问题更加突出。

（3）抗蒸汽氧化。运行温度的提高加剧了过热器、再热器甚至包括联箱和管道等蒸汽流通部件的蒸汽侧氧化，引发以下几种后果：

1）氧化层的绝热作用使金属处于超温状态；

2）剥落的氧化层在弯头等处堵塞引起超温爆管以及阀门泄漏；

3）剥落的氧化物颗粒对汽轮机前级叶片产生冲蚀作用。

因此，选择过热器、再热器等的材料时应充分考虑材料的抗蒸汽氧化及氧化层剥落性能。

（4）热疲劳性能。机组在启停、变负荷和煤质波动时可产生热应力，对于主蒸汽管道、联箱、阀门等厚壁部件，材料的抗热疲劳性能是与高温强度同等重要的指标，应在保证强度的前提下尽可能选择热导率高和线膨胀系数低的铁素体耐热钢。

大容量超超临界机组的主蒸汽和高温再热蒸汽管道，将比常规超临界机组面临更高压力和更高温度的考验。首先，主蒸汽温度和压力的提高对关键部件的抗蠕变、疲劳、高温氧化与腐蚀等性能都提出了更苛刻的要求，材料的高温蠕变强度必须满足由于管道热膨胀而引起的热应力的要求。一般来说，适合于作为高温蒸汽管道的材料，其在工作温度下的 10^5 h 蠕变应力值应达到 90~100MPa。同时，管道材料还应线膨胀系数比较小且导热率较大，从而能够降低管道内的热应力水平。

总而言之，锅炉用金属材料必须具有耐高温性能好、抗蒸汽氧化、加工性能好以及价格低廉等特点。

至于汽轮机，其转子、叶片以及其他旋转部件工作时，承受离心力、扭矩、弯矩、热应力等复杂应力的共同作用，同时运行参数的提高也必将对耐热钢的热强性能提出更高要求；汽缸、阀门等部件的材料由于温度和压力的提高需要具有更好的热强性能；高温紧固件需要有更高的拉伸屈服强度、蠕变松弛强度、在蒸汽环境下的抗应力腐蚀能力以及足够的韧性、塑性以避免蠕变裂纹形成；机组的启停、变负荷与煤质的波动要求厚壁部件如转子、缸体、阀门材料有低的热疲劳和蠕变疲劳敏感性；再热蒸汽温度高于593℃的低压转子还必须考虑材料在该温度范围内的回火脆性。

B　火力发电设备主要材料类型

火电厂热力设备用金属材料主要有碳钢、合金钢、铜及铜合金、钛合金等。

锅炉用金属材料应具有较高的耐腐蚀性、良好的塑性、优良的焊接性及足够高的机械强度。对于温度高于400℃的设备，还要具有抗蠕胀性。一般低压锅炉钢管（蒸汽温度低于450℃）主要选用10号和20号优质碳素钢；中压和高压锅炉（蒸汽温度高于450℃）水冷壁管和省煤气管选用20号钢；蒸汽温度更高的亚临界及以上压力锅炉，水冷壁管和省煤器管则选用优质碳素钢20G、20MnG、25MnG等；其他管子多采用合金钢。锅炉管子所使用的合金钢包括低合金珠光体耐热钢、马氏体耐热钢和奥氏体耐热钢，其中以低合金珠光体耐热钢用得最多。低压和中压锅炉汽包一般采用优质碳素钢20G或22G，高压或超高压及以上压力锅炉汽包采用普通低合金钢，如14MnMoVg、18MnMoNbg等。对于超（超）临界机组，根据蒸汽参数的不同，锅炉水冷壁金属材料可采用铁素体钢13CrMo44(T12)、12Cr2MoG（T22），马氏体钢 10Cr9Mo1VNbN（P91）、9CrMo2WVNb（P92）和HCM12(12%Cr)等。

一般情况下，壁温不高于500℃的过热器管采用20号钢；壁温在500~550℃范围的过热器管采用15CrMo；壁温在550~580℃范围的过热器管采用12Cr1MoV、12MoVWBSiRe；壁温在600~620℃范围的过热器管多采用12Cr2MoWVTiB和12Cr3MoVSiTiB。国外电厂壁温高于600℃的过热器管采用Cr12%的马氏体耐热钢和1Cr18Ni9Ti等Cr-Ni奥氏体不锈钢。但奥氏体不锈钢价格高，工艺性能比珠光体耐热钢差，而Cr12%马氏体耐热钢的焊接性能较差，因此国内外机组的蒸汽参数在较长时间内都处于570℃以下水平。目前，超临界和超超临界机组的蒸汽参数普遍超过了570℃，这对过热器管材质和工艺提出了更高的要求。蒸汽参数为24~26MPa/540℃（过热蒸汽温度)/540℃（再热蒸汽温度）的超临界机组锅炉过热器的金属材料常采用 18Cr10NiNb（TP347H）、18Cr10NiTi（TP321H）、13CrMo44、X20CrMoV121（P22）。在 605℃/603℃ 的蒸汽参数下，管壁温度更高，应采用奥氏体钢 TP347H、TP347HFG、18Cr10NiNb（Super340H），末级过热器、再热器和炉膛屏式过热器等温度更高区域采用 25Cr-20Ni 钢 HR3C 等。

对汽轮机叶片材料的要求是，应有足够的常温和高温力学性能，良好的抗震性，较高的组织稳定性，良好的耐蚀性及冷、热加工工艺性能。叶片用钢主要是铬不锈钢 1Cr13、2Cr13 和强化型不锈钢 1Cr11MoV、1Cr12WMoV、2Cr12WMoVNbB 等。1Cr13 常用在制造温度低于 450℃ 的高压级叶片，如 200MW 汽轮机的 6～12 级高压叶片；1Cr12MoV 常用来制造温度低于 580℃ 的大功率汽轮机前级叶片；而 2Cr12WMoVNbB 常用来制造温度低于 600℃ 的高压汽轮机叶片及围带。

对汽轮机主轴、叶轮的材料要求是具备优良的综合力学性能及一定的抗蒸汽腐蚀能力。对于高温条件下运行的叶轮和主轴来说，还应具有较高的蠕变极限、持久强度、持久塑性、组织稳定性，及良好的淬透性、焊接性等工艺性能。主轴和叶轮的材料通常选用中碳钢及中碳合金钢，如 35 号钢、34CrMo、35CrMoV、20CrWMoV 等。

汽缸、隔板等静子部件可根据所处的温度和压力的不同，选用灰口铸铁、高强度耐热铸铁、铸钢或低合金耐热钢等材料。例如，灰口铸铁常用来制造低、中参数汽轮机的低压缸和隔板；ZG25 通常用于制造不高于 425℃ 的汽轮机的汽缸和隔板；ZG20CrMo 用于制造不高于 500℃ 的汽缸和隔板；ZG20CrMoV 用于制造 540℃ 以下温度的部件；ZG15Cr1Mo1V 常用于制造 565℃ 以下温度的部件。

对加热器和凝汽器所用的管材，要求其传热性能好，并有一定的强度和良好的耐腐蚀性能，常用铜合金管、不锈钢管和钛管。铜合金管材有锡黄铜 HSn70-1A、HSn70-1B，铝黄铜 HAl77-2A，白铜 B10 和 B30 等；不锈钢管材主要有奥氏体不锈钢管 TP304、TP316、TP317 等；钛合金主要有 TA1、TA2、TA3 等。

7.1.2 热力设备腐蚀类型、特点及影响因素

7.1.2.1 热力设备常见的腐蚀类型

热力设备的腐蚀，可以按照系统或设备分类，即根据介质的状态和特性将整个水汽系统划分为不同的设备或子系统，并据此对热力设备的腐蚀进行分类，如炉外水处理系统的腐蚀、凝结水和给水系统的腐蚀、水冷壁的腐蚀、过热器和再热器的腐蚀、汽轮机的腐蚀、凝汽器的腐蚀、疏水系统的腐蚀等。这种分类方法的优点是可全面地掌握某一设备可能发生的各种腐蚀并采取有效的保护措施，但却不便于分类讨论金属的腐蚀机理和防护方法。

热力设备的腐蚀也可以按照腐蚀机理来分类。该分类方法有利于分析和讨论

各种腐蚀形态的形成机理,从而了解掌握其变化规律和特点。

火电厂热力设备腐蚀按照腐蚀机理可进行如下分类。

(1) 氧腐蚀。氧腐蚀是由介质中的溶解氧引起的一种电化学腐蚀,是热力设备常见的一种腐蚀形式。热力设备在运行和停用时,都可能发生氧腐蚀。运行时的氧腐蚀主要发生在水温较高的给水系统、溶解氧含量较高的疏水系统和发电机的内冷水系统。设备停用时由于大量空气进入系统,氧腐蚀通常是普遍发生的,多为常温高湿度下的氧腐蚀,因此如果不进行适当的停用保护,整个水汽系统的各个部位都可能发生严重的氧腐蚀。

(2) 酸性腐蚀。酸性腐蚀是介质中的酸性物质引起的一种腐蚀形态,其本质是析氢腐蚀。发电厂设备的酸性腐蚀,主要有炉外水处理系统接触酸性物质引起的酸性腐蚀、凝结水系统和疏水系统因溶入 CO_2 使水呈弱酸性而产生的酸性腐蚀、汽轮机低压缸初凝水部位的酸性腐蚀等。

(3) 碱腐蚀。碱腐蚀常见于锅炉水冷壁管。当水冷壁管向火侧存在疏松沉积物,同时炉水中含有游离 NaOH 时,炉水可渗透进入沉积物与管壁界面,在界面发生浓缩而形成高浓度的碱溶液(pH>13),引起碱腐蚀。

(4) 汽水腐蚀。汽水腐蚀是指过热蒸汽直接与金属材料反应,生成金属氧化物并导致金属管壁减薄的一种腐蚀形态。汽水腐蚀常发生于过热器中,是一种化学腐蚀。当过热蒸汽温度超过 450℃ 时,过热蒸汽管管壁温度超过 500℃,蒸汽可与钢铁直接发生化学反应生成 Fe_3O_4,同时出现管壁减薄的现象。汽水腐蚀还会发生于水平或倾斜角度较小的炉管内,当汽塞或汽水分层现象出现时,蒸汽会过热,发生汽水腐蚀。

(5) 应力腐蚀。热力设备的应力腐蚀是金属材料在腐蚀介质和机械应力的共同作用下产生的腐蚀形态,腐蚀过程中形成腐蚀裂纹,甚至发生断裂,是一类极其危险的局部腐蚀。根据金属在应力腐蚀过程中所受应力的不同,应力腐蚀又可分为应力腐蚀破裂、腐蚀疲劳和氢损伤。应力腐蚀在热力设备水汽系统中广泛存在,如水冷壁管、高压除氧器、过热器、再热器、主给水管道、蒸汽管道、叶轮和汽轮机叶片以及凝汽器管等,在不同情况下都可能发生腐蚀破裂或腐蚀疲劳。

(6) 锅炉的介质浓缩腐蚀。炉水在水冷壁表面蒸发浓缩,可能导致局部区域出现浓酸或浓碱,从而导致介质浓缩腐蚀的发生。当凝汽器发生泄漏,使作为冷却水的海水或 pH 值较高的循环水混入水汽系统时,这种腐蚀就可能发生。介质浓缩腐蚀主要发生在水冷壁,是锅炉特有的一种腐蚀形态。

(7) 亚硝酸盐腐蚀。当锅炉炉水中含有亚硝酸盐时,水冷壁管可发生亚硝酸盐腐蚀。这种腐蚀的发生是由于亚硝酸盐在炉内高温作用下,分解产生新生态氧,这种新生态氧与水冷壁管内表面碳钢发生反应,生成 Fe_2O_3,导致水冷壁管腐蚀。亚硝酸盐腐蚀的本质为氧与钢之间的反应,其特征与氧腐蚀类似,在腐蚀部位处出现点状蚀坑，腐蚀产物为铁的氧化物。但与一般氧腐蚀不同的是，亚硝酸盐腐蚀的产物为高价铁氧化物——红棕色的 Fe_2O_3，腐蚀区域只限于水冷壁管内表面。

（8）电偶腐蚀。电偶腐蚀是由两种腐蚀电位不同的金属在介质中相接触而产生的，结果导致腐蚀电位较负的金属加速腐蚀。例如，凝汽器的碳钢管板与冷却管不锈钢（或铜合金、钛等）相接触，冷却水中碳钢的电位较负，因此发生电偶腐蚀。当凝汽器铜管汽侧发生腐蚀时，铜离子随着凝结水进入锅炉，可能会在炉管表面沉积，或酸洗时控制不当，造成铜的沉积，出现"镀铜"现象，导致炉管的电偶腐蚀。

（9）铜合金的选择性腐蚀。以淡水为冷却水的凝汽器，过去常用锡黄铜作冷却管材。作为一种铜锌合金，锡黄铜在冷却水中可发生选择性腐蚀，即脱锌腐蚀。黄铜管的选择性腐蚀常发生于凝汽器铜管的内侧，即冷却水侧，腐蚀发生后黄铜管表面会产生白色腐蚀产物，这是锌的化合物；去掉白色产物后，可以看到下方的紫铜层。选择性腐蚀发生后，黄铜管的力学性能显著降低，严重时会出现穿孔现象。

（10）磨损腐蚀。磨损腐蚀即冲刷腐蚀，或冲击腐蚀，是在水或汽的机械冲刷和腐蚀介质的侵蚀共同作用的结果。冲刷腐蚀易发生于流体流速较大的部位，如给水泵的叶轮和导叶、汽轮机叶片等作高速相对运动的设备和部件，凝汽器铜管入口端等易形成湍流的部位。这种腐蚀发生后，材料表面会出现明显的流体冲刷或冲击的痕迹。

（11）锅炉烟气侧的高温腐蚀。燃料在锅炉炉膛中燃烧生成的烟气与热力设备金属材料发生反应而产生的腐蚀现象，为锅炉烟气侧的腐蚀。锅炉烟气侧的高温腐蚀主要指在锅炉水冷壁炉管、过热器管、再热器管的外表面，以及在锅炉炉膛中的悬吊件表面发生的一类腐蚀，包括由烟气引起的高温氧化和由锅炉燃料燃烧产物引起的熔盐腐蚀，相比较而言，后者更为严重。其中，水冷壁炉管的熔盐主要是硫化物或硫酸盐；过热器及再热器管的熔盐主要是 $Na_3Fe(SO_4)_3$ 和 $K_3Fe(SO_4)_3$ 等复盐。对于燃油锅炉，由于燃油中存在大量的重金属钒，在过热器及再热器的烟气侧会出现钒腐蚀。

（12）锅炉尾部受热面的低温腐蚀。锅炉中含硫燃料燃烧产生的烟气中含有大量的 SO_2 和 SO_3。在锅炉尾部，当烟气温度低于露点温度时，烟气中的水汽将凝结成水，与烟气中的 SO_3 等反应生成硫酸，导致尾部金属发生低温腐蚀（酸性腐蚀）。低温腐蚀发生于锅炉尾部受热面，如空气预热器、省煤器、烟气换热器（GHH）、烟囱等部位的金属表面。

除此之外，热力设备还存在其他类型的腐蚀，如凝汽器冷却管的点蚀、微生物腐蚀、氨蚀、缝隙腐蚀等。

7.1.2.2 热力设备腐蚀的特点

由于火电机组热力设备所处环境介质的特殊性，热力设备腐蚀除了具有金属腐蚀的一般特点外，还有一些不同的特征。

（1）热负荷在热力设备腐蚀中具有重要的作用。许多热力设备长时间处于高温高压状态下，其腐蚀与热负荷密切相关。例如，省煤器管、水冷壁管和过热器管的腐蚀大多集中在热负荷较高的部位，如炉管的向火侧。

（2）机组的运行工况对热力设备的腐蚀有较大影响。例如，生水水质和炉外水处理设备运行状态的变化、热力设备运行状况的改变、给水处理方式的改变等都能引起水、汽品质的变化，并最终导致热力设备腐蚀类型和程度也发生相应的改变。

（3）热力设备腐蚀速度随机组参数的提高而加快。机组参数的提高意味着水汽系统温度和压力的提高，金属腐蚀反应的速度将加快。因此在相同水质条件下，高温高压机组比中温中压机组的腐蚀更严重，超高压机组比高压机组的腐蚀更严重。机组参数的提高对热力设备材质和补给水的纯度提出了更高要求，这势必会影响金属的腐蚀形态和腐蚀程度。

（4）热力设备的运行腐蚀程度与停用期间的腐蚀有一定联系。热力设备停用期间如果不采取有效的保护措施，大量空气的进入以及较高的相对湿度将导致设备金属在停用期间发生更严重的腐蚀，当机组再次启动运行时，停用期间的腐蚀坑将进一步发展，使运行腐蚀程度加剧，或成为腐蚀疲劳或应力腐蚀破裂的裂纹源，使设备更易产生腐蚀破坏。

7.1.2.3 热力设备腐蚀的影响因素

热力设备水汽侧腐蚀与水汽品质直接相关。

（1）水中的杂质。虽然锅炉给水通常会经过严格的水质净化处理，但在热力设备运行中还是会混入少量杂质到水汽循环系统中。对于汽包锅炉，由于蒸发量很大，炉水的浓缩倍率很高，例如 300MW 及以上的机组，炉水的浓缩倍率一般在几十倍到几百倍，在高温高压条件下，极易引起腐蚀。水中的杂质除了用单项指标（如铁、铜、硅、钠等）进行规定限制外，还用电导率指标来限制含盐量或用氢电导率来表征除氢氧根以外的阴离子含量。

（2）水中溶解气体。水中溶解气体主要是指水中的溶解氧和二氧化碳，可由补给水带入、因凝汽器真空系统泄漏而进入，以及微量杂质在炉内分解等造成。溶解氧是最常见的造成金属腐蚀的氧化性物质。二氧化碳气体溶解于水后会降低水的 pH 值，或使金属腐蚀原电池的驱动力增大，从而促进金属的腐蚀。

（3）pH 值的影响。金属在水中的腐蚀与 pH 值关系大。碳钢在 pH 值为 9.6~11.0 的水中较耐腐蚀，铜合金在 pH 值为 8.8~9.1 的水中较耐腐蚀。对于以上两种金属同时存在的系统，通常需同时考虑这两种金属的耐蚀性，例如给水系统同时含有铁合金和铜合金时，规定 pH 值控制范围为 8.8~9.3。在高温高压条件下，水的电导率、溶解氧含量和 pH 值是影响金属腐蚀的关键因素。

（4）温度、压力以及应力。温度过高会引起金属蠕变；压力过高会使金属薄弱部位发生爆破；金属在特定的腐蚀环境中，容易在拉应力的作用下产生应力腐蚀破裂，其中合金钢和不锈钢尤为敏感。

（5）水流速的影响。当水处于还原性的气氛时，增加流速往往导致金属流动加速腐蚀的发生，这种现象在高压加热器的疏水系统最为明显；当水处于氧化性的气氛时，流速对腐蚀的影响反而不大。在静止的水中，因为局部供氧不均匀，容易产生氧的浓差电池腐蚀效应；在流动的水中，因为与水接触的金属各部位氧的浓度基本一致，容易发生全面腐蚀。

（6）热力设备停用期的腐蚀。热力设备停用期间的腐蚀往往更易发生。当热力设备停运时，水汽系统内部的蒸汽凝结，温度和压力逐渐下降，甚至形成负压。由此空气就从设备密封性较差的地方或者检修处进入水汽系统内部，空气中的氧气溶解到水中。同时，停运放水时不能保证每个部位均放空，有些部位仍有部分积水。这一方面使部分金属浸在水中，另一方面由于积水的蒸发水汽系统内部湿度很大，形成氧腐蚀电池，金属迅速腐蚀生锈。

7.1.2.4 热力设备腐蚀控制重要性

电力是一种特殊的商品，它的生产和供应同时完成。电力又是一种不易贮存的商品，这一特点表明了电力工业安全生产的必要性。热力设备的腐蚀对电力安全生产产生重要影响。

火力发电设备的腐蚀直接影响发电机组的安全经济运行。例如，凝汽器铜管运行中的腐蚀损坏已成为影响高参数大容量发电机组安全运行的主要因素之一。据统计，国外大型锅炉的腐蚀损坏事故中，大约有 30% 是由于凝汽器的腐蚀损坏引起的，在我国这个比例更高一些。凝汽器铜管损坏的直接危害除凝汽器管材直接的损失外，更重要的是，由于大型锅炉的给水水质要求高，水质缓冲小，因此一旦凝汽器泄漏，冷却水漏入凝结水，恶化凝结水质，就会造成炉前系统、锅炉、汽轮机的腐蚀与结垢。尤其是用海水冷却的凝汽器，泄漏严重时会使锅炉炉管在不长的时间内，甚至在几小时内即严重损坏。腐蚀不仅造成经济上的损失，而且也对安全生产构成威胁。除此之外，火力发电设备的腐蚀也直接或间接地加速了自然资源的消耗，并在一定程度上影响了对火力发电过程污染物的控制。材料腐蚀问题的不断出现阻碍了火力发电技术向更高效、更环保的方向发展，尤其是在超（超）临界机组苛刻的运行环境（高温高压）下，材料的选择必须要考虑其耐腐蚀性能。

腐蚀又是可控的，人们普遍认为，如果能够充分利用现有的防腐蚀技术，采用严格的防腐蚀设计和科学的管理，许多腐蚀破坏是可以避免的。对于热力设备的运行腐蚀控制来说，由于热力设备在高温、高压、高热负荷和高应力下运行，因此一些常温常压下的防腐蚀技术的使用受到限制，如不能采用那些不耐高温的有机涂层进行保护，可以采用耐高温的金属涂层进行烟气侧金属的保护。热力设备体积大、管道多，需要大量的金属材料来制备，如一台 300MW 的汽轮发电机组，配套锅炉需要使用约 4000t 的钢材，凝汽器需要约 130t 的黄铜管，总长约 2.5×10^5 m，从建造成本考虑，不宜都选用高等级而价高的耐蚀材料，必须根据机组参数和介质特性合理选材。另外，热力设备面积大、管道多而复杂，不宜对整个设备进行阴极保护，因为整个设备的阴极保护一方面需要消耗的电能大，另一方面保护电流分布不均匀，会使保护效果受到影响；局部区域的阴极保护是可行的，如凝汽器水室的保护。对于热力设备的运行腐蚀控制，最重要的是做好给水和炉水的水质控制、设备的运行维护和检修、设备的停用保护等工作。

7.2　热力设备的氧腐蚀

氧气是造成金属腐蚀的阴极去极化剂之一，多数金属可以被氧气所腐蚀，例如，热力设备的主要金属材料钢铁和铜合金均可发生氧腐蚀。但在某些体系中，氧气又可起到钝化剂的作用，抑制金属的腐蚀，例如，氧可以促进不锈钢和钛合金的钝化，采用加氧处理的水汽系统炉管表面可被氧钝化等。

氧腐蚀在热力设备运行和停用期间都有可能发生。运行氧腐蚀在较高温度下发生，停用氧腐蚀基本在常温下发生，这两种情况下的氧腐蚀在腐蚀形态、腐蚀程度和腐蚀范围等方面都有较大差别。本节主要介绍热力设备运行期间的氧腐蚀，热力设备停运期间的氧腐蚀将在第 8 章介绍。

在热力设备的运行过程中，金属的成分、热处理方式以及加工工艺等内在因素不会再发生变化，因此这里只讨论环境因素对氧腐蚀的影响。

7.2.1　氧腐蚀的部位和特征

7.2.1.1　氧腐蚀发生的部位

运行氧腐蚀主要发生在介质中存在溶解氧的设备和管道中，如炉外水处理设备、补给水管道、给水管道、省煤器、疏水系统和凝结水系统。其中，省煤器入口端的氧腐蚀一般较为严重，而凝结水系统的氧腐蚀程度一般较轻，这是因为正常情况下凝结水中的溶解氧浓度较小、水温较低，腐蚀反应速度较小。

在正常运行情况下，发电机组给水中的溶解氧经过除氧器及后续消耗后，到省煤器就基本耗尽了，因此锅炉本体一般不发生氧腐蚀。但当除氧器运行不正常或未调整好时，溶解氧可能会进入锅炉本体，造成汽包和下降管的氧腐蚀。而水冷壁管不会发生氧腐蚀，这是因为不会有溶解氧进入水冷壁管。

7.2.1.2 氧腐蚀的特征

热力设备常用的金属材料为碳钢和合金钢，这里以钢铁为例来分析氧腐蚀的一般特征。钢铁发生氧腐蚀时，最主要的特征是表面会形成许多直径为 1~30mm 的小鼓疱。小鼓疱有的呈黄褐色，有的呈砖红色或黑褐色，鼓疱次层多为黑色粉末状物质，这些黑色粉末通常为 Fe_3O_4，而在紧贴金属表面处可能还会有 FeO 层，这些都是钢铁的氧腐蚀产物。腐蚀产物之所以呈现不同的颜色，是因为它们有不同的组成或晶态。将这些腐蚀产物去除后，便可以看到腐蚀坑，如图 7-2 所示。表 7-1 列出了铁的不同腐蚀产物及特征。

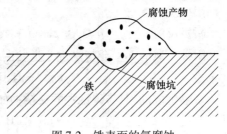

图 7-2　铁表面的氧腐蚀

表 7-1　铁的不同腐蚀产物及特征

化学组成	颜色	磁性	密度/g·cm⁻³	热稳定性
$Fe(OH)_2$	白	顺磁性	3.40	在有氧环境中不稳定，室温下可转变为 α-FeOOH、γ-FeOOH 或 Fe_3O_4，100℃ 时分解为 Fe_3O_4 和 H_2
FeO	黑	顺磁性	5.40~5.73	1371~1424℃ 时熔化，在低于 570℃ 时分解为 Fe 和 Fe_3O_4
Fe_3O_4	黑	铁磁性	5.20	1597℃ 时熔化
α-FeOOH	黄	顺磁性	4.20	约 200℃ 时失水生成 α-Fe_2O_3
β-FeOOH	淡褐	—	—	约 230℃ 时失水生成 α-Fe_2O_3
γ-FeOOH	橙	顺磁性	3.97	约 200℃ 时转变为 α-Fe_2O_3
γ-Fe_2O_3	褐	铁磁性	4.88	大于 250℃ 时转变为 α-Fe_2O_3
α-Fe_2O_3	砖红或黑	顺磁性	5.25	在 0.098MPa、1457℃ 时分解为 Fe_3O_4

表 7-1 显示，低温下铁的腐蚀产物以黄褐色为主，高温下腐蚀产物颜色较深，呈现砖红色或黑褐色。

热力设备运行时，对接触水温较高的设备，氧腐蚀形成的小鼓疱一般为砖红色（Fe_2O_3）或是黑褐色（Fe_3O_4）；而在接触水温较低的凝结水和疏水系统，腐蚀产物的颜色较浅，多以黄褐色（FeOOH）为主。这也是热力设备氧腐蚀的一个重要特征。

7.2.2 氧腐蚀的机理

有学者通过碳钢在中性、充气的 NaCl 溶液中氧腐蚀的实验研究，提出了氧腐蚀的机理。其主要内容如下：碳钢表面存在电化学的不均匀性，这种不均匀性来自于金属金相组织的差异、夹杂物的存在、氧化膜的不完整性、氧浓度差等因素。金属表面电位不同的区域形成腐蚀微电池，其中金属表面有缺陷或氧浓度较低的区域成为阳极，其他电位较正的区域成为阴极，腐蚀反应如下。

阳极反应：
$$Fe \longrightarrow Fe^{2+} + 2e$$

阴极反应：
$$O_2 + 2H_2O + 4e \longrightarrow 4OH^-$$

阳极生成的 Fe^{2+} 会与水进一步发生水解反应：
$$Fe^{2+} + H_2O \longrightarrow FeOH^+ + H^+$$

水解生成的 H^+ 与碳钢中的夹杂物如 MnS 反应：
$$MnS + 2H^+ \longrightarrow H_2S + Mn^{2+}$$

反应生成的 H_2S 可加速金属的腐蚀，使碳钢表面的微小蚀坑进一步发展。

蚀坑内 Fe^{2+} 的水解使蚀坑内介质的 pH 值降低，加速铁的溶解；同时蚀坑内溶解氧含量因腐蚀的进行而不断下降，从而在蚀坑内外形成氧浓差电池，使蚀坑内金属的腐蚀不断加剧，蚀坑得到进一步发展。后续的腐蚀可用图 7-3 表示。

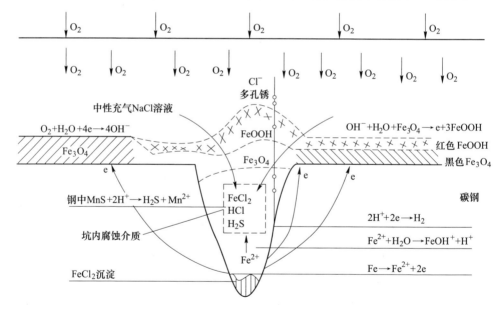

图 7-3　碳钢在充气的氯化钠溶液中的氧腐蚀机理

在这个阶段，蚀坑内发生如下反应。

阳极反应：
$$Fe \longrightarrow Fe^{2+} + 2e$$

Fe^{2+} 的水解反应：
$$Fe^{2+} + H_2O \longrightarrow FeOH^+ + H^+$$

硫化物的溶解反应：
$$MnS + 2H^+ \longrightarrow H_2S + Mn^{2+}$$

阴极反应：
$$2H^+ + 2e \longrightarrow H_2$$

在蚀坑口，发生如下反应。

FeOH$^+$的氧化：　$2FeOH^+ + \dfrac{1}{2}O_2 + 2H^+ \longrightarrow 2FeOH^{2+} + H_2O$

Fe^{2+}的氧化：　$2Fe^{2+} + \dfrac{1}{2}O_2 + 2H^+ \longrightarrow 2Fe^{3+} + H_2O$

Fe^{3+}的水解：　　　　$Fe^{3+} + H_2O \longrightarrow FeOH^{2+} + H^+$

FeOH^{2+}的水解：　　$FeOH^{2+} + H_2O \longrightarrow Fe(OH)_2^+ + H^+$

Fe$_3$O$_4$的生成：　$2FeOH^{2+} + 2H_2O + Fe^{2+} \longrightarrow Fe_3O_4 + 6H^+$

FeOOH 的生成：　　$Fe(OH)_2^+ + OH^- \longrightarrow FeOOH + H_2O$

在蚀坑外部，发生如下反应。

氧气的还原：　　　　$O_2 + 2H_2O + 4e \longrightarrow 4OH^-$

FeOOH 的还原：　　$3FeOOH + e \longrightarrow Fe_3O_4 + H_2O + OH^-$

以上反应生成的腐蚀产物堆积在蚀坑口，使坑外的氧气难以扩散进入蚀坑内。当腐蚀产物完全堵住蚀坑口时，蚀坑内外就形成了闭塞电池。蚀坑内阳极溶解不断生成 Fe^{2+}，Fe^{2+} 不断水解生成 H^+，使蚀坑内介质的 pH 值不断降低；蚀坑内硫化物溶解产生的 H_2S 也加速铁的溶解；蚀坑外溶液中的 Cl^- 通过电迁移进入蚀坑内，可参与并加速铁离子的水解过程，从而加速蚀坑内介质的酸化，使蚀坑内的阳极溶解速度进一步增大。这样就形成了闭塞电池自催化过程，蚀坑不断发展。

以上碳钢在中性充气 NaCl 溶液中的氧腐蚀机理，也适用于热力设备运行时的氧腐蚀。热力设备在运行过程中，所接触的水中溶解氧和 Cl^- 浓度都很低，但同样具备形成闭塞电池的条件。热力设备的材料大多为工业使用的碳钢和合金钢，金属材料（如炉管）表面存在电化学的不均匀性，具备形成腐蚀微电池的条件，阳极发生铁的溶解，生成的亚铁离子又不断水解酸化，而阴极发生氧的还原。腐蚀电池反应生成的腐蚀产物疏松，不能起到保护金属的作用，同时还会阻碍氧气在蚀坑内外的扩散，使蚀坑内的氧气耗尽之后得不到补充，蚀坑内外逐渐形成闭塞电池。闭塞电池形成后，蚀坑内的 Fe^{2+} 不断水解酸化，为了保持电中性，溶液中的 Cl^- 向蚀坑内迁移，进一步加速铁的溶解。

7.2.3　氧腐蚀的影响因素

热力设备的运行氧腐蚀主要发生在钢铁和少量铜合金（铜管凝汽器）。在金属材料确定的情况下，氧腐蚀与以下环境因素有关。

7.2.3.1　溶解氧浓度的影响

对于不同的机组，氧对热力设备的腐蚀具有完全不同的作用。氧气分子既是造成多数金属腐蚀的去极化剂，又可以通过促进某些体系中金属的钝化而抑制金属的腐蚀。热力设备中氧气分子到底起到什么作用，一般取决于水的电导率。当水的氢电导率大于 $0.3\mu S/cm$（杂质含量相对较多）时，腐蚀产物通常疏松多孔，溶解氧对锅炉钢主要起到腐蚀作用，此时水中的溶解氧含量越高，设备的腐蚀越严重。在氢电导率小于 $0.15\mu S/cm$ 的高纯水中，溶解氧对锅炉钢可以起到钝化作用，在含一定浓度溶解氧的纯水中，钢铁表面可以生成致密的钝化保护膜，使钢铁的腐蚀速度大幅度降低。

水中的溶解氧都来自大气，氧气在水中的溶解度符合亨利定律，即在温度一定的情况下，氧气在水中的溶解度与其分压成正比。溶解氧的浓度又与大气中氧气的分压、大气与水的接触面积以及氧气在水中的扩散条件有关。疏水系统一般不密闭，溶解氧接近饱和值，因此疏水系统的氧腐蚀较为严重。

7.2.3.2　水的 pH 值的影响

水的 pH 值可以影响金属的腐蚀类型和表面状态。

在 pH 值小于 4 的水体中，钢铁主要发生析氢腐蚀，随着 pH 值的下降，腐蚀速度增大。此时氧腐蚀依然存在，但相对于析氢腐蚀而言，由于受到水中溶解氧浓度的限制，氧腐蚀速度相对较小。在凝结水和疏水系统中，多数情况下同时存在氧气和二氧化碳，由于水的电导率低、缓冲性能小，CO_2 的存在会使水的 pH 值明显下降，加剧钢铁设备和管道的腐蚀，而且腐蚀速度随水的 pH 值降低而显著增大。

在 pH 值为 4~10 的水体中，水中的 H^+ 浓度大幅减小，析氢腐蚀不明显，钢铁主要发生耗氧腐蚀。钢铁的耗氧腐蚀速度主要受氧的阴极还原过程控制，主要取决于溶解氧的浓度及扩散条件，而与水的 pH 值关系不大。

在 pH 值为 10~13 的水体中，钢铁的腐蚀速度出现大幅下降。在这个 pH 值范围内，钢铁表面可以生成较为完整致密的保护膜，对金属起到较好的保护作用。随着 pH 值的提高，钢铁表面钝化膜越稳定，腐蚀速度越小。

在 pH 值大于 13 的水体中，钢铁表面不再钝化，其腐蚀产物为可溶性的亚铁酸盐。在这个 pH 值范围内，随着 pH 值的升高，钢铁的腐蚀速度再次增大，此时溶解氧的浓度对腐蚀速度的影响不大。

7.2.3.3　水温的影响

水温对热力设备氧腐蚀的影响与系统是否处于密闭状态有关。

在密闭系统中，水中的溶解氧浓度一定，温度升高会加快腐蚀体系的阴极反应和阳极反应速度，使耗氧腐蚀速度增大。一般在密闭系统中，钢铁的耗氧腐蚀速度与水温呈线性关系。

而在敞口体系中，温度升高一方面使水中的溶解氧含量降低，从而降低耗氧腐蚀速度；另一方面使溶解氧在水中的扩散速度和电极反应速度增大，即可加速腐蚀。一般敞口体系中金属的氧腐蚀速度在 80℃ 左右达到最大值。详见

4.2 节 。

水温还会对钢铁表面的氧腐蚀产物产生一定的影响。在低温（常温或略高）的水环境中，钢铁表面腐蚀面积较大，腐蚀产物较为疏松；而在高温的水环境中，钢铁表面的腐蚀产物较为坚硬。如在敞口的疏水系统中，钢铁发生氧腐蚀的蚀坑面积较大，腐蚀产物松软；而在密闭的给水系统，温度较高，钢铁氧腐蚀的蚀坑面积较小，腐蚀产物较为坚硬。

7.2.3.4 水中离子的影响

水中不同离子对钢铁的腐蚀有不同的作用。有的离子可以减缓腐蚀，起到钝化作用，如水中含有一定浓度的 OH^-，可以促进钢铁表面保护性钝化膜的形成；但 OH^- 浓度不能太高，否则钝化膜不能形成，反而促进金属的腐蚀。有些离子则对钢铁的腐蚀起促进作用，如水中的 H^+、Cl^-、SO_4^{2-}，这些离子的存在会抑制碳钢表面保护膜的形成，从而促进金属的腐蚀。当水中多种离子共存时，要考虑不同离子对腐蚀的综合影响。如当水中同时存在 OH^-、Cl^- 和 SO_4^{2-} 时，可以通过 OH^- 与 $Cl^- + SO_4^{2-}$ 的浓度比值来判断它们对腐蚀的影响，$[OH^-]/([Cl^-]+[SO_4^{2-}])$ 较大时，这些离子对金属的腐蚀主要起抑制作用；而当该比值较小时，这些离子对金属的腐蚀主要起促进作用。

7.2.3.5 流速的影响

对于发生耗氧腐蚀的体系，一般情况下水的流速越高，钢铁的腐蚀速度就越大，因为流速增加可以使氧的扩散层厚度显著减小，氧气分子可以更快地到达金属表面，促进氧的阴极还原反应的进行。当流速增大到形成湍流或涡流时，金属表面可以发生湍流腐蚀或空泡腐蚀等磨损腐蚀，流体的机械冲刷作用破坏了金属表面的保护膜，金属的腐蚀速度更大。

对于不锈钢、钛合金等钝化型金属，水中的氧气分子是其钝化剂，同时这类金属的耐冲刷性能较好，因此流速越大，氧气分子的传质过程越快，这类金属表面钝化膜的稳定性越好，其腐蚀速度越小。

7.2.4 氧腐蚀的控制

从以上氧腐蚀的影响因素来看，在运行参数确定的情况下，对热力设备运行氧腐蚀影响比较大的主要是溶解氧浓度和水的 pH 值。火电厂对给水 pH 值的控制比较严格，对含铜机组，给水 pH 值一般控制在 8.8～9.3，不含铜的机组 pH 值可以控制得更高一些，以减缓热力设备金属的氧腐蚀。在水的 pH 值确定的情况下，减少给水中的溶解氧，是减缓热力设备运行氧腐蚀的直接有效手段。锅炉给水除氧通常采用热力除氧和化学除氧两种方法，其中以热力除氧为主，化学除氧为辅。

7.2.4.1 热力除氧法

热力除氧法是通过除氧器进行除氧。用此方法除氧效果可靠，也是火电厂充分利用热能、提高热效率的有效手段之一。

除氧器除氧的原理是亨利定律，即在一定温度下，任何气体在水中的溶解度都与其在汽水界面的平衡分压成正比。因此，可以在敞口设备中提高水温，使汽水界面水蒸气的分压不断增加，从而降低水中其他气体的分压，进而降低这些气体在水中的溶解度。当水温达到沸点时，汽水界面水蒸气的分压与外界压力相等，也即其他气体的分压为零，此时水中的气体全部被除去。

因此，只要将除氧器中的水加热到沸点，使氧在汽水分界面的分压为零，就可以将水中的溶解氧解析出来。除氧器在除去水中溶解氧的同时，还可除去水中大部分的二氧化碳等气体。另外，热力除氧过程还可以分解水中的碳酸氢盐，其反应式为：

$$2HCO_3^- \longrightarrow CO_2 \uparrow + CO_3^- + H_2O$$

随着二氧化碳的不断逸出，反应不断向右进行。

A 热力除氧器的分类和特点

热力除氧器的主要功能有两方面：一是将需要除氧的水加热到除氧器工作压力下的沸点；二是分散水流，使水中的溶解氧和其他气体顺利解析出来。可以通过不同方式来满足以上两方面的要求，因此也就出现了不同类型的除氧器。

a 根据结构形式分类

根据除氧器结构形式的不同，除氧器可分为淋水盘式、喷雾填料式和膜式等。这些除氧器结构上的差异，主要在于水流分散方式的不同。

淋水盘式除氧器通过使用筛状淋水盘将被除氧水播散成雨雾状落下，淋水盘交错在中间开孔，使得自下而上的热蒸汽多次转向，将水滴加热以除去氧气。但淋水盘式除氧器对工况变化的适应性较差，运行过程中汽水进行传热传质交换的表面积较小，除氧效率较差。

喷雾填料式除氧器是在喷雾式除氧器基础上发展而来的，它在除氧塔中填充了填料，使下淋的水滴附着在填料表面形成一层水膜，增加水与加热蒸汽的接触时间和面积，从而改善喷雾式除氧器除氧不充分的缺点，处理过后水中的含氧量可以降至 $5\mu g/L$ 或更低。该类除氧器在电厂中的应用较广。

膜式除氧器是较为新型的热力除氧设备，其应用射流技术使水呈旋流水膜形态，强化汽水间的对流换热，并有利于氧的解析和扩散，以此进行除氧。它可以在进水温度较低的情况下运行，除氧效率高且排气量小，较好地克服了其他除氧器对工况变化适应能力差、除氧效率不高的缺点。

b 根据工作压力分类

按照工作压力的不同，除氧器可分为真空式、大气式和高压式三种。

真空式除氧器的工作压力低于大气压，其绝对压力一般在 0.03~0.0588MPa 之间，被除氧水在加热到 40~60℃时就可以达到沸腾状态。凝汽器就是一个真空除氧器，对于高参数大容量的机组，为了充分利用凝汽器的真空除氧效果，通常将补给水引入凝汽器进行除氧。

大气式除氧器也称为低压除氧器，工作压力约为 0.12MPa，略高于大气压，通常需要将水加热至 104℃来除氧。与其他工作压力的除氧器相比，大气式除氧器具有运行较为稳定、操作较为简便、易于控制等优点，适用于中、低参数发电机组。

高压式除氧器的工作压力一般在 0.5MPa 以上，并随机组参数的提高而增大。高压式除氧器具有投资少、除氧效果好、运行安全可靠等优点，适用于高参数发电机组，如亚临界机组通常采用卧式高压除氧器。

c 根据加热方式分类

按水的加热方式的不同，除氧器可分为混合式除氧器和过热式除氧器两类。

混合式除氧器是让水与蒸汽直接接触，将水加热到除氧器工作压力下的沸点进行除氧。

过热式除氧器是先将水加热，使之温度超过除氧器工作压力下的沸点，随后将水引入除氧器进行除氧，过热水进入除氧器之后减压，一部分直接气化，其余部分处于沸腾状态。

电厂应用的除氧器多为混合式除氧器，以提高电厂的热能利用率。

B 提高除氧器性能的辅助措施

为了提高除氧器的除氧性能，通常可采用下列辅助措施。

（1）被除氧水应该加热至除氧器工作压力下的沸点。一般认为，水温若是低于沸点 1℃，除氧器出口水中的溶解氧浓度将增加约 0.1mg/L。可以通过安装进汽和进水的自动调节装置来调节进水量和进汽量以保证水的沸点；也可在除氧器的水箱中加装再沸腾装置，使被除氧水保持沸腾状态。

（2）混合式除氧器应保证水与蒸汽有足够的接触时间。水中溶解氧的解析速度与其浓度成正比，当水中溶解氧浓度趋于零时，氧气解析时间将会无限长。在喷雾填料除氧器中添加挡水环、增加填料高度或是采用多级淋水盘等措施可以有效延长汽水的接触时间，保证良好的除氧效果。

（3）解析出来的气体应该及时顺畅地排出。气体若是不能及时排出，根据亨利定律，水中的氧含量反而会随着汽水界面氧气分压的增加而加大。大气式除氧器是通过除氧器的内外压差来排出气体，因此它内部的工作压力通常会比大气压高 0.02MPa，以保证气体能够顺利排出。

（4）补给水应连续、均匀地加入。补给水中的溶解氧含量较高（一般为 6~8mg/L），且温度较低，若是加入除氧器的补给水量波动大，水中含氧量和水温波动过大，可造成除氧效果下降，使出水含氧量达不到要求。

（5）多台除氧器并列运行时应保证负荷均匀分配。可以将储水箱的蒸汽空间和容水空间用平衡管连接起来，使每台除氧器的汽水都能均匀分配，避免因个别除氧器的负荷过大或补给水量过大而造成除氧效率低下的问题。

7.2.4.2 化学除氧法

化学除氧法作为热力设备除氧的一种辅助手段，通过在水中添加还原剂来除去热力除氧后残留的氧气。目前，电站锅炉多采用联氨做除氧剂，机组参数较低的锅炉也可采用亚硫酸钠，此外还有其他一些化学除氧剂如异抗坏血酸钠等。

A 联氨处理

联氨（N_2H_4）是目前火电厂最常用的除氧剂，在汽包锅炉和直流锅炉中均有大量应用。

联氨也称为肼，常温下为无色液体，有毒，浓的联氨溶液对皮肤有刺激性，联氨蒸汽对呼吸系统和皮肤也有伤害，空气中联氨蒸汽浓度不允许超过 1mg/L。联氨易挥发也极易燃烧，空气中联氨体积分数达到 4.7% 时，遇火可发生爆炸。联氨易溶于水，联氨与水结合可生成稳定的水合联氨（$N_2H_4 \cdot H_2O$），常温下这也是一种无色液体。体积分数低于 24% 的水合联氨不会燃烧。

联氨是一种还原剂，可以直接与水中的氧气发生如下反应，起到除氧效果：

$$N_2H_4 + O_2 \longrightarrow N_2 + H_2O$$

联氨在将氧气还原的同时，将金属高价氧化物也还原为低价氧化物，如将 Fe_2O_3 还原为 Fe_3O_4 或 Fe，将 CuO 还原为 Cu_2O 或 Cu：

$$6Fe_2O_3 + N_2H_4 \longrightarrow 4Fe_3O_4 + N_2 + 2H_2O$$

$$2Fe_3O_4 + N_2H_4 \longrightarrow 6FeO + N_2 + 2H_2O$$

$$2FeO + N_2H_4 \longrightarrow 2Fe + N_2 + 2H_2O$$

$$4CuO + N_2H_4 \longrightarrow 2Cu_2O + N_2 + 2H_2O$$

$$2Cu_2O + N_2H_4 \longrightarrow 4Cu + N_2 + 2H_2O$$

研究表明，当温度高于 49℃ 时，联氨可以促使钢铁表面生成 Fe_3O_4 保护层；当温度高于 137℃ 时，联氨能迅速将铁表面的 Fe_2O_3 还原为 Fe_3O_4。由于联氨能还原铁和铜的氧化物，因此联氨处理可以防止锅炉内生成铁垢和铜垢。

有关联氨的缓蚀作用机理，有人认为其起到了阴极缓蚀剂的作用，但也有人提出阳极缓蚀剂、替代反应、钝化作用等观点。

（1）除氧作用。这种观点认为，联氨可以去除给水中的溶解氧，即可以降低水中的溶解氧浓度，从而减小阴极反应速度，因此联氨表现为一种阴极型的缓蚀剂。

（2）吸附作用。这种观点认为，联氨通过在阳极表面的优先吸附而产生阳极极化，使金属的腐蚀速度下降。当联氨浓度足够大（达到 0.01mol/L 及以上）时，钢的表面可以被联氨完全覆盖，腐蚀速度明显下降，同时钢的开路电位升高至 -150mV，与钢在铬酸盐中的开路电位（-180mV）接近。从这个角度来看，联氨属于阳极型缓蚀剂。但当联氨浓度较小时（小于 0.01mol/L），金属表面不能被联氨完全覆盖，这时腐蚀集中在未被覆盖的金属表面，金属发生局部腐蚀；而且联氨浓度越接近于 0.01mol/L，未被覆盖的金属表面积越小，金属的局部腐蚀越严重。

（3）替代反应。也有学者认为，联氨的腐蚀抑制作用不在于其与氧发生直接的反应，而在于其发生的氧化反应替代了铁的氧化反应。在不含联氨的体系中，钢铁发生腐蚀的阳极反应为铁的溶解反应：

$$Fe \longrightarrow Fe^{2+} + 2e$$

阴极反应为氧的还原反应：

$$O_2 + 2H_2O + 4e \longrightarrow 4OH^-$$

当体系中存在联氨时，阴极反应仍为氧的还原反应，而阳极反应替换为：

$$N_2H_4 + 4OH^- \longrightarrow N_2 + 4H_2O + 4e$$

因此，联氨就抑制了铁的腐蚀溶解，同时又消耗了氧，起到了除氧作用。从这个观点来看，联氨对钢铁起到了类似于牺牲阳极的保护作用。

（4）钝化作用。联氨可以将碳钢表面疏松的腐蚀产物 Fe_2O_3 还原为致密的 Fe_3O_4 氧化物膜，使碳钢表面钝化而降低腐蚀速度。

$$3Fe + 8OH^- \longrightarrow Fe_3O_4 + 4H_2O + 8e$$

实验证明，联氨的加入在降低碳钢腐蚀速度的同时，提高了碳钢的腐蚀电位，从这个角度来看，联氨起到了阳极型缓蚀剂的作用。以上的吸附作用、替代反应和钝化作用均可以对碳钢在水中的腐蚀起到阳极极化作用。

进行联氨处理时，一般是在高压除氧器水箱出口的给水母管中加入药剂，并通过水泵的搅拌，使药剂和给水混合均匀。联氨的除氧效果与联氨的浓度、水溶液的 pH 值、水温以及催化剂等因素密切相关。联氨处理一般采用含 24% ~ 40%（体积分数）联氨的水合联氨溶液，控制给水联氨浓度为 20 ~ 50μg/L，在确保去除剩余溶解氧的同时，也要有一定的过剩量以防止偶然漏氧现象的发生。联氨在碱性环境中才会表现出很强的还原性，因此一般将介质的 pH 值控制在 8.7 ~ 11 范围。水温对联氨除氧效果的影响也很大，水温越高，联氨的除氧效果越好，一般将待处理水温控制在 200℃ 以上。在合理条件下进行处理时，还可以加入对氨基苯酚、1-苯基-3-吡唑烷酮、芳氨和醌化合物等有机催化剂来提高联氨的除氧效果。

B 亚硫酸钠处理

亚硫酸钠（Na_2SO_3）是一种白色、易溶于水的还原剂，能与水中的氧气反

应生成硫酸钠, 即

$$2Na_2SO_3 + O_2 \longrightarrow 2Na_2SO_4$$

　　根据上述反应式, 除去1g氧气需要消耗约8g的Na_2SO_3。另外为了保证氧气的去除率, 还需一定的过剩量。

　　亚硫酸钠的除氧效率与水的温度、pH值、药剂过剩量等有关。水温越高, 亚硫酸钠与氧的反应速度越快, 除氧效果越好。与联氨不同的是, Na_2SO_3在中性水中的除氧反应速度最快; pH值升高, 反应速度反而下降。另外, 当亚硫酸钠过剩量为25%~30%时, 除氧反应速度较快。

　　进行亚硫酸钠处理时, 一般是将质量分数为2%~10%的Na_2SO_3稀溶液用活塞泵加在给水泵前的管道中。因为Na_2SO_3可与空气中的氧气反应, 因此Na_2SO_3加药系统和溶液箱必须封闭。

　　在进行亚硫酸钠处理时, 要注意其分解问题。有人认为, 在温度高于285℃时, 亚硫酸钠可发生歧化反应, 分解产生硫化钠:

$$4Na_2SO_3 \longrightarrow Na_2S + 3Na_2SO_4$$

硫化钠可在炉内水解产生硫化氢:

$$Na_2S + 2H_2O \longrightarrow 2NaOH + H_2S$$

　　一般认为亚硫酸钠的以上分解反应在高温高压下才会发生, 如在压力高于11.76MPa的锅炉水中, 发现了微量硫离子的存在。也有文献介绍, 亚硫酸钠在锅炉内可水解产生二氧化硫:

$$Na_2SO_3 + H_2O \longrightarrow 2NaOH + SO_2$$

　　据相关文献介绍, 当锅炉工作压力不高于6.86MPa、炉水中的亚硫酸钠浓度不高于10mg/L时, 采用亚硫酸钠进行除氧处理是安全的。另外, 采用亚硫酸钠进行除氧处理时, 产物为硫酸钠, 使得处理后炉水电导率和总溶解固形物增加, 排污量增大, 且蒸汽品质也受到影响。因此, 亚硫酸钠处理只适用于采用软化水补给的中低压锅炉。

　　C　异抗坏血酸钠处理

　　由于联氨的毒性问题, 多年来不断有新的除氧剂出现, 以期替代联氨, 如对苯二酚、异抗坏血酸钠及其钠盐、碳酸肼、二甲基酮肟、二乙基羟胺、氨基乙醇胺等。异抗坏血酸钠和二甲基酮肟作为除氧剂在我国有一定的研究和应用。

　　异抗坏血酸钠的分子式为$C_6H_7NaO_6 \cdot H_2O$, 为白色或稍带黄色的结晶颗粒, 无毒, 易溶于水, 是一种强还原剂, 常温下即可与氧气快速反应, 约为联氨与氧反应速度的17000倍。异抗坏血酸钠的热分解产物主要是乳酸, 最终分解产物为二氧化碳, 在合理控制条件下, 不会对设备产生危害。

　　采用异抗坏血酸钠处理, 加药量可控制在约200μg/L, 加药系统和加药部位可与联氨处理的一致, 但这种处理方法的处理费用较高。另外, 异抗坏血酸钠除氧处理适用于汽包锅炉；对于直流锅炉，由于钠盐的加入可导致水中的钠含量超标，因此可以改用异抗坏血酸钠进行处理。

D 二甲基酮肟处理

二甲基酮肟的分子式为（CH_3）$_2$CNOH，常温下为固体结晶或粉末，易溶于水和醇类物质。二甲基酮肟还原性很强，在常温下可与溶解氧直接反应：

$$2(CH_3)_2CNOH + O_2 \longrightarrow 2(CH_3)_2CO + N_2O + H_2O$$

与联氨一样，除了具有除氧作用，二甲基酮肟也可以将金属表面的 Fe_2O_3 还原为 Fe_3O_4，CuO 还原为 Cu_2O。与联氨相比，二甲基酮肟的毒性较小，其热分解产物为氨和微量的乙酸，对设备基本不产生危害。二甲基酮肟处理的加药量一般控制在 $100\mu g/L$，加药系统与加药位置也与联氨相同。

7.3 热力设备的应力腐蚀

应力腐蚀是金属材料在腐蚀介质和应力的共同作用下产生的一种局部腐蚀形态。应力腐蚀对热力设备的危害大，可造成设备的突然断裂，严重影响设备的安全经济运行。应力腐蚀破裂（SCC）、腐蚀疲劳（CF）和氢损伤都可列入应力腐蚀的范畴，这是因为都是在应力作用下的腐蚀破坏形式，但造成这三种腐蚀形态的应力是不一样的。有关这几类应力腐蚀的发生条件、影响因素、腐蚀机理和腐蚀控制等内容已在第 6 章作详细介绍。本节结合发电厂金属材料及其腐蚀环境特点着重讨论热力设备的应力腐蚀。

7.3.1 锅炉的碱脆

碳钢在 NaOH 溶液中发生的应力腐蚀破裂，称为碱脆，又称苛性脆化。碱脆是应力腐蚀破裂的一种形式。对于大多数火电厂的蒸汽锅炉，水冷壁、联箱等材质主要是低碳钢，当炉水中存在游离碱且在锅炉局部区域出现浓缩，该区域同时又受到拉应力作用时，就可发生锅炉的碱脆。

锅炉碱脆是一种危险的腐蚀形态，对锅炉的安全生产危害性较大。作为一种应力腐蚀破裂，该腐蚀的初始阶段也是产生微裂纹，初始裂纹非常细小，不易通过肉眼检查出来，但一旦形成了肉眼可见的裂纹，锅炉就已处于临近爆炸的危险状态。从第 6 章介绍的应力腐蚀破裂的三个发展阶段可知，裂纹的萌生阶段耗时最长，而微裂纹一旦形成，其扩展速度较快，裂纹的发展是加速进行的，可使材料在短时间内失稳破坏，等不到下一次检修。另外，裂纹形成后很难修复，必须更换新的管子。因此，锅炉的碱脆危害性较大。

7.3.1.1 锅炉碱脆的特征

锅炉碱脆是一种应力腐蚀破裂，具有应力腐蚀破裂的一般特征，即碱脆也是一种脆性断裂，断口几乎不发生塑性变形，而且裂纹方向与拉应力方向垂直。同时，锅炉碱脆是锅炉钢在特定炉水条件下发生的应力腐蚀，因此有其自身特有的一些特点。

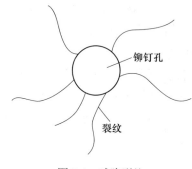

图 7-4　碱脆裂纹

锅炉碱脆区别于其他应力腐蚀破裂的一个显著特征，是其具有较为特殊的裂纹形态。锅炉碱脆通常发生在铆接炉和胀管锅炉，锅炉的铆接处和胀接处，由于应力较为集中，成为裂纹的起点。随着腐蚀的进行，裂纹从铆口或胀口向外呈放射性伸展，如图 7-4 所示。分析发现，裂纹出现在拉应力最大的部位；从微观来看，这些裂纹由一条主裂纹和许多分支裂纹构成，主裂纹为穿晶裂纹，分支裂纹为沿晶裂纹。

锅炉的碱脆与常规的机械断裂有明显的区别。发生碱脆的裂纹周围金属的力学性能基本不发生变化，因此常规机械检测的手段不能用来检测锅炉碱脆的发生；发生碱脆的金属裂纹周围及断口表面通常有黑色的腐蚀产物 Fe_3O_4 产生，而机械断裂的金属断口表面并无腐蚀产物且通常呈现金属本色。

7.3.1.2　锅炉碱脆发生条件

应力腐蚀破裂的发生需要同时满足三个条件：

（1）金属材料具有应力腐蚀破裂的敏感性；

（2）金属材料在其发生应力腐蚀破裂的特定介质中使用；

（3）受到拉应力的作用。

对锅炉碱脆来说，锅炉的主要材质是碳钢，在特定介质中具有应力腐蚀破裂敏感性。导致碳钢发生碱脆的特定介质是氢氧化钠溶液。正常情况下，炉水中不应含有游离的氢氧化钠，但当炉水中含有碳酸盐和重碳酸盐碱度时，如果水处理方式选用不当，可能会产生游离氢氧化钠，但通常浓度较低，不足以达到碱脆发生的程度，碱脆的发生通常是由于锅炉局部区域出现了介质的浓缩。造成锅炉碱脆的拉应力，通常来自于其特殊的连接方式，如铆接和胀接。

可以用相对碱度来表示炉水的侵蚀性，相对碱度可以通过下式计算：

$$相对碱度 = \frac{游离 \, NaOH \, 量}{总含盐量}$$

即碱度为炉水中的 OH^- 碱度和总含盐量的比值。上式计算时不包含磷酸盐碱度，因为其一般不产生游离氢氧化钠。用相对碱度来判断炉水的侵蚀性，可以 0.2 作为界限，当相对碱度不超过 0.2 时，可认为炉水没有侵蚀性。相对碱度越大，炉水的侵蚀性就越强。

下面具体来看一下锅炉碱脆的产生条件。首先炉水中存在游离的氢氧化钠，使其相对碱度大于 0.2。游离氢氧化钠可以通过碳酸盐等盐类的水解产生：

$$Na_2CO_3 + H_2O \rightleftharpoons NaHCO_3 + NaOH$$

炉水中产生的游离氢氧化钠浓度比较低，通常达不到使锅炉钢发生碱脆的浓度要求。因此碱脆的发生部位必定要满足氢氧化钠浓度增大的条件，如炉水在出现碱脆区域存在局部浓缩现象。对于铆接炉和胀管锅炉来说，当铆接或胀接部位不严密时，含有游离氢氧化钠的炉水就会往外泄漏，使炉水发生蒸发浓缩，水中的游离氢氧化钠浓度显著增大，达到使碳钢发生碱脆的浓度；同时铆接或胀接区域易存在拉应力，结果导致这些区域发生碱脆。

综上所述，在以下三个条件同时满足时（缺一不可），锅炉具有发生碱脆的危险：

（1）炉水中存在游离的氢氧化钠；

（2）金属受到拉应力的作用；

（3）在金属承受拉应力处，炉水发生局部浓缩。

碱脆常发生在以软化水为补水的中小锅炉。例如，某台 2.3MPa 锅炉，补水为软化水，相对碱度为 0.6，运行中发生爆炸。检查发现锅炉钢板上有大量肉眼可见的裂纹，集中在铆钉孔处，裂纹向外辐射延伸。铆钉头、钢板用手锤敲击即发生断裂，呈现"脆化"现象。

除了锅炉的铆接和胀接部位具有发生碱脆的危险外，其他部位也可能具备发生碱脆的条件。例如，在焊接区域可能存在焊接应力；某些高热负荷区也可能存在拉应力。当炉水中存在游离氢氧化钠并在这些区域附近发生局部浓缩时，碱脆也会在这些区域出现。

7.3.1.3 锅炉碱脆的机理

关于锅炉碱脆的机理，不同学者有不同的表述。通常可以根据膜破裂机理来解释，其要点如下。

（1）在含有一定氧化剂的碱性介质中，碳钢表面可以发生钝化。介质的碱性很强时，钝化膜不完整。

（2）在拉应力作用下，碳钢表面的钝化膜发生破裂，裂纹处出现基体裸露。

（3）以碳钢表面基体裸露的区域（或未钝化区域）为阳极、钝化膜覆盖区域为阴极，构成腐蚀原电池，出现以下电极反应。

阳极反应：

$$Fe + 3OH^- \longrightarrow HFeO_2^- + H_2O + 2e$$

$$3HFeO_2^- + H^+ \longrightarrow Fe_3O_4 + 2H_2O + 2e$$

阴极反应：

$$H^+ + e \longrightarrow H$$

$$2H \longrightarrow H_2 \uparrow$$

（4）在拉应力的不断作用下，裂纹不断扩展，最终导致碳钢破裂。

电化学测试结果与上述机理相印证。碳钢的碱脆易发生在阳极极化曲线的活化-钝化过渡区内，在此电位范围，碳钢表面的钝化膜不完整，且稳定性较差，易在拉应力作用下破坏。

7.3.1.4   锅炉碱脆的影响因素

可以从金属材料的成分、热处理、炉水水质等方面来分析影响锅炉碱脆的因素。

（1）金属材料成分的影响。锅炉碱脆发生在碳钢材料，碳钢中影响碱脆的主要因素是碳含量。一般碳钢中碳含量越高，钢的抗拉强度和硬度越高，而塑性越差。从发生碱脆的角度来看，碳含量的增加使碱脆的敏感性增大，这可能与钢的力学性能变化有关，也可能与钢的电化学性质的变化有关，如碳含量的增加不仅使钢表面阴极性面积增大，而且也会使晶界发生碳的偏析，产生更多的碳化物。除了元素碳之外，钢中含有的磷、硫、氮、砷等元素也会对碱脆产生影响，钢中这些元素的含量增加，碱脆的敏感性也增大，因为这些元素与碳类似，也可在铁素体晶界产生偏析，从而影响钢的碱脆敏感性。

（2）热处理的影响。适当的热处理可以降低碳钢的碱脆敏感性，因为热处理可以减小碳钢内应力，使其具有合适的组织结构。例如，退火处理可以使钢的组织结构恢复正常，使碱脆敏感性下降。

（3）炉水水质的影响。炉水中含有的不同物质对碳钢碱脆可产生不同的影响，这主要取决于这些物质对碳钢表面钝化膜生成和稳定性的影响。有些物质可以促进碳钢表面生成稳定钝化膜，抑制碱脆的发生。例如，水中含有硝酸钠时，可以使碳钢进入稳定钝化区，表面形成稳定钝化膜，从而降低碱脆的敏感性。而有些物质的存在使钢的电极电位降低至碱脆的敏感电位，金属表面钝化膜不完整且不稳定，碱脆的敏感性增加，如水中加入铅的氧化物。另外，有些物质不影响钢的电极电位及其表面的钝化膜，但对碱脆有较好的抑制作用，如磷酸盐、硅酸盐、丹宁等，这类物质可作为碱脆的缓蚀剂。

7.3.1.5   锅炉碱脆的检查

锅炉碱脆的发生会带来十分严重的后果，尤其是裂纹形成初期不易被观察到，若未及时发现可导致锅炉爆炸的危险，因此对锅炉碱脆的检查至关重要。

由于碱脆通常发生在锅炉铆接和胀接处，因此对锅炉碱脆的检查，比较简单的方法是在锅炉运行过程中检查铆接和胀接处是否存在泄漏或积盐现象；停炉时可以采用锤子敲击铆钉头的方式，若铆钉脱落则说明存在碱脆的现象。

物理方法如磁力探伤法、γ射线法和超声波探伤法等被广泛用于检查热力设备的损伤。磁力探伤法通过将铁基材料磁化后产生磁通的方向来判别材料表面是否有裂纹生成，但检测时需要拆除铆钉。γ射线法和超声波探伤法分别利用γ射线和超声波透过金属表面，通过检测吸收的能量强度来判别碱脆是否发生，测试时无须拆除铆钉或水冷壁管。

7.3.1.6 锅炉碱脆的防止方法

在金属材料已确定的情况下，为了防止锅炉碱脆的发生，可以从降低拉应力、消除游离氢氧化钠和抑制介质浓缩等方面进行控制。

A 降低锅炉部件所受的拉应力

碱脆主要发生在铆接锅炉和胀管锅炉的铆接和胀接部位，为了防止碱脆，目前锅炉均采用焊接结构和悬吊式安装，以减小附加应力值，但需注意焊接的严密性。对个别必须采用铆接的部件，铆接时需注意降低拉应力，并注意连接处的密封性，防止出现缝隙而形成介质浓缩的条件。

改善锅炉结构和安装方法，降低局部应力。例如，在汽包锅炉的给水短管和加药短管上安装保护套，防止给水和磷酸盐溶液与炉水之间的温差而使汽包产生巨大应力。汽包内给水装置需合理安装，给水管沿长度方向要均匀分布，并防止温度较低的给水直接与汽包壁接触，以尽量降低汽包承受的热应力。锅炉安装时还应保证汽包和管子能自由膨胀，以避免汽包或炉管的挤压而产生应力。

另外，还需保持锅炉良好的运行状态。锅炉运行负荷的波动是产生局部应力的重要原因，需保持锅炉运行负荷的稳定。运行时应避免向锅炉周期性地加入大量补给水，也应减少锅炉处于热备用状态。

B 降低炉水的侵蚀性

降低炉水对碱脆的侵蚀性，主要是降低炉水的相对碱度使之小于0.2。控制相对碱度，就是要控制炉水中的游离氢氧化钠。这既可以通过炉外水处理降低补给水的含碱量来实现，也可以通过炉内磷酸盐处理来控制。目前火电厂补给水都采用除盐水，相对碱度已很低，没必要采用维持锅炉相对碱度的方法来控制碱脆。需注意的是，需采用合理的水处理工艺和防腐蚀措施，防止炉水在受热面局部浓缩，避免局部区域高浓度游离碱的存在。

7.3.2 热力设备不锈钢的应力腐蚀破裂

7.3.2.1 热力设备中的不锈钢及其腐蚀

火电厂热力设备中采用不锈钢材料的主要有过热器、再热器、汽轮机叶片和凝汽器冷却管等。

高参数锅炉的不锈钢过热器，易发生应力腐蚀破裂。例如，过热蒸汽温度为550℃、压力为16.7MPa的锅炉，过热器采用1Cr14Ni14W2Mo不锈钢，在运行中发生了应力腐蚀破裂；过热蒸汽温度为600℃、压力为29.4MPa的超临界参数锅炉，过热器和主蒸汽管道也采用1Cr14Ni14W2Mo不锈钢，运行中出现应力腐蚀破裂；由0Cr18Ni10不锈钢制造的高温再热器管，在海边露天放置一年后，也出现了应力腐蚀破裂。

汽轮机低压缸的叶片，在运行时常发生应力腐蚀破裂，特别是蒸汽刚开始凝结的部位，由于初凝水中易聚集蒸汽中的杂质，腐蚀性较大，因此应力腐蚀破裂易发生在该部位。

7.3.2.2　热力设备不锈钢应力腐蚀特点

热力设备不锈钢的应力腐蚀破裂，具有一般的应力腐蚀破裂的特征，即属于脆性断裂，裂纹方向与拉应力方向垂直。从微观来看，裂纹有沿晶、穿晶和混合三种形式，其中马氏体和铁素体不锈钢在高温水和蒸汽、含氯水溶液中主要以沿晶裂纹为主，奥氏体不锈钢主要以穿晶裂纹为主。裂纹包括主干和分支，呈现出貌似落叶后的树干和树枝形状。

对出现沿晶裂纹的不锈钢应力腐蚀破裂，从腐蚀形态来看与晶间腐蚀非常相似，均是沿着晶界发生的腐蚀，但两者有着本质的区别。晶间腐蚀不需要拉应力的作用，而且腐蚀几乎分布在与介质接触的整个金属表面上，不存在主干和分支状腐蚀形貌；而应力腐蚀破裂的腐蚀区域较小，裂纹从裂纹源出发，沿着垂直于拉应力的方向发展，裂纹只出现于局部区域。

7.3.2.3　热力设备不锈钢应力腐蚀影响因素

A　不锈钢组成和类型

不锈钢中 N、P、As、Sb、Bi 等元素的存在会降低其抗应力腐蚀破裂的能力，而元素 Ni 含量的增加可提高其抗应力腐蚀破裂能力。在不同金相组织的不锈钢中，奥氏体不锈钢的抗应力腐蚀破裂能力最差，其次是马氏体不锈钢，而铁素体不锈钢不易发生应力腐蚀破裂。在马氏体不锈钢中加入 5%~10% 的铁素体相，可以显著提升其抗应力腐蚀性能；由奥氏体相和铁素体相按一定比例冶炼得到的双相钢，具有较强的耐应力腐蚀破裂性能。

B　介质的影响

热力设备接触的高温水和蒸汽，虽然杂质含量少，但一些侵蚀性的组分可诱导不锈钢发生应力腐蚀破裂。水中导致不锈钢发生腐蚀的最主要物质是氯离子，随着水或蒸汽中氯离子浓度的增加，不锈钢发生腐蚀敏感性增大。一般认为，在高温水中氯离子浓度达到 5~6mg/L 就可导致不锈钢发生应力腐蚀破裂。当水中同时含有溶解氧时，不锈钢的应力腐蚀破裂更容易发生。在含 H_2S 的水溶液中，奥氏体不锈钢和马氏体不锈钢的应力腐蚀破裂也容易发生。

水的 pH 值也对不锈钢的应力腐蚀破裂产生影响。在一定的 pH 值范围内，随着 pH 值的升高，不锈钢发生应力腐蚀破裂的敏感性下降。例如，在 100℃ 的含氯离子的水中，不锈钢在 pH 值为 6~8 时产生应力腐蚀破裂；当 pH 值达到 8 以上时，由氯离子导致的应力腐蚀破裂敏感性下降；但当 pH 值进一步升高到 9~10 以上时，不锈钢发生苛性应力腐蚀破裂的危险性提高，在碱浓度（质量分数）

超过 0.1%~1%时，不锈钢就会出现苛性应力腐蚀破裂，而且随着碱浓度的增加，破裂敏感性增大。

另外，不锈钢的应力腐蚀破裂也受到水温的影响。随着温度的升高，不锈钢在高温水中的应力腐蚀破裂敏感性增大，不锈钢发生应力腐蚀破裂的临界氯离子浓度降低。而当水温在 100℃ 以下时，不锈钢不易发生应力腐蚀破裂。

C 应力的影响

不锈钢发生应力腐蚀破裂还需要受到拉应力的作用。拉应力的增加使不锈钢发生破裂的时间缩短，而水中氯离子浓度的增加使不锈钢发生应力腐蚀破裂所需的最小拉应力值降低。不锈钢表面存在缺陷时，产生应力腐蚀破裂所需的应力值较小。从应力来源来看，材料的研磨加工、板材剪边、焊接等产生的残余应力是导致不锈钢产生应力腐蚀破裂的主要应力类型，其所引起的事故约占所有不锈钢应力腐蚀破裂产生事故的 80%。

7.3.2.4 热力设备不锈钢应力腐蚀破裂的控制

可以从应力腐蚀破裂的产生条件出发，通过抑制这些条件的形成，来达到控制不锈钢应力腐蚀破裂的目的。例如，选用耐应力腐蚀破裂的材料、消除不锈钢部件所承受的拉应力、降低水汽中的侵蚀性离子浓度如氯离子的浓度等。

（1）合理选择耐应力腐蚀破裂的不锈钢。从火电厂使用的不锈钢材料来看，锅炉的过热器材料如果使用 Cr-Ni 奥氏体不锈钢，则容易发生应力腐蚀破裂。有国家改用 12%Cr 的高强不锈钢，如德国有约 60% 的过热器采用了这个材料，基本避免了应力腐蚀破裂的发生，但这种材料的腐蚀速度一般要比 Cr-Ni 奥氏体不锈钢快。也有电厂选用含高铬高镍的 0Cr20Ni32Fe 铁镍基耐蚀合金作过热器材料，其抗应力腐蚀破裂的能力比 Cr-Ni 奥氏体不锈钢有明显提升。

（2）降低水和蒸汽中的侵蚀性离子浓度。从热力设备接触的水和蒸汽的角度来看，就是要尽量降低水和蒸汽中的杂质含量，特别是氯离子和游离氢氧化钠的含量，以保护过热器和汽轮机叶片。

在进行不锈钢部件的清洗时，要注意绝不能采用稀盐酸作为清洗剂，因为稀盐酸对普通不锈钢具有很大的侵蚀性。另外由于高参数机组结构比较复杂，如果酸洗后盐酸不能及时排出，仍残留在过热器中，则当机组再次启动运行时，随着温度的升高，不锈钢的应力腐蚀破裂就更容易发生。不锈钢部件的清洗也不宜采用氢氧化钠溶液，防止苛性应力腐蚀破裂的出现。

7.3.3 热力设备的氢损伤

热力设备在运行过程中，如果介质的 pH 值较低，使金属发生氢的去极化腐蚀，就有发生氢损伤的危险。例如当机组运行时，凝汽器腐蚀泄漏使凝结水中漏入海水，造成锅炉水的 pH 值降低，水冷壁就有发生氢脆的可能性。

热力设备中锅炉水冷壁容易发生脆性破裂，这种破裂发生时范围较广，并可以观察到宏观裂纹和微裂纹，同时部分区域出现珠光体脱碳的现象。锅炉处于非稳态运行时，可能会出现锅炉介质的 pH 值较低的情况，此时锅炉受热面表面膜发生局部溶解，导致腐蚀的发生。即使非稳态运行的时间很短，只要金属表面氧化膜遭受了破坏，锅炉水 pH 值恢复到正常运行状态时，保护性氧化膜的修复与重建仍需要较长时间，可长达数十小时。

金属表面保护膜的破坏会形成以裸露金属为阳极、保护膜完整覆盖处为阴极的腐蚀电池，导致阳极金属溶解，形成腐蚀坑，进一步导致腐蚀裂纹的产生。当凝结水中混入氯离子含量较高的生水时，锅炉水局部受热浓缩可产生一定浓度的金属盐，金属盐发生水解生成盐酸而使水垢下聚集 H^+，降低局部区域的 pH 值，使金属发生酸性腐蚀。当水汽循环不良时，水冷壁发生汽水腐蚀，产生原子氢。一部分原子氢扩散到金属内部，与碳钢中的渗碳体反应产生氢蚀现象。氢蚀生成的 CH_4 在碳钢内聚集可以产生较大的局部内应力，使晶粒沿着晶界开裂产生晶间裂纹，破坏金属晶粒之间结合力，直接导致珠光体脱碳，使金属材料的强度显著降低，导致金属脆化。另外，热力设备进行酸洗也会导致氢损伤的产生，当氢原子进入金属内部或氢直接与金属中第二相发生反应时会导致金属材料的脆性断裂。

可以通过以下途径防止热力设备的氢损伤。

（1）改善水汽质量，控制 pH 值在合适范围，抑制析氢反应的发生，减少金属表面氢原子产生量，减缓金属的腐蚀。

（2）对于热力设备酸洗过程中产生的氢损伤，可通过缓蚀剂减缓金属的腐蚀速度，降低阴极产氢速率。也可通过某些缓蚀剂促进金属表面氢原子复合成氢气的速度，或利用缓蚀剂在金属表面形成保护膜，抑制氢原子向金属内部的扩散。

（3）选择在给定的介质中能耐氢损伤的合金。例如，镍和钼元素具有很低的氢扩散率，将这两种元素添加到金属中可降低金属对氢损伤的敏感性，从而可以有效防止氢损伤的发生。

（4）做好凝汽器的腐蚀控制，确保凝汽器的运行工况稳定，防止凝汽器发生泄漏，可以从根源上阻止氢损伤的发生。

7.3.4   热力设备的腐蚀疲劳

在 6.8 节中已介绍，腐蚀疲劳是指金属在腐蚀介质和交变应力共同作用下而引起的腐蚀破坏形态。热力设备在运行过程中，由振动、温度交变等产生的交变应力较为常见。这里主要介绍热力设备腐蚀疲劳的产生部位、产生原因和常见的控制方法。

7.3.4.1　热力设备腐蚀疲劳的主要发生部位和原因

（1）汽包锅炉集气联箱排水孔处。该部位由于蒸汽的冷凝水与热金属发生周期性的接触而产生交变应力，当此处安装不合理、使冷凝水不能及时排出而集中在底部，就形成了腐蚀疲劳的产生条件。

（2）汽包与给水管、磷酸盐加药管、排污管等结合处。在汽包与这些管子的结合处，由于给水、磷酸盐溶液、排污管中锅炉水的温度低于汽包壁温，当这些管道内介质流动时，结合处金属温度低于汽包其他区域壁温；当管内介质停止流动时，结合处金属温度升高。因此如果周期性地向汽包通入给水、磷酸盐溶液，或进行周期性排污，则汽包和管子的结合处金属会承受交变应力。

（3）高速运转的汽轮机叶片，在湿蒸汽区尤其是初凝水部位，因存在腐蚀介质，易发生腐蚀疲劳。例如某汽轮机叶片，材料为2Cr13，在湿蒸汽区的16级叶片上出现腐蚀疲劳裂纹，裂纹断口出现典型的贝壳状花纹，裂纹平整，没有出现明显的塑性变形，在裂纹边缘有腐蚀产物。分析认为，该叶片的交变应力主要来自运行中产生的振动，而蒸汽中的氯离子等杂质易在湿蒸汽区随水汽冷凝下来，形成腐蚀介质，叶片在交变应力和腐蚀介质共同作用下产生腐蚀疲劳。

（4）其他可能存在交变应力的区域，如金属表面时干时湿、管道内流体流速时快时慢，都会使金属承受交变应力。另外，频繁启停的机组，由于存在温度交变，同样承受着交变应力；这类机组在启动和停运时，因锅炉水中的氧含量较高，发生局部腐蚀的概率大，而且停用时金属表面形成的腐蚀坑，可以成为机组运行时金属表面的裂纹源，导致腐蚀疲劳更易发生。

（5）凝汽器的冷却管。冷却管因受到排气的冲击产生振动而承受交变应力；或由于接触介质的温度交变而产生交变内应力。以冷却管表面缺陷处或已有的腐蚀点为疲劳源，在冷却水或含氧凝结水的作用下，也会发生腐蚀疲劳。这种腐蚀疲劳，易发生在振幅最大的冷却管中部。

7.3.4.2　热力设备腐蚀疲劳的控制方法

控制热力设备的腐蚀疲劳，可以采取以下几方面的措施。

（1）降低热力设备金属所承受的交变应力。机炉结构设计和安装要合理，机组运行负荷要稳定，尽量避免机组的频繁启停。在汽包和给水管、加药管之间安装套管，尽量减少金属壁面温度波动而产生交变应力。

（2）降低介质的侵蚀性。尽量减少水、汽中的侵蚀性物质含量，如氯离子、硫离子、氧气分子等物质含量。

（3）做好热力设备的停用保护。热力设备的停用腐蚀往往比运行腐蚀更为严重，采用合理的方式进行停用保护，避免或减缓热力设备金属表面腐蚀坑的出现，可以减少运行时金属表面的疲劳源，抑制腐蚀疲劳的发生。

7.4　热力设备的酸性腐蚀

热力设备和管道在运行过程中，一些杂质难以避免会进入水汽系统。这些杂质在锅炉内经高温高压分解，可产生二氧化碳、有机酸和无机酸，导致热力设备发生酸性腐蚀。

7.4.1　水汽系统酸性物质来源

7.4.1.1　二氧化碳

在热力设备水汽系统中，二氧化碳主要来自补给水中的碳酸氢盐或碳酸盐这两种碳酸化合物。当补给水采用不同处理方法时，其含有的碳酸化合物种类会存在差异。经软化处理的软化水中一般同时含有上述两种碳酸化合物；除盐水和蒸馏水中一般含有碳酸氢盐和二氧化碳，但除盐水中的碳酸化合物含量相比于软化水和蒸馏水要少得多。凝汽器发生泄漏时，漏入凝结水系统的冷却水中含有大量的碳酸化合物，其中主要是碳酸氢盐。

含有碳酸化合物的补给水，经过除氧器时，碳酸氢盐会发生热分解产生二氧化碳，碳酸盐水解也可产生二氧化碳，反应式如下：

$$2HCO_3^- \longrightarrow CO_3^{2-} + CO_2 \uparrow + H_2O$$
$$CO_3^{2-} + H_2O \longrightarrow 2OH^- + CO_2 \uparrow$$

除氧器可除去水中的氧气和大部分的二氧化碳，但水中两种碳酸化合物的分解速度较慢，从除氧器中流出的水仍含有两种碳酸化合物。当水进入锅炉后，高温高压状态下碳酸盐和碳酸氢盐的分解速度加快，在中压锅炉的工作温度和压力下基本能完全分解成二氧化碳，并随蒸汽进入汽轮机和凝汽器。经过凝汽器时，小部分二氧化碳会被凝汽器抽气器抽走，其他大部分二氧化碳会溶入凝结水中，造成凝结水的二氧化碳污染。

水汽系统中的二氧化碳，除了来自锅炉中碳酸化合物的分解外，还可能来源于处于真空状态的热力设备不严密处漏入的空气。如凝结水泵与管道相连接处不严密时，空气进入凝结水，二氧化碳溶于凝结水造成 pH 值下降。

7.4.1.2　有机酸和无机酸

在热力设备运行过程中，水汽系统可产生有机酸和无机强酸，其主要来源有以下三方面。

（1）有机杂质的分解。水汽系统中的有机酸，主要来自补给水中的有机杂质在高温高压条件下的分解。电厂使用的生水，多为地表水或地下水。地下水中几乎不含有机物，但江、河、湖水等地表水一般含有较多的有机物，这些有机物主要来源于工业废水、生活废水、农业废水以及天然植物等的腐败分解产物，但主要是后者，由废水带入的有机物量一般只占地表水中有机物总量的1/10。地表水中的有机物成分主要是大分子量的多羧酸，包括腐殖酸和富维酸，它们的酸性强度与甲酸相当。正常运行时，生水中的这些有机物可在发电厂补给水系统中除去约80%，但仍有部分有机物进入给水系统，在高温高压的锅炉水中这些有机物可以分解为低分子有机酸和其他化合物。另外，当凝汽器发生泄漏时，冷却水中的有机物进入水汽系统，随凝结水经除氧器进入锅炉。在热电厂，受有机物污染的生产返回水也会提高水汽系统的有机物含量。

（2）破碎树脂的分解。水处理过程中破碎的离子交换树脂随补给水进入水汽系统，在高温高压下也可分解产生低分子有机酸和无机酸。一般阴离子交换树脂在水温超过60℃时就开始分解，在温度达到150℃时分解迅速。阳离子交换树脂在150℃时开始分解，在温度达到200℃时分解剧烈。离子交换树脂的分解产物主要是乙酸，也有甲酸和丙酸等。强酸阳离子交换树脂分解产生的低分子有机酸的量明显多于强碱阴离子交换树脂。离子交换树脂在高温下分解还可产生大量的无机阴离子，如氯离子、硫酸根离子等。含磺酸基的强酸阳离子交换树脂在高温高压下分解可在水溶液中形成硫酸。这些酸性物质在锅炉中随炉水浓缩，不仅导致炉水的pH值降低，而且还会随蒸汽进入其他热力设备，参与整个水汽循环。

（3）无机盐的水解。以海水为冷却水的凝汽器发生泄漏时，海水将漏入凝结水系统，并随凝结水进入锅炉。在高温高压下，海水中的无机镁盐可发生水解产生无机强酸：

$$MgSO_4 + 2H_2O \longrightarrow Mg(OH)_2 + H_2SO_4$$
$$MgCl_2 + 2H_2O \longrightarrow Mg(OH)_2 + 2HCl$$

由于炉水的缓冲性小，因此这些物质的生成使炉水的pH值迅速下降。

7.4.2 热力设备的酸性腐蚀类型

7.4.2.1 二氧化碳腐蚀

水汽系统中的二氧化碳，溶于水中形成碳酸，碳酸发生水解，产生氢离子而使水的pH值降低：

$$CO_2 + H_2O \Longleftrightarrow H_2CO_3 \Longleftrightarrow H^+ + HCO_3^- \tag{7-1}$$

氢离子成为腐蚀的去极化剂，因此二氧化碳腐蚀的本质是析氢腐蚀。

A 二氧化碳腐蚀的部位

遭受二氧化碳腐蚀较为严重的部位是凝结水系统和疏水系统。炉水中高温下碳酸化合物分解产生的二氧化碳，随着蒸汽进入汽轮机，随后在凝汽器中部分被抽气器抽走，另有一部分溶入凝结水中。凝结水中杂质含量少，缓冲性小，二氧化碳的溶入使其pH值迅速下降。例如，常温下1mg/L的二氧化碳，可使纯水的

pH 值降至 5.5。

　　凝结水中二氧化碳的另一个来源是空气漏入凝结水管道。另外，疏水系统、供热锅炉的供汽管道和回水管道，也会因空气漏入而产生二氧化碳腐蚀。疏水系统因部分与大气接触，二氧化碳腐蚀有时更为严重。

　　对采用软化水做补给水的低压锅炉，由于软化水的碱度高、缓冲性好，少量二氧化碳的溶入不会使水的 pH 值显著下降，因此二氧化碳腐蚀不易发生。

　　B　二氧化碳腐蚀的特征

　　碳钢和低合金钢在温度不太高的流动水溶液中发生的二氧化碳腐蚀，一般属于全面腐蚀，金属表面因腐蚀而均匀减薄，腐蚀产物进入水中随流水冲走，金属表面基本没有腐蚀产物附着。因此，发生二氧化碳腐蚀的设备和管道，通常出现大面积的腐蚀损坏。

　　二氧化碳腐蚀由于通常属于全面腐蚀，金属表面也几乎没有腐蚀产物附着，因此在短时间内不易被察觉，有时会被忽视。但这种腐蚀会将大量的腐蚀产物带入锅炉，并在锅炉受热面沉积，造成结垢和腐蚀等严重后果。对于补给水碱度较高的供热锅炉，蒸汽中二氧化碳含量较高，可造成供热管道和用户的热交换器在短时间内发生严重腐蚀。

　　C　二氧化碳腐蚀的机理

　　钢铁在含二氧化碳的水溶液中，腐蚀速度比在相同 pH 值的强酸溶液（如盐酸溶液）中更大。下面来解释二氧化碳腐蚀的机理。

　　钢铁在不含氧的二氧化碳溶液中，腐蚀体系的电极反应如下。

阳极反应：$\qquad\qquad Fe \longrightarrow Fe^{2+} + 2e$

阴极反应：$\qquad\qquad 2H^+ + 2e \longrightarrow H_2$

　　该腐蚀体系中钢铁的腐蚀速度受阴极反应即析氢反应的控制。一般认为，上述析氢过程可以通过两个途径来实现：

　　（1）水中的二氧化碳分子通过式（7-1）与水结合形成碳酸，碳酸电离产生 H^+，H^+ 在金属表面得到电子而还原为吸附氢原子，再复合为 H_2；

　　（2）水中的二氧化碳分子扩散并吸附在钢铁表面，在钢铁表面与水分子结合形成吸附碳酸分子，吸附的碳酸分子在金属表面直接得到电子而使氢离子还原。

　　图 7-5 为钢铁表面发生的析氢反应示意图。从该图显示的析氢反应历程可以看出，二氧化碳与水结合生成碳酸，碳酸属于弱酸，存在着反应式（7-1）的电离平衡。在金属腐蚀过程中，H^+ 不断被消耗，电离反应不断从左往右进行，即碳酸分子通过电离源源不断地向水溶液中补充 H^+。只要水中存在二氧化碳，反应式（7-1）就持续往右进行，使水的 pH 值基本维持不变，钢的腐蚀以一定的速度不断进行。而在完全电离的强酸溶液中，随着金属腐蚀的进行，H^+ 不断被

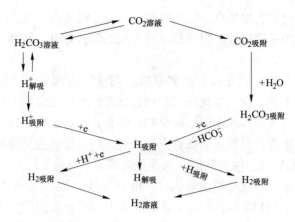

图 7-5 二氧化碳溶液中钢铁表面的析氢过程

消耗，溶液中的 H^+ 浓度越来越小，使水溶液的 pH 值不断升高，钢铁的腐蚀速度逐渐减小。另外，在含二氧化碳的水溶液中，二氧化碳通过在金属表面的吸附并形成吸附碳酸，直接在金属表面得到电子而使氢离子还原，从而加速了阴极反应的进行，使金属的腐蚀速度增大。因此，二氧化碳水溶液对钢铁的侵蚀性比相同 pH 值的强酸溶液更强。

D 二氧化碳腐蚀的影响因素

金属的二氧化碳腐蚀速度与金属材料种类、水中二氧化碳浓度、水的温度和流速等均有关系。

从金属材料来看，易遭受二氧化碳腐蚀的钢铁材料主要是铸铁、铸钢、碳钢和低合金钢。合金元素铬含量的增加，可以提高合金抗二氧化碳腐蚀性能。合金中的铬含量（质量分数）增加到 12% 以上时，则可耐二氧化碳腐蚀。

水中游离二氧化碳浓度直接影响钢铁的腐蚀速度，随着水中二氧化碳浓度的增加，钢铁的腐蚀速度增大。发电厂热力设备是一个密闭体系，水中二氧化碳浓度不会像敞开体系那样随着水温的提高而下降，同时温度升高使水汽的压力也增大，二氧化碳的溶解量会随其自身分压的升高而增加。

温度对钢铁的二氧化碳腐蚀速度的影响，主要在于影响碳酸的电离程度、腐蚀反应动力学过程、金属表面的腐蚀产物性质。在温度低于 100℃ 时，随着水温的升高，碳钢和低合金钢的腐蚀速度增大。在这个温度范围内，随着温度的升高，碳酸的一级电离常数增大，水中的氢离子浓度增加；同时在这个温度条件下，金属表面几乎没有形成腐蚀产物膜，即使有少量的腐蚀产物附着，也是松软而不具有保护性。在温度约 100℃ 时，钢铁的腐蚀速度最大。但随着温度的进一步升高，钢铁的腐蚀速度反而下降，这主要是因为在更高的温度下，钢铁表面生成了较为致密和有一定黏附性的碳酸铁膜，从而对金属起到了一定的保护作用。

　　流速对二氧化碳腐蚀也有一定的影响，在一定流速范围内，随着介质流速的增加，金属的腐蚀速度增大。但当流速增大到紊流状态时，腐蚀速度基本不随流速的变化而变化。

　　当水中同时存在二氧化碳和溶解氧时，钢铁的腐蚀更为严重。在这种情况下，金属表面除了发生因二氧化碳引起的析氢腐蚀外，还会发生耗氧腐蚀。由于在酸性介质中钢铁表面几乎不能形成保护性的膜，因此也具有较大的耗氧腐蚀速度。从腐蚀形态来看，金属表面既具有酸性腐蚀的特征（全面腐蚀、表面无腐蚀产物覆盖），又具有氧腐蚀的特征（表面呈溃疡状、有腐蚀坑）。

　　水中同时存在二氧化碳和溶解氧时，也会引起凝汽器、低压加热器等铜合金管的腐蚀。黄铜在 pH 值小于 7 的含氧水溶液中，具有较快的腐蚀速度。当水的 pH 值在 5.2~5.5 时，腐蚀速度更快。水溶液的 pH 值降低使铜合金的耗氧腐蚀速度加快，可能与 pH 值的降低使氧的平衡电极电位升高有关。

　　E　二氧化碳腐蚀的控制措施

　　根据以上钢铁二氧化碳腐蚀的发生条件和影响因素，可以提出以下腐蚀控制措施。

　　（1）在易产生二氧化碳腐蚀的区域，采用耐二氧化碳腐蚀的材料，如采用含铬量 12% 以上的不锈钢。

　　（2）降低补给水的碱度。热力设备水汽系统中的二氧化碳主要来自补给水中的碳酸盐和碳酸氢盐的分解，降低补给水的碱度就能减少水汽系统中二氧化碳的产生量。可以采用不同的水处理方法降低补给水的碱度，如采用石灰处理、氢钠离子交换处理等方法可以使水汽系统中的游离二氧化碳含量降低至 20mg/L 以下；采用除盐处理可以较为彻底地去除补给水中的碳酸盐和碳酸氢盐，使水汽系统中的游离二氧化碳含量小于 1mg/L。

　　（3）尽量减少汽水损失，降低补给水率。热电厂应尽可能增加回水量，回收用户表面式加热设备的凝结水，减少碳酸盐类物质随补给水进入系统。

　　（4）做好凝汽器的防护措施，防止凝汽器发生泄漏，提高凝结水质量。对直流锅炉、高参数大容量机组的凝结水应进行净化处理，以除去因凝汽器泄漏而进入凝结水的碳酸氢盐、碳酸盐等杂质，以及凝结水中的腐蚀产物。

　　（5）防止空气漏入系统，提高除氧器效率。除氧器应尽量维持较高的运行压力和相应温度，并加装在沸腾装置，以提高水中游离二氧化碳的去除率。注意凝汽器及凝结水系统的密封性，防止空气漏入而造成凝结水系统的腐蚀。

　　（6）在给水中加入碱化剂，中和游离二氧化碳，提高水汽系统的 pH 值，可有效减小系统中的二氧化碳腐蚀。

　　7.4.2.2　锅炉的酸性腐蚀

　　当给水和锅炉水的 pH 值太低，出现酚酞碱度降低，甚至完全消失时，可出现锅炉的酸性腐蚀。锅炉水 pH 值的降低一般有以下方面的原因。

(1) 补充水水质问题。目前电站锅炉基本都采用除盐水作为补充水，水的含盐量很低，缓冲性很小。当运行中出现除盐水水质异常或出现其他情况时，可能会使除盐水的 pH 值降低。例如，破碎的离子交换树脂进入水汽系统，或生水中有机物含量高，通过除盐系统后未能完全去除而进入锅炉，并在高温高压下发生分解，生成低分子的有机酸和无机强酸，使炉水的 pH 值降低。

(2) 采用炉内磷酸盐处理的锅炉，在启动和停运阶段，可发生水冷壁管壁上磷酸盐铁垢的溶解，使炉水出现暂时的低 pH 值状况。

(3) 凝汽器泄漏。采用海水或永久硬度较高的水做冷却水的凝汽器发生泄漏时，海水或高硬度水进入锅炉，其中的镁盐等在炉内发生水解，可产生无机强酸，使炉水的 pH 值降低到 7 或更低。发生的反应如下：

$$MgSO_4 + 2H_2O \Longrightarrow Mg(OH)_2 + H_2SO_4$$

$$MgCl_2 + 2H_2O \Longrightarrow Mg(OH)_2 + 2HCl$$

炉水中的酸性物质通常含量很低，但在蒸发浓缩后可在局部区域形成较高浓度，使该区域 pH 值出现明显下降。

锅炉本体的某些部位可出现较为严重的酸性腐蚀。例如，汽包壁水侧的垢层底部，可出现较为明显的酸性腐蚀特征，被腐蚀金属表面呈现金属本色（基体颜色）；酸性腐蚀后汽包壁汽侧的表面膜被破坏，使表面颜色由铁灰色转变为金属本色。锅炉水冷壁管遭受酸性腐蚀后，管壁均匀减薄，其中向火侧管壁的减薄程度比背火侧的更为严重，表面附着的腐蚀产物较少，没有明显的蚀坑。锅炉的酸性腐蚀也可引起水冷壁管的氢损伤，出现晶间裂纹和脱碳现象，同时金属材料的机械强度和塑性下降，导致水冷壁管发生脆性破裂。

遭受酸性腐蚀的锅炉设备，腐蚀面积通常较大，呈现全面腐蚀的特征。金属表面的腐蚀程度除了与介质的 pH 值有关外，还与锅炉热负荷、介质流速等有关。在热负荷较高、管壁温度较高的部位，金属腐蚀速度较快。在介质流速较大的部位，如给水泵的叶轮、导叶及高压出口端等部位，易发生严重的腐蚀破坏，并同时呈现冲刷腐蚀和酸性腐蚀的特征。

锅炉的酸性腐蚀通常在给水水质恶化的情况下发生，因此要防止酸性腐蚀的发生，必须提高补给水质量，或防止凝汽器发生泄漏，以保证给水质量。对于直流锅炉，要严格控制补给水中的有机物含量，消除其他可能引起炉水中产生酸性物质的各种因素。对于汽包锅炉，除了上述措施外，还可采用磷酸三钠和氢氧化钠联合处理，以提高炉水的 pH 值，降低锅炉酸性腐蚀的危险。

7.4.2.3 汽轮机的酸性腐蚀

汽轮机的酸性腐蚀主要发生在低压缸中出现初凝水的部位，具体地说，如低压缸入口分流装置、隔板、隔板套、叶轮以及排气室缸壁等静止部位。腐蚀部位的表面膜出现均匀或局部破坏，使金属晶粒裸露，表面呈现银灰色，类似于酸洗后的金属表面形态。隔板导叶根部常出现腐蚀凹坑，严重时深达几毫米，对叶片和隔板的结合产生较大影响，从而危及汽轮机的安全运行。汽轮机中发生酸性腐蚀部件的材质，主要为铸铁、铸钢和普通碳钢，未发现合金钢部件的酸性腐蚀。

出现汽轮机酸性腐蚀的原因，主要是初凝水的 pH 值较低。通常情况下锅炉过热蒸汽中的挥发性酸的含量很低，只有 μg/L 的数量级，在炉水采用加氨处理时，蒸汽中的氨含量可高达 2000μg/L，这样由蒸汽大量凝结产生的凝结水的 pH 值在 9.0~9.6 范围，这种凝结水对汽轮机金属材料的侵蚀性较低。在汽轮机的低压段，蒸汽因迅速膨胀而出现过冷现象，使得蒸汽凝结成水的过程并不是在饱和温度和压力下进行，而是在相当于湿蒸汽区的理论（平衡）湿度约 4% 的区域发生，这个区域被称为威尔逊线区。即蒸汽在汽轮机中膨胀做功过程中，在威尔逊线区附近才真正开始凝结形成最初的凝结水（初凝水）。对于再热式汽轮机，产生初凝水的区域在低压缸的最后几级；而非再热式汽轮机，产生初凝水的区域则提前至中压段的最后和低压段的开始部分。在实际运行中，随着汽轮机运行条件的变化，这个区域的位置也会发生一些变化。

汽轮机的酸性腐蚀主要发生在产生初凝水的部位，这与初凝水的化学特性密切相关。蒸汽一旦凝结形成初凝水，汽轮机中的工质就从单纯的蒸汽单相流转变为气、液两相流，蒸汽中所携带的化学物质就会在蒸汽相和水相中重新分配。当进入初凝水中的酸性物质多于碱性物质，初凝水的 pH 值较低，就会导致酸性腐蚀的发生。某种物质在初凝水中的浓度取决于该物质在汽相和液相的分配系数，若分配系数大于 1，则该物质在蒸汽相中浓度将大于其在初凝水中的浓度，即该物质不易溶于初凝水；若分配系数小于 1，则在形成初凝水时，该物质主要进入初凝水。过热蒸汽中携带的酸性物质的分配系数通常都很小，例如，在 100℃时，盐酸和硫酸的分配系数约为 3×10^{-4}，甲酸、乙酸和丙酸的分配系数分别为 0.20、0.44 和 0.92，因此，当蒸汽开始凝结成初凝水时，这些酸性物质会被初凝水"洗出"，即在初凝水中凝缩和富集，特别是分配系数很小的无机酸，绝大部分溶入到了初凝水中。在试验机组上的实际测试数据显示，在汽轮机初凝水中分离出的乙酸浓缩倍率大于 10，氯离子的浓缩倍率大于 20；而初凝水中的钠离子浓度只比蒸汽中的略高。初凝水中的钠离子可以增大水的缓冲性，消除酸性阴离子对金属的不利影响，但钠离子的分配系数比酸性阴离子大，导致某些物质的阴离子和金属离子不能等摩尔地进入初凝水中，这也是导致初凝水呈酸性的重要原因之一。例如，蒸汽中的甲酸钠，不能全部以 HCOONa 的形式进入初凝水中，其中有一部分以 HCOOH 的形式进入，导致初凝水的 pH 值降低。虽然火电厂的给水采用碱化剂来提高水汽系统介质的 pH 值，但碱化剂多数采用氨水，由于氨的分配系数大，在蒸汽刚开始凝结形成初凝水时，大部分氨留在蒸汽中，只有少部分溶入初凝水，而且氨水是弱碱，因此溶入初凝水中的氨只能部分中和其中的酸性物质。

因此，与蒸汽相比较，初凝水的 pH 值较低，对初凝区的金属具有较大侵蚀性。当系统中漏入空气使初凝水中氧浓度增大时，初凝水对金属的侵蚀性更强。随着蒸汽朝着凝汽器方向进一步流动，蒸汽温度和压力进一步降低，蒸汽凝结量大幅增加，蒸汽中的氨也会在最终全部溶入凝结水中，使凝结水的 pH 值升高，酸性腐蚀就不易发生。

要控制汽轮机蒸汽初凝区的酸性腐蚀，可以采取以下几方面的措施。

（1）保证补给水的水质，严格控制补给水的电导率小于 $0.2\mu S/cm$（25℃），这是汽轮机酸性腐蚀控制的最根本的措施。电厂的运行经验表明，提高补给水系统的运行水平，提供合格的补给水，就不会有明显的汽轮机酸性腐蚀发生。

（2）需防止生水中的有机物和水处理系统的离子交换树脂随补给水进入水汽系统，避免这些物质在炉内高温高压下分解产生酸性物质。

（3）应提高汽轮机设备的严密性，防止空气漏入而使凝结水中的氧浓度增大，使初凝水区的腐蚀加剧。

（4）选用分配系数较小的挥发性碱化剂替代氨。例如，吗啉和环己胺，分配系数均小于 1，而且比氨要小得多，可以更有效地中和初凝水中的酸性物质，但药剂成本比氨要高得多。在低压蒸汽中，联氨的分配系数也很小，80℃时为 0.027，蒸汽冷凝时大部分联氨会进入凝结水，可以使初凝水的 pH 值显著提高；另外，当低压缸出现空气漏入情况时，联氨还可以起到除氧作用，因此可以将联氨喷入汽轮机低压缸的导气管中，进一步降低初凝水区的酸性腐蚀。

（5）对遭受酸性腐蚀的汽轮机部件进行表面处理，提高材料的耐酸腐蚀性能。可以采用等离子喷镀或电涂镀技术在金属表面涂覆一层耐酸腐蚀涂层。例如，在铸钢隔板上喷镀一层镍铝底层后，再喷一层钛酸钙和三氧化二铝面层，可以使金属的耐酸腐蚀性能得到显著提升。也可以在金属材料表面涂覆一层耐酸腐蚀的金属镀层，这种方法的处理成本相对较低。

7.4.3 给水 pH 值调节

为了控制热力设备的酸性腐蚀，提高金属材料的耐蚀性能，目前发电厂热力系统普遍采用碱性水运行方式，即通过在给水中加入一定量的碱性物质，中和水中的游离二氧化碳和其他酸性物质，将水的 pH 值控制在适当的碱性范围内，使热力设备中的钢铁类材料和铜合金材料等均具有较低的腐蚀速度。

7.4.3.1 给水 pH 值调节范围

金属的腐蚀速度通常与其所处介质的 pH 值密切相关，将介质的 pH 值控制在合适范围，可以最大限度地减缓金属的腐蚀速度。根据 Fe-H_2O 体系的电位-pH 平衡图（见第 2 章），在除氧条件下，当给水的 pH 值处于 9.0~9.5 范围，铁的电极电位约-0.5V，正处于电位-pH 平衡图的钝化区（Fe_3O_4 稳定区），具有较小的腐蚀速度。火电厂热力设备的主要金属材料是钢铁和铜合金，图 7-6 所示为碳钢在 232℃、氧浓度低于 0.1mg/L 的高温水中的腐蚀速度随水的 pH 值的变化，可以发现，随着水的 pH 值的升高，碳钢的腐蚀速度降低，在 pH 值为 9.5 以上时，碳钢的腐蚀速度较小。图 7-7 为铜合金在 90℃ 水中的腐蚀速度随水的 pH 值的变化，可以看出，水的 pH 值在 8.5~9.5 范围时，铜合金的腐蚀速度较小，水的 pH 值在 9.0 左右时，铜合金的腐蚀速度最小。因此，对钢铁和铜合金混用的热力系统，为了兼顾这两种材料的防腐蚀要求，一般控制给水的 pH 值在 8.8~9.3 范围。但这个 pH 值范围对钢铁的腐蚀控制来说还是太低，要使给水的含铁量降低到 10μg/L 以下，至少需将给水 pH 值升高到 9.2 以上。对无铜系统，给水 pH 值可控制在 9.2~9.6。

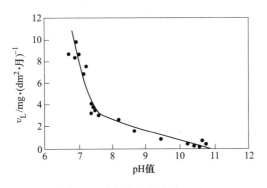

图 7-6　碳钢在高温水中腐蚀
速度与 pH 值关系

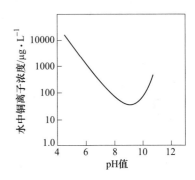

图 7-7　铜合金在水中腐蚀速度
（以溶解到水中的铜离子浓度表示）
与 pH 值关系

7.4.3.2　调节给水 pH 值的碱化剂

发电机组水汽系统控制 pH 值的方法是在给水中添加碱化剂，其中最主要的碱化剂是氨，其他还有吗啉、环己胺、六氢吡啶等挥发性碱性胺。

A　氨

a　氨的性质和作用

氨在常温常压下是一种有刺激性气味的无色气体，极易溶于水并形成氨水。市售氨水的密度一般为 0.91g/cm³，含氨量（质量分数）约 28%。氨在常温下加压易液化，形成液态氨即液氨，其沸点为-33.4℃。由于氨在高温高压下不易分解，且易挥发，因此可在各种类型的机组上使用。

给水加氨处理可以中和给水中游离的二氧化碳和水汽系统中产生的酸性物质，并将水的 pH 值提高到控制范围。氨进入给水中后，水中存在以下平衡关系：

$$NH_3 \cdot H_2O \rightleftharpoons NH_4^+ + OH^-$$

从而使水呈碱性。氨可以中和水中的游离二氧化碳和其他酸性物质，如 HCl：

$$NH_3 \cdot H_2O + CO_2 \rightleftharpoons NH_4HCO_3$$

$$NH_3 \cdot H_2O + NH_4HCO_3 \rightleftharpoons (NH_4)_2CO_3 + H_2O$$

$$NH_3 \cdot H_2O + HCl \rightleftharpoons NH_4Cl + H_2O$$

实际水汽系统中，存在 NH_3、CO_2 和 H_2O 等物质之间复杂的平衡关系。

b　氨的加入和循环

水汽系统中加入氨可以采用多种方式。如果使用浓氨水，可以先将其配置成 0.3%~0.5% 的稀溶液，再用柱塞加药泵将其加入除盐水母管或凝结水装置的出水母管，及除氧器的出水母管中。加药过程中，应根据凝结水和给水的 pH 值及时调整氨计量泵的行程。如果使用的是液氨，则可通过针型阀将液氨瓶直接与除盐水或凝结水管道连接，通过调节针型阀开度来控制氨的加入量。

水汽系统的运行过程，实质上是水的升温、蒸发、做功和冷凝过程。作为一种易挥发的物质，给水中的氨也随着水的相变而发生迁移。炉水中的氨，挥发后进入蒸汽，再随着蒸汽通过汽轮机后排入凝汽器。在凝汽器中，氨富集于空冷区，一部分被抽气器抽走，另一部分溶入凝结水中。当凝结水进入除氧器时，氨会随除氧器的排气而损失一部分，剩余的氨则随给水继续参与水汽循环。在估计加氨量时，应考虑氨在水汽系统和水处理系统中的损失率。氨在凝汽器和除氧器中的损失率为 20%~30%；对设置有凝结水净化系统的机组，氨将会被该净化系统完全除去。

氨在水汽系统的加入部位，应根据机组材料特性综合考虑后合理设置。对于低压加热器热交换管采用铜合金的机组，为避免铜合金腐蚀，水的 pH 值不宜太高；给水在通过碳钢制的高压加热器后，因腐蚀含铁量会上升，为抑制高压加热器碳钢管的腐蚀，要求这里的给水 pH 值调节得高一些。因此实际的发电机组可以考虑给水分两级进行加氨处理。有凝结水净化系统的机组，可在凝结水净化装置的出水母管和除氧器的出水管道上分别设置加氨点；无凝结水净化系统的机组，可在补给水母管和除氧器出水管道上分别设置加氨点。在第一级加氨时，可将水的 pH 值调节到控制范围的低端，如 8.8~9.0；在第二级加氨时，可将水的 pH 值调节到控制范围的高端，如 9.0~9.3，使系统中的碳钢和铜合金均处于低腐蚀的 pH 值范围。

c　氨作为碱化剂的不足之处

给水加氨处理对热力设备产生了较好的防腐蚀效果，有效控制了水中的游离二氧化碳腐蚀和其他酸性腐蚀，降低了水汽中的铁和铜含量，减少了热力设备金属表面的腐蚀产物，使锅炉受热面的锈层和垢层显著下降，机组热效率提升。但加氨处理也存在以下不足之处。

（1）由于氨的分配系数大，并且随着温度的变化而变化，因此氨在水、汽中不同部位的分布不均匀。图 7-8 为氨的分配系数随温度的变化，可以看出氨分配系数随温度的升高而降低，在水温低于 100℃ 时这种变化更明显；水温大于 100℃ 时，氨分配系数随温度升高而缓慢降低，但仍大于 1。例如，水温在 90 ~ 100℃ 范围时，氨分配系数大于 10。因此在水、汽系统中，氨主要进入蒸汽相，如凝汽器空冷区蒸汽中的氨含量就比较高。为了提高凝结水的 pH 值，氨的加入量就需增大。在汽轮机的初凝水中，由于一般酸性物质的分配系数小而氨的分配系数大，大量酸性物质将溶于初凝水，而溶入的氨含量较少，因此初凝水中的氨不能完全中和溶于其中的酸性物质，导致初凝水的侵蚀性增大。

（2）氨水的电离平衡受温度影响大。随着水温的升高，氨水的电离度下降，氨的碱性减弱。例如，当水温从 25℃ 升高到 270℃ 时，氨的电离常数从 1.80×10^{-5} 下降到 1.12×10^{-6}，下降了一个数量级，使水中的 OH^- 浓度降低。因此在低温下可以完全中和水中酸性物质的加氨量，在温度升高后就不足。图 7-9 为纯水和含氨 1.5mg/L 的水的 pH 值随温度的变化曲线，可以看到随着温度的升高，水的 pH 值降低，因此为了维持高温水的 pH 值在碱性范围，必须增加给水中的加氨量，这会进一步提高凝汽器空冷区等部位的含氨量，促进铜合金冷却管的腐蚀。因此热力设备酸性腐蚀的控制不能依赖加氨处理，保证给水水质才是关键。加氨处理只能是辅助手段。

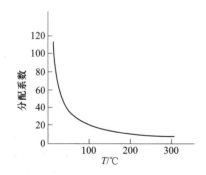
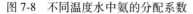

图 7-8　不同温度水中氨的分配系数

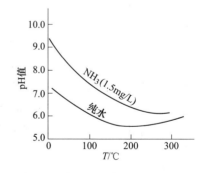

图 7-9　水的 pH 值随温度的变化

B　其他碱化剂

进行给水 pH 值的调节除了使用氨作为碱化剂外，也可以采用其他挥发性碱性药剂，如吗啉、环己胺和六氢吡啶等，这些物质都是氨的有机衍生物。表 7-2 列出了这些挥发性有机胺、氨和联氨的一些性质。这些挥发性有机碱性物质在水中也能电离出 OH^-，中和水中的酸性物质。根据电离常数可以得知表 7-2 中这些碱性物质的碱性强弱，其中六氢吡啶的电离常数最大，碱性最强，环己胺次之，而吗啉的碱性最弱。因此要将水的 pH 值调节到相同值，吗啉的加入量最大，氨和联氨虽然电离常数也较小，但由于分子量小，因此加入量也较小。例如要将水的 pH 值调节到 9 左右，每千克水中需要添加的碱化剂的量依次为：氨 0.27mg，六氢吡啶 0.9mg，环己胺 1.0mg，联氨 3.2mg，吗啉 10mg。

表 7-2　常用挥发性碱性物质的性质

碱化剂	分子式	密度 /g·cm⁻³	沸点/℃	电离常数 （25℃）	分配系数	
					100℃	160℃
氨	NH_3	0.77g/L	-33.34	1.80×10^{-5}	10.5	6.67
联氨	N_2H_4	1.01	113.5	1.7×10^{-6}	0.033	
吗啉	C_4H_9NO	1.00	128.4	6.17×10^{-7}	0.48	1.11
环己胺	$C_6H_{13}N$	0.87	134.5	4.37×10^{-4}	2~4	
六氢吡啶	$C_5H_{11}N$	0.86	106.3	1.62×10^{-3}		1.59

有机碱化剂的最大优势是，其不但不会加剧水汽系统中铜合金的腐蚀（因其不会像氨那样与铜离子、锌离子络合），反而对钢铁和铜合金具有缓蚀作用，因为其分子结构上伯胺或仲胺基团中的氮原子孤对电子可与金属原子形成配位键，改变金属表面的电化学性质，从而降低金属的腐蚀速度。另外，从表 7-2 可以看出，有机碱化剂的分配系数较小，明显小于氨，可使水相中碱化剂浓度较高，有利于抑制初凝水和凝结水中的酸性腐蚀。而且由于挥发性小，有机碱化剂在系统中使用时的损失率也较小。但目前这些有机碱化剂的价格比氨要高得多，使得其在发电机组中的使用受到限制。

7.5　锅炉的介质浓缩腐蚀

介质浓缩腐蚀是锅炉特有的一种腐蚀形态，是由于锅炉水蒸发引起的炉水局部浓缩而产生的水汽系统金属腐蚀现象，该腐蚀在英美等国家被称为载荷腐蚀，在俄罗斯等国家被称为氧化铁垢腐蚀。

锅炉的介质浓缩腐蚀是造成锅炉腐蚀损坏的重要形式，严重威胁锅炉的安全运行。特别是炉水水质较差时，易发生该种类型的腐蚀。过去发生介质浓缩腐蚀的锅炉占相当的比例。随着机组参数和容量的提高，对水汽品质的要求越来越高，该腐蚀发生的介质环境有所缓和，但其危害依然严重。

7.5.1　介质浓缩腐蚀部位和特征

介质浓缩腐蚀常发生在锅炉水冷壁管易发生局部浓缩的区域，包括沉积物下、缝隙内部、介质流动死角以及汽水分层等位置。这些地方一般热负荷较高，易发生蒸发浓缩，如炉管的向火侧、喷燃气附近区域等。除此之外，表面减温器管的水侧也易发生介质浓缩腐蚀。

锅炉发生的介质浓缩腐蚀，常表现为两种不同的腐蚀形态。

（1）延性损坏。这种腐蚀发生时，炉管减薄，表面呈现凹凸不平形貌。当管壁厚度减薄到发生破裂的极限厚度时，在应力的作用下炉管发生破裂，即锅炉爆管。这种腐蚀发生时，炉管的力学性能和金相组织几乎未变。

（2）脆性损坏。这种腐蚀发生时，炉管表面出现腐蚀坑，管壁减薄，当管壁厚度还未减薄到极限厚度时，炉管就发生了破裂，同时炉管变脆，金相组织也发生变化，并出现脱碳现象，表面有微小裂纹。这主要是因为腐蚀过程中产生的氢渗入到炉管内部，产生脱碳和氢脆。

一般当炉水局部浓缩产生浓碱时，炉管易出现延性损坏。而当炉水局部浓缩产生酸时，炉管易出现脆性损坏。但当炉水局部浓缩产生的碱浓度过高时（如达到40%），炉管也会产生脆性损坏（碱脆）。

7.5.2　介质浓缩腐蚀机理

7.5.2.1　正常运行时炉管表面的保护膜

锅炉在正常运行时，钢在不含氧的锅炉水中会发生腐蚀。

阳极反应：　　　　$3Fe + 4OH^- \longrightarrow Fe_3O_4 + 4H + 4e$

阴极反应：　　　　$4H_2O + 4e \longrightarrow 4OH^- + 4H$

总反应：　　　　　$3Fe + 4H_2O \longrightarrow Fe_3O_4 + 8H$

腐蚀的结果是在金属表面形成厚度为几微米的 Fe_3O_4 保护膜。该 Fe_3O_4 分为两层结构：内层是连续、致密且附着性好的保护层；外层是疏松多孔且附着性差的非保护层。由于内层 Fe_3O_4 的保护作用，锅炉不会产生较严重的腐蚀。

7.5.2.2　保护膜的破坏

锅炉运行过程中，炉水 pH 值在 10~12 的范围内碳钢腐蚀速度最小，此时保护膜最稳定。当炉水 pH 值偏离正常运行范围时，Fe_3O_4 保护膜会受到破坏，pH 值过高和过低都会影响 Fe_3O_4 保护膜的稳定性。实验发现，当 pH<8 时，碳钢腐蚀速度快，造成腐蚀加速的原因是保护膜的溶解：

$$Fe_3O_4 + 8HCl \longrightarrow 2FeCl_3 + FeCl_2 + 4H_2O$$

当 pH>13 时，碳钢的腐蚀速度也加快，此时也发生保护膜的溶解：

$$Fe_3O_4 + 4NaOH \longrightarrow 2NaFeO_2 + Na_2FeO_2 + 2H_2O$$

7.5.2.3　炉水 pH 值出现异常现象的原因

炉水 pH<8 或 pH>13 时都属于出现 pH 值的异常，发生异常的原因是炉水中存在游离 NaOH 或局部出现酸性，并在浓缩过程中产生浓碱或酸。

锅炉水产生 NaOH 和酸的原因包括以下几个方面。

（1）除盐系统中再生所用药品 NaOH 和 HCl 漏入补给水。

（2）锅炉水采用磷酸盐处理时，磷酸盐含量过高会引发磷酸盐的"暂时消失"现象，此时水中出现游离 NaOH。

（3）补给水或凝结水中的碳酸盐，在炉内水解生成游离 NaOH。

（4）离子交换树脂漏入给水，或给水中含有未除净的有机物，在锅炉内经高温高压作用下分解为低分子的有机酸和无机强酸。

（5）凝汽器泄漏导致冷却水中的氯化物进入凝结水，在锅炉中水解产生酸。如发生以下反应：

$$CaCl_2 + 2H_2O \longrightarrow Ca(OH)_2\downarrow + 2HCl$$
$$MgCl_2 + 2H_2O \longrightarrow Mg(OH)_2\downarrow + 2HCl$$

这些含有游离 NaOH 和酸的炉水，在受热面的局部区域如沉积物下或缝隙内部，因蒸发而产生局部浓缩时，可形成浓碱和浓酸。受热面的沉积物包括水垢和金属氧化物，一般出现在流速较低的管道下部，或弯管、焊口附近。沉积物或缝隙内的炉水由于流动受阻，蒸发浓缩后不能与外部的稀炉水混合，因此浓度越来越大，引起局部浓缩。

另外，水平或倾斜角度较小的炉管容易出现汽水分层现象，此时管内的水循环不良，由于水、汽密度不同，水在下层而汽处于上层，水汽之间形成分界面，锅炉水蒸发时，在水平管的上方、倾斜管顶端以及蒸汽和炉水的分界面，会产生局部浓缩。

7.5.2.4 介质浓缩腐蚀的发生

炉管表面局部区域在炉水凝缩后形成的浓碱或酸，破坏了锅炉钢表面的 Fe_3O_4 保护膜。保护膜被破坏后，这些区域的基体金属暴露于浓碱和酸中，可发生严重腐蚀。当锅炉水浓缩产生浓碱时，炉管发生碱腐蚀；当锅炉水浓缩产生酸时，炉管发生酸腐蚀。

当发生碱腐蚀时，发生如下反应。

阳极反应：
$$3Fe \longrightarrow 3Fe^{2+} + 6e$$

阴极反应：
$$6H_2O + 6e \longrightarrow 6H + 6OH^-$$

电极反应产物进一步反应：
$$3Fe^{2+} + 6OH^- \longrightarrow Fe_3O_4 + 2H_2O + 2H$$

其中，阳极反应在金属基体和金属氧化物界面进行，阴极反应在炉水和金属氧化物界面进行。阳极反应产生的 Fe^{2+} 扩散通过氧化物层，在氧化物和炉水界面，与阴极反应生成的 OH^- 结合生成 Fe_3O_4。这个 Fe_3O_4 在水和氧化物的界面生成，形成疏松多孔的外层，不具有保护作用。同时在氧化物和炉水界面发生的阴极反应释放出的氢不易扩散到金属内部，也就避免了氢脆的发生。

当发生酸腐蚀时，发生如下反应。

阳极反应： $Fe \longrightarrow Fe^{2+} + 2e$

阴极反应： $2H^+ + 2e \longrightarrow 2H$

当炉水呈酸性时，炉管表面不易形成氧化物，上述反应在金属与炉水界面进行。阴极反应产生的氢中有一部分扩散到锅炉钢内部，造成炉管力学性能和金相组织发生变化，使炉管产生脱碳和氢脆现象。

7.5.3 介质浓缩腐蚀影响因素和控制方法

7.5.3.1 介质浓缩腐蚀的影响因素

（1）炉水的处理方式。炉内水处理方式不同，介质浓缩腐蚀的形式也不一样。炉水若采用低碱度处理或挥发性处理，容易产生酸腐蚀。采用磷酸盐处理时，炉水的 pH 值一般较高，主要产生碱腐蚀。

（2）炉管表面状态。炉管表面沉积物越多、管壁温度越高，则炉水越易浓缩，腐蚀越严重。锅炉停用期间腐蚀严重的机组，在再次投运后，腐蚀产物易在炉管表面沉积，介质浓缩腐蚀就易发生。保持炉管表面清洁，有利于防止介质浓缩腐蚀的发生。

（3）给水水质。给水水质差，水中杂质含量高、电导率高，则炉水在蒸发浓缩过程中易出现介质浓缩现象。给水中对介质浓缩腐蚀可产生较大影响的因素主要有金属离子及化合物（主要是腐蚀产物）、氯离子（主要来自凝汽器泄漏）、碳酸盐碱度、硬度、溶解氧含量、氢离子等。水中铁、铜等腐蚀产物含量高，硬度、碱度大，则受热面沉积物多，易产生介质浓缩腐蚀。水中碳酸盐碱度大，易产生碱腐蚀。氯离子含量高，则易产生酸腐蚀。

（4）热负荷。炉管承受的热负荷越高，介质浓缩腐蚀越易发生。因为热负荷越高，炉水的蒸发浓缩越快，同时沉积物越多，越易发生炉水的局部浓缩。介质浓缩腐蚀一般发生在热负荷高的向火侧，其中喷燃器附近的水冷壁管热负荷最高，介质浓缩腐蚀也最严重。

（5）锅炉运行方式。一般满负荷稳定运行的锅炉，腐蚀程度较轻。而超负荷或变负荷运行的锅炉，由于炉管温度升高，炉水由核沸腾转变为膜态沸腾，管内形成汽塞，炉水的浓缩程度加大，因此腐蚀加快。低负荷或调峰负荷运行时，有可能水质变差，也会促进介质浓缩腐蚀。

（6）水流速度。水循环中的水流速度可直接影响介质浓缩腐蚀。一般水流速度过小，可能使管内产生汽塞，同时易出现沉积物的沉积，从而加速腐蚀。另外水中形成涡流，也有利于腐蚀产物等的沉积，加速腐蚀。

（7）锅炉结构。炉管的布置方式、焊口位置均会影响腐蚀。水平管或倾斜度小的炉管内易出现水流速度过低现象，较易出现腐蚀。焊口若布置在热负荷高的区域，或焊口出现凸环而产生涡流，均会促进腐蚀。

7.5.3.2 介质浓缩腐蚀的控制

对介质浓缩腐蚀的控制，可以从产生该腐蚀的两个条件着手，即避免炉水中产生游离碱和酸，并防止炉水出现局部浓缩。具体来说可以通过以下措施进行控制。

（1）保持锅炉受热面的良好状态。保持锅炉受热面的良好状态，要求受热面清洁、无沉积物，并形成耐蚀性好的保护膜，这样的表面不易产生介质浓缩腐蚀。当受热面有较多沉积物时，可以通过化学清洗来去除并钝化表面。

（2）保证给水水质。给水水质不良是造成炉水产生游离碱和酸、使炉管表面出现沉积物的重要原因。例如给水中铁和铜的氧化物含量较高、硬度和碱度较高时，炉管表面易产生沉积物；碳酸盐含量高，炉水中易出现游离碱；而氯化物含量高时，则其易水解产生酸。因此必须严格补给水处理，同时防止凝汽器的腐蚀泄漏，并进行凝结水处理，以保护锅炉给水水质达到要求。

（3）锅炉的合理设计和安装。锅炉的设计和安装应保证锅炉在运行时管壁温度和水循环状况达到要求。如通过合理控制水汽流速，合理进行炉管倾斜度设计、弯管设计、焊口位置布置等，来避免炉水的局部浓缩。为避免锅炉内铜的沉积，可以将水汽系统中的铜部件改为钢制部件，并采取必要措施（提高给水 pH 值等）防止碳钢的腐蚀。

（4）保持锅炉的稳定运行。保持锅炉在满负荷下稳定运行，可以减少腐蚀的发生。超负荷或低负荷运行，或负荷波动大，均不利于腐蚀的控制。

（5）采用合理的炉内水处理方式。炉内水处理的主要目的是消除给水带入的杂质的有害影响，避免炉水中游离碱和酸的生成，控制炉水的 pH 值，并抑制炉管内表面产生沉积物，最大限度地降低金属腐蚀的发生。常见的水处理方式包括全挥发处理（AVT）、中性水处理（NWT）、联合水处理（CWT 或 OT）、固体碱化剂处理（磷酸盐处理和 NaOH 处理）等。

7.6 热力设备的高温蒸汽氧化

在发电机组的运行过程中，有些部件与高温蒸汽接触，如过热器和再热器，其管内接触的一般是呈过热状态的高温蒸汽。不少过热器和再热器管内壁在高温蒸汽作用下可发生较为严重的氧化现象，表面形成了一定厚度的氧化皮，给机组的安全运行带来隐患。这里以过热器为例，介绍高温蒸汽氧化的发生条件、危害、影响因素和控制方法。

7.6.1　金属发生氧化的热力学条件

氧化是最常见的化学腐蚀。以金属 M 被干气体中的 O_2 直接氧化为例，反应式为：

$$M(s) + O_2(g) \rightleftharpoons MO_2(s)$$

可用反应吉布斯自由能的变化 ΔG 来判断上述反应在给定条件下是否发生。

根据范特荷甫（Van't Hoff）等温式（固体活度为 1）：

$$\Delta G = -RT\ln\frac{1}{p_{O_2}} + RT\ln\frac{1}{p'_{O_2}} = RT\ln p_{O_2} - RT\ln p'_{O_2}$$

式中　p_{O_2}——给定反应温度下 MO_2 的分解压力；

p'_{O_2}——气相中 O_2 的分压。

从上式可以看出，金属的氧化反应是否发生，与金属氧化物的分解压力 p_{O_2} 和气相中氧的分压 p'_{O_2} 有关。如果给定条件下 $p_{O_2} > p'_{O_2}$，则 $\Delta G > 0$，即该条件下金属氧化物不可能生成，金属不会发生化学氧化；如果给定条件下 $p_{O_2} < p'_{O_2}$，则 $\Delta G < 0$，则金属在该条件下可能发生化学氧化。空气中氧的分压约为 20kPa，如果金属氧化物在相应条件下的分解压力小于 20kPa，则该金属就可能在空气中被氧化。

7.6.2　高温蒸汽中过热器表面氧化皮的形成机制

热力设备运行时过热器内壁的氧化是典型的高温蒸汽氧化过程。过热器内表面接触的是高温过热蒸汽，在此环境中过热器钢材表面可被蒸汽氧化并逐渐形成氧化皮，氧化皮的形成速度和厚度，与钢材的抗氧化性能、过热蒸汽温度，以及蒸汽中的水分子和所含的微量氧气都有一定关系。

超（超）临界锅炉高温合金钢在空气、普通水、超临界水以及过热蒸汽中的金属氧化速率和氧化层的结构有一定差别，但其基本的氧化动力学和氧化物构成成分大致相似，氧化机理本质类似。对于高温蒸汽中合金钢的氧化机理，目前存在蒸汽分解氧化、氧化气体渗透、氢氧化物形成挥发等几种机制。下面介绍其中的蒸汽分解氧化机制和氢氧化物形成挥发机制。

7.6.2.1　蒸汽分解氧化机制

该机制认为，在高温蒸汽中金属的氧化主要是由于蒸汽在金属表面的吸附、分解和渗透而导致的持续反应。在氧化初期，由于蒸汽的吸附和分解，合金钢基体与蒸汽界面形成了一层氧化物；表面氧化物形成后可以吸附更多的蒸汽，蒸汽通过氧化物中的微裂纹或孔洞向基体表面扩散渗透，并在基体/氧化物界面分解并不断反应使基体持续被氧化；产物 H_2 向氧化物外层的扩散，使氧化皮的微缺陷增加，促进合金钢的蒸汽氧化过程。

在外层，水蒸气与从内层扩散出来的 Fe^{2+} 反应，生成 FeO：

$$H_2O_{(gas)} \Longleftrightarrow H_2O_{(ads)}$$

$$H_2O_{(ads)} + Fe^{2+} + 2e \longrightarrow FeO + Fe_{(vac)} + 2\Theta + H_{2(ads)}$$

$$H_{2(ads)} \Longleftrightarrow 2H^*_{(ox)}$$

$$H_{2(ads)} \Longleftrightarrow H_{2(gas)}$$

式中，$H_2O_{(gas)}$ 为气态水蒸气；$H_2O_{(ads)}$ 为吸附态水蒸气；$Fe_{(vac)}$ 为离子空位；Θ 为电子空缺；$H^*_{(ox)}$ 为溶解在氧化物中的氢。

反应生成的吸附态 $H_{2(ads)}$ 一部分溶解到氧化物中，另一部分转变为气态 $H_{2(gas)}$，从界面通过氧化物层向外扩散，使氧化物层的多孔性增加，为蒸汽向基体表面的进一步渗透扩散提供通道。

随着蒸汽不断分解产生更多的氧离子，基体表面形成的初始态 FeO 被进一步氧化为 Fe_3O_4 和 Fe_2O_3。FeO 在氧化物内外层间的分解可产生吸附氧离子（O^{2-}），使合金钢的氧化加剧。氧离子和金属离子的双向扩散并在内层氧化物中发生相应反应，在内层生成了复杂的尖晶石氧化物结构。

$$FeO + Fe_{(vac)} + 2\Theta \longrightarrow Fe^{2+} + O^{2-}$$

$$FeCr_2O_4 + 4FeO \longrightarrow 2Fe_2CrO_4 + Fe^{2+} + 2e$$

7.6.2.2 氢氧化物形成挥发机制

合金钢表面的铁可与水蒸气反应生成不稳定的 $Fe(OH)_2$，$Fe(OH)_2$ 发生挥发、分解，并在水蒸气中产生的氧离子作用下，进一步被氧化为高价氧化物。

$$H_2O_{(ads)} \longrightarrow O^{2-} + 2H^+$$

在合金钢/氧化物界面，发生如下反应：

$$Fe + 2H_2O_{(gas)} \longrightarrow Fe(OH)_{2(gas)} + H_{2(gas)}$$

$$4Fe(OH)_{2(gas)} + 2H_2O_{(gas)} + 2O^{2-} \longrightarrow 4Fe(OH)_{3(gas)} + 4e$$

$$2Fe(OH)_{2(gas)} + O^{2-} \longrightarrow Fe_2O_3 + 2H_2O_{(gas)} + 2e$$

$$3Fe + 4H_2O_{(gas)} \longrightarrow Fe_3O_4 + 4H_{2(gas)}$$

在氧化物/蒸汽界面：

$$3Fe(OH)_{2(gas)} \longrightarrow Fe_3O_4 + 2H_2O_{(gas)} + H_{2(gas)}$$

随着氢氧化物的不断生成、挥发和分解，水蒸气中合金钢表面的氧化物逐渐演变为由多种氧化物构成的分层氧化皮结构。合金钢中的 Cr 和 Ni 等元素也会在蒸汽中被氧化为不同的氧化物。

从以上机理可以看出，合金钢在高温蒸汽中的氧化，主要是与气态水分子或气态水分子分解产生的氧离子直接发生了化学反应，并形成了金属氧化物。当蒸汽中含有氧气分子时，可以加速钢的氧化过程，增加氧化物膜的厚度。

合金钢表面在生成了致密氧化物膜并增厚到一定程度时，便形成了氧化皮。

在开始阶段，合金钢表面氧化皮的形成很快；随着表面被致密氧化皮覆盖，合金钢的氧化速度下降。初期形成的氧化皮一般具有双层膜结构，对于大多数低铬铁素体钢，其氧化皮内层为原生膜，是水蒸气产生的氧离子与钢直接作用的结果，主要由细粒状的 Fe-Cr 尖晶石氧化物组成；外层为延伸膜，由具有柱状晶粒结构的无铬磁铁矿（Fe_3O_4）组成，如图 7-10 所示。双层膜中内层较为致密，富含合金元素；外层较为疏松多孔，主要是铁的氧化物。

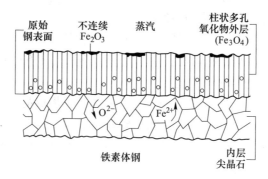

图 7-10　高温蒸汽中钢表面的双层氧化膜结构

当超温运行或蒸汽温度、压力波动较大时，双层膜氧化皮可发展为由多个双层膜组成的多层膜氧化皮结构，如图 7-11 所示，其中图 7-11（b）的多层膜由两个双层膜组成。多层膜的形成是氧化皮剥落的开始，因为两个双层膜之间的结合力较弱。如图 7-11（b）中第 2 层为初始双层膜的内层，较为致密；第 3 层为第二双层膜的外层，结构较为疏松。氧化层的剥离主要发生在第 2 层和第 3 层之间。

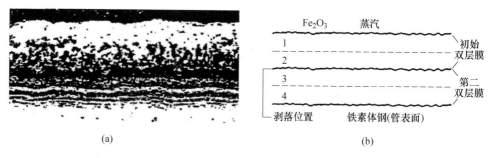

(a)　　　　　　　　　　　　　　　(b)

图 7-11　多层膜氧化皮结构
（a）多层膜微观结构；（b）多层膜示意图

7.6.3　影响氧化皮形成及剥落的主要因素

7.6.3.1　影响合金钢表面氧化皮形成和增长的因素

材料特性和超温运行是影响合金钢表面氧化皮的形成及增长的主要因素。

A 管壁温度的影响

合金钢在蒸汽中的氧化属于化学腐蚀，温度升高可使腐蚀加速。火电机组正常运行时，金属受热面的氧化层会随时间的延长逐渐增厚。当管壁超温时，过热器和再热器表面的氧化层则会迅速增厚。图 7-12 为不同管壁温度的 T22 钢表面氧化皮厚度随时间延长的变化，可以看到，当管壁温度不高于 552℃时，钢表面氧化皮厚度较小，且随时间延长而增长缓慢。随着管壁温度的进一步升高，氧化皮厚度随时间延长而显著增大。当管壁温度为 579℃时，运行 150000h 后 T22 钢表面氧化皮厚度可达到 0.76mm；当管壁温度升高到 621℃时，运行 30000h 后金属氧化皮厚度就可达到 0.76mm。可见氧化皮的生长速度与管壁温度直接相关，超温运行后氧化皮厚度增长速度大幅提高。

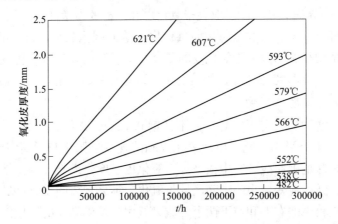

图 7-12 不同管壁温度的 T22 合金钢表面氧化皮厚度随时间的变化

B 钢材类型的影响

不同钢材表面形成的氧化皮，其抗剥落性能有较大差别。一般合金钢中铬含量的增加可以提高其抗氧化性能。常用 T22 钢的抗氧化温度相对较低，而 T91、TP347、HR3C 等合金钢的抗氧化温度较高。

C 蒸汽中的含氧量

合金钢表面虽然可以被蒸汽直接氧化生成氧化膜，但蒸汽中含有氧气时，钢的氧化速度可以快速增大。高参数机组采用加氧处理（OT）时，如果加氧过多，使进入过热器的蒸汽中含有氧气，则易导致氧化皮的增厚和剥落。比较发现，投产后采用全挥发处理（AVT）的机组，出现氧化皮剥落现象较少，但在采用 OT 方式几个月或一年后，就易发生因氧化皮剥落而引起的爆管事故。

7.6.3.2 影响氧化皮剥落的因素

过热器氧化皮的剥落通常发生在壁温变化比较大的启停阶段，特别是发电机组停运后的再次启动过程中。金属表面氧化皮发生剥落的可能性，可以采用下式进行分析：

$$\Delta T_{\mathrm{c}} = \left[\frac{\gamma_{\mathrm{F}}}{\xi E_{\mathrm{ox}} (\alpha_{\mathrm{m}} - \alpha_{\mathrm{ox}})^2 (1 - \nu_{\mathrm{ox}})} \right]^{0.5}$$

式中　ΔT_{c}——使氧化皮产生剥落的临界温度升（降）幅；

　　　ξ——氧化皮厚度；

　　　E_{ox}——杨氏模量；

　　　α_{m}——金属的线性热膨胀系数；

　　　α_{ox}——氧化皮的线性热膨胀系数；

　　　ν_{ox}——泊松比；

　　　γ_{F}——界面间断裂能，取决于氧化皮和母材的力学性能。

从上式可以看出，影响金属表面氧化皮剥落的因素较多，除了物性参数外，与实际运行密切相关的因素为氧化皮的厚度和壁温变化幅度。氧化皮越厚，氧化皮产生剥落的临界温度升（降）幅就越小，氧化皮就越容易发生剥落。

　　A　氧化皮厚度的影响

当氧化皮增加到一定厚度时，如不锈钢 0.1mm、铬钼钢 0.2~0.5mm，受管壁温度剧烈变化等影响，就会出现氧化皮剥落现象。图 7-13 所示为 T22 合金钢表面氧化皮剥落范围曲线，其中横坐标为氧化皮厚度，纵坐标为弹性应变。从图中可以看到，弹性应变较小的中间区域是氧化皮不易剥离的安全区域，弹性应变较大、氧化皮较厚的右上和右下两个区域为氧化皮发生剥离的区域。随着氧化皮厚度的增加，氧化皮发生剥落所需的弹性应变下降，也即使氧化皮产生剥落的临界温度升（降）幅减小。

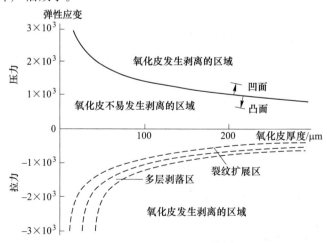

图 7-13　T22 合金钢氧化皮剥落曲线

B 温度变化的影响

在过热器壁温变化较大的启停机阶段，以及机组运行中负荷出现较大波动时，较容易出现氧化皮的剥落。国外在一台 600MW 超临界机组主蒸汽管道中，采用一种等速采样系统对机组满负荷运行和启停阶段进行了测试，通过对 300 多个蒸汽试样的分析，发现启停阶段蒸汽管道内固体颗粒的浓度比正常运行时高 2~3 个数量级，说明在机组启停机阶段易发生氧化皮剥落现象。

有人在实验室中研究了金属氧化皮剥落和温度变化的关系，实验中对比研究了两个实验工况下氧化皮剥落的温度变化幅度和氧化皮厚度的关系，一个实验工况在 750℃ 下保温 48h，另一实验工况没有这一保温过程。实验发现采用保温工况后，在同样温度变化幅度下氧化皮剥落的临界厚度有了明显的提高。产生这一现象的原因是保温使氧化皮和金属之间的膨胀差别趋于减小，产生的应力也相应下降，从而使金属氧化皮不易发生剥落现象。

7.6.4 氧化皮的危害及控制

7.6.4.1 过热器氧化皮的危害

过热器氧化皮发展到一定厚度时，若管壁温度出现较大波动，将出现氧化皮剥落现象。氧化皮的大面积剥落会对机组的安全运行带来隐患，具体表现如下。

（1）剥落的氧化皮会导致受热面管内通流部分发生堵塞，从而使金属受热面发生局部过热而爆管。在机组启动和停运过程中，氧化皮的剥落率最高。在立式布置的高温过热器中，从 U 形管垂直管段剥离下来的氧化皮［见图 7-14（a）］，一部分被高速流动的蒸汽带出过热器，另一部分会落到 U 形管底部弯头处［见

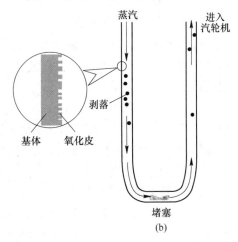

图 7-14 过热器氧化皮及其剥落

（a）氧化皮形貌；（b）氧化皮堵塞 U 形管底部

图 7-14（b）〕。氧化皮剥离物在底部弯头处的堆积，使得管内通流截面减小，流动阻力增加，并导致管内蒸汽通过量减少，从而使管壁温度升高。当氧化皮堆积数量较多时，管壁大幅超温发生爆管。

（2）剥落的氧化皮进入汽轮机会损伤汽轮机通流部分，影响汽轮机效率。从过热器和再热器管剥离的氧化皮，大部分被高速蒸汽携带出过热器和再热器。这些被携带的氧化皮颗粒具有很大的动能，随蒸汽会不断撞击、损伤汽轮机喷嘴和叶片，造成汽轮机效率降低，发电能耗增大，同时也影响汽轮机使用寿命，缩短检修周期，增加检修费用。

（3）剥落的氧化皮若沉积于汽轮机主汽门阀芯和阀座之间，则会造成汽轮机主汽门卡涩。机组运行时主汽门关闭不严会造成汽轮机发生超速，威胁机组的安全运行。

（4）剥落的氧化皮会堵塞疏水管。进入汽轮机内的氧化皮被蒸汽携带着一起流动。在机组的启动阶段，汽轮机的各种疏水管道处于开启状态，因而氧化皮颗粒会随着蒸汽进入疏水、抽汽系统；降压扩容后，流速下降到无法携带氧化皮的程度时，这些氧化皮颗粒就会沉积下来，堵塞细小管道、疏水阀门、逆止门等部位，给系统造成重大的安全隐患。

（5）剥落的氧化皮会影响汽水品质。被高速蒸汽带出锅炉过热器、再热器的氧化皮颗粒，在汽轮机内撞击叶片并对其形成冲蚀后，会进一步破碎、变小变细，并随叶片的冲蚀产物一起进入凝汽器。这些颗粒粒径一般在 $5\sim50\mu m$ 范围，易被水汽携带，可以随凝结水进入锅炉，成为热力设备水汽侧积垢的主要来源。

（6）氧化皮的产生会使管道的传热热阻增加，传热性能下降，影响机组的发电效率。

7.6.4.2　氧化皮的控制

过热器氧化皮剥落现象的发生，主要是由于钢材表面氧化皮的快速增长增厚，以及运行中出现壁温的大幅波动。因此，要控制氧化皮剥落现象的发生，可以从以下几个方面采取措施。

（1）选用抗氧化温度高的合金钢。过热器采用抗氧化温度较高的合金钢，如 TP347、HR3C 等，可以降低钢材表面氧化皮的形成速度。也可通过金属表面处理的方式，抑制金属表面氧化皮的生成。例如，钢管表面经过渗铬处理后，能有效抑制氧化皮的生长并延长其剥落时间。

（2）避免过热器的超温运行。过热器壁温超过 580℃ 时，其表面氧化皮增长速度会大幅提高，尤其是壁温超过 600℃ 时，氧化皮剥落现象的出现时间更短。运行时加强受热面的热偏差监视和调整，防止受热面局部长期超温运行。为防止炉膛热工况扰动造成受热面超温，正常运行中一、二级减温水和再热器烟气挡板应处于可调整的中间位置，再热器事故减温水应处于备用状态。

（3）降低过热蒸汽的含氧量。采用加氧处理的机组，要严格控制加氧量，避免过剩的氧气随蒸汽进入过热器，加速过热器表面的氧化。

（4）避免过热器管壁温度的剧烈波动。例如，避免机组频繁启停；机组启动时投入旁路系统运行，提高低负荷下的主蒸汽流量，防止蒸汽温度变化过大而造成氧化皮的剥落；当机组采用滑停方式正常停机时，滑停过程中过热器和再热器出口蒸汽的温度变化率不高于 2℃/min。

（5）加强停炉保护，降低停运期间过热器管的腐蚀。

（6）及时监测过热器氧化皮厚度。当氧化皮厚度达到 0.3mm 以上时，可采用化学清洗法去除过热器表面的氧化皮，并确保剥落下来的氧化皮全部溶解。

7.7 热力设备的烟气侧腐蚀与控制

前面介绍的热力设备腐蚀与控制，都是有关锅炉系统水汽侧金属的腐蚀与防护。锅炉系统的烟气侧腐蚀同样不能忽视，图 7-1 所示的烟风系统所涉及的金属，包括水冷壁管、过热器管、再热器管、省煤器管和空气预热器的烟气侧，燃料燃烧产生的烟气或悬浮于其中的灰分，对金属具有一定的腐蚀性。这种腐蚀包括在烟气系统高温区域发生的金属高温氧化和熔盐腐蚀，称为锅炉烟气侧的高温腐蚀；在低温烟道中发生的露点腐蚀，称为烟气侧的低温腐蚀。烟气的高温氧化可使钢铁表面生成一层保护性的氧化膜，危害性较小。本节重点讨论熔盐腐蚀和露点腐蚀。

7.7.1 锅炉烟气侧的熔盐腐蚀

烟气温度较高时，烟气中的某些盐类会处于熔融状态，这种处于熔融状态的盐具有强导电性，对金属具有一定的腐蚀作用，这种在熔融盐中发生的腐蚀称为熔盐腐蚀。

熔盐腐蚀有两种形式：一种是金属在熔盐中直接发生溶解而破坏；另一种是金属在熔盐中被氧化，以离子形式进入熔盐之中，这种腐蚀也属于电化学腐蚀，与金属在水溶液中发生的电化学腐蚀类似。熔盐腐蚀多以后一种形式进行，又包括硫腐蚀、钒腐蚀、氯化物腐蚀等。

对熔盐中的电化学腐蚀，也存在着如下的阳极过程和阴极过程。

阳极过程（以铁为例）：$\qquad Fe \longrightarrow Fe^{2+} + 2e$

阴极过程（氧化剂还原）：$\qquad O_x + ne \longrightarrow R$

式中，O_x 和 R 分别表示熔盐中的氧化剂和 O_x 被还原后的还原态物质。

氧化剂包括熔盐中具有氧化性的阳离子 M^{n+} 和含氧酸根离子（如硫酸根离子）等，以及气相中的氧气和其他氧化剂。典型的阴极反应为：

$$M^{n+} + ne \longrightarrow M$$
$$SO_4^{2-} + 2e \longrightarrow SO_3^{2-} + O^{2-}$$
$$O_2 + 4e \longrightarrow 2O^{2-}$$

与金属在水溶液中的腐蚀相比较，在相同的腐蚀推动力下，由于熔盐的电导率更高，对电极反应的阻力更小，因此熔盐中金属的腐蚀速度较大，其腐蚀控制步骤多为氧化剂的迁移过程。

7.7.1.1　硫腐蚀

硫腐蚀包括硫酸盐腐蚀和硫化物腐蚀。

A　硫酸盐腐蚀

水冷壁管的烟气侧常发生硫酸盐腐蚀，而引起这种腐蚀的物质为正硫酸盐 M_2SO_4 和焦硫酸盐 $M_2S_2O_7$（M 表示 K 和 Na）。同时，过热器和再热器的烟气侧也会发生硫酸盐腐蚀。

a　正硫酸盐引发的硫腐蚀机理

当水冷壁管壁温度在 $310 \sim 420℃$ 范围，管壁外表面因氧化而形成 Fe_2O_3 层。同时燃料燃烧生成的气态 Na_2O 和 K_2O 也在水冷壁表面凝结，并与烟气中的 SO_3 反应生成硫酸盐 M_2SO_4：

$$M_2O + SO_3 \longrightarrow M_2SO_4$$

水冷壁表面生成的 M_2SO_4 具有黏性，可捕捉烟气中的灰粒而形成灰层。当管壁灰层的表面温度上升时，在灰层的外面形成灰渣层。烟气中的 SO_3 可穿过灰渣层并与管壁表面的 M_2SO_4 和 Fe_2O_3 发生反应：

$$3M_2SO_4 + Fe_2O_3 + 3SO_3 \longrightarrow 2M_3Fe(SO_4)_3$$

上述过程持续进行，水冷壁外表面不断被氧化生成 Fe_2O_3，并不断与烟气中产生的硫酸盐和 SO_3 反应，使管壁持续发生硫腐蚀。

b　焦硫酸盐引发的硫腐蚀机理

水冷壁管壁附着的 M_2SO_4 与 SO_3 反应可生成焦硫酸盐 $M_2S_2O_7$：

$$M_2SO_4 + SO_3 \longrightarrow M_2S_2O_7$$

在 $310 \sim 420℃$ 范围内，$M_2S_2O_7$ 呈熔融状态，具有较强的腐蚀性，可与管壁的氧化物 Fe_2O_3 反应：

$$3M_2S_2O_7 + Fe_2O_3 \longrightarrow 2M_3Fe(SO_4)_3$$

研究表明，灰渣层硫酸盐中只要含有 5% 的焦硫酸盐，管壁就会发生严重腐蚀。焦硫酸盐的产生与锅炉排渣方式有关。虽然固态与液态排渣炉的水冷壁烟气中 SO_3 含量均不高，但液态排渣炉的炉温较高，管壁灰渣层中的 $M_3Fe(SO_4)_3$ 可分解出 SO_3，使壁面生成更多的焦硫酸盐，促进硫腐蚀的发生。而固态排渣炉的炉温较低，不易形成焦硫酸盐，硫腐蚀发生程度也较轻。

在过热器和再热器的烟气侧，引起硫酸盐腐蚀的物质是熔融的 $M_3Fe(SO_4)_3$。该物质在温度低于550℃时为固体，不起腐蚀作用；但在温度为550~710℃范围时呈熔融状态，熔融的 $M_3Fe(SO_4)_3$ 可以穿过腐蚀产物层与金属基体直接发生下述反应：

$$4Fe + 2M_3Fe(SO_4)_3 + O_2 \longrightarrow 3M_2SO_4 + 2Fe_3O_4 + 3SO_2$$

上述反应也可能是先生成 FeS，FeS 再与 O_2 作用生成 SO_2 和 Fe_3O_4。生成的 SO_2 在氧作用下被氧化为 SO_3，SO_3 又与管壁表面生成的 M_2SO_4 和飞灰中的 Fe_2O_3 反应生成熔融 $M_3Fe(SO_4)_3$，继续腐蚀管壁。这个过程可以表示为：

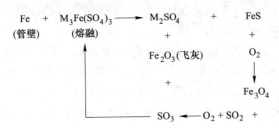

从上述的腐蚀过程来看，在供氧充分的情况下，只要存在少量的熔融 $M_3Fe(SO_4)_3$，就会导致金属持续不断地被腐蚀，腐蚀产物为 Fe_3O_4。

B　硫化物腐蚀

锅炉管壁硫化物腐蚀是由燃料中的 FeS_2 在燃烧过程中引起的。燃料燃烧时，其中的 FeS_2 分解产生 FeS 和 S，S 又可以继续和 Fe 反应生成 FeS，导致管壁发生腐蚀。主要反应式为：

$$FeS_2 \longrightarrow FeS + S$$
$$Fe + S \longrightarrow FeS$$

在较高温度下，FeS 可与 O_2 反应：

$$3FeS + 5O_2 \longrightarrow Fe_3O_4 + 3SO_2$$

生成的 SO_2 又加速了硫酸盐腐蚀的发生。

C　硫腐蚀的控制

对于水冷壁硫腐蚀的控制，可以从抑制腐蚀物质的产生、防止腐蚀条件的形成着手，具体体现在以下几个方面。

（1）改善燃烧条件。控制过量空气系数在合适范围，过量空气系数过小会造成燃料燃烧不充分；防止火焰直接与管壁接触。

（2）控制水冷壁管壁的温度。加强运行管理，防止管内因热流密度分布不均引起的结垢以及水冷壁局部区域热负荷过高的现象，避免水冷壁管由于高温导致的硫腐蚀的发生。

（3）引入空气，在炉膛贴壁处形成一层氧化性气膜，从而降低与管壁接触

的烟气中的 SO_3 浓度，使灰渣层中分解出的 SO_3 向炉膛扩散而非向管壁内扩散，抑制 SO_3 引起的腐蚀。

（4）使用吸收剂脱除烟气中的含硫化合物。常用的吸收剂为氢氧化钙。

（5）涂层保护。采用表面涂覆耐蚀高温涂层的碳钢管作水冷壁管。过去常采用渗铝管，该管表面具有保护性的 Al_2O_3 膜，可耐高温硫腐蚀。也可采用 Ni-Cr 混合物涂层等进行处理。

对于过热器和再热器硫腐蚀的控制，可以采取以下措施。

（1）控制管壁温度，避免使 $M_3Fe(SO_4)_3$ 呈熔融态。一般发电机组常控制过热蒸汽和再热蒸汽温度限值为 550℃。在设计与布置过热器和再热器时，避免将蒸汽出口段布置在烟温过高的区域。

（2）采用耐蚀合金材料。超临界机组和超超临界机组的蒸汽温度已接近或超过 600℃，为了有效控制硫腐蚀，可以采用更耐蚀的 S30432、Super304H、Sanicro25 等耐热合金钢作为过热器、再热器金属材料。

（3）向炉膛内喷入镁、铝等氧化物，提高管壁表面积结物的熔点，防止这些物质熔化而引起的管壁腐蚀。

7.7.1.2 钒腐蚀

钒腐蚀一般发生在燃油锅炉。当锅炉燃油中钒和钠的含量较高时，燃烧过程中可产生 V_2O_5 含量高的低熔点、腐蚀性高温积灰，附着在过热器和再热器表面而使材料受到破坏，这种腐蚀称为钒腐蚀。

A 钒腐蚀机理

含钒燃油燃烧生成的 V_2O_5（熔点为 670℃），在熔融状态下可溶解并穿过金属的氧化膜，并分解为 V_2O_4 和氧原子 [O]，[O] 可使铁腐蚀生成铁的氧化物，V_2O_4 则继续氧化生成 V_2O_5，继续造成铁的腐蚀。主要反应式为：

$$V_2O_5 \longrightarrow V_2O_4 + [O]$$
$$Fe + [O] \longrightarrow FeO$$
$$V_2O_4 + \frac{1}{2}O_2 \longrightarrow V_2O_5$$

在 600~650℃ 温度范围，V_2O_5 也可与烟气中的 SO_2 和 O_2 反应生成氧原子：

$$V_2O_5 + SO_2 + O_2 \longrightarrow V_2O_5 + SO_3 + [O]$$

式中，V_2O_5 只起催化作用。

在钒腐蚀中，对金属产生腐蚀的是氧原子，在 V_2O_5 的催化作用下，氧原子不断产生腐蚀金属。另外，含钠燃油燃烧时产生的 Na_2O 与 SO_3 结合可生成 Na_2SO_4，Na_2SO_4 的存在可使 V_2O_5 的熔点降低至 550~660℃，从而加剧腐蚀。当 V_2O_5 和 Na_2O 的摩尔比接近 3 时，V_2O_5 的熔点可降至 400℃，进一步加速钢铁的腐蚀。

B 钒腐蚀的控制

（1）控制管壁的温度，使之低于钒氧化物熔点。

（2）将易发生钒腐蚀的金属部件布置在低温区。

（3）采用低氧燃烧的方式，减少 V_2O_5 的产生。

（4）去除燃料中硫、钒、钠等有害物质，防止燃料燃烧时腐蚀性物质的生成。

（5）在燃油中添加白云石，可显著降低高铬钢过热器的腐蚀速度。但使用该法时受热面的积灰可能会增加。

7.7.1.3 氯化物腐蚀

含氯较高的燃料在燃烧过程中会产生氯化物，部分氯化物随烟气扩散。烟气中的 NaCl、KCl、HCl 和 $FeCl_3$ 等氯化物可与其他物质结合形成低熔点的共晶混合物，该混合物可大幅度提高锅炉高温部件金属材料的腐蚀速度，产生氯化物腐蚀。在炉内高温还原性气氛中，酸性 HCl 气体可破坏受热面管壁表面的 Fe_2O_3 保护膜，从而加速管壁金属的腐蚀。研究表明，温度在 400~600℃时，氯化物腐蚀速度最大。氯化物腐蚀是垃圾焚烧电站和生物质发电锅炉的烟气侧高温区域金属腐蚀的主要类型。大部分垃圾和生物质中含氯量较高，在焚烧过程中会生成酸性 HCl 气体，引起过热器等设备的高温腐蚀。

A 氯化物腐蚀机理

一般认为，氯化物的高温腐蚀分以下三个步骤进行。

（1）管壁表面烟气中 HCl 与 O_2 发生反应，或气态氯化物（如气态 NaCl）与金属氧化物反应，生成 Cl_2：

$$4HCl + O_2 \longrightarrow 2Cl_2 + 2H_2O$$

$$4NaCl(g) + 2Fe_2O_3 + O_2 \longrightarrow 2Na_2Fe_2O_4 + 2Cl_2$$

（2）Cl_2 和 HCl 气体穿过过热器表面的氧化物渗透到氧化物和铁/铁合金界面，并与界面的 Fe 和其他合金元素如 Cr、Ni 等进行反应，形成金属氯化物：

$$Fe + Cl_2 \longrightarrow FeCl_2$$

$$Fe + 2HCl \longrightarrow FeCl_2 + H_2$$

（3）生成的气态金属氯化物 $FeCl_2$ 穿过金属表面氧化物向外扩散，并与围绕在管壁周围的烟气中的氧气发生反应，形成金属氧化物和 Cl_2：

$$3FeCl_2 + 2O_2 \longrightarrow Fe_3O_4 + 3Cl_2$$

$$4FeCl_2 + 3O_2 \longrightarrow 2Fe_2O_3 + 4Cl_2$$

这样就形成了一个腐蚀循环过程，其中 Cl_2 充当了催化剂的作用。

B 氯化物腐蚀的控制

（1）选用耐蚀材料。铬和镍含量较高的合金，耐蚀性较好，但造价也高。

（2）喷涂保护。一些含铬涂层可以在金属表面形成氧化铬保护层，铬的含量越高涂层耐蚀性越好。

（3）采用吸收剂脱除烟气中的酸性氯化物，例如使用碳酸氢钠吸收剂。

上述高温腐蚀除与烟气成分有关外，还与管壁温度的高低有关。对于水冷壁管，当壁温低于 300℃ 时，腐蚀速度较小。当壁温升高时，腐蚀速度即迅速增大，当壁温超过 400℃ 时，壁温每提高 50℃，腐蚀速度即可增加 1 倍。

7.7.2　锅炉尾部的低温腐蚀

烟气在烟道流动过程中，温度逐渐降低。在锅炉尾部，当受热面壁温低于露点温度时，将有酸性水汽在受热面凝结，造成受热面金属的低温腐蚀。一般发电机组从空气预热器开始，到脱硫塔后的换热器（GGH）和烟囱，都会受到比较严重的低温腐蚀。

7.7.2.1　低温腐蚀的形成原因

含硫燃料在燃烧过程中会产生 SO_2，一部分 SO_2 可进一步氧化为 SO_3，SO_3 与烟气中的水蒸气结合形成 H_2SO_4 蒸气。在锅炉尾部，当受热面壁温低于硫酸蒸气的凝结温度（即烟气的硫酸露点温度，简称露点）时，硫酸蒸气就会在受热面的管壁凝结而产生腐蚀，称为低温腐蚀。

当壁面温度低于烟气水蒸气露点时，烟气中的 SO_2 可以与凝结水化合成亚硫酸 H_2SO_3，并进而氧化成 H_2SO_4，这是金属壁面 H_2SO_4 溶液的另一个来源。另外，当壁面温度低于水露点时，烟气中所含的 HCl 气体也可溶于凝结水生成盐酸，也会造成受热面金属的低温腐蚀。低温腐蚀的实质是酸腐蚀，主要为硫酸腐蚀。

锅炉尾部的受热面材料一般为碳钢，低温腐蚀也就是碳钢的酸腐蚀。这种腐蚀主要受烟气的露点温度、受热面管壁凝结的硫酸浓度、管壁温度等因素影响，其中最主要的因素是露点温度和管壁温度。

7.7.2.2　露点温度和低温腐蚀

烟气的露点可作为判断低温腐蚀是否发生的指标，且在一定程度上反映了低温腐蚀发生的程度。

当烟气中不含 SO_3 时，烟气的露点即为纯水的沸点，并取决于烟气中的水蒸气分压。当烟气中的水蒸气分压为 0.0078~0.014MPa 时，相应的水蒸气凝结温度（露点）为 41~52℃。当烟气中含有 SO_3 时，烟气露点与 SO_3 的含量密切相关，并随 SO_3 含量的增加而升高。图 7-15 为 H_2SO_4-H_2O 体系蒸气混合物的相平衡图，图中下方曲线表示 0.0098MPa 下水溶液的沸点和 H_2SO_4 浓度的关系。由图可见，当 H_2SO_4 浓度为 0 时，溶液的沸点为纯水的沸点 45.45℃；随着 H_2SO_4

浓度的增加，溶液的沸点提高。这条曲线称为液相线或沸腾线。图 7-15 中的上方曲线为 H_2SO_4 蒸气和水蒸气混合物的凝结温度（露点）与 H_2SO_4 浓度的关系。从图中可以看出，随着 H_2SO_4 浓度的增加，露点上升，这条曲线称为气相线或凝结线。从图 7-15 中可以看到，当 H_2SO_4 蒸气浓度为 10% 时，露点为 190℃，从液相线可以查到凝结下来的 H_2SO_4 浓度可以达到 90%。也就是说，烟气中只要含有少量的 H_2SO_4 蒸气，烟气的露点温度就会显著提高，露点温度的提高意味着硫酸蒸气即使遇到温度较高的壁面也可能结露，形成较高浓度的硫酸而腐蚀金属壁面。

也可以从烟气中的 SO_3 浓度来判断露点温度。图 7-16 所示为烟气露点与 SO_3 浓度的关系，当烟气中含有 $10×10^{-6}$ 的 SO_3 时，露点可提高到 130℃ 以上；当烟气中含有 $(50~60)×10^{-6}$ 的 SO_3 时，露点温度可升高至 150~170℃。

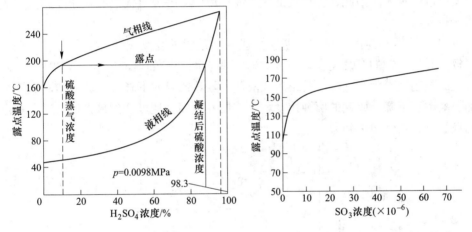

图 7-15　H_2SO_4-H_2O 蒸气混合物相平衡图　　图 7-16　烟气露点与 SO_3 浓度的关系

烟气中的 SO_3 主要来自烟气燃烧产生的 SO_2 的进一步氧化，以及硫酸盐的高温分解。以下因素可以影响烟气中 SO_3 的产生量。

（1）燃料的含硫量。燃料含硫量越高，燃烧时产生的 SO_2 浓度越大，相应的其进一步氧化产生的 SO_3 浓度也就越大，烟气的露点温度也就越高。

（2）燃烧工况。燃烧工况影响火焰的中心温度和末端温度，而这两个温度直接影响 SO_3 的产生量。火焰中心温度高可以产生更多氧原子，生成更多的 SO_3；末端温度高则导致生成的 SO_3 发生分解。如果火焰拖得很长，延伸到炉膛出口，则末端温度较低，SO_3 的产生量就多。从控制 SO_3 产生量的角度来说，中心温度不宜过高，火焰也不宜拖得太长。

（3）过量空气系数。过量空气系数越大，烟气中过剩氧越多，就会有越多的 SO_2 被氧化为 SO_3。当空气过剩系数为 1.05 时，烟气中的 SO_2 产生量显著减少，有利于控制烟道的低温腐蚀。

7.7.2.3　管壁温度和低温腐蚀

管壁温度直接影响烟气中的硫酸蒸气在管壁表面的凝结过程、酸的凝结量和酸的浓度。一般硫酸露点温度高，在较高壁温时就可以发生凝结。硫酸对碳钢的腐蚀速度与其浓度有关。在稀硫酸（为非氧化性酸）中，碳钢的腐蚀速度随着硫酸浓度的增加而增大；当硫酸浓度（质量分数）达到56%时，碳钢的腐蚀速度最大；此时随着硫酸浓度的进一步增加，碳钢的腐蚀速度下降，这是由于在浓硫酸（为氧化性酸）中，碳钢表面可以被钝化而受到保护，使腐蚀速度减小。

壁温会影响管壁表面凝结的酸液数量和酸的浓度，并进而影响碳钢的腐蚀速度。一般壁温越高碳钢表面凝结的酸液越少，但酸浓度可能较大（处于使碳钢钝化浓度范围），因而碳钢腐蚀速度较小。但从化学动力学角度来看，温度越高腐蚀反应速度越大。因此，在烟气低温腐蚀环境中，壁温对碳钢腐蚀速度影响的规律比较复杂。

图7-17所示为锅炉钢的低温腐蚀速度随壁温的变化规律。从图可见，在壁温较高时，碳钢的腐蚀速度较小，此时管壁表面凝结的酸液较少、酸浓度较高，腐蚀的控制因素为管壁表面凝结的酸液量。随着壁温的下降，壁面凝结的酸液增加、酸浓度下降，碳钢的腐蚀速度增大，在 G 点腐蚀速度达到最大值。通常 G 点的壁温比露点低 20~45℃。

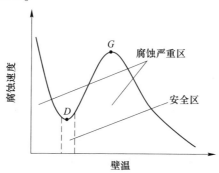

图 7-17　管壁温度与锅炉钢低温腐蚀速度的关系

随着壁温的进一步降低，壁面凝结的酸液量已达到一定程度，不再成为腐蚀的控制因素。此时腐蚀的控制因素为反应温度，随着壁温的降低，腐蚀反应速度下降，到 D 点碳钢的腐蚀速度达到最小值。

壁温低于 D 点温度后，随着壁温的继续下降，碳钢腐蚀速度增大，此时壁面的酸液浓度已低于临界值56%。在这个温度范围，壁温的继续下降使壁面凝结的酸浓度进一步减小，动力学角度的反应速度进一步降低，因而这两个因素都不是碳钢腐蚀速度进一步增大的原因。事实上，当壁温低于水蒸气露点时，烟气中的HCl气体溶于凝结水生成盐酸，另外烟气中部分 SO_2 与凝结水结合生成 H_2SO_3，

并进一步氧化成 H_2SO_4，造成受热面腐蚀速度的进一步增大。

因此，在不同壁温范围内，存在两个腐蚀区和一个安全区。对于高含硫燃料，安全区的上限温度为 $100 \sim 105℃$，下限温度比水蒸气露点高 $20 \sim 30℃$。安全区的两侧是两个腐蚀区。

7.7.2.4 低温腐蚀的控制

锅炉尾部的低温腐蚀，主要是硫酸腐蚀，因此通过控制 SO_3 的产生量和酸液的凝结等可以控制该腐蚀的发生。

A 控制 SO_3 的产生量

使用低含硫量燃料、控制燃烧工况来控制 SO_3 的产生量。

降低过剩空气系数，采用低氧燃烧方式可以减少烟气中过剩氧的含量，降低 SO_3 产生量，从而使烟气露点显著降低，低温腐蚀程度减轻。但低氧燃烧只能使图 7-17 中 G 点附近的腐蚀速度明显降低，因为 SO_3 产生量减少使 G 点附近的硫酸凝结量下降。在壁温低于 D 点的腐蚀区，低氧燃烧对腐蚀速度影响不大，因为在该区域烟气中的 SO_2 和 HCl 随水蒸气凝结成酸，使碳钢仍具有较大的腐蚀速度。因此低氧燃烧不是控制壁温较低区域金属腐蚀的有效方式。

B 使用添加剂中和 SO_3

可以使用白云石粉（$CaMg(CO_3)_2$）中和烟气中的 SO_3，降低露点和金属腐蚀速度。白云石粉使用量一般为每吨油加入 $4 \sim 8kg$，使用时将粉末直接喷入炉膛内，或配成浆状注入油中。也可以使用镁石灰（即菱镁矿石，含 $65\% \sim 80\%$ MgO、$15\% \sim 30\%CaO$）直接喷入炉膛或尾部烟道。

也可使用氨中和 SO_3。气态氨在烟气中的扩散和化学反应都很快，因此加氨中和时使用量较少，而且氨的注入装置比较简单。但由于氨在 $600℃$ 以上要分解，而在 $150℃$ 以下会与 SO_2 反应，因此加氨中和时要注意喷射地点的选择，喷射点的温度要在 $200 \sim 600℃$ 范围。加氨中和 SO_3 时可能生成 NH_4HSO_4，该物质与硫酸盐的混合物熔点低，当喷氨点的受热面温度高于该混合物熔点时，会在受热面形成熔融化合物，造成受热面的严重积灰现象。另外，熔融状的 NH_4HSO_4 活性强，能在高于露点的受热面腐蚀金属。可以通过提高加氨量，避免 NH_4HSO_4 的生成。

C 提高受热面壁温

受热面硫酸液体的凝结需要在酸露点温度下进行，提高壁温至酸露点温度以上，酸液的凝结就不可能进行，低温腐蚀也就得到控制。

对于空气预热器，壁温可以通过下式计算：

$$t_b = t_k + \frac{t_y - t_k}{1 + \dfrac{\alpha_k S_k}{\alpha_y S_y}}$$

式中　t_k——进口冷空气温度，℃；

　　　　t_y——排烟温度，℃；

　α_k，α_y——空气、烟气侧传热系数，$W/(m^2 \cdot ℃)$；

　S_k，S_y——空气、烟气侧受热面积，m^2。

从上式可见，要提高壁温 t_b，就要提高 t_k 和 t_y，但 t_y 的提高会增加热损，降低锅炉效率。而提高 t_k 意味着也要相应提高 t_y，否则温差太小，不利于传热。因此，一般只能将壁温保持在水露点以上。也可在提高 t_y 的同时，通过热风再循环和暖风器来提高 t_k。

D　采用耐蚀材料

可以采用耐蚀的金属或非金属材料、非金属涂覆材料等来提高受热面的耐蚀性能。国内常使用 09CrCuSb 作为良好的耐低温露点腐蚀钢材，其耐硫酸蒸气性能是 316 不锈钢的 3 倍以上，同时又具有较好的经济性。在碳钢表面涂覆搪瓷涂层或采用耐酸橡胶衬里、玻璃钢衬里、耐酸砖衬里等也可较好地控制空气预热器、脱硫设备及管道、烟囱等部位的低温腐蚀。

总的来说，当锅炉使用低含硫量燃料时，适当提高排烟温度，使壁温不低于 70℃，就可以控制低温腐蚀。当锅炉使用中等含硫量的燃料时，就要采用低氧燃烧，最好将过剩空气系数控制在 1.1 以下；还可以通过耐蚀材料的使用和提高空气预热器入口风温来控制低温腐蚀。当锅炉使用高含硫量燃料时，还可以进一步采用添加剂来控制低温腐蚀。

习　　题

7-1　造成热力设备腐蚀的主要物质有哪些？热力设备有哪些主要的腐蚀形态？

7-2　热力设备常用的金属材料有哪些？热力设备腐蚀有何特点？

7-3　热力设备运行氧腐蚀主要发生在哪些部位，有何特征？

7-4　影响热力设备运行氧腐蚀的因素有哪些？如何控制运行氧腐蚀？

7-5　什么是锅炉的碱脆？锅炉碱脆发生的条件是什么，如何防止碱脆的发生？

7-6　热力设备的氢损伤通常在什么情况下发生，如何防止？

7-7　热力设备的腐蚀疲劳常发生在哪些部位，如何控制？

7-8　热力设备水汽系统中的酸性物质有哪些来源？为什么说水中 CO_2 对钢铁的侵蚀性较强？

7-9　为什么要控制给水的 pH 值，一般控制在什么范围，有哪些控制方法？

7-10　热力设备酸性腐蚀有何特征，如何控制？

7-11　什么是锅炉的介质浓缩腐蚀，有何特征？

7-12　试述介质浓缩腐蚀的机理。

7-13　说明介质浓缩腐蚀的影响因素和控制方法。

7-14　过热器氧化皮是如何形成的，有何危害？

7-15　锅炉烟气侧腐蚀有哪些类型？

7-16　烟气侧硫腐蚀是怎么产生的，如何控制？

7-17　锅炉尾部低温腐蚀是怎么形成的？烟气酸露点温度受哪些因素影响？

7-18　如何控制烟气侧的低温腐蚀？

热力设备的停用腐蚀与控制

热力设备停（备）用期间，空气的大量进入以及热力系统内部的潮湿环境，使未经保护或保护不当的热力设备金属表面极易产生腐蚀，这种腐蚀称为热力设备的停用腐蚀。停用腐蚀控制不当可促进运行腐蚀的发生和发展，威胁运行安全。本章主要介绍发电厂热力设备停用腐蚀的发生原因和特点、常用停用保护方法及选用原则。

8.1 停用腐蚀概述

8.1.1 停用腐蚀的危害性

未经保护的热力设备在停（备）用时产生的腐蚀往往比其运行时的腐蚀更严重。

（1）腐蚀范围广，腐蚀速率大。热力系统结构复杂，排汽慢，停用后湿度大，金属表面易形成水膜，当空气大量进入系统，凡是能与空气接触的部位均可能发生耗氧腐蚀。热力设备停（备）用期间的腐蚀范围广，金属的腐蚀形态多以溃疡型和斑点型腐蚀为主。由于供氧充分，设备的腐蚀速率较大，产生的腐蚀产物较多。

（2）加剧热力设备的运行腐蚀。热力设备的停（备）用腐蚀会对运行腐蚀起到促进作用。一方面，停（备）用期间金属表面因大面积腐蚀而形成的腐蚀坑，为运行时金属设备的腐蚀疲劳和应力腐蚀破裂等问题的发生提供了疲劳源和表面缺陷；另一方面，停（备）用腐蚀所生成的高价铁的氧化物 Fe_2O_3 和 $Fe(OH)_3$，可成为热力设备运行腐蚀时氧的替代品，成为腐蚀原电池的阴极去极化剂。

8.1.2 热力设备停用腐蚀的特点

锅炉、汽轮机、凝汽器、加热器等热力设备在停（备）用期间均会发生停用腐蚀。由于设备内部温度、压力、湿度、含氧量等均有很大变化，因此停用腐蚀与运行腐蚀存在较大差别。

热力设备的停用腐蚀与运行腐蚀相比，在腐蚀产物的颜色和组成、腐蚀的严重程度、腐蚀的部位和形态上均有明显差别。停用腐蚀属于常温（低温）腐蚀，腐蚀产物较为疏松，在金属表面的附着力较小，容易被水流带走，腐蚀产物的表层通常为黄褐色，主要成分为 $FeOOH$。由于停炉时空气大量进入系统，因此金属表面的水膜或与金属接触的水中均含有较高浓度的溶解氧，产生腐蚀，腐蚀范围广。因此，无论是从腐蚀的广度还是深度来看，停用腐蚀往往比运行腐蚀更严重。

各种热力设备的停用腐蚀，虽均属于氧腐蚀，但也各有其特点，在此简要介绍不同热力设备的停用腐蚀特点。

（1）省煤器。运行时省煤器的入口部位氧腐蚀较严重（氧浓度较大），出口部位氧腐蚀较轻（氧浓度较小）。停炉时，整个省煤器金属表面均可出现氧腐蚀，而出口部位的腐蚀往往更严重一些。

（2）水冷壁管、下降管和汽包。锅炉运行时，只有当除氧器运行工况显著恶化，氧腐蚀才会扩展到汽包和下降管，而水冷壁管是不会发生氧腐蚀的。停炉时，水冷壁管、下降管和汽包均遭受腐蚀，汽包水侧的腐蚀要比汽侧腐蚀严重。

（3）过热器。锅炉运行时不发生氧腐蚀，而停（备）用时，立式过热器的下弯头常常发生严重腐蚀。

（4）再热器。和过热器一样，运行时不发生氧腐蚀，停用时在积水处发生严重腐蚀。

（5）汽轮机。运行时汽轮机不发生氧腐蚀，在低压缸湿蒸汽区易发生酸腐蚀。汽轮机的停用腐蚀多发生在被氯化物污染的机组，其腐蚀形态主要为点蚀，通常发生在喷嘴和叶片上，有时也在转子本体和转子叶轮上发生。

8.1.3 停用腐蚀的影响因素

对于放水停用的设备，其停用腐蚀的影响因素与大气腐蚀相类似，任何影响金属表面水膜形成的因素、影响氧气分子传质的因素等均会对停用氧腐蚀产生影响，如停用时设备内部环境温度、相对湿度、金属表面液膜中侵蚀性物质类型和含量、金属表面清洁程度等均可影响腐蚀过程。对于充水停用的设备，影响腐蚀的因素与水溶液中的氧腐蚀类似，主要有水的温度、溶解氧含量、水中的其他侵蚀性物质类型及浓度、金属表面的清洁程度等。

（1）氧浓度。在发生氧腐蚀的条件下，氧浓度增加，会加速腐蚀的发生。

（2）相对湿度。放水停用设备内部的相对湿度直接影响金属表面水膜的形成，一般相对湿度越大，金属表面水膜的形成越快，水膜的停留时间越长，大气腐蚀速度也就越快。金属的大气腐蚀存在临界相对湿度，当大气环境中相对湿度小于该临界值时，金属表面不能形成水膜，金属与大气中的氧气分子直接发生化学腐蚀，腐蚀速度较小；只有当相对湿度大于该临界值时，金属表面形成水膜，发生电化学腐蚀，腐蚀速率才会显著增大。一般说来，金属受大气腐蚀的临界相对湿度在60%左右。对于停用的热力设备来说，当相对湿度大于60%时，停用腐蚀就会急剧增加，腐蚀速度随相对湿度的增加而加快。比如母管式蒸汽系统的锅炉，当主汽门不严时，运行炉蒸汽从蒸汽母管漏入停用锅炉，使炉内的湿度增大，导致腐蚀速度加快。

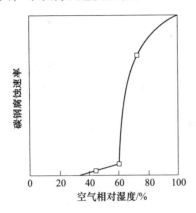

图 8-1 碳钢腐蚀速率与空气相对湿度的关系

图 8-1 为碳钢在大气中的腐蚀速率与相对湿度的关系。当空气相对湿度高于临界值60%时，碳钢的腐蚀速率急剧增大，高相对湿度下（60%~100%）碳钢的腐蚀速率是低相对湿度（30%~55%）下的 100~1000 倍。因此，只要在机组停（备）用期间维持热力设备内相对湿度小于临界值，就能有效保护热力设备。

（3）温度和温差。温度对大气腐蚀速度的影响不是很显著，因为温度升高一方面可以提高腐蚀反应的速度，加速金属的大气腐蚀；但另一方面也会使金属表面水膜不易形成，或使已形成的水膜更易干燥，从这一角度来看反而降低了大气腐蚀的速度。因此，以上两方面的因素相互抵消，温度对大气腐蚀的影响并不显著。

对大气腐蚀具有较大影响的是温差，如昼夜温差或其他不同时间段的温差的存在。设备所处环境的温差越大，大气腐蚀速度越快。如白天温度高、夜晚温度低，当这种昼夜温差加大时，则在温度低的夜晚水汽更易在金属表面凝结形成水膜，加速大气腐蚀的发生。

（4）含盐量。水中或金属表面水膜中的含盐量决定了水的电导率，含盐量越高，金属腐蚀速度越大。水中的侵蚀性离子特别是 H^+、Cl^- 等浓度增加时，腐蚀速度的增大更为明显。汽机停用期间当有氯化物存在时，叶片会发生明显腐蚀。

（5）金属表面的清洁程度。当热力设备的金属表面有沉积物或水渣时，停用腐蚀更易发生。因为在沉积物或水渣与金属基体之间的缝隙内，空气中的氧气不易扩散进来而含氧量低，在无沉积物或水渣覆盖的金属表面，水膜中因供氧充分而含氧量高，这样金属表面的不同区域就因含氧量的不同而形成了氧浓差电池，使氧含量低的部位（沉积物或水渣下）遭到较严重的氧腐蚀。

（6）金属材质。碳钢和低合金钢易产生停用腐蚀，而不锈钢或高合金钢不易产生停用腐蚀。

（7）pH 值。对钢铁而言，pH 值升高，停用腐蚀变小，pH 值达 10 以上，腐蚀受到较好抑制。

8.1.4 停用腐蚀机理

热力设备的停用腐蚀，从腐蚀机理来看，与运行时的溶解氧腐蚀一样，都属于电化学腐蚀中的氧腐蚀，但由于含氧量和环境温度的不同，停用腐蚀的程度和腐蚀产物均与运行腐蚀有较大差别。当水中含有氧气分子时，由于 O_2 是强阴极去极化剂，能获得金属失去的电子，被还原后形成氢氧根离子，因而使腐蚀过程加剧。其阴极去极化过程为：

$$O_2 + 4e + 2H_2O \longrightarrow 4OH^- \tag{8-1}$$

而作为阳极的铁发生溶解，在水中发生氧化反应：

$$Fe \longrightarrow Fe^{2+} + 2e \tag{8-2}$$

$$Fe^{2+} + 2OH^- \longrightarrow Fe(OH)_2 \downarrow \tag{8-3}$$

生成的 $Fe(OH)_2$ 而被进一步氧化：

$$4Fe(OH)_2 + O_2 + 2H_2O \longrightarrow 4Fe(OH)_3 \downarrow \tag{8-4}$$

$$2Fe(OH)_3 \longrightarrow Fe_2O_3 + 3H_2O \tag{8-5}$$

最后形成不溶于水的 Fe_2O_3 和 $Fe(OH)_3$ 沉淀，阳极处液层中的 Fe^{2+} 浓度显著降低，促使阳极区域的铁被氧化形成铁离子继续溶入水溶液中，加剧腐蚀的发生。

停用设备的内部腐蚀，不仅在于发生大面积的严重损伤，而且还会在投入运行后继续产生危害。首先由于腐蚀导致设备金属表面呈粗糙状态，保护膜被破坏，设备投入运行后腐蚀介质极易侵入而加剧腐蚀。其次停用时设备温度低，所生成的腐蚀产物大都是较疏松的高价氧化铁，极易被水流带走并沉积在高负荷区域。

以锅炉为例，停用腐蚀产生的疏松的腐蚀产物，在锅炉再次运行时就会转到炉水中，使炉水含铁量增大而加剧炉管中沉积物的形成。运行过程中生成的腐蚀产物亚铁化合物，在锅炉下次停用时又会被氧化成高价铁化合物。这样，腐蚀过程就会反复进行下去。

8.2 热力设备停用腐蚀控制方法

热力设备停用防锈蚀保护方法种类较多，按照其作用原理，可以分为以下三类。

（1）阻止空气（氧）进入热力设备水汽系统内部。这类方法包括充氮法、保持蒸汽压力法等。

（2）降低热力设备水汽系统内部的湿度。这类方法有干风干燥法、干燥剂法等。

（3）使用化学药剂保护，即在热力设备停炉前后加入一定量的化学药剂，在金属表面形成不同的保护膜而减缓腐蚀。这类方法有成膜胺保护法、活性胺保护法、气相缓蚀剂法等。

8.2.1 隔离空气保养法

8.2.1.1 保持系统压力法

保持系统压力法是指处于热备用状态的设备，如锅炉、加热器等，通过系统内的蒸汽或水维持一定的压力及溢流量，避免空气进入，从而达到防锈蚀的目的。

这种方法适用于锅炉等热力设备经常开停，需要保证随时投入运行的情况，具有操作简单、启动方便的优点，适合于短期保养，但需做好冬季防冻措施。

8.2.1.2 维持密封、真空法

维持密封、真空法是指机组停用时，维持凝汽器汽侧真空度，提供汽轮机轴封蒸汽，防止空气进入汽轮机。此法适用于汽轮机、再热器、凝汽器汽侧短时间的停用保养。

8.2.1.3 充氮保护法

充氮保护法是将纯度大于99%的氮气充入锅炉、汽轮机、凝汽器、加热器、除氧器等水汽系统中，并保持一定的压力以防止空气的进入。因为氮气不活泼，对钢铁又无腐蚀性，所以即使炉内有水，也不会引起金属的腐蚀。

使用充氮法时需注意以下几点：

（1）使用的氮气纯度以大于99.5%为宜，最低不应小于98%；

（2）充氮保护过程中应定期监测氮气压力、纯度和水质；

（3）实施充氮保护的热力设备在需要人进入工作时，必须先用空气彻底置换氮气，并检测分析需要进入的设备内部大气成分，以确保工作人员的生命安全。

8.2.1.4 充氨保护法

充氨保护法是向停用锅炉的水汽系统中充入氨气，排出系统内部空气，降低氧的分压，使金属表面水膜中的含氧量下降。同时，氨可以溶解在水膜中，使水膜呈碱性，起到对钢铁的保护作用。

充氨保护法对停用的锅炉具有良好的保护作用，但安保条件要求严格，因而仅使用于长期停用的锅炉。

8.2.2　降低湿度保养法

8.2.2.1　干燥剂法

干燥剂法是指应用吸湿能力很强的干燥剂，使锅炉、除氧器、凝汽器等设备内部金属表面处于干燥状态。此法适用于停机时间较长（3个月以上）的停用保护。实施前，先将热力设备各部分的水放净并烘干，除去具有吸湿能力促进腐蚀的水渣和水垢，然后放入干燥剂。常用的干燥剂有无水氯化钙、生石灰和硅胶，其用量按照热力设备容积计算，见表8-1。

表 8-1　热力设备停用保护时干燥剂的用量

干燥剂名称	用量/kg · m^{-3}	粒度/mm
无水氯化钙	1.0~2.0	10~15
生石灰（CaO）	2.0~5.0	—
硅胶	1.0~3.0	10~30

选用此法的要点是经常调换干燥剂。干燥剂的吸湿量和空气湿度的变化有关，使用时应根据实际情况调整用量。如果被保养设备封闭良好，外界潮气难以入侵，则可以减少干燥剂的用量。干燥剂保养法不受空气湿度变化的影响，适用范围广，保养效果好，可用于长期停炉保养。但应注意，在设备启用时，干燥剂应全部取出。

8.2.2.2　烘干法

烘干法是锅炉、汽轮机常用的防腐保养方法，其原理是利用系统余热或专门引入干（热）风使停（备）用热力设备内相对湿度维持在小于碳钢腐蚀速率急剧增大的临界值。该方法不需要向系统内添加药剂，系统污染小，防腐效果明显。常用的烘干法有热炉放水余热烘干法、负压余热烘干法、氨-联氨钝化烘干法、氨水碱化烘干法、干（热）风干燥法等。

8.2.3　缓蚀性化学药剂保护

8.2.3.1　气相缓蚀剂保护法

气相缓蚀剂（VPI，Vapor Phase Inhibitor），是一种在常温下能自动挥发出气体并吸附在金属的表面，从而防止金属腐蚀的化学品。气相缓蚀剂或其有效缓蚀组分到达金属表面后，能立刻溶于金属表面的电解质薄层中并发挥作用。气相缓蚀剂的种类很多，多数由非芳香族的仲胺组成，也有一些弱有机酸盐或弱无机酸盐。较常用的气相缓蚀剂有碳酸环己胺、碳酸铵、苯甲酸铵以及复合型的缓蚀剂等。停用保护用的气相缓蚀剂，要求有足够的气压，以保证充满被保护设备的各个部位；在水中具有一定的溶解度，以保证液相也能受到保护。

气相缓蚀剂法具有简单易行、扩散速度快、残留药剂少、无需专门清洗等优点，尤其适合现代电力系统复杂结构的热力设备的保护。气相缓蚀剂用于热力设备的停用保护具有以下优点。

（1）气相缓蚀剂法属于一种主动保护，可以在金属表面自动生成保护膜；即使在温度高和酸性介质等相对苛刻的条件下，也具有很强的防腐能力；对锅炉等热力系统的严密性要求不高，少量空气进入或保护气体外泄对于金属表面的整体钝化和环境几乎没有影响。

（2）气相缓蚀剂可以渗入孔隙，到达难以接触的金属表面；对于锅炉内部复杂管道，选择合适的充气点和排出点，就可使所有金属内表面处于保护状态。

（3）气相缓蚀剂使用方便、易于操作，特别适合调峰机组的停备用保护。它在水中有一定的溶解度，即使在湿度较大的情况下也具有较强的保护能力。

（4）气相缓蚀剂法适用范围广，适合不同容积、结构复杂的热力系统，对于不同容积的热力系统只是充气时间不同；对放不尽水的大型复杂系统（如电站锅炉的立式过热器、再热器）也有较好的保护效果。

（5）气相缓蚀剂法属于一种干法保护，启动无需专门冲洗，可以防止北方地区冬季湿法保护带来的设备内部结冰的危害。此外，气相缓蚀剂在水中的溶解性比十八胺好，不会引起给水处理的树脂污染问题。

气相缓蚀剂可保护多种金属，其机理包含以下三个方面：

（1）在金属表面起阳极钝化作用，从而阻止阳极的电化学过程；

（2）在金属表面发生物理、化学吸附从而形成吸附层，既屏蔽了腐蚀介质的作用，又降低了金属电化学反应的能力；

（3）在金属表面结合成稳定的配位化合物膜，增大金属的表面电阻。

需要注意的是，这类缓蚀剂大多会挥发氨气，对铜部件有侵蚀作用。因此应将锅炉汽水系统中所有的铜质部件拆除或封堵隔离，或者用乌洛托品：苯并三氮唑：碳酸环己胺＝3：2：7（质量比）的混合缓蚀剂，以防止对铜部件的腐蚀。

气相缓蚀剂法适用于锅炉、高（低）压加热器、凝汽器等热力设备的冷备用或长期封存，需要配置热风气化系统，系统应严密，被保养设备内部应基本干燥。

8.2.3.2   成膜胺保护法

成膜胺能在金属表面形成一层憎水性薄膜，使金属与空气隔绝，防止水和大气中的氧及二氧化碳对金属的腐蚀，达到保护热力设备的目的。

十八烷基胺（简称十八胺，分子式 $CH_3(CH_2)_{16}CH_2NH_2$）是目前最常用的成膜胺。十八胺难溶于水，但可在水中形成乳浊液。十八胺中的极性基团-NH_2 可以吸附于金属表面，而非极性基团（碳链）在金属/溶液界面形成疏水膜。十八胺在高温下具有较好的稳定性，加入炉水后在高温、高压下随水一起不断汽化，布满整个热力系统，在水、汽部位的金属表面（包括汽轮机、凝汽器热井）形成一层憎水性保护膜，从而起到保护的作用。

8.2.3.3 表面活性胺

表面活性胺通过促进金属表面转化生成耐腐蚀的氧化层来实现停用期间的防腐保护，属于缓蚀剂类停用保护剂。机组滑参数停机过程中，向水汽系统中加入表面活性胺，提高水汽系统两相区液相的 pH 值，并促进水汽系统金属设备表面形成具有防腐效果的保护膜，以阻止金属腐蚀。在加药成膜保护过程中，应保持有足够的给水流量和循环时间，以确保保护剂在系统中均匀分布。

8.2.3.4 钝化剂保护法

钝化剂保护法主要是通过促进金属表面钝化，形成具有防腐效果的保护膜以达到停用保护的目的。常用的钝化剂保护法有 Na_3PO_4 和 $NaNO_2$ 混合液保护法、乙醛肟保护法、二甲基酮肟保护法等。

8.2.4 停用保护方法选用原则

热力设备停用腐蚀对火力发电机组经济安全运行危害严重，必须在热力设备停备用期间采取恰当措施，减少停用期间的腐蚀。停用防锈蚀保护方法选用原则如下。

（1）结合机组的参数和类型、给水和炉水处理方式、停（备）用时间的长短和性质综合考虑，选择可操作性强和经济性高的保养方法。

1）机组的参数和类型。

① 机组的类别。对于锅炉来讲，直流炉对水质要求高，只能采用挥发性的药品保护，如联氨和氨或充氮保护。汽包炉则根据锅炉参数不同，既可以使用挥发性药剂，也可以使用非挥发性药剂。

② 机组的参数。中低压参数的机组因对水质要求较低，可以使用磷酸钠作为缓蚀剂。高参数机组因对水质要求高，需使用联氨和氨作为缓蚀剂；同时，高参数机组的水汽系统结构复杂，机组停用放水后，有些部位容易积水，不宜采用干燥剂法。

③ 过热器的结构。立式过热器的底部容易积水，如果不能将过热器存水吹净和烘干，则不宜使用干燥剂法。

2）停用时间的长短。停用时间不同，所选用的方法也不同。对于热备用锅炉，必须考虑设备能够随时投入运行，这样要求所采用的方法既不能排掉炉水，也不宜改变炉水的成分，以免延误投入运行时间，一般采用保持蒸汽压力法；对于短期停用的机组，要求短期保护以后能投入运行，锅炉一般采用湿法保护，其他热力设备既可以采用湿法保护，也可以采用干法保护；对于长期停用的机组，不需考虑短期投入运行的问题，要求所采用的保护方法防腐作用持久，一般放水保护，比如采用干风干燥法、充氮保养等。

3）现场的条件。选择保护方法时，要考虑保护方法的现实可能性。如机组检修期间，由于无法保证系统的密闭性，因此不能使用充氮法进行保养。

（2）采用的防锈蚀保护方法不应影响机组启动、运行时汽水品质和机组运行期间热力系统形成的保护膜。

（3）机组停用保护方法应与机组运行所采用的给水处理工艺兼容，不应影响凝结水精处理设备的正常投运。

（4）当采用新型有机胺碱化剂、缓蚀剂进行停用保养时，应经过试验确定药品浓度和工艺参数，避免药品腐蚀和污染热力设备。

（5）其他应该考虑因素：

1）保护方法产生的废液应符合相关标准及当地环保部门的要求；

2）所采用的保护方法不影响热力设备的检修工作和检修人员的安全。

8.3 锅炉停用保护

8.3.1 水汽侧停用保护方法

8.3.1.1 保持蒸汽压力法

保持蒸汽压力法是指处于热备用状态的锅炉，利用炉膛余热、引入邻炉蒸汽加热或间断点火的方式，保持锅炉内蒸汽压力在 $0.4 \sim 0.6 MPa$，防止空气进入锅炉。这种方法适用于因临时小故障停机或负荷需求经常开停的机组，因为锅炉必须随时投入运行，所以不能放水，也不允许改变炉水成分。保护期间，应定期监督锅炉水的水质。

8.3.1.2 保持给水压力法

保持给水压力法是指当锅炉停用后，采用合格的给水充满锅炉，使炉内保持一定的给水压力和溢流量，从而防止空气进入。保护时锅炉压力一般控制在 $0.5 \sim 1.0 MPa$，并使给水从饱和蒸汽取样器处溢流，溢流量控制在 $50 \sim 200 L/h$ 范围。

保护期间应保持系统严密性，定期检查锅炉给水压力和给水品质，定期分析水中溶解氧的含量，如发现含氧量超过允许的标准，应立刻采取措施，使其符合要求。该保养方法操作简单、启动方便，适合于锅炉热备用的短期保养。

采用磷酸盐处理的汽包锅炉，要置换炉水直到炉水磷酸盐浓度小于 $1mg/L$，直流锅炉应加大给水加氨量提高给水 pH 值到 $9.4 \sim 9.6$。

8.3.1.3 充氮保护法

实施充氮保护法时可以将锅炉水汽系统的水放掉，也可以不放水。具体操作为当锅炉压力降至 0.5MPa 时，开始向锅炉充氮。对于不放水的锅炉，在锅炉冷却和保护过程中，保持氮气压力在 0.03~0.05MPa；对于放水锅炉，充氮排水同时进行，在排水和保护过程中，保持氮气压力在 0.01~0.03MPa。充氮期间，应保持系统的严密性，并定期检查系统内氮气压力，防止空气进入。在满水充氮时，应加入一定量的联氨和氨，调节炉水的 pH 值到 10 以上。

充氮保护法是一种简易、可靠的保养方法，适用于各种参数、各种结构的锅炉停炉保护，高参数、大容量机组可以普遍采用。该法既可用于短期停用的锅炉，又可用于长期停用、冷备用以及封存的锅炉。但由于充氮保护法所需的氮气量较大且对锅炉的密封性要求较高，因此实际保养中较少应用。

8.3.1.4 充氨保护法

充氨保护法是向停用锅炉的水汽系统中充入氨气，排出系统内部空气，降低氧的分压，使金属表面水膜中的含氧量下降。同时，氨可以溶解在水膜中，使水膜呈碱性，起到对钢铁的保护作用。

进行充氨保护时，应注意以下问题。

（1）充氨前，尽可能使锅炉内部干燥，并保持各部分阀门完好，以保证水汽系统严密性。与运行系统的连接部分应加装堵板，并拆除铜及铜合金部件。

（2）由于氨比空气轻，因此加氨时应将锅炉水汽系统分成若干个回路，从锅炉顶部冲入氨气，空气从下部排出。充氨时，当空气排出口出现强烈的氨气味时，关闭排气门，继续充氨升压，直至达到规定压力为止。另外，液氨汽化时需要吸收大量热量，因此充氨速度不宜太快，以免管壁产生结霜现象。

（3）锅炉上部应安装压力计，以监视炉内压力。炉内充氨后，应加强炉内压力及浓度的监督，使之达到并维持在规定值 [炉内气体含氨量（体积分数）大于 30%]。如发现炉内压力显著下降，应迅速查出原因，再进行补氨操作。待炉内压力稳定后，在锅炉下部取样测定氨的浓度，达到要求后再转入正常维护监督。

（4）可用湿润的红色石蕊试纸（由红变蓝），或用蘸有浓盐酸的棉球（会出现白烟），进行氨气泄漏部位的检查。

（5）含有 16%~25%（体积分数）氨的空气，遇明火有发生爆炸的危险，因此，在任何情况下，炉内的氨气不得向室内排放。在充氨的锅炉或贮存液态氨的容器周围 10m 范围内，严禁一切明火作业。

充氨保护法对停用的锅炉具有良好的保护作用，但安保条件要求严格，应用较少。

8.3.1.5　干燥剂法

以汽包炉为例，通常先将干燥剂分盛于几个搪瓷盘中，沿长度方向均匀放入汽包、联箱内部，然后立即封闭汽包、联箱和所有阀门，锅炉即进入保护期。经 7~10d 以后，打开汽包检查干燥剂情况，如已失效则更换。以后每隔一定时期（一般为 1 个月）检查和更换失效的干燥剂。用氯化钙时，要防止因吸湿溢出，造成锅炉的腐蚀。

干燥剂法防腐保护效果良好，但只适用于结构简单、容量小的中低压锅炉和汽轮机的保护。高参数锅炉结构复杂，锅炉内各部分的水不容易完全放尽，采用该法达不到理想的防腐效果。

8.3.1.6　热炉放水（负压）余热烘干法

停炉后，迅速关闭锅炉各风门、挡板，封闭炉膛，防止热量过快散失。固态排渣汽包锅炉，当汽包压力降至 0.6~1.6MPa 时，迅速放尽炉水；固态排渣直流锅炉，在分离器压力降至 1.6~3.0MPa，对应进水温度下降到 201~334℃ 时，迅速放尽炉内存水；液态排渣锅炉可根据锅炉制造厂要求执行热炉带压放水。

放水过程中应全开空气门、排汽门和放水门，自然通风排出炉内湿气，直至炉内空气相对湿度达到 60% 或等于环境相对湿度，关闭空气门、排汽门和放水门，封闭锅炉。如果自然通风条件下无法降至要求湿度，可在放尽炉内存水后，立即关闭空气门、排汽门和放水门，打开一、二级启动旁路，利用凝汽器抽真空系统对锅炉再热器、过热器和锅炉水冷系统进行抽真空使炉内空气相对湿度降到 60% 或等于环境相对湿度。

选用热炉放水余热烘干法的要点是：注意排水的温度和时间，以保证锅炉的余热能将锅炉烘干，同时应避免因为温差变化过大使锅炉金属结构强度受到破坏。这种方法主要适用于停炉期空气比较干燥的地区，如果在雨季停炉或该地区空气湿度大，锅炉会产生结露并引起腐蚀，此时必须采取补充措施。当锅炉结构比较简单、锅炉能够完全烘干且保养周期小于 3 个月时，可选用热炉放水余热烘干法。

为了补充炉膛余热的不足，可以将正在运行的邻炉热风引入炉膛，进一步烘干受热面，直至锅炉内空气湿度低于 60%。这种方法适用于锅炉冷备用或者需大、小修的场合。

8.3.1.7　氨水碱化烘干法

给水采用加氨处理（AVT(O)）和加氧处理（OT）的机组，在机组停机前 4h，停止给水加氧，加大给水氨的加入量，提高系统 pH 值至 9.6~10.5，然后热炉放水，余热烘干。这种方法适用于锅炉冷备用和需大、小修的机组的保护。

8.3.1.8　干（热）风干燥法

当余热烘干法不能保证锅炉、汽轮机内湿度满足保养要求时，可在热炉放水后，将常温空气通过除湿设备除去空气中湿分，将产生的常温干燥空气（干风）通入热力设备，置换热力设备中的残留水分，使热力设备表面干燥而得到保护。

热风干燥法是在放水结束后，启动专门正压吹干装置将 $180 \sim 200℃$ 脱水、脱油、滤尘的压缩空气，按照系统依次吹干再热器、过热器、水冷系统和省煤器。监督各排气点空气相对湿度，相对湿度小于腐蚀临界湿度为合格。锅炉短期停用时，停炉吹干即可；长期停用时，一般每周启动正压吹干装置一次，维持受热面内相对湿度小于腐蚀临界湿度。与干风干燥法相比，热风干燥法所消耗的能量要多。

干（热）风干燥法需要额外增加干（热）风设备，并要求每台机组预留专门的通干（热）风接口，初期建设成本较高，但具有保养周期长、适用范围广、效果优良的特点，适用于保养周期大于一个月的热力设备保养。

8.3.1.9　氨-联氨保护法

氨-联氨保护法是用一定浓度和 pH 值的联氨（N_2H_4）水溶液充满锅炉进行保护。锅炉停运后，先将炉内存水放尽，再充入一定浓度的联氨，并用氨调节给水 pH 值至 $10.0 \sim 10.5$。联氨在水中的作用可见 7.2 节，在采用联氨-氨法保护时，由于实施温度为室温，因此联氨的主要作用不是与氧反应除去氧，而是主要通过吸附或作为阳极型缓蚀剂使金属表面钝化。联氨的使用量必须足够，用量不足反而会加速腐蚀。此法适用于冷态备用、长期停用或封存锅炉的保护，在保护期内，应定期检查水中的联氨浓度与 pH 值。

应用氨-联氨保护法的锅炉再次启动时，应先将联氨-氨液排放干净，并彻底冲洗。锅炉点火后，应先排气至蒸汽中氨含量小于 $2mg/kg$，以免氨浓度过大而腐蚀系统中的含铜设备。废弃的联氨-氨保护液，需进行适当的处理后才可对外排放，以防止对环境造成污染。

由于联氨有毒，除了在配药时要做好一定的防护工作外，采用氨-联氨保护法的锅炉，当启动或转入检修时，都必须先排净保护液，并用水冲洗干净，使锅炉水中的联氨含量小于规定值。

也有研究表明，联氨在 pH 值不高于 10.0 的水中，通过其在阳极表面的吸附，可以起到阳极型缓蚀剂的作用；而当 pH 值升高至 10.5 及以上时，碳钢表面可以自行发生钝化生成致密 Fe_2O_3 膜，但此时联氨的存在却抑制了 Fe_2O_3 钝化膜的形成，反而使碳钢的耐蚀性下降。因此，在 pH 值达到 10.5 及以上的水环境中，不应采用氨-联氨法进行保护，而是直接采用氨法保护。

8.3.1.10　气相缓蚀剂保护法

锅炉停运后，迅速放尽锅炉内存水，利用炉膛余热烘干锅炉受热面。当锅炉内空气相对湿度小于90%时，采用专用设备向锅炉内充入气化的气相缓蚀剂。气相缓蚀剂达到要求浓度后，封闭锅炉。

气相缓蚀剂应从锅炉底部的放水管或疏水管充入，使其自下而上逐渐充满整个锅炉。充入气相缓蚀剂时，可利用凝汽器真空系统或辅助抽气措施对过热器和再热器抽气，并使抽气量和进气量保持基本一致。充入气相缓蚀剂前，应先用温度不低于 50℃ 的热风经气化器旁路对充气管进行暖管，避免气相缓蚀剂遇冷析出，造成堵管。

8.3.1.11　十八烷基胺保护法（ODA）

确定使用前，应充分考虑十八烷基胺及其分解产物对机组运行水汽品质、精处理树脂可能造成的影响。给水采用加氧处理的机组不应使用十八烷基胺保护法。

以汽包炉为例，采用十八烷基胺进行停炉保护时，可以通过以下步骤进行。

（1）加药前准备工作。准备好一定量的 ODA 药液，加药泵处于良好运行状态。加药开始前停运并隔离氨泵、磷酸盐泵、联氨泵等加药泵，停运并关闭隔离钠表、磷表、硅表、溶氧表等在线化学仪表。有凝结水精处理系统的机组，在加药前应解列凝结水精处理系统。

（2）加药应在主蒸汽温度接近 450℃ 时开始，2~3h 后再打闸停机；给水流量在 300t/h 左右，停炉前 2~3h，开始加药。加药过程中，汽包继续维持低水位，加药完毕后，系统尽量不再补充除盐水。

（3）十八胺停炉保护液控制在 1h 左右加完，药液加完后用水冲洗药箱、药泵及加药管道 10min。机组应在加药完毕后 120min 左右停机，关闭汽机的主蒸汽门。

（4）加药开始后对给水、炉水、过热蒸汽、凝结水的 pH 值、电导率进行记录，每 5min 一次，如发现电导率、pH 值显著异常，应立即取样人工复测。

对给水、过热蒸汽、炉水、凝结水自加药开始每 15min 取一次样测定十八烷基胺浓度。记录保护期间锅炉运行参数（给水流量、负荷、主蒸汽温度），每 5min 记录一次。

（5）停炉后，热力系统尽量不再补充除盐水。锅炉、凝汽器、除氧器按原规程规定进行热炉放水，记录各设备放水时间、温度、压力。

（6）加药完毕后，取样管道及 pH 表、电导率表管道不要关闭，冲洗至热炉放水完全后关闭。

实施十八烷基胺保护过程中，应保证炉水或分离器出水 pH 值大于 9.0，如果预计成膜胺会造成 pH 值降低，汽包锅炉应提前向炉水加入适量的氢氧化钠，直流锅炉应提前加大给水加氨量，提高 pH 值至 9.2~9.6。

采用十八烷基胺进行停用保护，停机和启动过程中给水、炉水、蒸汽的氢电导率会出现异常升高现象；停机和启动过程中热力系统含铁量有时会升高，可能会发生热力系统取样和仪表管堵塞现象。

采用十八烷基胺保护的机组启动时，只有确认凝结水不含成膜胺后，方可投运凝结水精除盐设备，避免十八烷基胺对精处理树脂产生破坏；凝结水只有在确认不含成膜胺后，才能作为发电机冷却水的补充水；应放空凝汽器热井；在汽轮机冲转后应加强凝结水的排放。

以某 200MW 机组和启动锅炉上用十八烷基胺进行停炉保护为例，机组经十八烷基胺保护后，对停炉 3 个月的割管管样进行交流阻抗、恒电位阶跃及极化曲线测定，结果显示保护后管样的阻抗值增大 1 个数量级以上，恒电位阶跃和极化曲线测得的稳定电流和极化电流也下降了 1~2 个数量级，说明保护后管样耐蚀性大大提高；启动锅炉割管管样经十八烷基胺保护后阻抗值增大了 3 个数量级。

8.3.1.12　表面活性胺

表面活性胺加药保护过程中，在线化学仪表的电导率表、氢电导率表和 pH 表应正常投运，其他在线仪表可停运，凝结水精除盐旁路。具体实施方法如下：

（1）停炉前 4h，炉水停止加磷酸盐和氢氧化钠，给水停止加氧，加大凝结水泵出口氨的加入量，使给水 pH 值大于 10.0；

（2）在机组滑参数停机过程中，主蒸汽温度降至 450℃ 以下时，利用正式系统的凝结水、给水加药装置将表面活性胺加入给水中；

（3）按使用要求控制加药剂量和加药时间，确保表面活性胺在水汽系统均匀分布，并有充分时间在设备表面形成保护膜；

（4）针对直接空冷凝汽器的保护，可利用系统负压，通过排汽管道上的压力测量点，将表面活性胺溶液加热到 80℃ 后，吸入到空冷系统，以提高对直接空冷凝汽器的保护效果；

（5）锅炉停运后，按规定放尽炉内存水，并利用凝汽器抽真空系统对再热器、过热器抽真空 4~6h。

8.3.2　烟气侧停用保护方法

锅炉烟气侧的停用保护，主要是保持烟气侧金属表面的清洁与干燥，具体可以采取以下措施：

（1）燃煤锅炉停运前，应对所有的受热面进行一次全面、彻底的吹灰；

（2）锅炉停运冷却后，应及时对炉膛进行吹扫、通风，彻底排除残余的烟气；

（3）锅炉长期停用时，应清除烟道内受热面的积灰，防止在受热面堆积的积灰因吸收空气中的水分而产生酸性腐蚀；

（4）积灰清除后，应采取措施保持受热面金属的温度在露点温度以上；

（5）海滨电厂和联合循环余热锅炉长期停用时，可安装干风系统对炉膛进行干燥。

8.4　其他设备的停用保护

8.4.1　汽轮机停用保护

汽轮机在停用期间多采用干法保护，保护方法的选择主要考虑除湿与除氧。

8.4.1.1　短期保护方法

机组停用时间在一周之内的短期保护，主要是采取防止空气进入汽轮机的措施。根据凝汽器真空能否维持，可采用不同的方法。

凝汽器真空能维持的机组停用时，维持凝汽器汽侧真空度，提供汽轮机轴封蒸汽，防止空气进入汽轮机。

凝汽器真空不能维持的机组停用时，应隔绝一切可能进入汽轮机内部的汽、水，并开启汽轮机本体疏水阀；隔绝与公用系统连接的有关汽水阀门，并放尽其内部剩余的汽水。冬季北方机组停运时，要有可靠的防冻措施。

8.4.1.2　中长期保护方法

停用时间超过一周的机组，需采用中长期保护方法，主要是采取除湿干燥的方法，控制汽轮机内相对湿度小于60%；也可以采用充氮或除氧等方法。

（1）压缩空气法，即汽轮机快冷装置保护法。汽轮机停止进汽后，加强汽轮机本体疏水排放，当汽缸温度降低至允许通热风时，启动汽轮机快冷装置，从汽轮机高、中、低压缸注入点向汽缸通入一定量的热压缩空气，加快汽缸冷却，并保持汽缸干燥。注入汽缸内的压缩空气经过轴封装置，从高、中压缸调节阀的疏水管，汽轮机本体疏水管，以及凝汽器汽侧人孔和放水门排出。

保护期间应定期检测汽轮机排出空气的相对湿度，应不大于60%。所使用的压缩空气杂质含量小于$1mg/m^3$，含油量小于$2mg/m^3$，相对湿度小于30%。汽轮机压缩空气充入点应装有滤网。

（2）热风干燥法。机组停机后，按规程要求关闭与汽轮机本体有关的汽水管道上的阀门，阀门不严时，应加装堵板，防止汽水进入汽轮机；开启各抽汽管道、疏水管道和进汽管道上的疏水门，将与汽轮机本体连通管道内的余汽、存水或疏水，以及凝汽器热水井和凝结水泵入口管道内的存水放空。当汽缸壁温度降至80℃以下时，从汽缸顶部的导汽管或低压缸的抽汽管向汽缸送入温度为50~80℃的热风，使汽缸内保持干燥。热风流经汽缸内各部件表面后，从轴封、真空破坏门、凝汽器人孔门等处排出。当排出热风湿度低于50%（室温）时，停止送入热风，在汽缸内放入干燥剂，并封闭汽轮机本体；如不放干燥剂，则应保持排气处空气的温度高于周围环境温度（室温）5℃。

干燥过程中，应定时测定汽缸排出气体的相对湿度，并通过调整送入热风风量和温度来控制由汽缸排出空气的相对湿度，使之尽快符合控制标准。

（3）干风干燥法。机组停机后，按规程规定关闭与汽轮机本体有关的汽水管道上的阀门，阀门不严时，应加装堵板，防止汽水进入汽轮机；开启各抽汽管道、疏水管道和进汽管道上的疏水门，将汽轮机本体及相关管道、设备内的余汽、积水或疏水，以及凝汽器热水井和凝结水泵入口管道内的存水放尽。当汽缸壁温度降至 100℃ 以下时，向汽缸内通入干风，使汽缸内保持干燥。控制汽轮机排出口空气的相对湿度为 30%~50%。

在干燥和保护过程中，应定时测定汽缸排出气体的相对湿度，当相对湿度超过 50% 时启动除湿机除湿，使相对湿度达到控制要求。

（4）干燥剂保护法。对于停运后的汽轮机，先按规程对汽轮机进行热风干燥，当汽轮机排气的相对湿度达到 50% 时，停止送热风，按 $2kg/m^3$ 的量将纱布袋包装的变色硅胶从排汽缸安全门放入凝汽器的上部，然后封闭汽轮机，使汽缸内保持干燥状态。

本法适用于周围环境湿度较低（大气湿度不高于 60%）、汽缸内无积水的封存汽轮机防腐蚀保护。保护期间应定期检查硅胶的吸湿情况，发现硅胶变色失效时要及时更换。

（5）氮气保护法。向汽轮机内通入氮气，置换系统内的空气，将氧气含量控制在一定范围，达到保护汽轮机内金属材料的目的。

8.4.2 凝汽器停用保护

8.4.2.1 凝汽器汽侧

凝汽器汽侧的保护与汽轮机相似，短期保护主要是防止空气进入，长期保护则主要是控制系统内相对湿度，保持系统内干燥。

凝汽器汽侧短期（一周之内）停用时，应保持真空，防止空气进入。不能保持真空时，应放尽热井积水，并保持干燥。

长期停用时，应放尽热井积水，隔离可能的疏水，并清理热井及底部的腐蚀产物和杂物，然后用压缩空气吹干，或将其纳入汽轮机干风保护系统之中。

8.4.2.2 凝汽器水侧

短期停用（3d 以内）时，凝汽器循环水侧宜保持运行状态，当水室有检修工作时可将凝汽器排空，并打开人孔门，保持自然通风状态。

停用时间较长（3d 以上）时，宜将凝汽器排空，清理金属表面附着物，并保持通风干燥状态。

在循环水泵停运之前，应投运凝汽器胶球清洗装置，清洗凝汽器冷却管，使停用期间冷却管表面保持清洁状态。在夏季，循环水泵停运前 8h，应进行一次杀菌灭藻处理。

8.4.3   高压加热器停用保护

高压加热器停用保护，可以采用以下方法。

（1）充氮法。高压加热器停运后，其水侧和汽侧均可用充氮保护，对需要放水的系统在保护过程中维持氮气压力在 0.01~0.03MPa 范围内；对不需要放水的系统维持氮气压力在 0.03~0.05MPa 范围内，以阻止空气进入。

（2）氨-联氨法。同锅炉系统的氨-联氨保护法，采用含联氨 30~500mg/L、加氨调节 pH 值在 10.0~10.5 范围的保护液进行保护。为防止空气漏入，高压加热器顶部应采用水封或氮气封闭措施。

（3）氨水法。对于加氨或加氧处理的机组，可以在停运前加大凝结水精处理出口的加氨量，提高给水 pH 值至 9.4~10.0，并在停机后不放水，有条件时向汽侧和水侧充氮密封。

（4）干风干燥法。停用时高压加热器的干风干燥保护与汽轮机的干风干燥保护同时进行。

8.4.4   低压加热器停用保护

对于碳钢和不锈钢低压加热器，停用时的保护方法可参见高压加热器的保护方法。当低压加热器汽侧与汽轮机、凝汽器无法隔离时，因无法充氮或充保护液，其保护方法应纳入汽轮机保护系统中。

对于铜合金低压加热器，停用时水侧应保持还原性环境，以防止铜合金的腐蚀和铜腐蚀产物的转移。采用湿法保护时，可用联氨浓度为 5~10mg/L、pH 值为 8.8~9.3 的水溶液充满低压加热器，同时充氮密封，保持氮气压力在 0.03~0.05MPa 范围内。干法保护时，可参考汽轮机干风干燥法，保持低压加热器汽水侧处于干燥状态，也可以考虑用氮气或压缩空气吹干保护。

8.4.5   除氧器停用保护

短期保护（<7d）时，如果除氧器不需要放水，可以采用热备用保护方法，即向除氧器水箱通入辅助蒸汽，定期启动除氧器循环泵，维持除氧器水温高于 105℃。对于需要放水的短期停运除氧器，可在停运放水前，适当加大凝结水加氨量，提高除氧器内水的 pH 值至 9.5~9.6。

较长时间（>7d）停用保护时，可用充氮保护、水箱充保护液并充氮密封、通干风干燥、高温成膜缓蚀剂等方法保护。具体实施可参见锅炉和汽轮机的停用保护。

8.4.6 热网系统停用保护

8.4.6.1 热网加热器汽侧

（1）热网加热器停止供汽前 4h，提高凝结水出口加氨量，提高给水的 pH 值至 9.5~9.6。

（2）停止供汽后，关闭加热器汽侧进汽门和疏水门，待汽侧压力降至 0.3~0.5MPa 时，开始充入氮气。

（3）需要放水时，微开底部放水门，缓慢排尽存水后，关闭放水门，放水及保护过程中维持氮气压力 0.01~0.03MPa。

（4）当不需要放水时，维持氮气压力 0.03~0.05MPa。

（5）当热网加热器汽侧系统需要检修时，先放水，检修完毕，再实施充氮保护，氮气应从顶部充入、底部排出，待排气的氮气纯度大于 98% 时，关闭排气门，并维持设备内氮气压力 0.01~0.03MPa。

（6）热网加热器汽侧充氮注意事项同高压加热器充氮保护注意事项。

8.4.6.2 热网加热器水侧和热网首站循环水系统

（1）当热网首站循环水补水主要是反渗透产水或软化水时，热网加热器水侧及循环水系统宜采用加氨水、氢氧化钠、磷酸三钠或专用缓蚀剂办法进行停用保护。停止供热前 24~48h，向热网首站循环水加氨水、氢氧化钠、磷酸三钠或缓蚀剂，当加氢氧化钠或磷酸三钠时，pH 值宜大于 10.0。

（2）当热网首站循环水补水是生水或自来水为主时，热网加热器水侧及循环水系统宜采用加专用缓蚀剂办法进行停用保护。停止供热前 24~48h，向热网首站循环水加专用缓蚀剂。

（3）热网加热器水侧不需放水时，宜充满加碱调整 pH 值或缓蚀剂的循环水并辅以充氮密封。热网加热器水侧需要放水检修时，在检修结束后，有充水条件时，水侧宜充满氨水、氢氧化钠、磷酸三钠调整 pH 值大于 10.0 的反渗透或软化水，并辅以充氮密封；无充水条件时，宜实施充氮保护，氮气应从顶部充入、底部排出，待排气氮气的纯度大于 98% 时，关闭排气门，并维持设备内 0.01~0.03MPa。

8.5 核电机组的保护

随着我国核电事业的迅速发展，核电建设中的腐蚀防护日益重要。核电工程复杂，设备和系统多，建造周期长，为了使核电厂设备和系统在长时间的建造、调试期间保持良好的性能，必须在核电厂建造过程中分阶段有计划地安装、调试，并进行专业化的保养，以保证在核电厂投入运行后设备和系统能安全稳定运行。

核电厂安装和调试期间进行保养是保持设备和系统处于良好状态、减小故障发生概率、最大限度地发挥其效能的重要措施之一。安装和调试期间设备的保养并不仅指单体设备的保护，也包括系统调试结束后系统功能的维持，同时要对已结束调试的各种控制和保护系统以及相关辅助系统进行保护。核电机组在安装和调试期间的保养应根据设备技术文件和系统特点结合现场环境采取适当的防护方法。

8.5.1 厂房内大气环境维持

由于核电厂大多建在滨海区域，因此空气中有卤素元素含量较高的海水水汽，在安装和调试阶段核岛内空气环境差、湿度大。如核电厂在安装和调试期间设备闸门不能及时投用，导致不能有效阻止含卤素海水的空气进入安全壳，则会加速大部分设备外表面的腐蚀，同时也可能导致已安装就位但未采取适宜保护措施的主设备产生腐蚀，因此在建造安装期间应尽快投入通风系统。

8.5.2 设备和系统维护保养

维护保养的方式主要有干保养（充氮或通入相对湿度低的干空气）、湿保养（一定浓度联氨溶液等）、定期运行、连续运行以及定期试验等。针对不同的设备和系统提出共性的保养原则，同时应根据设备和系统的特点及现场条件提出相应的方案。

（1）容器类设备的维护保养。容器类设备包括各种容器、热交换器、管道、泵体和阀门阀体等机械设备的盛水部分。调试期间，只要设备、系统符合保护先决条件并预计停用时间超过 1 个月的，应尽快使设备、系统处于良好的保护状态。原则上，碳钢设备采用湿保养，不锈钢设备采用干保养，已生锈的表面应及时除锈并采取合适的保护措施。

湿保养通常采用 pH 值为 10~10.5 的碱性溶液，化学添加剂采用联氨、氨溶液等。所有湿保养应定期对其介质溶液进行取样分析，检查其介质浓度、pH 值是否满足规范要求，超出标准时应进行补充或更换。

对于充氮保养的设备或系统应加强监测，若发现压力降低，及时补充氮气，并采取防止氮气大量泄漏的措施。对于采用固体药剂加气体的干保养应定期对固体药剂进行检查，确认其是否有效并及时予以更换；对室外或室内温度低于零度的充水设备和管道，应采取防冻措施。

（2）机电设备的维护保养。有环境要求的机电设备，应采取措施，保持其周围环境温度、湿度在要求的范围内，避免腐蚀性气体和灰尘的侵入。定期检查和保持设备外表面的清洁和完整，对金属部件裸露部分应采取防锈保护措施（涂抹防锈类油脂等）；转动设备（泵、风机等）采取定期运转的保养方式，若无法进行定期运转，则定期盘车；机电设备的转动或传动部分（变速箱等）需要润滑，应定期检查润滑情况，并根据情况添加或更换润滑剂。

（3）阀门的维护保养。阀门通过排查方式，分系统对阀门的外观完整性、腐蚀情况、润滑性进行检查。检查的内容一般包括阀门各部件是否有可见缺陷，生锈与否，对其表面涂防锈油；检查阀门铅封、盖帽、标牌、阀位指示、气动附件等是否齐全完好；检查螺栓、螺母处是否松动；检查阀杆等传动部件表面是否有污物。

（4）发电机保养。以四级半转速同步发电机为例，其保养分为定子线圈、转子、机壳和定子铁芯三个部分分别开展。

定子线圈的保养要在外部管路冲洗合格、发电机进水循环、电导合格后停运系统再执行。开启定子冷却水最低点的放水阀将发电机内残水排放干净、用压空吹扫干净后关闭。发电机定子冷却水系统水箱及发电机定子线圈内部用氮气覆盖，密封保存，压力保持在 $5 \sim 10 kPa$。要每周检查氮气压力，当氮气压力不足时，及时补充氮气。

发电机转子的保养体现为跟随汽轮机大轴定期进行盘车，大轴停止时保证与原先位置 $180°$ 的翻转即可。

发电机机壳和定子铁芯的保养要通过发电机氢气冷却系统进氢隔离阀向发电机内部连续供给洁净干燥的仪用压缩空气；发电机密封油系统停运，压缩空气通过发电机两端密封排至环境，以保证发电机内部的微正压。

（5）汽轮机及凝汽器的保养。机组长时间停运，在潮湿的环境下汽轮机动静叶片和凝汽器等设备会产生腐蚀现象。腐蚀会随着时间的推移慢慢向着蒸汽发生器迁移，并在机组功率运行期间成为源点继续腐蚀，从而影响机组的正常运行。为了防止该现象的出现，可对汽轮机及凝汽器采用干风保养，通过干燥空气长时间的吹扫以保证金属表面不形成液膜，从而有效地防止重要设备和管道的腐蚀。实施干风保养时，凝汽器要保持无水状态，热井人孔打开并用防护网封闭。具体实施方法可参考火电机组汽轮机及凝汽器的保养。

（6）海水系统的保养。海水系统具有海水腐蚀性强、海水浸泡的沟壁及设备内壁易长海蛎子的特殊性。海水系统的保养可以同时采用"湿保养"和"干保养"两种方式，即保持循环水泵泵壳保养期间均处于海水浸泡状态、凝汽器钛管处于无水状态。从海水进水闸门、海水过滤系统到循环水泵泵体之间均处于海水浸泡状态，可在循环水管沟人孔加次氯酸钠（浓度按 $1 \times 10^{-6} \sim 3 \times 10^{-6}$ 进行调整）；从凝汽器循环水入口至循环水系统海水排出口采用干保养方式。由于海水系统大部分管道和设备都预埋在地下或浸泡在海水中，因此无论是在运行还是保养期间，都必须投运阴极保护系统，定期监测其外加电流并记录。

（7）蒸汽发生器二次侧保养。作为特殊重要设备，蒸汽发生器（SG）在停止工作期间，必须要严格控制其含氧量，以防出现局部腐蚀。

8.5.3　其他要求

（1）在对设备进行维护保养期间应加强对湿保养和干保养的介质化学成分的控制和监督。

（2）加强施工和仓储存放的设备保养管理。

（3）做好维护保养工作的记录，建立好设备档案，强化维护保养工作，同时也为国家核安全局的检查做好准备工作。

（4）加强防异物管理，同时要注意现场化学品的管理，严禁化学品进入设备或系统。

习　　　　题

8-1　热力设备停用腐蚀的影响因素都有哪些？

8-2　热力设备停用腐蚀的特点是什么？

8-3　热力设备停用保护有哪几类方法？分别简述其保护原理。

8-4　干风保养的防腐原理是什么？

8-5　十八胺停炉保养有哪些注意事项？

冷却水系统腐蚀与防护

在发电机组的热力系统中，存在着各种热交换设备，如凝汽器、高压加热器、低压加热器、油冷却器以及一些发电机组中的水内冷系统。这些设备在提高机组发电效率和热利用率、保证发电安全等方面发挥着重要作用。然而这些设备中存在的腐蚀问题也危害着发电机组的运行安全，成为机组出现安全事故的重要原因之一。本章重点介绍凝汽器冷却水系统及发电机内冷水系统的腐蚀与防护。

9.1 凝汽器冷却水系统简介

汽轮机凝汽器是火电厂发电机组重要设备之一，它的功能是冷凝做完功的蒸汽，维持汽轮机排汽真空，同时回收凝结水做锅炉补给水。凝汽器可分为混合式和表面式两种形式，发电厂主要采用表面式凝汽器。表面式凝汽器结构和工作流程如图 9-1 所示。凝汽器的外壳通常呈圆柱形或椭圆形，外壳两端是水室端盖 2 和回流水室端盖 3，水室内另一端是管板 4，冷却管全装在管板上。凝汽器内部空间被冷却管分隔成蒸汽空间（汽侧）和冷却水空间（水侧）。运行时由汽轮机

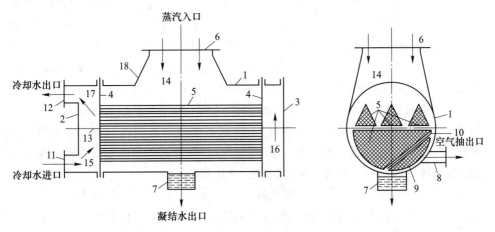

图 9-1 表面式凝汽器结构和工作流程

1—外壳；2—水室端盖；3—回流水室端盖；4—管板；5—冷却水管；6—蒸汽入口；7—热井；
8—空气抽出口；9—空气冷却区；10—空气冷却区挡板；11—冷却水进水管；
12—冷却水出口管；13—水室隔板；14—凝汽器汽侧空间；15～17—水室；18—喉部

排出的蒸汽进入凝汽器冷却管间，冷却水则从冷却管内流过，带走蒸汽的凝结热，冷凝下来的水被凝结水泵排走。

凝汽器冷却管在运行中的腐蚀损坏已成为影响高参数大容量发电机组安全运行的主要因素之一。据统计，国外大型锅炉的腐蚀损坏事故中，约有30%由凝汽器的腐蚀损坏引起，我国的比例更高。凝汽器冷却管腐蚀损坏的直接危害，除了造成凝汽器冷却管的直接损失外，更重要的是凝汽器泄漏带来的危害。大型锅炉的给水水质电导率低、缓冲性小，一旦凝汽器冷却管发生腐蚀泄漏，使高含盐量的冷却水漏入凝结水，恶化凝结水质，将导致水汽侧炉前系统、锅炉、汽轮机的腐蚀与结垢。对于采用海水冷却的凝汽器，泄漏的危害性更大，严重时可使锅炉炉管在短时间内，如几小时内即严重损坏。

凝汽器管的损坏后果很严重，常迫使机组降低负荷，甚至被迫停机。多年来，人们在凝汽器的设计、合理管材、提高管材耐蚀性能、冷却水处理以及防止腐蚀的措施等方面做了大量研究，取得了不小进步。但随着机组容量的增大，凝汽器也越来越大，凝汽器中安装的冷却管数量也越来越多。例如一台300MW直流锅炉发电机组的凝汽器装有 $\phi20mm \times 1mm \times 11000mm$ 的铜管约21000余根，这样发生泄漏事故的可能性就显著增加。

9.1.1　冷却水系统水源及特点

以水作为冷却介质的热交换系统被称为冷却水系统，通常有直流冷却水系统和循环冷却水系统两种类型。冷却水一般直接取自江、河、湖、海、水库等地表水，也有使用地下水或再生水的。出于节水和减排的需要，以淡水为水源的几乎均采用循环冷却水系统。以海水为水源的多采用直流冷却水系统，但当排水口海水温升超过限值而产生严重热污染时，也要求采用循环冷却水系统。

循环冷却水系统有（封）闭式和（敞）开式两种形式。闭式循环冷却水系统如图9-2所示，在循环过程中水量损失很小，水中各种离子含量一般不发生明显变化，水的再冷却在另外一个换热设备中完成，因此不易产生微生物、结垢等现象。开式循环冷却水系统如图9-3所示，运行时冷却水经过循环水泵到达凝汽器进行热交换，随后热水进入冷却塔中进行冷却降温，在此过程中冷却水不断浓缩，使系统出现结垢、腐蚀和微生物滋长等现象。

水作为冷却介质具有化学稳定性好、不易分解、热容量大等优点，在常温下也不会产生明显的膨胀或压缩。水的沸点较高，通常情况下在换热器中不致汽化。同时水的来源较广泛，流动性好，易于输送和分配，相对来说价格也较低。

作为冷却水的水质，虽然不像锅炉用水那样对各项指标有严格的控制，但为了保证稳定生产、设备能长周期运转，对冷却水水质的基本要求主要如下。

（1）水温低。冷却水温度越低，冷却效果越好，用水量也可相应减少。

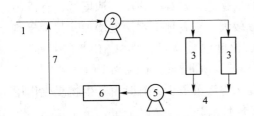

图 9-2 闭式循环冷却水系统
1—冷却水；2—冷却水泵；3—换热器；4—热水；
5—热水泵；6—冷却器；7—冷水

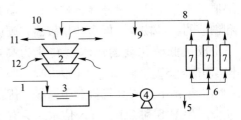

图 9-3 开式循环冷却水系统
1—补充水；2—冷却塔；3—冷水池；4—循环水泵；
5—渗漏水；6—冷却水；7—换热器；8—热水；
9—排污水；10—蒸发损失；11—风吹损失；12—空气

（2）水的浊度小。水中悬浮物带入冷却水系统，沉积在换热面会影响热交换效率，甚至堵塞管道。浊度过高还会促进金属的磨损腐蚀。

（3）硬度、碱度低，不易结垢。传热面水垢的形成降低热交换效率，影响发电能耗。

（4）水质对金属设备的侵蚀性小。

（5）水质不易滋生菌藻。菌藻繁殖形成大量黏泥污垢，影响传热，严重时导致管道堵塞并造成微生物腐蚀。

9.1.1.1 冷却水主要水源

我国幅员辽阔，不同地区、不同水源的水质千差万别，冷却水中杂质成分及含量也各不相同。冷却水水源主要有以下几方面。

（1）江河水。江河是降水经地面径流汇集而成的，流域面积十分广阔，又是敞开流动的水体，其水质受地区、气候、生物和人类活动的影响有较大的变化。河流广泛接触岩石土壤，不同地区土壤的矿物组成决定着河流的基本化学成分。此外，河流水因混有泥沙等悬浮物质而呈现一定浑浊度。水的温度则与季节、气候直接有关。

河流中主要离子成分构成的含盐量，一般在 $100 \sim 200mg/L$，不超过 $500mg/L$，但个别河流也可达 $30000mg/L$ 以上。一般河流的阳离子中，$[Ca^{2+}]>[Na^+]$，阴离子中 $[HCO_3^-]>[SO_4^{2-}]>[Cl^-]$。

（2）湖泊和水库水。湖泊由河流及地下水补给而成，它的水质与补给水水质、气候、地质及生物等条件密切相关，同时流入和排出的水量、日照、蒸发强度等也影响湖水的水质。水库实际上是一种人造湖，其水质也与来源水水质、地质特点有关。通常取淡水湖和低度咸水湖作水源，其水质组成与内陆淡水河流相似。

（3）地下水。地下水由降水经过土壤地层的渗流而形成。地下水按其深度可分为表层水、层间水和深层水。通常作为水源使用的地下水均属层间水，即中层地下水。这种水受外界影响小，水质组成稳定，水温变化小，浊度低，有机物和细菌的含量较少，但含盐量较高，硬度较大。随着地下水深度增加，其主要离子组成从低矿化度的淡水型转化为高矿化度的咸水型，即从 $[Ca^{2+}] > [Na^+]$、$[HCO_3^-] > [SO_4^{2-}] > [Cl^-]$ 转化为 $[Na^+] > [Ca^{2+}]$、$[Cl^-]$ 或 $[SO_4^{2-}] > [HCO_3^-]$。

由于地下水与大气接触不通畅，因此水中溶解氧少，有时由于生物氧化作用还会产生 H_2S 和 CO_2。H_2S 使水质具有还原性。

（4）再生水。我国淡水资源匮乏，人均水资源低。随着工业的发展和人们生活水平的提高，水资源短缺现象愈加突出。为了实现水资源可持续利用，保障经济社会可持续发展，缓解水资源紧张的矛盾，不少电厂已使用再生水作为冷却水。再生水是一种回用的污水，是指污水（如城市污水）经过适当处理后、达到规定的水质标准、可在一定范围内使用的非饮用水。

（5）海水。一些滨海电厂直接用海水作为冷却水水源，这些电厂多数采用了直流式冷却水系统。为了减少热污染，也有电厂采用了海水循环水系统。

从冷却水水源来看，我国不同地区、不同性质的水源，水质差别很大。同是江河水的闽江、黑龙江等含盐量低（<100mg/L），各种离子浓度均小，而塔里木河河水的含盐量高达 30000mg/L 以上，各种离子浓度比其他江河水高几十甚至上千倍，侵蚀性的 Cl^- 浓度达到 14000mg/L。同样，不同地区的井水也有较大差别，一般缺水地区、沿海地区的井水含盐量大，Cl^- 浓度也高。回用城市污水的水质与地表水、地下水又有很大不同。城市污水中有机物含量高，存在一定的微生物，使之含有一定浓度的有机物分解产物如 NH_3、NO_2^-、NO_3^- 以及微生物作用（如硫酸盐还原菌对 SO_4^{2-} 的作用）产生的硫离子，同时 Cl^-、SO_4^{2-} 和含盐量都较高。

9.1.1.2 发电厂凝汽器冷却水系统特点

与其他工业冷却水系统相比较，发电厂冷却水系统具有以下特点。

（1）冷却水量大。某台 660MW 超超临界燃煤发电机组的循环冷却水量达到 70310m³/h。对于开式循环冷却系统，若控制浓缩倍数为 6，则补充水量约为 1156m³/h。

（2）冷却系统简单，换热器数量少。一台发电机组一般只有一台凝汽器，以及若干台冷油器、冷风器。换热器的形式只有管程一种，但换热管数量庞大。

（3）冷却水温较低。凝汽器循环冷却水温随季节变化，一般为 10~45℃。

（4）对凝汽器冷却管的耐蚀性能要求高。相对凝结水、炉水而言，冷却水含盐量大、杂质多，一旦凝汽器管发生腐蚀泄漏，冷却水将向汽侧（凝结水侧）泄漏，造成凝结水和给水污染。发电机组的腐蚀、结垢、积盐多与凝汽器泄漏有关。

凝汽器的腐蚀损坏除了与凝汽器管材自身耐蚀性能有关外，与冷却水水质有很大关系。冷却水中的侵蚀性物质如氯离子、溶解氧、硫化物等浓度、水的 pH 值、水中微生物等均可影响凝汽器中金属材料的耐蚀性能。

9.1.2 发电厂凝汽器冷却管的常用材料

发电厂凝汽器用冷却管管材主要有铜合金、不锈钢和工业纯钛三大类。

9.1.2.1 铜合金

铜合金具有优良的导热性、良好的塑性和必要的强度，同时易于机械加工，价格也不太昂贵，在一般的淡水环境中耐蚀性能较好，因而在热交换器中使用较多。电厂凝汽器中使用的铜合金主要是黄铜和白铜。

A 黄铜

黄铜是以铜和锌元素为主要成分的合金。根据化学成分的不同，黄铜又分为普通黄铜和特殊黄铜两大类。

普通黄铜是指仅含铜和锌的合金。根据锌含量的不同，黄铜具有六种固溶体，随锌含量的增加依次为 α、β、γ、δ、ε、η 相，其中能作为结构材料使用的只有 α 和 α+β 相黄铜，用作凝汽器和低压加热器传热管材的一般为 α 相黄铜。在 300~700℃ 的温度范围内，α 相黄铜的力学性能会变脆，因此其通常不用于高温介质中。普通黄铜具有一定的耐蚀性能，但随着锌含量增加，其发生应力腐蚀破裂和脱锌腐蚀的倾向明显增大。锌含量小于 20% 的黄铜，在自然环境中一般不发生应力腐蚀破裂，脱锌腐蚀倾向小。

在普通黄铜中再加入少量的铝、锰、锡、硅、铁、铅、砷、硼等其他合金元素后，制成的黄铜称为特殊黄铜。添加这些合金元素是为了提高黄铜的力学性能和耐腐蚀性能，有的还可增强耐磨性能。例如，加入少量的锰、铁、铝元素可提高黄铜的强度；添加铝、铁、锡、锰、砷等可提高耐腐蚀和耐磨性能。目前发电厂凝汽器中使用的黄铜大多数为含铜 70%、锌 29%、锡 1% 的锡黄铜管（俗称海军黄铜管），牌号为 HSn70-1。为了进一步提高耐蚀性能，还可在锡黄铜中添加微量的砷或硼，制成加砷锡黄铜和加硼锡黄铜，牌号分别为 HSn70-1A（加砷锡黄铜）、HSn70-1B（加硼锡黄铜）。另外也有使用含铜 77%、锌 21%、铝 2% 和微量砷的铝黄铜 HAl77-2A，以及含铜 68%、锌 32% 和微量砷的普通黄铜 H68A。

B 白铜

白铜是主要含铜和镍元素的合金。当镍含量高时，材料常呈银白色金属光泽，故一般称为白铜。凝汽器用白铜管的常见牌号有 BFe10-1-1(B10) 和 BFe30-1-1(B30)，分别含铜 90% 和 70%。白铜中镍和钴元素常合并计算，此外还含有一定量的铁和锰，但不影响白铜的耐蚀性能。白铜在含盐量较高的水中耐蚀性能较强，尤其在海水中性能较稳定，耐氨腐蚀的性能也优于黄铜。

常用黄铜管和白铜管的化学成分见表9-1和表9-2。

表9-1 常用黄铜管的化学成分（质量分数） （%）

牌号	合金元素						杂质元素		
	Cu	Al	Sn	As	B	Zn	Fe	Pb	杂质总和
H68A	67.0~70.0	—	—	0.03~0.06	—	余量	0.10	0.03	0.3
HSn70-1A	69.0~71.0	—	0.8~1.3	0.03~0.06	—	余量	0.10	0.05	0.3
HSn70-1AB	69.0~71.0	—	0.8~1.3	0.03~0.06	0.0015~0.02	余量	0.10	0.05	0.3
HAl77-2A	76.0~79.0	1.8~2.5	—	0.02~0.06	—	余量	0.06	0.07	0.6

注：表中所列成分除标明范围外，其余均为最大值。

表9-2 常用白铜管的化学成分（质量分数） （%）

牌号	合金元素				杂质元素							杂质总和
	Cu	Ni+Co	Fe	Mn	Pb	P	S	C	Si	Zn	Sn	
BFe30-1-1	余量	29.0~32.0	0.5~1.0	0.5~1.2	0.02	0.006	0.01	0.05	0.15	0.3	0.03	0.7
BFe10-1-1	余量	9.0~11.0	1.0~1.5	0.5~1.0	0.02	0.006	0.01	0.05	0.15	0.3	0.03	0.7

注：表中所列成分除标明范围外，其余均为最大值。

9.1.2.2 不锈钢

将不锈钢应用于凝汽器最早于1958年出现在美国，用于替代铜合金冷却管，随后欧美国家、日本等陆续在凝汽器中使用不锈钢管。国内于1989年开始有凝汽器采用不锈钢冷却管。从20世纪末开始，不锈钢管在发电厂凝汽器中大量应用。不锈钢管品种较多，在淡水中常用304型、316型奥氏体不锈钢，在微咸水和咸水中常用317型，在海水中常用S44660(Sea-Cure)和S44735(AL29-4C)等超级铁素体不锈钢。另外还有双相不锈钢如2205，虽然使用不多，但其强度高，耐蚀性也较好，可用于汽侧冲击严重的区域。

冷却水中使用的不锈钢管，多数为焊接管，需注意焊接部位的腐蚀敏感性。表9-3所列为常用国产奥氏体不锈钢焊接管的化学成分。国内不锈钢代码S30408、S31608和S31708分别对应于美国ASTM的TP304、TP316和TP317不锈钢，S30403、S31603 和 S31703 则分别对应于 ASTM 的 TP304L、TP316L 和 TP317L 不锈钢（L 表示低含碳量）。

表 9-3　常用奥氏体不锈钢焊接管的化学成分（质量分数）　（%）

统一数字代码	牌　号	C	Si	Mn	P	S	Ni	Cr	Mo	其他元素
S30408	06Cr19Ni10	0.08	1.00	2.00	0.040	0.030	8.00~11.00	18.00~20.00	—	—
S30403	022Cr19Ni10	0.03	1.00	2.00	0.040	0.030	8.00~12.00	18.00~20.00	—	—
S31608	06Cr17Ni12Mo2	0.08	1.00	2.00	0.040	0.030	10.00~14.00	16.00~18.00	2.00~3.00	—
S31603	022Cr17Ni12Mo2	0.03	1.00	2.00	0.040	0.030	10.00~14.00	16.00~18.00	2.00~3.00	—
S31708	06Cr19Ni13Mo3	0.08	1.00	2.00	0.040	0.030	11.00~15.00	18.00~20.00	3.00~4.00	—
S31703	022Cr19Ni13Mo3	0.03	1.00	2.00	0.040	0.030	11.00~15.00	18.00~20.00	3.00~4.00	—
S32168	06Cr18Ni11Ti	0.08	1.00	2.00	0.040	0.030	9.00~12.00	17.00~19.00	—	Ti：5C~0.70[①]

注：表中所列成分除标明范围外，其余均为最大值。

① "Ti：5C~0.70" 中 "5C" 表示碳含量的 5 倍。

9.1.2.3　工业纯钛

钛是热力学上很活泼的金属，钛的标准电极电位很负（$E^{\ominus} = -1.63\text{V}$），然而在有氧、有水存在的情况下，钛表面可快速自发形成钝化膜，使其电极电位迅速升高，有时可达+0.40V，即处于钝化状态，从而在许多腐蚀介质中具有优异的耐腐蚀性能。

钛在大气、海水和天然水中都具有优异的耐蚀性能。无论是在一般的或污染的大气和海水中，还是在较高温度及较高流速的大气和海水中，钛都具有很高的耐蚀性能。鉴于工业纯钛优异的耐蚀性能，我国以海水为冷却水的滨海电厂凝汽器普遍采用钛管作为冷却管。但由于钛管凝汽器造价昂贵，因此以淡水为冷却水的内陆电厂一般不采用钛管作为凝汽器的冷却管。常用钛管的化学成分见表 9-4。

表 9-4   常用钛管的化学成分（质量分数）   （%）

牌号	主要元素	杂 质 元 素					其他元素	
	Ti	Fe	C	N	H	O	单一	总和
TA1	余量	0.25	0.10	0.03	0.015	0.20	0.1	0.4
TA2	余量	0.30	0.10	0.05	0.015	0.25	0.1	0.4
TA3	余量	0.40	0.10	0.05	0.015	0.30	0.1	0.4

注：表中所列杂质元素含量均为最大值。

9.2   凝汽器铜合金管的腐蚀形态

铜合金管主要用于电导率较小的冷却水系统，如用作以淡水为冷却水的凝汽器冷却管，则用得最多的是锡黄铜 HSn70-1A（B）。

铜合金在冷却水中的耐蚀性能主要体现在三个方面：

（1）铜合金的电位较正，具有较好的热力学稳定性；

（2）从电位-pH 图来看，铜合金的免蚀区电位较高，在 pH 值为 7.5 ~ 13.0 范围，铜都处于免蚀区或钝化区，但铜合金钝化性能较弱；

（3）铜合金的耐蚀性能与其表面状态有很大关系，表面均匀致密氧化物膜的形成对铜合金具有较好的保护作用。

尽管如此，但由于冷却水系统高浓缩倍数运行的需要，甚至要求零排放，以及再生水的使用，凝汽器循环水的水质较差，因此铜合金管的腐蚀损坏较为普遍。运行中凝汽器铜合金管的腐蚀形态主要有脱合金化腐蚀、点蚀、磨损腐蚀、微生物腐蚀、电偶腐蚀、应力腐蚀破裂、腐蚀疲劳、氨腐蚀等。

9.2.1   脱合金化腐蚀

脱合金化腐蚀又称为选择性腐蚀，是指合金中电位较低、较活泼的一种元素被选择性溶解到介质中，而另一种元素在合金表面富集的腐蚀形态。铜合金易发生脱合金化腐蚀，如黄铜的脱锌腐蚀、白铜的脱镍腐蚀。发电厂凝汽器中最常用的铜合金是黄铜，涉及的脱合金化腐蚀主要是脱锌腐蚀。在黄铜的两种主要组成元素铜和锌中，锌比铜更活泼、电位更低，因此在腐蚀介质中锌可以发生优先溶解，或在一定条件下铜和锌同时发生溶解，但铜可回镀到黄铜表面，从而造成黄铜的脱锌腐蚀。有关黄铜脱锌腐蚀类型和机理详见 6.5 节。

黄铜的脱锌腐蚀有层状脱锌（均匀脱锌）和栓状脱锌（局部脱锌）两种类型，其中栓状脱锌腐蚀的危害性更大，因为局部发生脱锌腐蚀的区域可出现向深处发展的腐蚀小孔，严重时穿透管壁。一般在硬度低、pH 值较低、含盐量较大的水中黄铜更易发生层状脱锌腐蚀，如在海水冷却水中黄铜主要发生这种脱锌腐蚀。在硬度较大的碱性水中黄铜表面易发生栓状脱锌腐蚀,因此在淡水冷却水中黄铜以发生栓状脱锌腐蚀为主。当黄铜表面覆盖的保护性氧化膜不完整,或表面有多孔沉积物时,黄铜表面也易出现栓状脱锌腐蚀。

防止凝汽器黄铜管的脱锌腐蚀,除了提高黄铜管自身的耐蚀性能外(如采用加砷黄铜),也可以在冷却水处理、控制运行条件等方面采取措施。如降低冷却水中悬浮物的含量、在冷却水中添加阻垢缓蚀剂等控制黄铜管表面出现沉积物并抑制腐蚀;维持黄铜管内冷却水流速在一定范围,一般控制在 $1\sim2.2 m/s$,以保证传热效率,防止铜管温度过高,并在避免管内出现沉积物的同时,防止冲刷腐蚀的发生。对铜管进行表面处理(硫酸亚铁成膜处理等)也可以抑制脱锌腐蚀。另外,在凝汽器停运时要做好停用保养,排空铜管内的水并保持干燥状态,防止停用期间黄铜管内发生腐蚀。

9.2.2 点蚀

凝汽器铜管的点蚀常发生在表面有沉积物、表面膜不完整的部位,虽然蚀坑坑径小,一般为 $1\sim2 mm$,但往深处发展的速度快,可在短时间内造成铜管管壁的腐蚀穿孔泄漏,因此这种腐蚀比较隐蔽,不易被发现,但危害性很大。

9.2.2.1 铜管点蚀的原因

铜管点蚀的发生,从内因来看是由于铜管表面存在着电化学的不均匀性,如铜管表面的保护性氧化膜不完整、存在划痕或存在电位较正的黑膜(残碳膜或氧化铜膜),使铜管的不同部位具有不同的电极电位;铜管表面存在沉积物时,沉积物下氧浓度低,金属离子和其他侵蚀性离子浓度也与溶液本体不一样,使得沉积物内外构成氧浓差电池。

从腐蚀介质这个外因来看,冷却水的组成、流速、温度等因素都会对黄铜的点蚀产生影响。一般认为,黄铜在硬度高、HCO_3^- 和 SO_4^{2-} 浓度比值小的水中易发生点蚀;冷却水中因污染或微生物存在产生的硫离子,可以破坏黄铜表面的保护膜,促进点蚀的发生;有的冷却水中含有大量泥沙或其他悬浮物,如果沉积在铜管表面,沉积物下易发生点蚀;若水中的固体颗粒划破了铜管表面膜,破裂处活性大,也易产生点蚀。冷却水流速过低也可促进黄铜点蚀,这一方面是由于水中的悬浮物质在低流速下更易在铜管表面沉积,另一方面是由于流速低影响传热,导致铜管温度升高,冷却水进口端和出口端温差增大,从而促进出口端铜管的点蚀。

9.2.2.2 铜管点蚀特征及机理

冷却水中凝汽器铜管的点蚀主要出现在水平管道的下半部分,尤其是底部区域。点蚀坑多数呈半圆球形或茶盘形,坑内腐蚀产物的分布如图9-4所示。点蚀坑底部主要是白色的氯化亚铜(CuCl)沉淀,其上是疏松的红色氧化亚铜(Cu_2O)结晶,蚀坑表面层则由绿色碱式碳酸铜($Cu_2(OH)_2CO_3$)和白色碳酸钙($CaCO_3$)组成。

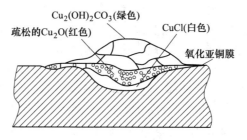

图 9-4　黄铜表面点蚀坑内腐蚀产物分布

从铜管点蚀的机理来看，铜管表面的电化学不均匀性导致了腐蚀原电池的形成，表面电位较低的部位，如氧化膜破裂处，成为了腐蚀电池的阳极，使基体 Cu 被氧化为 Cu^+；被氧化膜覆盖的部位电位较高，成为腐蚀电池的阴极，发生氧的还原反应：

$$Cu \longrightarrow Cu^+ + e$$

$$O_2 + H_2O + 4e \longrightarrow 4OH^-$$

在阳极部位（蚀坑处），Cu 氧化形成的 Cu^+ 与水中的 Cl^- 作用生成 CuCl，CuCl 和 Cu^+ 不稳定，可进一步水解生成更稳定的 Cu_2O，并使介质酸化。

$$Cu^+ + Cl^- \longrightarrow CuCl$$

$$2CuCl + H_2O \longrightarrow Cu_2O + 2H^+ + 2Cl^-$$

$$2Cu^+ + H_2O \longrightarrow Cu_2O + 2H^+$$

生成的 Cu_2O 晶体支撑着蚀坑口的氧化亚铜膜。蚀坑内的部分 Cu^+ 可以迁移扩散到蚀坑表面的氧化亚铜膜内表面，并被进一步氧化为 Cu^{2+}。Cu^{2+} 又可与基体 Cu 作用生成 Cu^+：

$$Cu^+ \longrightarrow Cu^{2+} + e$$

$$Cu^{2+} + Cu \longrightarrow 2Cu^+$$

导致蚀坑的不断发展。另一些 Cu^+ 可以通过氧化膜破裂处扩散到氧化膜外表面，进一步氧化为 Cu^{2+}；或在冷却水中溶解氧、Ca^{2+}、HCO_3^- 等参与下，发生反应生成 $CuCO_3 \cdot Cu(OH)_2$ 和 $CaCO_3$：

$$4Cu^+ + O_2 + 2H_2O \longrightarrow 4Cu^{2+} + 4OH^-$$

$$4Cu^+ + Ca^{2+} + 2HCO_3^- + O_2 \longrightarrow Cu_2(OH)_2CO_3 + CaCO_3 + 2Cu^{2+}$$

这些产物在蚀坑口的不断堆积，使蚀坑内溶液处于相对封闭状态，并最终形成闭塞电池，蚀坑内溶液的不断酸化和 Cu^+ 浓度的不断增加，使坑内腐蚀自动加速进行。

铜管点蚀的上述历程可以用图 9-5 来表示，可以看出，在点蚀发展过程中，铜管表面的氧化亚铜膜起着特殊作用，其外表面起阴极作用，内表面起阳极作用，即其相当于成为了双极性的膜电极，在蚀坑内介质不断酸化情况下，导致坑内金属铜的自催化氧化，使点蚀加速发展直至管壁穿透。

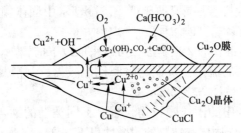

图 9-5 黄铜表面点蚀形成历程

9.2.2.3 铜管点蚀的控制

防止凝汽器铜管的点蚀，从铜管自身来看，要尽量减小其表面的电化学不均匀性，如保持铜管内表面氧化膜的一致性，制造时设法消除残碳膜或氧化铜膜的产生；实施在线胶球清洗，保持铜管表面清洁；控制冷却水中悬浮物含量和流速，防止铜管表面沉积物的产生；采用阴极保护等。

9.2.3 磨损腐蚀

磨损腐蚀是指腐蚀性流体和金属表面做相对运动引起的金属快速腐蚀，又称为冲刷腐蚀或溃蚀。

凝汽器的磨损腐蚀，一般发生在流速大、水流流动紊乱和易于形成湍流的部位，如凝汽器铜管的冷却水入口端。因此该磨损腐蚀主要是湍流腐蚀。

磨损腐蚀是流体对金属的机械冲刷作用和电化学侵蚀作用共同作用的结果。正常情况下铜管表面存在一层具有一定保护作用的氧化物膜，含砂砾等固体颗粒物或气泡的冷却水以一定速度进入凝汽器铜管时，在入口端流速较大，可能形成湍流，对铜管表面膜产生冲击磨削作用，使表面膜发生局部破损；破损处基体裸露，在冷却水中具有较低的电位而成为腐蚀电池的阳极，其他表面膜未受破坏的部位电位较高而成为阴极，因此在电化学作用下，表面膜破损处的基体铜产生快速腐蚀损坏。电化学反应如下。

膜破损处（阳极）：$Cu \longrightarrow Cu^{2+} + e$

表面膜完整处（阴极）：$O_2 + H_2O + 4e \longrightarrow 4OH^-$

磨损腐蚀具有比较明显的形貌特征：蚀坑沿水流方向分布，呈马蹄形；蚀坑内无腐蚀产物，表面呈现出铜合金本色。磨损腐蚀形貌如图 6-25 所示。

铜管发生磨损腐蚀的程度受其自身的耐磨性能和表面膜自修复能力、冷却水流速、水中固体颗粒物含量等因素影响。铜合金中白铜如 B30 的耐磨损腐蚀性能明显优于黄铜；在海水中铝黄铜的耐磨损腐蚀性能要好于锡黄铜，因为 Al 的存在使黄铜具有较强的表面膜自修复能力。水的流速对黄铜的磨损腐蚀可产生较大影响，冷却水流速越大，对铜管表面膜的冲击磨削作用越强，也就越加剧磨损腐蚀的程度。冷却水中的固体颗粒物（砂砾等）含量越高，在相同流速下对铜管表面膜的破坏作用越大，磨损腐蚀越严重。冷却水中固体颗粒物的类型、粒径、浓度范围等也会影响磨损腐蚀的程度。

为了防止凝汽器铜管的磨损腐蚀，可以采取以下措施。

（1）控制冷却水的流速。黄铜的耐磨性能较差，一般凝汽器黄铜管内冷却水的最高允许流速不超过 $2.0\sim2.2m/s$。

（2）控制冷却水中的固体颗粒物含量。不同类型的铜合金，具有不同的耐磨损腐蚀性能，对水中固体颗粒物的耐受性也不一样。在淡水冷却水中，采用锡黄铜冷却管的，水中含砂量和悬浮物量应小于 300mg/L；采用普通黄铜管的，水中含砂量和悬浮物量应小于 100mg/L。在海水冷却水中，采用铝黄铜的，水中含砂量和悬浮物量应小于 50mg/L；采用 B30 白铜管的，因其耐磨损腐蚀性能较好，水中含砂量和悬浮物量限值可以达到 1000mg/L，冷却水的流速限值也可以达到 3.0m/s。冷却水中砂砾和悬浮物等含量的控制，可以通过在冷却水取水口安装滤网并做好维护、设置混凝澄清池等措施来实现。

（3）避免冷却水在铜管内形成湍流。冷却水在铜管入口端易形成湍流，在安装时可以让管口呈扇形，使流速缓慢变化，有利于防止湍流。

（4）保护铜管的冷却水入口端。磨损腐蚀一般发生在冷却水入口端 100～150mm 内的管段，可以采用安装尼龙套管或聚氯乙烯衬套管的方式，将该管段铜管表面保护起来。也可在入口端铜管表面涂刷耐磨的防腐蚀涂层，保护入口端铜管免受磨损腐蚀。

（5）其他控制方法，如阴极保护、硫酸亚铁成膜处理等。

9.2.4　微生物腐蚀

发电厂凝汽器系统的冷却水主要是地表水或再生水，系统运行时冷却水的进口温度为常温，出口温度一般不高于40℃，该冷却水环境有利于微生物的生长和繁殖。冷却水系统中，主要的腐蚀性菌是硫酸盐还原菌（SRB）。

微生物腐蚀（或细菌腐蚀）是指水中由于某些细菌的存在加速了金属的腐蚀过程。根据6.6节的介绍，SRB 对铜腐蚀的促进作用，主要来源于 SRB 代谢产物 HS^-、H_2S 等对铜的侵蚀作用。

有人研究了污染海水中硫离子对铜镍合金的腐蚀破坏，认为硫离子的存在破坏了铜合金表面膜的钝态，降低了体系的腐蚀电位，加速了铜合金的腐蚀。在活性溶解区，金属表面的吸附硫离子起到了金属溶解过程催化剂的作用，也即硫离子的存在减弱了表面金属与金属键（M—M）的结合力，降低了金属的溶解反应活化能，促进了阳极溶解过程，如图9-6所示。同时，吸附硫离子可以阻止或减缓金属表面钝化膜的形成，如图9-7所示。金属表面—OH 的吸附是金属钝化的先驱步骤，而硫离子可以取代—OH 吸附在金属表面，从而抑制钝化膜的形成。另外，由于硫离子对钝化膜的掺杂，钝化膜的载流子浓度显著增大，钝化膜的离子导电性增强，膜电阻减小，致使钝化膜耐蚀性下降。

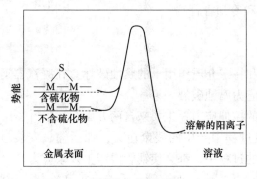

图 9-6　硫离子促进阳极溶解过程

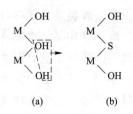

图 9-7　硫离子阻止钝化膜形成

铜管凝汽器的管板一般为碳钢，碳钢管板易发生微生物腐蚀，主要发生在凝汽器进水侧管板上。SRB 对碳钢的微生物腐蚀，既有 SRB 生物阴极导致的生物催化作用，又有代谢产物硫离子产生的侵蚀作用。腐蚀部位通常有黏泥沉积，这是细菌分泌的胞外聚合物与泥渣、腐蚀产物的混合物。去掉该黏性沉积物，可见腐蚀坑，坑内金属表面被一层黑色腐蚀产物覆盖（铁的硫化物），并散发臭味（H_2S）。黏泥中有机物含量（质量分数）可达 20%，并含 3%~5% 的硫酸亚铁。

对冷却水中微生物腐蚀的控制，主要是采用杀生剂控制微生物的繁殖和生长；也可以在碳钢管板上采用涂层进行保护，如涂覆一层具有抑菌作用的防污涂层，可以有效抑制微生物的附着；还可以采用阴极保护、硫酸亚铁成膜处理等。

9.2.5　电偶腐蚀

电偶腐蚀是指两种腐蚀电位不同的金属在介质中接触时，腐蚀电位低的金属将加速腐蚀。在凝汽器中，根据不同部位对材料性能的不同要求，一般冷却管和管板采用不同的金属材料。如在淡水冷却水中，通常采用铜合金（主要是锡黄铜）和奥氏体不锈钢做冷却管，而管板多采用碳钢；在海水冷却水中，常采用钛管、白铜和铁素体不锈钢做冷却管，而管板多采用锡黄铜（如 HSn62-1）。从电位来看，在冷却水中管板金属的腐蚀电位一般要明显低于冷却管金属的腐蚀电位，因此管板会遭受电偶腐蚀。例如，某内陆地区电厂的凝汽器采用锡黄铜冷却管和碳钢管板，在冷却水中碳钢的腐蚀电位比黄铜要低得多，结果碳钢受到电偶腐蚀，即碳钢管板因与铜管接触，其在冷却水中的腐蚀速度要明显高于其自身在冷却水中的自然腐蚀速度（不与铜管接触）。如果不采取任何保护措施，则碳钢管板会受到较严重腐蚀。

对凝汽器管板的电偶腐蚀，通常可以采取下列措施来控制：

（1）在管板上涂覆防腐蚀涂料，将冷却水和管板金属隔离开来；

（2）实施阴极保护，保护管板和冷却管管端。

9.2.6 应力腐蚀破裂

应力腐蚀破裂是金属在拉应力和特定介质作用下的腐蚀破坏。在凝汽器运行过程中，黄铜管在凝结水侧易发生应力腐蚀破裂。

导致黄铜管发生应力腐蚀破裂的拉伸应力，主要来自两方面：

（1）铜管在生产、运输和安装过程中产生的残余应力，如运输、安装过程中受到机械碰撞，铜管胀接到管板的过程中，都会使铜管内产生残余应力；

（2）运行过程中外界施加于铜管的应力，如铜管承受着自重和冷却水重量，在隔板支撑不到的地方会发生弯曲，使铜管产生内应力，铜管受到汽轮机排气和凝结水冲击，产生内应力。

在凝汽器中，导致黄铜发生应力腐蚀破裂的特定介质是氨（NH_3）溶液。氨来自锅炉给水调节 pH 值用的氨水。由于氨的分配系数比较大，在汽包中大部分的氨会随着蒸汽进入汽轮机，再随着排气进入凝汽器。在凝汽器的空冷区和空抽区发生氨的局部富集，使这些区域凝结的水滴中氨的浓度很高。当铜管汽侧因空气漏入而同时有 O_2 存在时，就形成了黄铜管发生应力腐蚀破裂的特定介质环境。

研究表明，黄铜在氨溶液中发生的应力腐蚀破裂与溶液 pH 值、电极电位密切相关。在 pH 值为 7.1～7.3 和 11.2～11.5 范围、电位分别约为 0.25V 和 −0.04V 时，黄铜的应力腐蚀破裂速度最快，这可用图 9-8 的 $Cu-NH_3-H_2O$ 体系的电位-pH 平衡图来解释。根据应力腐蚀破裂机理，金属表面膜不稳定时易发生应力腐蚀破裂。从图 9-8 可以看出，上述两个 pH 值和电位范围正好对应于 $Cu_2O/Cu(NH_3)_2^+$ 平衡线，也即在这两个电位、pH 值条件下，黄铜表面既可以生成 Cu_2O，也可以生成 $Cu(NH_3)_2^+$，说明此时黄铜表面的氧化亚铜膜不稳定，易发生应力腐蚀破裂。

黄铜管的应力腐蚀破裂有如下特征：可出现横向或纵向裂纹，严重时开裂或断裂；裂纹方向垂直于铜管所受的拉应力方向；从微观来看，以沿晶裂纹为主。

可以从以下几方面来控制凝汽器黄铜管发生应力腐蚀破裂。

（1）选用耐蚀材料。不同类型的铜合金，对应力腐蚀破裂的敏感性不一样。铜镍合金及含锌量（质量分数）小于 20% 的黄铜具有较好的耐应力腐蚀破裂的性能，含锌量（质量分数）大于 20% 的锡黄铜在氨溶液中对应力腐蚀破裂的敏感性较大。

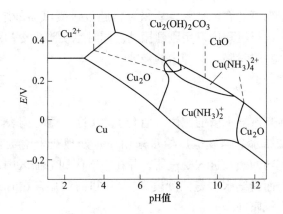

图 9-8　Cu-NH$_3$-H$_2$O 体系的电位-pH 平衡图（25℃）

（溶解铜离子总浓度 0.05mol/L，溶解含氨物质总浓度 1mol/L）

（2）降低铜管承受的拉应力。导致凝汽器铜管发生应力腐蚀破裂的主要应力来源是残余应力，因此在铜管安装前需对其进行内应力检查，若残余应力过大，必须进行现场热处理。可使用 350℃ 以上蒸汽对铜管进行加热退火，退火时间大于 3h。内应力检查一般可以采用氨熏法。凝汽器铜管在运行过程中承受的应力可以通过设计和安装的改善来控制。

（3）减少凝结水中 NH$_3$ 和 O$_2$ 的含量。锅炉给水加氨的目的是调节炉水的 pH 值，对使用铜管凝汽器的机组，炉水 pH 值可以尽量控制在允许值的下限，以减少氨的加入量。凝汽器还要注意其密封性，防止空气漏入铜管的凝结水侧，凝结水中氧含量的降低也有利于预防应力腐蚀破裂的发生。

9.2.7　腐蚀疲劳

腐蚀疲劳是金属在交变应力和腐蚀介质共同作用下的腐蚀破坏。

凝汽器铜管在运行过程中，其侧面受到汽轮机高流速排气的冲击，会发生管束振动，使铜管承受交变应力；或冷却水温度交变产生交变内应力。在冷却水中侵蚀性物质如 NH$_3$、O$_2$ 作用下，承受交变应力的铜管可发生腐蚀疲劳。

腐蚀疲劳易发生在铜管处于两相连支撑隔板的中间段，因为这段铜管在排气冲击下振幅最大，甚至发生扭曲状振动。由于交变应力的方向和幅值不断变化，铜管表面膜发生破裂，破裂处形成点蚀坑，成为疲劳源。由于应力在点蚀坑集中，因此蚀坑底部产生裂纹，在交变应力和冷却水中侵蚀性物质 NH$_3$、O$_2$ 等的不断作用下，裂纹逐渐扩展，直至产生破裂损坏。

凝汽器铜管发生腐蚀疲劳的特征是，铜管表面会出现比较短的横向裂纹，裂纹没有分支或分支较少，并以穿晶裂纹为主。

要控制凝汽器铜管的腐蚀疲劳，应采取措施改进凝汽器的结构和安装方式，防止凝汽器铜管在运行过程中发生剧烈振动。同时也要防止冷却水的温度出现大幅度和高频波动，并尽量降低冷却水的侵蚀性。

9.2.8　氨腐蚀

氨腐蚀发生在凝汽器铜管的汽侧（管外），在这一侧与铜表面接触的是含盐量很低的蒸汽或凝结水。当发电厂给水采用加氨处理或采用氨和联胺联合处理时，氨会随着做完功的蒸汽进入凝汽器，并在空冷区和空抽区中富集。而该区域的凝结水量少，因而凝结水中氨浓度较高，当同时有 O_2 存在时，就会使这个区域的铜管汽侧发生氨腐蚀。

铜管的氨腐蚀主要出现在空冷区，腐蚀部位呈现黄铜本色，黄铜表面基本未被腐蚀产物覆盖，说明腐蚀产物是可溶性的。遭受氨腐蚀的铜管外壁常出现均匀减薄，在支撑隔板的两侧铜管表面，可出现横向条状的腐蚀沟。不同型式的凝汽器，氨腐蚀程度也不一样。空冷区上部开放的，氨腐蚀程度较轻；空冷区上部有隔板覆盖的，由于氨浓度高，氨腐蚀会比较严重，空抽区位于凝汽器中部的尤为严重。汽轮机负荷低时，会使空冷区氨浓度增加，氨腐蚀会加剧。

铜管的氨腐蚀也是一种电化学腐蚀，氨参与了铜的阳极氧化过程：

$$Cu + 4NH_3 \longrightarrow [Cu(NH_3)_4]^{2+} + 2e$$

阴极过程为氧的还原过程：

$$O_2 + 2H_2O + 4e \longrightarrow 4OH^-$$

由于腐蚀产物是可溶性的络离子，因此阳极反应阻力小，铜管氨腐蚀的速度较快。

铜管的氨腐蚀速度与水中氨和氧的浓度有很大关系。当水中氨浓度小于 100mg/L 时，铜管一般不会发生明显的氨腐蚀，甚至由于氨的存在提高了水的 pH 值，铜管的腐蚀速度反而会减小。只有当凝结水中氨浓度大于 100mg/L 时，黄铜管才会有明显的氨腐蚀现象。另外，氨腐蚀也需要氧的参与，汽侧氧浓度低时铜管的氨腐蚀程度也显著下降。

要控制铜管汽侧的氨腐蚀，可以采取以下措施。

（1）改善凝汽器空冷区结构，减少氨在空冷区的富集。例如在凝汽器空冷区内不安装分离隔板，防止氨的富集。

（2）在空冷区采用耐氨腐蚀的冷却管。黄铜易发生氨腐蚀，但白铜 B30、不锈钢冷却管的耐氨腐蚀性能都很好，在氨浓度达到 7000mg/L 的水中仍无明显的氨腐蚀。钛管的耐氨腐蚀性能更好。

（3）在空冷区加装喷水装置，降低凝结水中的氨浓度。在空冷区中喷入少量凝结水，可以使该区凝结水中的氨浓度降低到 10mg/L 以下，从而防止铜管发生氨腐蚀。如果在喷入的凝结水中加入一定量的联氨，还可以同时起到除氧作用，进一步降低铜管的氨腐蚀。

（4）防止空气漏入。铜管氨腐蚀的发生需要氧的参与，机组运行时应注意汽轮机低压缸和凝汽器的严密性，防止空气漏入系统。

9.3 凝汽器不锈钢管耐蚀性能及其影响因素

从上面的讨论可以看出，凝汽器铜合金管在运行中易出现腐蚀问题。出于节水与减排的需要，目前多数内陆电厂的循环水系统均要求在高浓缩倍数下运行，甚至要求实现循环水的零排放，即使其补充水源为再生水。在这种情况下，循环水对黄铜的侵蚀性会进一步增强，铜合金管更易发生腐蚀，因此在凝汽器中用不锈钢管代替铜合金管逐渐成为趋势。不锈钢管凝汽器在美国的应用已有60多年，其不锈钢管凝汽器的占比已达到约70%，在使用中未发现不锈钢管的明显腐蚀问题。从20世纪90年代末开始，我国内陆地区新建的和旧机组改造的发电厂大多都在凝汽器中采用了不锈钢冷却管，根据循环水中氯离子浓度的不同，一般可以选用奥氏体不锈钢 TP304(L)、TP316(L) 和 TP317(L)。以海水为冷却水的沿海电厂，也有少数采用超级不锈钢冷却管的，如 S44660 超级铁素体不锈钢。

9.3.1 不锈钢管凝汽器的优势

与铜管凝汽器相比较，使用不锈钢管凝汽器主要有以下几方面的优势。

（1）耐磨损腐蚀性能好。不锈钢管抗冲蚀性能好，能抵挡高流速蒸汽和水的混合物及冷却水的冲击。一般不会出现铜管常遭受的冲刷腐蚀。

（2）抗氨蚀和脱合金化腐蚀性能好。用于调节炉水 pH 值的氨能引起铜管的氨蚀、应力腐蚀破裂，而采用不锈钢管，则不存在这个问题。不锈钢在冷却水环境中也基本不产生脱合金化腐蚀。

（3）可避免电偶腐蚀的出现。不锈钢管凝汽器采用不锈钢复合板作管板，可避免管子对管板之间的电偶腐蚀问题。

（4）杜绝锅炉的"镀铜"现象。采用不锈钢管凝汽器，可以避免与铜管凝汽器密切相关的"锅炉给水铜污染"对机组运行带来的隐患。

（5）可使冷却水在高流速下运行。采用不锈钢管凝汽器，可以大幅度提高冷却水的流速，最高可达 3.5m/s。冷却水流速的提高既可以增加总传热效率，又可以减少冷却管内沉积物的出现，避免沉积物下腐蚀。

（6）冷却管与管板连接处不易泄漏。不锈钢管凝汽器的管板一般选用不锈钢复合板，它与不锈钢冷却管之间的连接可采用胀接和密封焊相结合的方法，达到管板与冷却管连接处无泄漏，并可延长使用寿命。

与黄铜管相比较，不锈钢管在传热性能、抗振动等方面存在着一定的劣势，但这些可以通过合理设计、改进运行条件等来改善。

传热性能上，不锈钢导热系数明显低于黄铜，如20℃时TP304不锈钢导热系数为13.8W/（m·K），HSn70-1锡黄铜为109W/（m·K），在相同条件下不锈钢管的传热性能明显差于黄铜管。但使用不锈钢管时冷却水流速可以提高到2.3m/s以上，同时冷却管表面清洁系数提高，加上不锈钢管管壁较薄，使总的传热系数基本与黄铜管接近甚至优于黄铜管。

管束震动上，用薄壁的不锈钢管取代黄铜管时，由于管壁减薄，重量减少，运行时易产生震动。可参照美国HEI标准（美国换热器设计标准），通过缩小隔板距离、适当增加隔板数量的方法来预防。

耐蚀性能上，不锈钢管耐磨损腐蚀，不会产生氨蚀、脱锌腐蚀。使用不锈钢管时冷却水流速的提高有利于保持管子表面清洁，减少沉积物下腐蚀、点蚀的发生。但不锈钢易受水中氯离子侵蚀而发生点蚀，可根据冷却水中氯离子含量选取合适的不锈钢管。

经济效益上，不锈钢凝汽器造价与黄铜凝汽器相近，但低于白铜凝汽器。但不锈钢管使用寿命比铜合金管更长，且可靠性更高，又不会产生铜离子进入给水系统，这可显著提高机组安全性，由此可带来可观的经济效益。

9.3.2　冷却水中不锈钢的耐蚀性特点及其影响因素

从几十年的运行经验来看，不锈钢管凝汽器比铜管凝汽器具有较大的优势，但并不意味着不存在腐蚀问题。

不锈钢的优良耐蚀性能主要取决于其表面钝化膜的保护作用，表面钝化膜结构的完整性与均一性是不锈钢耐腐蚀的重要原因之一。因此，对不锈钢耐蚀性能的研究主要集中在对不锈钢表面钝化膜性能的研究上。

有关金属表面钝化膜的研究虽然已有200多年的历史，但至今仍是一个热门的领域。关于钝化理论的研究，最早有Evans的氧化膜理论，认为金属的钝化是由于表面氧化膜的形成；Ulig的吸附理论，认为金属的钝化是由于原子或离子在金属表面上的化学吸附。另外还有金属变态理论、反应速度理论、化学钝化理论、价值理论、电子构型理论等。这些理论中以成相膜理论和吸附理论为代表，许多研究者认为，吸附和成膜可以看作钝化的两个阶段，吸附是钝化的必要和必经步骤，成膜则是钝化的充分和完成步骤。金属的钝化依条件不同，吸附膜和成相膜都有可能分别起主要的作用。

对于不锈钢钝化膜的组成和结构，一般认为不锈钢钝化膜存在双重结构，内层是富铬氧化物（Cr_2O_3）层，外层为铁和铬的水合氧化物，其氧化态依赖于成膜电位。在较低的成膜电位下，$\gamma\text{-}Fe_2O_3$和Cr_2O_3逐渐成为钝化膜主要组成，在更正的电位下，$\gamma\text{-}Fe_2O_3$ 的比例会增加。

不锈钢钝化膜的稳定性、耐蚀性除了与其自身的组成和结构有关外，环境因素的影响非常重要。影响不锈钢钝化膜稳定性最重要的离子是卤素离子，在含卤素离子的溶液中，不锈钢表面难以形成保护性良好的钝化膜。卤素离子，特别是氯离子的存在可促进不锈钢的点蚀。溶液中的其他阴离子，有的对不锈钢腐蚀起加速作用，如硫离子。含氧的非侵蚀性阴离子，如 NO_3^-、CrO_4^{2-}、SO_4^{2-}、OH^- 等，添加到含 Cl^- 的水溶液中，都可起到点蚀抑制剂的作用，使点蚀电位升高，诱导期延长，点蚀数量减少。氧化性金属离子如 Fe^{3+}、Cu^{2+} 和 Hg^{2+} 对点蚀起促进作用。在 pH 值为 10.0~11.5 的碱性溶液中，不锈钢点蚀电位明显随 pH 值的升高而正移，而在其他 pH 值范围，pH 值的变化对点蚀电位影响甚小。温度对不锈钢钝化膜的耐蚀性有较大影响，点蚀电位通常随温度升高而降低。对室温耐点蚀的合金，升高温度可以提高点蚀敏感性。已经发现在低于某个温度时，钢不会发生点蚀，这个温度被定义为临界点蚀温度（CPT）。一般来说，溶液的流动对点蚀起一定的抑制作用。虽然不少数据说明流速对点蚀电位无影响，或影响很小。关于流速对点蚀的抑制作用，一种解释认为是流速对沉积物的影响所致。沉积物下面由于供氧不足形成浓差电池，钝态易被破坏，流速提高可减少沉积物的产生，从而抑制不锈钢的点蚀；另外流速增加可以加快水中溶解氧的传质速度，促进不锈钢表面的钝化。更深入的解释则可能涉及流速对氯离子吸附以及对蚀孔内外溶液的质量转移和混合等因素的影响。对于不锈钢而言，有利于减少点蚀的流速不应小于 2m/s，但这也与温度有关，高温介质中希望流速更快些。

下面以 TP316 不锈钢为例，分析冷却水中影响不锈钢耐蚀性能的主要因素，实验用水为根据某电厂冷却水主要组成配制的模拟冷却水，含有 Ca^{2+}(20mg/L)、Mg^{2+}(6mg/L)、HCO_3^-(122mg/L)、SO_4^{2-}(360mg/L)、Cl^-(301mg/L)、Na^+(379mg/L)，实验温度 45℃。

9.3.2.1 氯离子和硫酸根离子（Cl^- 和 SO_4^{2-}）

在循环冷却水中，影响不锈钢钝化膜耐蚀性能的离子主要是阴离子，其中最常见的是氯离子和硫酸根离子。

冷却水中氯离子对不锈钢钝化膜的破坏作用主要是促使钝化膜的局部破坏，产生点蚀。图 5-9 是不锈钢在含不同浓度氯离子的模拟冷却水中测得的阳极极化曲线，其中曲线 1 不含氯离子，钝化区电位范围为 −0.35 ~ +0.97V，电位大于 0.97V 出现过钝化。钝化区中电位高于 0.50V 时出现钝态电流的增大，这可能与电位升高使氧化铬稳定性下降从而引起钝化膜组成和结构的变化有关。

图 5-9 显示，氯离子浓度不大于 200mg/L 时，增加氯离子浓度没有引起阳极极化曲线的明显改变，极化曲线与曲线 1 几乎重合。一般认为，点蚀只有在卤素离子浓度达到某一浓度以上时才产生，该浓度界限因材料而异，在模拟冷却水

中，TP316 不锈钢受氯离子作用而点蚀的浓度界限为 200mg/L 左右。浓度不大于 200mg/L 时氯离子没有促进不锈钢的点蚀是由于溶液中的 SO_4^{2-} 等的缓蚀作用；当氯离子浓度增大到 225mg/L 时，扫描至较低电位 0.73V 时就出现了电流的快速增加，出现点蚀。这个使电流出现快速增加的电位就是点蚀电位或破裂电位 E_b。随着氯离子浓度的继续增加，E_b 下降，但钝态电流没有出现明显变化。表 9-5 为 TP316 不锈钢在不同氯离子浓度的模拟冷却水中测得的点蚀电位和 0V 时的钝态电流密度 i_p 数值，由表可见 i_p 基本不随氯离子浓度的增加而变化。

表 9-5　不锈钢在含不同浓度氯离子的模拟冷却水中的 E_b 和 i_p（电位：0V）

$[Cl^-]$/mg·L^{-1}	0	100	200	225	250	300	400	500	600
E_b/V	0.977	0.972	0.973	0.727	0.661	0.604	0.480	0.430	0.378
i_p/μA·cm^{-2}	6.52	6.36	6.44	6.32	6.46	6.58	6.52	6.39	6.23

不锈钢电极在冷却水中发生的电化学反应可以用以下的反应式表示。在活性溶解区，Fe 发生溶解生成 Fe^{2+}：

$$Fe \Longrightarrow Fe^{2+} + 2e \tag{9-1}$$

电位升高发生进一步的氧化反应：

$$3Fe^{2+} + 4H_2O \Longrightarrow Fe_3O_4 + 8H^+ + 2e \tag{9-2}$$

$$2Fe^{2+} + 3H_2O \Longrightarrow \gamma\text{-}Fe_2O_3 + 6H^+ + 2e \tag{9-3}$$

其他合金元素如 Ni 也生成了相应的氧化物 $\gamma\text{-}NiO_2$。Cr_2O_3 在较低电位下就生成，是钝化膜的主要成分。因此可以说钝化膜由 Cr_2O_3、Fe_3O_4、$\gamma\text{-}Fe_2O_3$ 及 $\gamma\text{-}NiO_2$ 等氧化物共同组成。

在过钝化区，钝化的主要物质 Cr_2O_3 进一步氧化，形成可溶性的铬酸盐使钝化膜溶解：

$$Cr_2O_3 + 5H_2O \Longrightarrow 2CrO_4^{2-} + 10H^+ + 6e \tag{9-4}$$

有人根据钝化膜的表面结构中主要存在着 $H_2O—M—OH_2$ 和 $HO—M—OH$ 等物质形态，提出在钝化膜的表面发生如下反应：

$$(MOH)_{ad} + Cl^- \longrightarrow (MOH \cdot Cl^-)_{ad} \tag{9-5}$$

$$(MOH \cdot Cl^-)_{ad} + SO_4^{2-} \longrightarrow (MOH \cdot SO_4^{2-})_{ad} + Cl^- \tag{9-6}$$

$$(MOH \cdot SO_4^{2-})_{ad} \longrightarrow (MO)_{pas} + H^+ + SO_4^{2-} + e \tag{9-7}$$

$$(MOH \cdot Cl^-)_{ad} + OH^- \longrightarrow (MOH \cdot OH^-)_{ad} + Cl^- \tag{9-8}$$

$$(MOH \cdot OH^-)_{ad} \longrightarrow [M(OH)_2]_{ad} + e \tag{9-9}$$

$$(MOH)_{ad} \longrightarrow (MO)_{pas} + H^+ + e \tag{9-10}$$

$$(MOH)_{ad} + H_2O \longrightarrow [M(OH)_2]_{ad} + H^+ + e \qquad (9\text{-}11)$$

$$[M(OH)_2]_{ad} + H_2O \longrightarrow [M(OH)_3]_{ad} + H^+ + e \qquad (9\text{-}12)$$

$$[M(OH)_2]_{ad} \longrightarrow (MOOH)_{pas} + H^+ + e \qquad (9\text{-}13)$$

$$(MOH \cdot Cl)_{ad} \xrightarrow{rds} (MOHCl)_{com} + e \qquad (9\text{-}14)$$

$$(MOHCl)_{com} + nCl^- \longrightarrow (MOHCl\text{-}Cl_n^-)_{ad} \qquad (9\text{-}15)$$

$$(MOHCl\text{-}Cl_n^-)_{ad} + H^+ \longrightarrow M_{sol}^{2+} + H_2O + (n+1)Cl^- \qquad (9\text{-}16)$$

$$(MOH)_{ad} \longrightarrow (MOH)_{sol}^+ + e \qquad (9\text{-}17)$$

$$(MOH)_{sol}^+ + H^+ \longrightarrow M_{sol}^{2+} + H_2O \qquad (9\text{-}18)$$

上述式子中 ad、pas、com、sol 和 rds 分别表示吸附、钝化、络合、溶液相和速度控制步骤。反应式（9-6)~反应式(9-13）是钝化反应，反应式（9-5)、反应式（9-14)~反应式（9-18）是去钝化反应。只有当电位达到膜破裂电位（点蚀电位）E_b 时，反应式（9-14）及随后的反应式（9-15)、反应式（9-16）才会发生，导致局部区域高速溶解，产生点蚀。

侵蚀性阴离子的吸附依赖于金属表面附近溶液中侵蚀性离子的浓度和所施加的电位。电位对点蚀稳定性的作用在于，电位一方面影响金属阳极溶解电流密度和蚀坑内介质中阴离子的积累，另一方面还影响侵蚀性阴离子的电吸附过程。活性点蚀的产生需要在金属表面有一个大的侵蚀性阴离子表面覆盖度，这就需要高的侵蚀性阴离子浓度和足够正的电位。点蚀电位可认为是溶液中的侵蚀性阴离子浓度正好处于使之在金属表面达到临界表面覆盖度 Θ_{cr} 时的电位，当 $E > E_b$ 时，如果 $\Theta < \Theta_{cr}$，则可产生再钝化；而当 $E > E_b$ 时，如果 $\Theta > \Theta_{cr}$，则可发生稳定点蚀。点蚀成核过程中当钝化膜被溶解时，在相应的位置就建立了侵蚀性阴离子的电吸附平衡。在点蚀电位附近点蚀电流密度较小，可认为蚀点处溶液组成与溶液本体相近，根据带电物质吸附的 Langmuir 等温式：

$$\bar{\mu}_{ad} + RT\ln\left(\frac{\Theta}{1-\Theta}\right) - nF\varphi_{ad} = \bar{\mu}_s + RT\ln[X^-] - nF\varphi_s \qquad (9\text{-}19)$$

式中，$\bar{\mu}_s$ 是溶液中侵蚀性阴离子的标准化学位；$\bar{\mu}_{ad}$ 是 $\Theta = 0.5$ 时的吸附化学位；φ_s 是阴离子在溶液本体中的电势；φ_{ad} 是阴离子处于吸附态时的电势；X^- 表示侵蚀性阴离子。

$\varphi_{ad} - \varphi_s$ 为从溶液本体到双电层内侧的吸附阴离子中心位置处的电势差，是双电层电位降 $\Delta\varphi$ 的一部分，计作 $\varphi_{ad} - \varphi_s = \gamma \cdot \Delta\varphi$，其中 γ 为电吸附价。又由于 $\Delta\varphi$ 为金属电极的氢标电位 E 与标准氢电极的双电层电位降 $\Delta\varphi_h$ 之差，因此有 $\varphi_{ad} - \varphi_s = \gamma \cdot (E - \Delta\varphi_h)$。对一价的侵蚀性阴离子，将临界值 $E = E_b$、$\Theta = \Theta_{cr}$ 和 $n = 1$（侵

蚀性阴离子所带电荷）代入式（9-19），可得点蚀电位与侵蚀性阴离子浓度之间存在如下关系：

$$E_b = a - \frac{2.303RT}{\gamma F}\lg[X^-] = a + b\lg[X^-] \tag{9-20}$$

其中

$$a = \frac{2.303RT}{\gamma F}\lg\frac{\Theta_{cr}}{1 - \Theta_{cr}} + \frac{\overline{\mu}_{ad} - \overline{\mu}_s}{\gamma F} + \Delta\varphi_h \tag{9-21}$$

也即金属点蚀电位与溶液中侵蚀性阴离子浓度之间存在着式（9-20）的半对数关系，其中斜率 b 为负数。根据表 9-5 的数据，在氯离子促进点蚀的浓度范围，发现 TP316 不锈钢在模拟冷却水中的点蚀电位 E_b 与氯离子浓度对数 $\lg[Cl^-]$ 之间存在线性关系，如图 9-9 所示。通过线性拟合获得了 TP316 不锈钢在 45℃ 的模拟冷却水中的 E_b 与 $[Cl^-]$ 之间的关系为：

$$E_b = 2.57 - 0.79\lg[Cl^-] \tag{9-22}$$

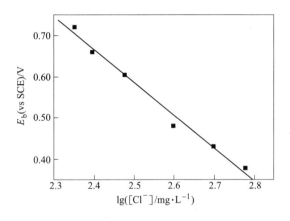

图 9-9　模拟冷却水中不锈钢点蚀电位 E_b 与 $\lg[Cl^-]$ 关系

　　氯离子可以促进不锈钢的点蚀，与之相反，冷却水中含氧酸根离子，特别是硫酸根离子则对不锈钢有缓蚀作用，在 $[Cl^-]$ 不变时，硫酸根离子浓度 $[SO_4^{2-}]$ 的增加使 E_b 明显提高。表 9-6 为 $[SO_4^{2-}]$ 不同的两种模拟冷却水中 E_b 随 $[Cl^-]$ 的变化。

表 9-6　$[SO_4^{2-}]$ 不同的两种模拟冷却水中 E_b 随 $[Cl^-]$ 的变化

$[SO_4^{2-}] = $ 180mg/L	$[Cl^-]$ /mg·L^{-1}	0	50	100	113	125	150	200	250	300
	E_b/V	0.976	0.973	0.973	0.735	0.681	0.590	0.467	0.432	0.385

续表9-6

$[SO_4^{2-}]=$ 360mg/L	$[Cl^-]$ /mg·L^{-1}	0	100	200	225	250	300	400	500	600
	E_b/V	0.977	0.972	0.973	0.727	0.661	0.604	0.480	0.430	0.378

表9-6显示，$[Cl^-]$对点蚀电位的影响与模拟冷却水中$[SO_4^{2-}]$有很大关系，更确切地说，点蚀电位E_b与$[Cl^-]$和$[SO_4^{2-}]$的比值有关。在模拟冷却水中，当$[Cl^-]/[SO_4^{2-}] \leq 0.56$时，氯离子的存在没有引起点蚀电位的变化，也即没有促进不锈钢的点蚀；但当$[Cl^-]/[SO_4^{2-}] \geq 0.63$时，$[Cl^-]$的增加使点蚀电位快速降低。这里$[Cl^-]/[SO_4^{2-}] \leq 0.56$可以作为模拟冷却水中不锈钢耐点蚀的一个临界浓度比。将式（9-22）中$[Cl^-]$用$[Cl^-]/[SO_4^{2-}]$代替，可以表示为：

$$E_b = 0.54 - 0.79\lg \frac{[Cl^-]}{[SO_4^{2-}]} \tag{9-23}$$

式（9-23）能更好地反映冷却水中不锈钢的点蚀电位与$[Cl^-]$之间的关系。可以用离子竞争吸附理论来解释SO_4^{2-}对不锈钢点蚀的抑制作用。在同时含有一定浓度Cl^-和SO_4^{2-}的水中，SO_4^{2-}可以通过竞争吸附，减少不锈钢表面Cl^-的吸附量，从而降低Cl^-对不锈钢的侵蚀性。水中$[SO_4^{2-}]$越大，吸附在不锈钢表面的Cl^-越少，SO_4^{2-}对不锈钢的缓蚀作用越强。

9.3.2.2 硫离子

冷却水中硫离子的来源主要有两方面：一是冷却水水源受污染，含有一定浓度的硫离子，如再生水；二是循环冷却水中自身含有大量微生物，特别是硫酸盐还原菌，可以将水体中的硫酸盐还原为硫离子，主要以HS^-的形式存在。

图9-10为316不锈钢在含不同浓度硫离子的模拟冷却水中的阳极极化曲线。

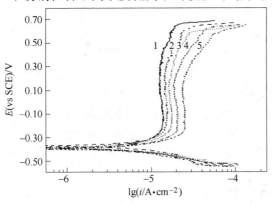

图9-10 不锈钢在含不同浓度硫离子的模拟冷却水中的阳极极化曲线
（硫离子浓度（mg/L）：1—0；2—1；3—3；4—6；5—9）

由图可见，硫离子的加入使不锈钢的钝态电流密度显著增大。取电位为 0V 时的钝态电流密度 i_p 进行比较，见表 9-7，加入 9mg/L 硫离子即可使 i_p 从 13.2μA/cm² 增大到 24.1μA/cm²，比无硫离子体系的 i_p 增大了近 1 倍。i_p 反映了金属通过钝化膜的溶解速度，其值的增大表明表面钝化膜保护性能的下降，说明硫离子改变了不锈钢表面钝化膜的性能。通过研究硫离子对不锈钢表面钝化膜半导体性质的影响，发现硫离子主要是改变了钝化膜内层铬氧化物的性质，使其对不锈钢的保护性能下降。

表 9-7　不锈钢在含不同浓度硫离子的模拟冷却水中的钝态电流密度（电位：0V）

硫离子浓度/mg·L⁻¹	0	1	3	6	9
i_p/μA·cm⁻²	13.2	14.7	16.9	19.7	24.1

9.3.2.3　硝酸根离子

硝酸根离子是含氮有机物分解的最终产物。环境污染使地表水含有不同程度的有机物，并逐渐氧化分解为硝酸根离子。硝酸根离子作为含氧酸根，对不锈钢的点蚀同样具有抑制作用，有文献认为其抑制作用要大于硫酸根离子。图 9-11 为含不同浓度硝酸根离子的模拟冷却水中 316 不锈钢的极化曲线。随着硝酸根离子浓度的增加，点蚀电位明显增大，说明硝酸根离子提高了不锈钢的耐点蚀性能。

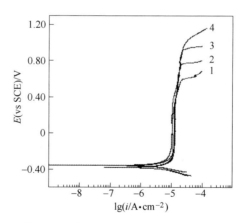

图 9-11　不锈钢在含不同浓度硝酸根离子
的模拟冷却水中的阳极极化曲线
（硝酸根离子浓度（mg/L）：1—0；2—32.5；3—65；4—97.5）

9.3.2.4　温度的影响

循环冷却水系统运行时，循环水温度一般不高于 45℃。在 15～55℃ 范围内，选取几个温度点，进行不锈钢极化曲线测定，如图 9-12 所示。由图可见，温度升高使不锈钢点蚀电位降低，同时钝态电流增大。说明温度升高使不锈钢钝化膜的保护性能降低，点蚀的敏感性增大。

对于一般的腐蚀体系，温度升高可以加快腐蚀过程，因为温度越高腐蚀反应速度越快。一般认为，温度升高使氯离子的化学吸附能力增强，更易吸附在不锈钢表面而使不锈钢耐点蚀性能下降。温度升高也可增加钝化膜的多孔性并改变钝化膜的组成和结构，使氯离子更易进入不锈钢钝化膜内。另外，不锈钢钝化膜的半导体性质也会随温度发生变化，如钝化膜在室温下为 p-型半导体，在较高温度下则显示 n-型半导体性质。

不锈钢的耐点蚀性能也可用临界点蚀温度（CPT，Critical Pitting Temperature）来评定。使用 CPT 评定的优点是，可以对较大范围的不同等级的钢进行比较并获得材料使用的限制温度。动电位极化和恒电位技术都可以用来测定 CPT。采用动电位极化时，在不同温度下测定点蚀电位，那个使金属从过钝化（低温）向点蚀（较高温度）转变的温度（或温度范围）就是 CPT。用恒电位技术测定 CPT 时，固定电位并缓慢升高温度，出现点蚀的温度就是 CPT。采用动电位极化法测定 CPT 时，可得图 9-13 所示的模拟冷却水中不锈钢 E_b 随温度的变化。可见模拟冷却水中不锈钢的临界点蚀温度 CPT 约为 35℃。

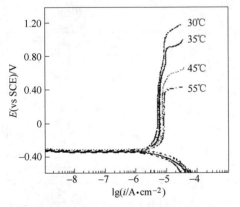
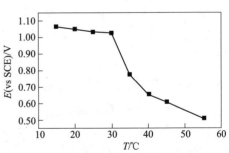

图 9-12　不同温度的模拟冷却水中
不锈钢电极的阳极极化曲线

图 9-13　模拟冷却水中不锈钢电
极点蚀电位与温度的关系曲线

CPT 与氯离子浓度有关。模拟冷却水的氯离子浓度减少为 100mg/L 时，CPT 可达 55℃；而当氯离子浓度增大到 600mg/L 时，CPT 小于 15℃。硝酸根离子则可使 CPT 升高，模拟冷却水中不含硝酸根离子时，CPT 约为 35℃；含 65mg/L 硝酸根离子时，CPT 升高至 50℃；含 97.5mg/L 硝酸根离子时，CPT 为 55℃。

9.3.2.5　水质稳定剂的影响

循环冷却水系统在运行过程中，通常需要加入水质稳定剂来控制热交换管表面的结垢和腐蚀问题，以及冷却水中的微生物和藻类等的繁殖问题。最常用的控制方法就是在冷却水中加入阻垢剂、缓蚀剂和杀生剂，这些药剂统称为循环水系统的水质稳定剂。水质稳定剂的加入可以在一定程度上影响冷却水中侵蚀性或缓蚀性离子的相对浓度，或改变不锈钢的表面状态，因而会对不锈钢的耐蚀性能产生影响。对不锈钢管凝汽器，采用不合适的水质稳定剂，可能反而会促进不锈钢的腐蚀，并增加处理成本。

图 9-14 是不锈钢在某电厂未加水质稳定剂的浓缩不同倍数冷却水中的极化曲线。由图可见随着浓缩倍数 N 的提高，不锈钢极化曲线在较低电位下就出现电流密度的增大，表明不锈钢的点蚀敏感性增强。N 为 1.5 时就已出现冷却水对不锈钢侵蚀性增大的现象。随着 N 值的提高，不锈钢点蚀电位降低，冷却水对不锈钢的侵蚀性增大。冷却水在浓缩过程中，水体中的 Cl^- 浓度按比例增大，但由于钙镁垢类的析出，HCO_3^-、SO_4^{2-} 等含氧酸根离子浓度将减少，导致冷却水的侵蚀性随 N 值的提高而增强。另外不锈钢表面的结垢可能也会影响其耐蚀性能，使不锈钢点蚀电位下降。图 9-15 所示为浓缩过程中冷却水的 Cl^-、Ca^{2+} 浓度变化。图中显示 Cl^- 浓度基本按浓缩倍数比例增大，而 Ca^{2+} 浓度的增大趋势明显小于浓缩倍数，结果 $[Cl^-]/[Ca^{2+}]$ 比值逐渐增大，水中含氧酸根离子浓度减小，冷却水侵蚀性增强。

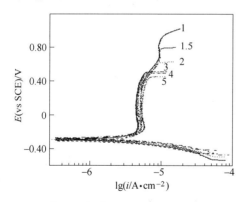

图 9-14　不锈钢在浓缩不同倍数
冷却水中的极化曲线
（图中数字为 N 值）

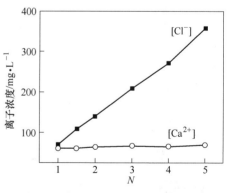

图 9-15　冷却水浓缩过程中氯离子
和钙离子浓度的变化

阻垢剂通常是可以对成垢颗粒产生分散作用和晶格畸变作用，或对成垢离子具有络合增溶作用的有机化合物。在冷却水中加入络合增溶类的阻垢剂，可以明显改善冷却水在浓缩过程中对不锈钢的侵蚀性。这类阻垢剂在冷却水中一方面增大成垢盐类的溶解度，防止垢类的沉积；另一方面通过阻垢作用保持冷却水在浓缩过程中氯离子浓度和含氧酸根离子浓度的比值，抑制不锈钢的点蚀。图 9-16 为不锈钢在含阻垢剂、不同浓缩倍数冷却水中的极化曲线，显示不锈钢在浓缩倍

数 N 值不大于 5 的冷却水中,浓缩倍数的变化未改变不锈钢的极化曲线,即浓缩过程中不锈钢的耐蚀性能未发生变化。但 N 值达到 6 时,极化曲线中钝化区缩短,不锈钢未极化到过钝化电位就出现了电流密度的增大,不锈钢的点蚀敏感性增加。同时测定了冷却水中 $[Cl^-]/[Ca^{2+}]$ 比值的变化,发现在 N 值不大于 5 时,$[Cl^-]/[Ca^{2+}]$ 比值变化很小,说明阻垢剂具有良好的阻垢性能和对不锈钢的缓蚀性能。这里阻垢剂对不锈钢的缓蚀作用体现在其对成垢物质的增溶作用。

循环冷却水中添加的缓蚀剂一般有两类物质:

(1)有机缓蚀剂,例如铜的缓蚀剂苯并三氮唑等,可以在铜及铜合金表面形成吸附性保护膜;

(2)无机缓蚀剂,最常见的是锌盐,可以与水中的 OH^- 形成氢氧化锌沉淀膜,对碳钢等钢铁类金属具有较好的保护作用。

图 9-17 是不锈钢在含锌盐水质稳定剂、不同浓缩倍数冷却水中的极化曲线,水质稳定剂中加入锌盐后,缓蚀剂对不锈钢的缓蚀作用反而下降。在冷却水浓缩至 4 倍时就已经出现不锈钢点蚀电位的下降。锌盐在金属表面形成的沉淀膜对碳钢等金属具有较好的保护作用,但对不锈钢来说,这层沉淀膜可能通过阻止氧气分子与不锈钢表面充分接触,影响不锈钢表面钝化膜的致密性和保护性,从而使不锈钢的耐蚀性能下降。同理,BTA 等铜合金缓蚀剂也不适用于不锈钢。

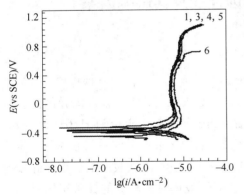

图 9-16　不锈钢在含阻垢剂、不同浓缩
倍数冷却水中的极化曲线
(图中数字为 N 值)

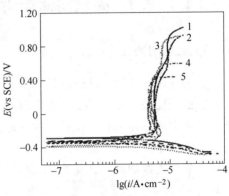

图 9-17　不锈钢在含锌盐水质稳定剂、
不同浓缩倍数冷却水中的极化曲线
(图中数字为 N 值)

杀生剂也有不同的类型,常分为氧化性杀生剂和非氧化性杀生剂两大类。有的杀生剂在水中会释放出卤素离子,对不锈钢的耐蚀性能产生影响。图 9-18 为不锈钢在含不同杀生剂的冷却水中的极化曲线。与未加杀生剂时(曲线 1)相比较,加入非氧化性杀生剂异噻唑啉酮后(曲线 2)不锈钢的极化曲线几乎未发生变化,说明这种杀生剂的使用对不锈钢没有侵蚀性。次氯酸钠和高浓度新洁尔灭(十二烷基二甲基苄基溴化铵)的加入均使不锈钢的点蚀敏感性增大,其中

次氯酸钠对不锈钢的侵蚀性更大，在较低浓度下就可以使不锈钢的点蚀电位显著下降。次氯酸钠是较为常用的杀生剂，不仅抑菌性能好，而且价格也便宜。但对不锈钢凝汽器来说，要慎用这类含氯、含溴的杀生剂。

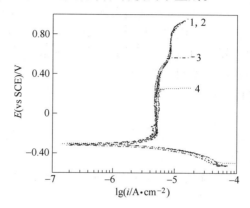

图9-18　不锈钢在含不同杀生剂的冷却水中的极化曲线
1—无杀生剂；2—20mg/L 异噻唑啉酮；3—100mg/L 新洁尔灭；4—20mg/L 次氯酸钠

9.4　凝汽器钛管耐蚀性能及其影响因素

9.4.1　钛的耐蚀性特点

钛为ⅣB族金属，是一种具有金属光泽的过渡元素。作为一种重要的金属材料，钛的强度高，耐高温，也耐超低温，容易加工，还具有非常优异的耐蚀性能。从热力学角度来看，钛是一种十分活泼的金属（标准电位为-1.63V），极易与氧气反应生成二氧化钛，但钛一旦被氧化，就可在表面形成一层致密的纳米级厚度的氧化物保护膜（钝化膜），防止氧化的继续进行。钛表面的这层氧化物膜还具有神奇的"自修复"能力，当这层膜遭受破坏时，暴露的钛可迅速被氧化而使氧化物膜保持完整和致密。钛的这个特性使其在绝大多数环境介质中都具有优异的耐蚀性能。基于以上特性，以及低密度和较好的可塑性，钛被广泛应用于海洋工程、航空航天、军用工业等领域，目前也在化工、电力、冶金、医疗、航海、汽车、机电等行业获得广泛应用。

常用的工业纯钛一般为 α 相钛（用 TA 表示），具有密排六方结构，含有极少量的氧、碳、氮、铁和其他杂质。这种工业纯钛强度不高，但具有很好的塑性，易于加工成形。常见工业纯钛的牌号与成分见表9-4。其中，TA1 的耐蚀性能和综合力学性能适中，能满足大多数条件下的使用要求。当环境对强度要求较高时可采用 TA3。对于发电厂凝汽器，由于一般采用厚度为 0.5～0.7mm 的薄壁钛管，对钛的加工性能要求较高，因此一般采用 TA1 牌号的工业纯钛。

钛的耐蚀性能取决于其在环境介质中能否钝化。在能钝化的条件下，钛很耐蚀；而在不能钝化的条件下，钛不仅不耐蚀，甚至会与环境中的氧化剂发生剧烈的化学反应。具体来说，钛的耐蚀性能具有以下几个特点。

（1）钛在大气、海水和其他天然水体、土壤中都具有优异的耐蚀性能。即使是在被污染的大气和海水中，在较高温度和较高流速下，钛都具有很高的耐蚀性能。一般情况下钛表面的钝化膜不会被 Cl⁻ 破坏，钛的耐海水腐蚀性能好。但在温度高于 130℃的海水中，工业纯钛会发生点蚀。

（2）钛在不同酸性溶液中具有不同的耐蚀性能。

1）在氧化性酸中钛的耐蚀性能好，如在各种浓度的硝酸中钛的腐蚀速度很小。

2）钛不耐非氧化性酸如盐酸、磷酸和稀硫酸的腐蚀，且随着温度和酸浓度的升高，钛的腐蚀速度急剧增大。但当在这些酸中添加少量氧化剂（硝酸、氯气等）或高价重金属离子时，钛的腐蚀速度可迅速降低，例如钛在 60℃以下的王水中不腐蚀，因王水中含有硝酸。

3）钛在氢氟酸中可被迅速腐蚀。在含氟离子的溶液中，钛的腐蚀速度也很高，因为氟离子可迅速溶解钛表面的钝化膜。

4）在除甲酸、草酸和浓柠檬酸外的所有其他有机酸中，钛有很好的耐蚀性能。

（3）钛在稀碱液中耐蚀，但不耐高浓度（质量分数大于 22%）、高温度碱腐蚀。

（4）钛在大多数盐溶液中具有优异的耐蚀性能，但在较高浓度和温度的氯化铝、氯化钙和氯化锌溶液中不耐蚀。

（5）钛在无水的氧化性介质中很危险。例如钛在无水 Cl₂ 中，可发生剧烈燃烧，但只要在 Cl₂ 中加入 2%的水，钛就很耐蚀，因为水可以使钛表面维持钝态。

钛是自然水体中最耐蚀的材料之一。正常情况下，钛在凝汽器冷却水环境中具有优异的耐蚀性能。但在使用不当时，也会导致钛管的严重腐蚀损坏，如酸洗液选择不当、设计不合理等。

9.4.2 钛的几种常见局部腐蚀形式

（1）缝隙腐蚀。钛在室温或稍高温度的海水中一般不发生缝隙腐蚀。但钛设备在高温氯化钠溶液和湿氯气中常因缝隙而损坏，在含氧化剂的盐酸溶液中也发生过缝隙腐蚀。当钛接触聚四氟乙烯垫片时，缝隙腐蚀格外严重，这可能是由于长期使用时有氟离子出现，造成钛的快速腐蚀。在凝汽器冷却水系统，钛管表面的沉积物、生物膜也会导致钛缝隙腐蚀的发生。

（2）氢脆。钛在致氢环境中，可发生吸氢而导致脆化，即发生氢脆。造成钛吸氢的主要是钛表面产生的活性氢原子，其来源主要有：

1）环境介质中的分子氢，如高温氢气氛；

2）发生腐蚀时产生的氢被钛吸收，例如钛的缝隙腐蚀常伴随着吸氢；

3）钛与电位更负金属接触，造成这种电位更负金属的电偶腐蚀，而钛表面发生阴极反应可产生氢；

4）采用阴极保护时，保护电位过低时产生氢。

在 α 相钛中氢的固溶度较低，为（20～100）×10^{-6}，氢可以 H、H^+ 等形式固溶于金属中。有关氢脆的机理，氢压理论认为是由于一部分过饱和的氢在晶界、孔隙等缺陷处析出，形成分子氢，逐步积累后产生很大的内压，在外力作用下产生裂纹；也有认为氢在裂纹尖端的吸附降低了表面能，使裂纹更容易扩展。一般认为，钛的氢脆属于氢化物型氢脆，其脆裂的发生与氢化物的生成密切相关。钛的氢化物具有很负的标准生成吉布斯自由能，从热力学角度来说极易生成。钛的氢脆始于其表面钝化膜的破坏，钛表面的氢原子首先与钛反应生成氢化钛，随后氢原子进入钛基体，使钛变脆。当钛的吸氢量达到（80～100）×10^{-6}时，可以观察到在钛的微观组织中出现了氢化物的沉积，氢化物的出现意味着钛全面吸收大量的氢而脆化，加速了钛的腐蚀。

影响钛发生氢脆的因素，首先是钛基体中氢的含量，当氢在钛中的含量超过其固溶度时，就会形成氢化钛，在一定范围内氢含量越高，钛的氢脆敏感性越大。其次是钛的表面状态，钛表面膜缺陷多、不完整时，吸氢量就多；钛表面膜更致密牢固时，则吸氢量少，如对钛采用真空退火、表面处理等可以减少吸氢量。从环境因素来看，钛表面被铁污染时，会增大钛的吸氢量，因为铁与钛可形成腐蚀电池，钛表面因发生阴极反应而产生氢原子；环境温度的升高可以加快氢在钛中的扩散速度、钛和氢的反应速度，从而促进钛的氢脆的发生。

（3）磨损腐蚀。钛在干净的自然水体中甚至是在被污染的海水中耐磨损腐蚀性能都较好。但钛制设备在含固体物质的流体中，可发生磨损腐蚀。例如，在有泥沙、贝壳等外来物的水中，钛管表面会受到磨损腐蚀。

（4）点蚀。钛在多数盐溶液中不发生点蚀。在非水溶液和沸腾的高浓度氯化物溶液中，钛表面膜可以被卤素离子破坏，出现点蚀。

（5）电偶腐蚀。一般情况下，钛及其合金在水溶液中的电位较正，使得与之接触的电位较低的金属发生电偶腐蚀。例如在水溶液中钛与不锈钢接触、钛与铜合金接触，均能导致不锈钢或铜合金发生电偶腐蚀。

9.4.3　钛管凝汽器的主要失效形式

虽然在冷却水环境中，钛管具有较好的耐电化学腐蚀性能，但在凝汽器运行过程中，在复杂工况和介质作用下，钛管可发生氢脆、磨损腐蚀等现象，其他金属也可能发生电偶腐蚀问题。另外，振动、应力等物理作用也可导致钛管失效。凝汽器钛管的失效形式如下。

（1）钛管的氢脆。凝汽器在正常运行中，汽侧接触高温蒸汽，又与碳钢支撑板接触，腐蚀体系中可能存在析氢阴极反应，使钛具备吸氢条件。另外，管板采用阴极保护时，如果保护电位过负，也会产生氢原子。钛与氢原子反应形成氢化钛覆盖在钛表面，因氢化钛硬度较高且脆性较大，钛管的伸长率与断面收缩率下降，使钛管力学性能降低，最终发生脆性断裂。

（2）钛管的磨损腐蚀。凝汽器运行时，冷却水以一定的流速在钛管内流动，当冷却水中含有砂砾、贝壳等异物时，可造成流速较大的冷却水入口端等部位发生磨损腐蚀。管外局部区域因磨损而减薄的事故也时有发生。例如，某核电厂凝汽器冷却管采用 TA1 钛管，支撑板为碳钢，碳钢腐蚀生成的铁氧化物流挂到支撑板镗孔内，加剧了钛管与镗孔内表面之间的接触磨损。

（3）海生物引起的腐蚀损坏。海生物附着在钛管表面，可形成缝隙，造成钛表面的缝隙腐蚀。例如，某厂钛管表面附有藻类时，经过几年使用后缝隙腐蚀深度达到了 0.1mm，相对于钛管的厚度 0.5mm，这是一个不可忽视的腐蚀深度。海水中的微生物在钛管表面形成较厚的微生物膜时，也会促进钛管的缝隙腐蚀。另外，在某厂还发现少量贝壳随海水进入凝汽器，锋利的贝壳卡在钛管内，在水流的不断冲击下，贝壳产生振动和位移可以磨穿钛管。

（4）冷却管振动产生的破坏。钛管的弹性模量小、管壁薄，易受振动影响。凝汽器冷却管的振动主要来自两个方面：一是当冷却管固有频率与汽轮机转动频率接近时，可产生共振；二是冷却管受高速排气的冲击而产生的诱振。振幅较大时，可导致冷却管间碰撞和磨损的发生；振动严重时还会导致管口或隔板支撑处发生泄漏。

（5）热应力导致的破坏。凝汽器正常工作时，各部位冷却水温度较为稳定，热应力不易形成。当凝汽器运行出现异常时，如抽气不正常导致真空度出现较大波动、冷却水供应出现异常等，或汽轮机启动或空负荷运行时，冷却管不同部位出现明显的温度差而产生热应力。热应力反复作用可使冷却管与管板间的连接受到破坏。

（6）钛的燃烧破坏。钛是一种极易氧化的材料，一般情况下受其表面形成的氧化膜的保护。但钛极易燃烧，应注意防护。例如，某厂发电机组在检修时，因焊接熔渣引燃了脚手架及橡胶内衬，进而引燃钛管及钛管板，使该机组凝汽器钛管全部被烧毁，因此查漏及检修时必须注意避免明火。

（7）管板的电偶腐蚀。有的凝汽器冷却管采用钛管，管板采用铜合金板。由于在海水中铜合金电位低于工业纯钛，因此铜合金管板受到电偶腐蚀。而且在这个腐蚀体系中，铜管板的有效面积比钛管的要小得多，形成"大阴极小阳极"结构，使铜合金管板的腐蚀加速。

9.4.4　凝汽器钛管的防护措施

钛管在海水等天然水体中虽然具有优异的耐蚀性能，但其腐蚀损坏仍时有发生，可以通过合理设计、优化运行、杀菌灭藻等措施进行防护。

（1）预防钛管的氢脆。氢脆主要是由体系中氢原子的生成引发的，因此要尽量避免出现氢原子的产生条件，例如做好凝汽器中异金属的防护，避免钛与其他金属接触时因电偶腐蚀导致的析氢现象；焊接时要防止钛管表面的铁污染。实施阴极保护时，要注意控制保护电位不能太负。

（2）对水室进行阴极保护。当凝汽器水室和内壁采用铜合金或不锈钢等材料时，可以通过阴极保护来降低金属的腐蚀速度。可以采用涂层与阴极保护联合保护的方法，但在保护过程中，要严格控制海水中钛的电位不低于$-0.75V$（相对于 Ag/AgCl 电极，下同），保护电位可以控制在$-0.65 \sim -0.50V$ 范围。采用牺牲阳极保护时，可以采用铁合金阳极（铁锰合金阳极），该阳极在海水中的工作电位约为$-0.60V$，并且性能稳定，溶解均匀。常用的牺牲阳极如铝合金和锌合金，工作电位一般都要低于$-1.00V$，采用这两种牺牲阳极会使钛管板及钛冷却管有发生氢脆的危险。

（3）加强海生物和微生物控制。藻类等海生物及微生物在钛管表面的附着成膜，可以造成钛的缝隙腐蚀，应避免这些物质在钛管表面的生长。可以加强水的杀菌灭藻处理，如采用电解海水制次氯酸钠的方法，或投加高效杀生剂。取水口加装滤网，防止海生物进入冷却水系统。

（4）保持钛管表面的清洁状态。清洁的表面钝化膜质量好，对金属的保护性能好，同时也可以保证较好的传热效率。可以采用胶球清洗装置来保持钛管表面的清洁。

（5）控制冷却管的振动。钛管振动严重时会导致管口或隔板支撑处发生泄漏，可通过调整隔板最大允许跨距来减小或避免钛管振动的产生。

（6）加强检修管理。对可能引起管壁减薄的支撑板镗孔，检修时要注意消除杂物，并进行打磨平整处理；停机检查时要避免异物如固体小颗粒等带入。

（7）加强停用保护。停用时凝汽器冷却管内应放水吹干，保持干燥，使钛管表面维持致密钝化膜保护状态。

9.5　凝汽器的防护措施

前面涉及特定腐蚀体系时，已讲到一些有关凝汽器的腐蚀控制。本节着重介绍凝汽器防护的通用方法。

9.5.1 合理选材

控制凝汽器的腐蚀，选材是关键。我国各地发电厂水源水质的不同，冷却水的侵蚀性也不一样。即使是同一电厂，冷却水的水质也会随季节、上游来水、水污染、气候、浓缩倍数等的变化而变化。因此，必须根据冷却水的水质及其变化情况，对凝汽器冷却管材和管板等进行合理选材。

根据《发电厂凝汽器及辅机冷却器管选材导则》（DL/T 712—2021），凝汽器的选材应根据管材的耐蚀性能、冷却水质、设计使用年限、价格、维护费用等进行技术经济综合比较后确定，冷却管设计使用年限不应低于 20 年。选材时应考虑冷却水中的溶解性固体、氯离子、悬浮物和含沙量等成分对管材腐蚀的影响。选材时注意选择合适材料，并不是越"高级"越好。

9.5.1.1 铜合金管的选用条件

当冷却水污染指标符合下列要求时，可以选用铜合金管：硫离子含量小于 0.02mg/L，氨含量（NH_3）小于 1.00mg/L，氨-氮含量（NH_3-N）小于 1.00mg/L，化学需氧量（COD）小于 10mg/L。根据冷却水中溶解性固体、氯离子和悬浮物等含量以及冷却水流速，可以选用不同类型的铜合金，见表 9-8。

表 9-8　凝汽器铜合金管所适应的水质及允许流速

牌　号	水质（水中物质含量）/mg·L^{-1}			允许流速/m·s^{-1}	
	溶解性固体	氯离子浓度	悬浮物和含沙量	最低	最高
HAs68-0.04	<300，短期<500	<50，短期<100	<100	1.0	2.0
HSn70-1	<1000，短期<2500	<400，短期800	<300	1.0	2.2
HSn70-1-0.01	<3500，短期<4500	<400，短期<800	<300	1.0	2.2
HSn70-1-0.01-0.04	<4500，短期<5000	<1000，短期<2000	<500	1.0	2.2
BFe10-1-1	<5000，短期<8000	<600，短期<1000	<100	1.4	3.0
HAl77-2	<35000，短期<40000	<20000，短期<25000	<50	1.0	2.0
BFe30-1-1	<35000，短期<40000	<20000，短期<25000	<1000	1.4	3.0

表 9-8 中，"短期"是指一年中累计运行不超过两个月；表中氯离子含量仅供参考，因为对铜合金来说，氯离子对腐蚀的影响没有不锈钢那么显著。另外，铝黄铜 HAl77-2 不耐冲刷，只适合于水质稳定、流速较低的清洁海水。随着水的电导率、氯离子和悬浮物含量的增加，可以依次选用锡黄铜 HSn70-1、加砷锡黄铜 HSn70-1A（HSn70-1-0.01）和加硼锡黄铜 HSn70-1AB（HSn70-1-0.01-0.04）。而在电导率更高、流速更大的冷却水中，可以选用白铜 B10（BFe10-1-1）和

B30(BFe30-1-1)，其中 B30 可以在氯离子含量更高、流速更大的水中使用。

9.5.1.2　不锈钢的选用条件

不锈钢的选用比较复杂，不能仅凭氯离子进行选材。但考虑到各地水质的复杂性，通常可以根据表9-9进行初选，再结合特定电厂冷却水水质和浓缩要求等具体情况，通过电化学测试后做最后确定。

表9-9　常用不锈钢管适用水质的参考标准

氯离子浓度 /mg·L⁻¹	中国 GB/T 20878		美国 ASTM A959	日本 JIS G4303 JIS G4311	国际标准 ISO/TS 15510	欧洲标准 EN 10088：I EN 10095 等
	统一数字代码	牌　号				
<200	S30408	06Cr19Ni10	S30400，304	SUS304	X5CrNi18-10	X5CrNi18-10, 1.4301
	S30403	022Cr19Ni10	S30403，304L	SUS304L	X2CrNi19-11	X2CrNi19-11, 1.4306
	S32168	06Cr18Ni11Ti	S32100，321	SUS321	X6CrNiTi18-10	X6CrNiTi18-10, 1.4541
<1000	S31608	06Cr17Ni12Mo2	S31600，316	SUS316	X5CrNiMo 17-12-2	X5CrNiMo17-12-2, 1.4401
	S31603	022Cr17Ni12Mo2	S31603，316L	SUS316L	X2CrNiMo 17-12-2	X2CrNiMo17-12-2, 1.4404
<2000	S31708	06Cr19Ni13Mo3	S31700，317	SUS317	—	—
	S31703	022Cr19Ni13Mo3	S31703，317L	SUS317L	X2CrNiMo 19-14-4	X2CrNiMo18-15-4, 1.4438
<5000	S31708	06Cr19Ni13Mo3	S31700，317	SUS317	—	—
	S31703	022Cr17Ni13Mo3	S31703，317L	SUS317L	X2CrNiMo 19-14-4	X2CrNiMo18-15-4, 1.4438

注：对于 TP317（L），"<2000"可用于再生水；"<5000"适用于无污染的咸水。

在表9-9中，由于未考虑水中其他离子对不锈钢耐蚀性能的影响，特别是含氧酸根离子（如硫酸根离子）对不锈钢的缓蚀作用，因此对某种特定的不锈钢，表中设定的其耐氯离子浓度的限值可能会偏低。如对 TP304（L）不锈钢，表9-9中规定冷却水中的氯离子浓度不能高于200mg/L，但在含硫酸根离子、硝酸根离子等缓蚀性离子含量比较高的冷却水中，TP304（L）不锈钢的耐氯离子浓度限值可以达到500mg/L以上，甚至在氯离子浓度达到1000mg/L的冷却水中也不会发生点蚀。反之，在缓蚀性离子含量较低的冷却水中，TP304（L）不锈钢的耐氯离子浓度限值可能还达不到 200mg/L。由于不锈钢在冷却水环境中的主要腐蚀形态为点蚀，因此对不锈钢管的选材，应结合点蚀电位的测定进行。

不锈钢在冷却水中的耐蚀性能与冷却水中的侵蚀性离子浓度、侵蚀性离子与缓蚀性离子浓度的比值、冷却水处理方式和浓缩倍数、焊缝质量、不锈钢表面的清洁程度等都有很大的关系，选材时应按最差水质工况进行。不锈钢管为焊接管的，应确保焊缝区域的质量，进行点蚀电位测量时，应选择较薄弱的焊接区域进行测试，并与本体进行耐蚀性能的比较。不锈钢管表面的沉积物（水垢、泥沙、微生物膜等）可显著降低不锈钢的耐蚀性能，运行时应采取有效措施进行预防。

9.5.1.3 钛管的选用条件

滨海电厂或有季节性海水倒灌的机组，凝汽器及辅机冷却器管应选用钛管。对于使用严重污染的淡水或内陆咸水湖作冷却水水源的机组，也可选用钛管。但使用钛管成本较高。

9.5.1.4 管板的选择

凝汽器管板的选择，可以从管板材料的耐蚀性能和管材材质等方面进行技术经济比较，并结合冷却水水质等情况后进行选择。

对于溶解性固体小于 2000mg/L 的冷却水（淡水），可选用碳钢板做管板，并采取有效的防腐涂层和电化学保护。对于海水，可选用钛管板、复合钛管板、不锈钢管板、复合不锈钢管板或采用与凝汽器管材相同材质的管板；使用薄壁钛管时，管板应使用钛管板或复合钛管板。对于咸水，可根据管材和水质情况选用碳钢管板、不锈钢管板或复合不锈钢管板。当管板材质与换热管材质不一致时，可采用管板涂层、电化学保护等防腐措施。

9.5.2 循环冷却水处理

在循环冷却水运行过程中，为了防止冷却管表面的结垢和冷却水对金属的腐蚀，以及水中微生物和藻类的繁殖带来的腐蚀和对传热性能的影响，通常需要对循环水进行必要的处理。进行循环水处理可以有效避免冷却管表面出现沉积物附着、堵塞和腐蚀穿孔等危害，保障循环冷却水系统的安全运行；循环冷却水的循环利用可以降低用水量，节水效果明显；循环冷却水在高浓缩倍数下运行，还可以减少冷却污水排放量，甚至实现零排放，显著减少环境污染的问题。通过合理的循环水处理方式，保持冷却管表面的清洁和健康状态，可以使凝汽器维持较高的换热效率，并延长设备使用寿命。循环冷却水处理可以采用化学处理法和物理处理法。化学处理主要是在冷却水中加入阻垢缓蚀剂、杀生剂等进行水质控制。物理处理则是通过电解除垢、电磁处理等方法进行结垢和腐蚀控制。化学处理是目前大多数发电厂采用的循环冷却水处理方法。

9.5.2.1　阻垢剂

阻垢剂的作用是防止冷却管表面的结垢。循环水系统在运行过程中，随着温度和浓缩倍数的提高，冷却水中的 Ca^{2+}、Mg^{2+} 与 HCO_3^-、OH^- 等作用，产生难溶性的 $CaCO_3$、$Mg(OH)_2$ 等沉淀类物质，沉积在冷却管表面。结垢会降低冷却管传热效率，阻塞水流，产生垢下腐蚀，增加设备的清洗频率，因此有效抑制垢的形成是保持冷却水系统良好运行状态的关键。

国内外循环冷却水系统普遍采用阻垢剂延缓无机垢的生成。阻垢剂的发展经历了从最初的天然有机物，到无机聚磷酸盐、全有机配方聚合物，直至现在普遍要求采用绿色无磷或低磷的环境友好型绿色阻垢剂的过程。目前使用的阻垢剂主要是有机物质，如聚丙烯酸类、膦酸类、膦羧酸类和有机磷酸脂类，以及绿色阻垢剂聚天冬氨酸、聚环氧琥珀酸等。

冷却水中成垢物质和溶液之间存在着动态的平衡，阻垢剂能够吸附到成垢物质表面，影响垢的生长和溶解的动态平衡。有关阻垢剂的阻垢机理，一般认为存在以下几方面的作用。

（1）晶格畸变。碳酸钙微晶在成长时按照一定的晶格排列，结晶致密，比较坚硬。加入阻垢剂后，阻垢剂吸附在晶体上并掺杂在晶格的点阵中，对无机垢的结晶形成了干扰，使晶体发生畸变，或使大晶体内部的应力增大，从而使晶体易于破裂，阻碍了垢的生长。

（2）络合增溶。阻垢剂在水中可与钙镁离子形成稳定的可溶性螯合物，将更多的钙镁离子稳定在水中，从而增大了钙镁盐的溶解度，抑制了垢的沉积。

（3）凝聚与分散。阴离子型阻垢剂在水中解离生成的阴离子在与碳酸钙微晶碰撞时，会发生物理化学吸附现象，使微晶粒的表面形成双电层，使之带负电。阻垢剂的链状结构可吸附多个相同电荷的微晶，它们之间的静电斥力可阻止微晶相互碰撞，从而避免了大晶体的形成，并使微晶粒在水中均匀分散，将碳酸钙稳定在溶液中。

（4）再生-自解脱膜假说。聚丙烯酸类阻垢剂能在金属传热面上形成一种与无机晶体颗粒共同沉淀的膜，当这种膜增加到一定厚度后，会在传热面上破裂，并带着一定大小的垢层离开传热面。这种膜的不断形成和不断破裂，使垢层的生长受到抑制。

（5）双电层作用机理。对于有机膦酸盐类阻垢剂，认为阻垢作用是由于阻垢剂在生长晶核附近的扩散边界层内富集，形成双电层并阻碍垢离子或分子簇在金属表面凝结。

多数阻垢剂在抑垢过程中，往往存在多方面的抑垢作用。例如，有些阻垢剂同时存在着对碳酸钙等成垢物质的晶格畸变作用、对成垢离子的增溶作用和对成垢微晶粒的分散作用。阻垢剂的这些作用会对不锈钢的耐蚀性能产生影响。对成垢离子具有络合增溶作用的阻垢剂，可以提高不锈钢在冷却水中的耐蚀性能，如图 9-17 所示。另外，多数有机类阻垢剂如有机膦酸，在较高浓度下也可以对铜合金和碳钢起到一定的缓蚀作用，因为这些阻垢剂通常含有极性基团，可以在金属表面形成吸附保护膜而抑制金属的腐蚀。

9.5.2.2 缓蚀剂

循环水系统使用的缓蚀剂，主要有以下两大类：

（1）用于抑制铜合金管腐蚀的铜缓蚀剂，如二巯基苯并噻唑（MBT）、苯并三唑（BTA）和甲基苯并三唑（TTA），通过在黄铜表面形成吸附膜来抑制腐蚀；

（2）用于抑制钢铁类腐蚀的缓蚀剂，如锌盐、有机膦酸等，其中锌盐（如硫酸锌）的使用最为普遍。

锌盐是一种阴极型缓蚀剂，其作用机理是水中的 Zn^{2+} 可以在腐蚀电池的阴极区域，与阴极反应生成的 OH^- 作用生成 $Zn(OH)_2$ 沉淀，附着在金属表面而起到缓蚀保护作用。虽然这些吸附膜型或沉淀膜型缓蚀剂，对不锈钢的缓蚀作用有限（见图 9-17），但对铜合金和碳钢可以起到较好的保护作用。

冷却水中缓蚀剂的应用要注意其使用条件。例如，锌盐对碳钢（管板和输水管道的主要材料）可以起到较好的缓蚀作用，但其缓蚀性能与冷却水的 pH 值密切相关。图 9-19 所示为碳钢在含阻垢剂 2-膦酸基丁烷-1,2,4-三羧酸（PBTCA）和（或）锌盐的冷却水中的线性极化电阻 R_p 与 pH 值的关系。可以看出，在空白体系和只含有 PBTCA 的冷却水中，碳钢的 R_p 值随着 pH 值的上升而缓慢增大，但在含阻垢剂冷却水中的 R_p 值明显优于空白体系。R_p 值越大，碳钢的腐蚀反应阻力越大，即碳钢的耐蚀性能越好，说明 PBTCA 对碳钢具有缓蚀作用。而在含 Zn^{2+} 的冷却水中，当 pH = 5~8 时，碳钢 R_p 值随冷却水 pH 值增加而显著增大，在 pH = 8 时达到最大值；pH 值继续升高，则出现了碳钢 R_p 值降低的现象。

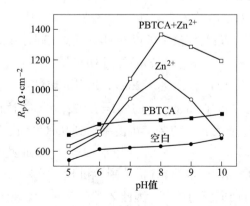

图 9-19　碳钢在含不同药剂冷却水中的极化电阻 R_p 值随 pH 值的变化

在含氧的中性和碱性水溶液中，碳钢主要发生耗氧腐蚀。碳钢的主要组成是铁和碳，还含有硅、锰、硫等元素，在含氧的冷却水中可形成腐蚀原电池体系，导致电化学腐蚀的发生。其中，电位较负的基体铁为阳极，而电位较正的碳和硫等区域为阴极，发生如下的电极反应。

$$阳极反应： \qquad 2Fe - 4e \longrightarrow 2Fe^{2+} \qquad (9\text{-}24)$$

$$阴极反应： \qquad O_2 + 2H_2O + 4e \longrightarrow 4OH^- \qquad (9\text{-}25)$$

阴极和阳极反应的产物进一步发生如下反应：

$$Fe^{2+} + 2OH^- \longrightarrow Fe(OH)_2 \qquad (9\text{-}26)$$

$$4Fe(OH)_2 + 2H_2O + O_2 \longrightarrow 4Fe(OH)_3 \qquad (9\text{-}27)$$

研究表明，溶液中的有机缓蚀剂可通过氧、氮、磷原子上的孤对电子在碳钢表面进行化学吸附。PBTCA 的缓蚀机理主要是将 PBTCA 中的羧基和膦基提供的未成对电子，提供给碳钢阳极溶解产物 Fe^{2+}，形成 Fe-PBTCA 配合物。该配合物以化学吸附的形式覆盖在碳钢表面，对碳钢的阳极溶解起到一定的抑制作用，从而降低碳钢的腐蚀速度。一方面，pH 值的升高可以促进反应（9-26）及随后反应（9-27）的进行，使碳钢表面更易形成腐蚀产物膜；另一方面，氧还原反应电位随着 pH 值的升高而下降，从而使腐蚀原电池的推动力下降。因此在空白和只含 PBTCA 的模拟水中，碳钢的耐蚀性能随着冷却水 pH 值得升高而增大。在更高的 pH 值下（pH 值为 10.5 以上），碳钢表面可以发生钝化而使其耐蚀性能得到进一步提高。

反应（9-25）的进行使阴极区域具有较高的 OH^- 浓度，在含 Zn^{2+} 的冷却水中，溶液中的 Zn^{2+} 与 OH^- 结合，在阴极部位形成 $Zn(OH)_2$ 沉淀膜：

$$Zn^{2+} + 2OH^- \Longrightarrow Zn(OH)_2 \qquad (9\text{-}28)$$

金属表面 $Zn(OH)_2$ 沉淀膜的生成是冷却水中 Zn^{2+} 产生缓蚀作用的主要原因，该沉淀膜可以阻碍溶液中 O_2、Cl^- 等侵蚀性物质与碳钢的接触。在 40℃ 时 $Zn(OH)_2$ 的溶度积（K_{sp}）约为 2.1×10^{-17}，在发生 $Zn(OH)_2$ 析出时，当溶解与沉淀达到动态平衡时，K_{sp} 与溶液中 Zn^{2+} 和 OH^- 浓度之间存在如下关系：

$$K_{sp} = [Zn^{2+}] \cdot [OH^-]^2 \qquad (9\text{-}29)$$

通过式（9-29）可以计算，在含 2mg/L Zn^{2+} 的溶液中，开始出现 $Zn(OH)_2$ 沉淀的 OH^- 浓度为 8.26×10^{-7} mol/L，即 pH=7.92；在 OH^- 浓度为 8.26×10^{-6} mol/L，即 pH=8.91 时完全沉淀（使 Zn^{2+} 沉淀率达到 99%）。由于阴极区域的 pH 值略高于溶液本体，因此在 pH ≈ 8 的冷却水中碳钢表面阴极区域可优先形成 $Zn(OH)_2$ 沉淀膜；而当冷却水的 pH 值达到 9 和 10 时，Zn^{2+} 在水中已基本形成了 $Zn(OH)_2$，在碳钢表面成膜的较少，因此 Zn^{2+} 对碳钢的缓蚀作用下降。

当 pH=8 的溶液中同时含有 PBTCA 和 Zn^{2+} 时，PBTCA 可与 Zn^{2+} 及碳钢腐蚀

产物铁离子在阳极表面形成更具保护作用的多核络合物［Fe，Zn-PBTCA］沉淀膜，同时在阴极区域生成 $Zn(OH)_2$ 沉淀膜，使碳钢的耐蚀性能进一步提高。而在 $pH = 9 \sim 10$ 时，由于 Zn^{2+} 在溶液中就形成了 $Zn(OH)_2$ 沉淀，抑制了阳极表面多核络合物和阴极表面 $Zn(OH)_2$ 沉淀膜形成，因此缓蚀剂的保护作用下降。

9.5.2.3 杀生剂

循环冷却水系统中使用的杀生剂，又称杀菌剂，或杀菌灭藻剂，主要是抑制水中微生物和藻类的生长。杀生剂品种繁多，如氧化性杀生剂次氯酸钠、二氧化氯、臭氧、溴化物等，非氧化性杀生剂异噻唑啉酮（属于有机硫化物类杀生剂）、季铵盐、醛类物质等。氧化性杀生剂通过药剂的强氧化性使细胞膜遭受损伤，导致新陈代谢障碍并改变细胞膜的渗透性，进而氧化和破坏膜内生物活性物质，导致细胞溶解、死亡。非氧化性杀生剂种类较多，灭菌机制也不一样，如季铵盐主要是通过静电作用使细胞壁发生畸变，或改变细胞膜上蛋白和结构达到灭菌目的；异噻唑啉酮则对细胞膜具有穿透能力，可通过细胞膜上的通道蛋白进入膜内，并与膜内亲核组分结合，发生亲电加成或取代反应，抑制细胞的呼吸作用与三磷酸腺苷的合成，导致细菌生长繁殖受抑制或死亡。长期使用某种杀生剂易使细菌产生抗药性，因此在循环冷却水系统中，通常采用冲击式加药、多种杀生剂轮换使用等方式来预防微生物和藻类的生长。

含氯和含溴的杀生剂在使用过程中会逐渐释放出氯离子和溴离子，使冷却水中的卤素离子浓度增大，从而影响不锈钢的点蚀敏感性。因此对不锈钢管凝汽器，要慎用这类药剂，可以采用不含卤素的杀生剂。冷却水中微生物的控制可以有效抑制冷却管表面微生物膜的形成，防止微生物腐蚀的发生，保证凝汽器的热交换效率并延长设备的使用寿命。

对以海水为冷却水的沿海发电厂的凝汽器，由于海水冷却水中存在着大量海生物，如藤壶、贻贝、海草、菌藻等，这些海生物大多有很强的附着性，因此当这些海生物的孢子或卵进入凝汽器冷却水系统，会在钛冷却管或其他输水管道表面附着并生长，使管道阻力增大，并严重影响传热效率。因此，需做好海水冷却水的杀生处理，采用一些特定杀生剂抑制冷却水中海生物的孢子或卵的生长，或抑制这些海生物在钛冷却管表面的附着。提高冷却水流速可以有效降低海生物的附着，据调查，流速提高一倍，海生物附着量可以降低90％以上。

9.5.3 表面防护处理

金属腐蚀与其表面状态有很大关系，有完整保护膜并保持洁净的表面，腐蚀也较少发生。因此可以从这两方面对冷却管金属进行表面防护。

9.5.3.1 铜管表面成膜处理

铜合金管在冷却水中易发生腐蚀，特别是在受污染或高浓缩倍数冷却水中。

　　在铜管凝汽器运行过程中，可以采用亚铁离子成膜处理法来抑制铜合金的腐蚀。这种方法是在冷却水中引入亚铁离子（Fe^{2+}），在合适条件下，在铜合金表面生成水合氧化铁（$\gamma\text{-FeOOH}$）保护膜。引入 Fe^{2+} 的途径有两个：一是在冷却水中投加硫酸亚铁（$FeSO_4$），水解产生 Fe^{2+}；二是电解铁阳极产生 Fe^{2+}。国内发电厂普遍采用第一种方法，第二种方法在日本用得比较多。

　　冷却水中的亚铁离子，可以对铜合金管起到以下两方面的作用。

　　（1）在铜管表面生成 $\gamma\text{-FeOOH}$ 保护膜。水中的亚铁离子可以发生如下反应：

$$Fe^{2+} + 2H_2O \longrightarrow Fe(OH)_2 + 2H^+$$

$$4Fe(OH)_2 + O_2 \longrightarrow 4\gamma\text{-FeOOH} + 2H_2O$$

生成的 $\gamma\text{-FeOOH}$ 带负电，而铜管表面的 Cu_2O 膜带正电，在静电引力作用下，$\gamma\text{-FeOOH}$ 极易吸附在 Cu_2O 膜表面，成膜而防止铜管的腐蚀。

　　（2）起阴极保护的作用。水中的 Fe^{2+} 可以进一步失去电子，被氧化为 Fe^{3+}。因此在冷却水中加入 Fe^{2+} 后，Fe^{2+} 的氧化过程可以替代铜的氧化过程，即 Fe^{2+} 对铜管起到了牺牲阳极的保护作用。此时腐蚀体系中的电化学反应如下。

阳极反应：　　　　　$Fe^{2+} - e \longrightarrow Fe^{3+}$

阴极反应：　　　　$O_2 + H_2O + 4e \longrightarrow 4OH^-$

二次反应：　　　　$Fe^{3+} + 3OH^- \longrightarrow \gamma\text{-FeOOH} + H_2O$

总反应：　　　$4Fe^{2+} + O_2 + 8OH^- \longrightarrow 4\gamma\text{-FeOOH} + 2H_2O$

也就是说，水中的 Fe^{2+} 一方面替代铜被氧化，另一方面其最终氧化产物 $\gamma\text{-FeOOH}$ 又可在铜管表面成膜，进一步抑制铜管的腐蚀。

　　亚铁离子成膜处理是抑制铜管腐蚀的有效措施，在铜管凝汽器中应用比较普遍。但其成膜质量受多种因素的影响，主要如下。

　　（1）铜管表面状态。要在铜管表面形成良好的 $\gamma\text{-FeOOH}$ 膜，铜管表面应有一层完整的 Cu_2O 膜，并且表面要清洁，保证 $\gamma\text{-FeOOH}$ 与 Cu_2O 膜直接接触。因此，在成膜前需要对铜管进行胶球清洗或酸洗。

　　（2）水中的溶解氧。亚铁离子的成膜必须要有溶解氧的存在，因为 Fe^{2+} 只有被氧化才能成膜。水中溶解氧浓度较低时，会影响成膜效果。

　　（3）亚铁离子浓度。水中加入的 Fe^{2+} 浓度越大，生成的 $\gamma\text{-FeOOH}$ 越多。但 Fe^{2+} 浓度过大时，水的 pH 值会降低较多，这又不利于 $\gamma\text{-FeOOH}$ 的生成。一般控制凝汽器入口冷却水中 Fe^{2+} 浓度为 $1\sim3\text{mg/L}$，或出口冷却水中 Fe^{2+} 浓度不低于 0.5mg/L。

　　（4）水的温度。冷却水中 Fe^{2+} 在铜管表面成膜时，水的温度不能太低，这是因为低温下成膜速度太慢。但水温也不能太高，若水温高于 $40^\circ\!C$，则 Fe^{2+} 氧化过快，影响 $\gamma\text{-FeOOH}$ 膜的生成和质量。一般成膜的适宜温度为 $10\sim35^\circ\!C$。

　　（5）水的 pH 值。冷却水中 Fe^{2+} 在铜管表面成膜需要在合适 pH 值下进行。

水的 pH<5 时，Fe^{2+} 的水解反应不能进行，不利于 γ-FeOOH 的生成和成膜；当水的 pH>8.5 时，水中出现大量的 $Fe(OH)_2$ 沉淀，Fe^{2+} 很难维持，成膜效果也不好。Fe^{2+} 成膜适宜的 pH 值范围为 6.5~7.5。

（6）冷却水流速。Fe^{2+} 成膜时冷却水流速不能太低，否则冷却管下半部会沉积大量的 $Fe(OH)_2$，影响 γ-FeOOH 膜的质量。成膜时流速应尽可能高。

（7）加药距离。Fe^{2+} 进入冷却水后，其水解氧化生成 γ-FeOOH 的过程需要一定的时间，当然这时间是比较短的。凝汽器冷却水系统中硫酸亚铁的加入位置需要考虑 Fe^{2+} 的反应时间，离铜管的距离要适当，一般离凝汽器冷却水入口不超过 15~20m。如果采用电解法产生 Fe^{2+}，由于该方法产生的 Fe^{2+} 活性大，因此可以将铁阳极放置在凝汽器冷却水进口端的水室中。

9.5.3.2 胶球清洗

胶球清洗是凝汽器在运行过程中保持冷却管表面洁净的重要措施。胶球清洗可以有效去除冷却管表面附着力不强的污垢和沉积物。

用于清洗的胶球是一种由发泡橡胶制成的多孔隙、可压缩的圆球，如图 9-20（a）所示。胶球可吸水，吸满水后胶球密度与水接近，胶球直径比冷却管径约大 1mm。胶球投入冷却水中后，在水流带动下进入冷却管，利用胶球与管内壁的摩擦作用，将管壁表面的附着物去除，并防止新的附着物产生。胶球清洗对去除冷却管表面的软垢和新附着物非常有效，是保持凝汽器冷却管表面洁净、维持凝汽器真空度和防止沉积物下腐蚀的有效手段。

胶球清洗和清洗系统如图 9-20（b）、（c）所示。胶球清洗系统包括胶球输送泵、装球室、胶球分配器和收球网。胶球清洗的频率和投球量可以根据凝汽器管壁附着的沉积物类型和沉积速度、通过试验进行确定。一般一台凝汽器所需胶球量为其冷却管数量的 5%~10%，每次清洗时每根管子平均通过 3~5 个胶球，清洗频次从每天一次到每周一次不等。例如某电厂铜管凝汽器，每两天胶球清洗一次，每次清洗时间为 0.5h，每次投球量为铜管总数量的 7%~8%，取得了不错的效果。定时进行胶球清洗的凝汽器，腐蚀、结垢问题较少出现。

9.5.3.3 化学清洗

对于凝汽器冷却管表面形成的硬垢和附着力较强的腐蚀产物，需要在停用时进行化学清洗去除。凝汽器的化学清洗又称酸洗，主要是采用稀酸溶液溶解冷却管表面的垢类沉积物，如碳酸钙和腐蚀产物（金属氧化物）。对于铜管凝汽器，可以采用 2%~8% 的盐酸进行清洗，清洗液中还需加入一定浓度的缓蚀剂如 BTA。对于不锈钢管凝汽器，可以采用稀硝酸进行清洗，但不能用盐酸清洗剂，因为盐酸对不锈钢具有强腐蚀性。钛管凝汽器也可以采用氧化性无机酸或有机酸进行清洗。清洗不锈钢管和钛管清洗时，清洗液中不需要加入缓蚀剂，因为在氧

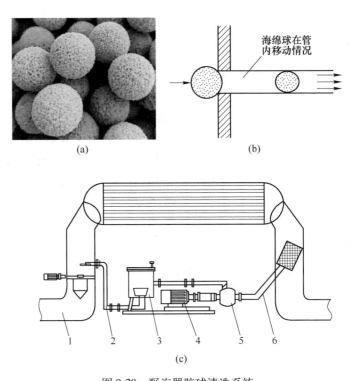

图 9-20　凝汽器胶球清洗系统

（a）胶球；（b）胶球清洗示意图；（c）胶球清洗系统示意图

1—外置管道；2—传送管；3—装球室；4—电机；5—胶球泵；6—回收管道

化性酸中或含氧的有机酸中其钝化膜的稳定性较好。

有关化学清洗的详细内容，请见第 10 章。

9.5.4　控制合适的冷却水流速

凝汽器采用不同的冷却管材，由于材料特性和耐蚀机制的差异，对冷却水流速的控制要求也不一样。

流速对冷却管耐蚀性能的影响体现在以下三个方面：

（1）流速增加可以减少冷却水中成垢物质在冷却管表面的沉积，防止沉积物下腐蚀的发生，并提高传热效率；

（2）流速增加可能会导致金属材料的磨损腐蚀；

（3）流速可以改变冷却水中 O_2 的传质速率，从而对金属材料的腐蚀行为产生影响。流速越大，O_2 的传质速率越快。

在腐蚀体系中，O_2 对金属材料腐蚀行为的影响具有双重性。对于多数金属材料如铜合金和碳钢，O_2 是腐蚀的去极化剂，O_2 的存在促进金属材料的腐蚀，介质中 O_2 的浓度越高，金属材料的腐蚀速度越大。但对于自钝化金属如不锈钢、铝及其合金和钛及其合金，环境介质中的 O_2 可以促进金属材料的钝化，提高其耐蚀性能，因此增大介质中 O_2 的浓度可以提高这些自钝化型金属材料的耐蚀性能。

对于铜合金冷却管，由于 O_2 是其腐蚀的去极化剂，又由于铜合金的耐磨性能较差，特别是黄铜，易发生磨损腐蚀，因此黄铜管凝汽器的冷却水流速不能太大，一般不超过 2.0m/s；但也不能太小，否则会导致沉积物增加并影响传热。对于不锈钢冷却管，O_2 是其钝化剂，其耐磨性能也较好，一般要求冷却水流速尽可能大，这样还可以提高热交换效率，因此一般要求冷却水流速大于 $2.0\sim 2.5m/s$。钛冷却管的流速要求同不锈钢管。不锈钢和黄铜的耐蚀性能及流速要求的比较见表 9-10。

表 9-10　不锈钢和黄铜的耐蚀性能及流速要求比较

金属材料	不锈钢	黄铜
材料特性	自钝化型，耐磨损	非钝化型，不耐磨损
O_2 的作用	钝化剂	腐蚀的去极化剂
增加流速的影响	O_2 促进钝化，可使耐蚀性能增加	造成磨损腐蚀、氧腐蚀加速
流速要求	$>2.0\sim 2.5m/s$	$1.0\sim 2.2m/s$

9.5.5　阴极保护

阴极保护常用于保护凝汽器的管板和冷却管端。凝汽器管板在冷却水中的电位通常负于冷却管，易发生腐蚀，采用阴极保护法可以有效降低管板的腐蚀，同时对冷却管管端的腐蚀又有一定抑制作用。阴极保护的两种方法——牺牲阳极保护法和外加电流阴极保护法均可用于凝汽器的保护。

9.5.5.1　牺牲阳极保护法

牺牲阳极保护法是采用某种合适的牺牲阳极，通过设计合理布局，连接在管板和壳体上。牺牲阳极需要有足够负的稳定电位、高而稳定的电流效率、高的电化学当量，在保护过程中应溶解均匀、阳极极化小，腐蚀产物不污染环境，而且要求材料来源广、易加工、价格低廉。常用的牺牲阳极有镁基合金、锌基合金和铝基合金，其中镁基合金电位很负，其在海水中的腐蚀电位为 $-1.45V$，但其电流效率较低，只约 50%，自腐蚀损耗较大；锌基合金在海水中的腐蚀电位为 $-0.82V$，电流效率可高达 95%，作为牺牲阳极特别适用于海水体系；铝基合金的理论发电量高，是锌的 3.6 倍、镁的 1.35 倍，而且价格低廉，但铝表面很容易钝化，需通过合金化促进其表面活化，使其具有较负的腐蚀电位和较高的电流效率。

可根据冷却水的电阻率来选择牺牲阳极的类型。当冷却水电阻率高于

$500\Omega \cdot cm$（也即电导率小于 $2000\mu S/cm$）时，应采用镁基合金作为牺牲阳极；水的电阻率小于 $500\Omega \cdot cm$ 时，则选用锌基合金；若水的电阻率小于 $150\Omega \cdot cm$，还可以选用铝基合金。也就是说，在淡水冷却水中，一般选用镁合金做牺牲阳极；在海水冷却水中，可以选用锌合金或铝合金作为牺牲阳极；在电导率较大的半咸水中，可以选用锌合金作为牺牲阳极。

牺牲阳极在安装时，要注意保证牺牲阳极和被保护金属材料之间的直接接触，在安装前被保护金属表面应已去除涂层、腐蚀产物膜等表面层并裸露出基体，确保牺牲阳极工作时的保护电流顺利到达被保护金属材料表面。

9.5.5.2 外加电流阴极保护法

外加电流阴极保护法是通过外加直流电源给被保护设备提供阴极电流，使被保护设备电位降低、发生阴极极化而受到保护。实施外加电流阴极保护时，需要有电源设备、辅助阳极和参比电极。

电源设备可以采用恒电位仪或整理器，在交流市电不方便的区域，可以采用太阳能电池、风力发电机、热电发生器或蓄电池等。凝汽器的阴极保护一般采用恒电位仪为电源设备。恒电位仪的优点是可以自动、精确地控制电位，缺点是其对参比电极的性能要求高。

辅助阳极的作用是形成保护回路，要求其导电性能好、排流量大、耐腐蚀、消耗小、寿命长，具有一定的机械强度、耐磨、耐冲击振动，且要易于加工和安装、材料易得、价格低廉。常见的辅助阳极分为三类：

（1）可溶性阳极，如钢铁、锌和铝，这类阳极价格低廉，但消耗率大；

（2）整体非金属导体，如铸造型磁性氧化铁、烧结型铁氧体、碳素材料，这类阳极性能较好，但生产较为困难；

（3）局部钝化金属和合金，如高硅铸铁、Pb/PbO_2 阳极、完全钝化阳极镀铂钛，以及将导电塑料包覆在铜芯上的柔性阳极等。

参比电极的作用是提供电位参照点，要求其自身电位稳定、不易极化、长期使用重现性好、寿命长，还要有一定的机械强度。常用的参比电极有 Ag/AgCl 电极、高纯锌参比电极、$Cu/CuSO_4$ 电极、不锈钢电极等。

进行外加电流阴极保护设计时，可以先计算需要保护的各种材料表面积，然后再根据使用条件对不同材料选取保护电流密度，这样就可以计算各种材料所需的保护电流和总保护电流了。根据使用条件和价格因素选择辅助阳极，根据总保护电流和阳极工作电流密度计算所需的阳极总有效面积，再根据单只阳极的有效工作面积计算需要的辅助阳极数量。参比电极的使用年限应大于设计年限，当参比电极数量较少时，应优先安装在保护效果较差的部位。

在凝汽器管板的腐蚀控制中，也可以采用阴极保护与涂层联合保护的方式，这样阴极保护只需要保护涂层的缺陷部位就行了，既可以大幅度降低保护电流，又可以防止因涂料缺陷而导致的局部腐蚀。

9.5.6 其他方法

凝汽器腐蚀控制的其他方法，包括凝汽器铜管残余应力的消除。

（1）消除残余应力。这主要是针对铜合金管，铜管在生产和运输等过程中易产生残余应力，在安装前通常需对铜管进行内应力检查（采用氨薰法），若残余应力过大，则须进行现场热处理，将铜管进行退火处理，消除其残余应力。这主要是预防铜管在凝汽器运行过程中出现应力腐蚀破裂。

（2）防止异物进入冷却水系统。可以在取水口安装栅栏、滤网等，防止砂、石等异物进入冷却水系统，降低冷却水中的含砂量，防止和减缓凝汽器冷却管冲刷腐蚀和其他腐蚀的发生。

（3）在铜管入口端装尼龙套管，可防止入口端铜管的冲刷腐蚀。

9.6 发电机内冷水系统的腐蚀与控制

9.6.1 发电机的冷却方式

发电机在运转过程中，部分动能会转换成热能，这部分热能需要及时导出，以防止发电机的定子和转子绕组过热甚至烧毁等事故的发生。因此，运行时发电机的定子、转子和铁芯需要用冷却介质进行冷却。

常用的发电机冷却介质有空气、油、氢气和水。其中空气的冷却能力弱，摩擦损耗大，不适用于大容量机组，正逐渐被淘汰。油的冷却效果也不理想，其黏度大，多为层流运动，表面传热性能差，且容易燃烧造成火灾事故。氢气是较好的冷却介质，其热导率高，是空气的6倍以上，而且又是最轻的气体，对发电机转子的阻力最小，因此许多大型发电机采用了氢气冷却方式。但氢气是易燃易爆气体，采用氢冷的发电机不仅需要有严密的外壳、气体系统和不漏氢的轴密封，而且还需要增加油系统及制氢设备，同时其运行技术和安全要求还很高，因此氢冷发电机的制造、安装和运行的难度较高。采用纯水作为发电机冷却介质有诸多优点，例如，纯水具有绝缘性较高、热容量大、不燃烧的特点，而且水的黏度低，流动时易形成紊流，冷却效率高。因此，目前普遍采用氢气和纯水作为发电机的冷却介质。

通常按照定子绕组、转子绕组和铁芯的冷却介质来区分发电机的冷却方式。例如，定子绕组水内冷、转子绕组氢冷、铁芯氢冷的称为水-氢-氢冷却方式；定子绕组水内冷、转子绕组水内冷、铁芯氢冷的称为水-水-氢冷却方式。将发电机定子或转子线圈铜导线做成空芯，内通冷却水进行闭式循环的冷却方式简称为水内冷。空芯铜导线中通过的水来自内冷水箱，内冷水箱中的水一般来自二次除盐水，也有采用凝结水或高速混床出水的。内冷水箱中的水通过耐酸泵送入管式冷却器和过滤器，经过定子或转子线圈汇流管后，进入空芯铜导线带走定子或转子线圈的热量，再回到内冷水箱。由于对内冷水水质要求高，因此开机前要进行内冷水系统的反复清洗排污，水质合格后才能向定子或转子线圈通水。

9.6.2　水内冷的腐蚀及其危害

水内冷发电机优点多，应用广泛。但空芯铜导线在内冷水中易发生腐蚀，主要是发生耗氧腐蚀，腐蚀产物较为疏松，大部分进入冷却水中，并随着水的流动而移动，在某些部位可出现腐蚀产物的沉积，例如，在定子线棒中受发电机磁场作用而沉积，在冷却水流经的一些小通道和弯道中出现腐蚀产物的堆积。腐蚀产物沉积会阻塞通道并导致发电机过热，产生较为严重的后果。

空芯铜导线的腐蚀速度大，会恶化内冷水水质，导致内冷水的 pH 值难以控制，水的电导率、铜离子浓度严重超标，从而降低电气绝缘性能，增大泄漏电流。腐蚀产物的沉积阻塞内冷水通道还造成线圈温升增加。这些都对发电机的安全运行构成严重威胁。

9.6.3　发电机内冷水水质要求

不同于其他设备中的冷却水，发电机内冷水在高压电场下作为冷却介质，其水质的优劣直接影响机组的安全、经济运行。电力行业对内冷水的水质要求十分严格，一般要满足以下基本条件。

（1）电导率低。水的低电导率使内冷水具有足够的绝缘性，不仅可以有效防止线圈的电流损失，而且还能避免电气闪络现象的发生。另外，冷却水的电导率越低，水中杂质离子的含量越小，由杂质离子造成的对铜导线腐蚀的影响就越小。

（2）具有合适的 pH 值和较低的溶解氧浓度。水的 pH 值一般控制在弱碱性范围，同时溶解氧浓度较低，这样可以有效减少铜在内冷水中的腐蚀，并避免因腐蚀产物在铜导线内壁沉积而对内冷水冷却效果产生影响，防止线圈过热现象发生。

（3）硬度小。内冷水硬度过高会造成热状态下空芯铜导线内壁的结垢，进而导致内冷水的流量下降而使其冷却效果下降，若结垢严重甚至会造成堵塞现象。内冷水的硬度要求小于 $5\mu g/L$。

《发电机内冷水处理导则》（DL/T 1039—2016）中规定：定子内冷水的 pH 值控制在 8~9 之间，电导率不高于 $2\mu S/cm$，含铜量要求低于 $20\mu g/L$，溶解氧浓度要求低于 $30\mu g/L$。

9.6.4 空芯铜导线在内冷水中的腐蚀机理

发电机空芯铜导线的材质是纯铜。从耐蚀性能来看，铜的平衡电位较正，具有较高的热力学稳定性，在干净大气等环境中表面易形成致密氧化物保护膜，因而耐蚀性能较好。纯铜具有良好的导电性、导热性和塑性，广泛用于制造电线和电缆。但纯铜的强度低，一般不直接用作结构材料。

铜在内冷水中主要发生以溶解氧为阴极去极化剂的腐蚀过程，腐蚀速度相对较小。当水中同时存在游离二氧化碳和溶解氧时，铜的腐蚀速度显著增加。

内冷水中铜的腐蚀，主要发生以下反应。

阳极反应：
$$Cu \longrightarrow Cu^{2+} + 2e$$
$$Cu \longrightarrow Cu^{+} + e$$

阴极反应：
$$O_2 + 2H_2O + 4e \longrightarrow 4OH^{-}$$

$$2Cu^{+} + \frac{1}{2}O_2 + 2e \longrightarrow Cu_2O$$

$$Cu^{2+} + \frac{1}{2}O_2 + 2e \longrightarrow CuO$$

二次反应：
$$Cu^{2+} + 2OH^{-} \longrightarrow CuO + H_2O$$

铜的腐蚀产物与水中溶液氧浓度有关。当溶解氧浓度低于 $100\mu g/L$ 时，铜被氧化为氧化亚铜；当溶解氧浓度在 $200 \sim 300\mu g/L$ 时，氧化亚铜继续被氧化生成氧化铜，此时铜的腐蚀速度最大。铜被腐蚀后其表面通常生成双层膜，内层为 Cu_2O，外层为 CuO。铜表面氧化膜的稳定性也受溶解氧浓度的影响，当内冷水中的溶解氧浓度小于 $20\mu g/L$ 时，Cu_2O 稳定存在；而当溶解氧浓度高于 $20\mu g/L$ 时，则 CuO 可以稳定存在。

9.6.5 影响内冷水中空芯铜导线腐蚀的因素

9.6.5.1 电导率

电导率是评价内冷水水质的一项重要指标，要保持水的绝缘性，电导率就要低，《发电机内冷水处理导则》中规定内冷水电导率不高于 $2\mu S/cm$。从电化学角度来看，电导率越低则溶液电阻越大，发生电化学腐蚀的阻力也就越大，水中侵蚀性离子浓度则越小，铜的腐蚀电流密度就越小。

但电导率过低时铜的腐蚀速度可能反而增大。有观点认为，在太纯净的水中铜的溶解反而会加快，如内冷水电导率低于 $1\mu S/cm$ 时，铜的溶解速度明显增大，导致腐蚀加快。当内冷水的电导率从 $1\mu S/cm$ 降到 $0.5\mu S/cm$ 时，铜的腐蚀

速度增加了1.8倍；而降到0.2μS/cm时，铜的腐蚀速度增加了35倍。因此，仅通过降低内冷水的电导率来控制铜的腐蚀还不够严谨，还要结合其他因素综合考虑。

内冷水在循环使用过程中电导率会逐渐增大，分析该现象出现的主要原因有几点：

（1）内冷水系统的密封性不好，导致空气中的CO_2和O_2溶解于冷却水中，CO_2使冷却水的pH值降低，而水中的O_2造成了铜的耗氧腐蚀，产生溶解性铜离子，从而使内冷水的电导率升高；

（2）内冷水系统的离子交换树脂失效，不能有效去除水中的阴、阳离子；

（3）内冷水的pH值过高，使铜导线的氧腐蚀加快，冷却水中铜离子浓度超标。

9.6.5.2 溶解氧浓度

水中的溶解氧浓度是影响铜在内冷水中腐蚀的关键指标。溶解氧直接参与铜的腐蚀过程，是铜腐蚀的阴极去极化剂，而且内冷水中铜的腐蚀产物多为疏松的铜氧化物，几乎不具有保护作用，因此铜腐蚀速度随着水中溶解氧浓度的增加而增大。维持内冷水中的溶解氧浓度在较低水平可以大幅降低铜导线的氧腐蚀，《发电机内冷水处理导则》中规定内冷水中的溶解氧浓度低于30μg/L。封闭循环的内冷水中溶解氧浓度低，正常情况下可以满足标准要求，但要注意系统封闭的严密性。为进一步减少内冷水中的溶解氧，过去有电厂采用除氧剂对内冷水进行除氧处理，但除氧剂的加入会大幅提升内冷水的电导率及运行成本，因此其在内冷水中的使用并不广泛。

9.6.5.3 水的pH值

内冷水的pH值对铜的腐蚀过程影响显著，主要是对铜表面氧化膜的稳定性和保护性产生较大影响。从图2-12的$Cu-H_2O$体系电位-pH图可以看出，在酸性水溶液中，铜处于腐蚀区，腐蚀产物为Cu^{2+}；在中性或碱性水溶液中，铜处于钝化区，表面被氧化后生成了铜氧化物，对基体具有一定的保护作用；在强碱性水溶液中，铜也处于腐蚀区，腐蚀后生成了离子态的腐蚀产物。因此，水的pH值变化直接影响铜的腐蚀速度，pH值在6.94~12.9范围时，铜表面因生成氧化物保护膜，具有较小的腐蚀速度；而在pH值低于6.94的酸性水溶液中或高于12.8的强碱性水溶液中，铜因处于腐蚀区而可能具有较大的腐蚀速度。

在钝化区，pH值的变化还会影响铜氧化物的组成和厚度。pH值过高时会促进Cu_2O向CuO的转变。pH值的升高还会对氧化膜的厚度产生明显影响，实验发现在pH值为7.5的水溶液中铜表面形成的氧化膜厚度为30~60nm；而在pH值为8.5的水溶液中形成的氧化膜厚度显著增加，可以达到400nm，且完整覆盖铜表面的氧化膜具有更高的粗糙度和更好的附着力。为了同时满足《发电机内冷水处理导则》中规定的内冷水电导率不高于$2\mu S/cm$和铜离子浓度不大于$20\mu g/L$的要求，一般控制定子内冷水的pH值在8~9之间。

9.6.5.4 溶解二氧化碳

当内冷水中同时溶入氧和二氧化碳时，铜的腐蚀速度更快。纯水的缓冲性小，二氧化碳的溶入使水的pH值明显下降，铜表面氧化物的溶解度增加，从而加剧铜的腐蚀。反应式为：

$$CO_2 + H_2O \Longrightarrow H_2CO_3 \Longrightarrow H^+ + HCO_3^-$$

$$CuO + 2H^+ \longrightarrow Cu^{2+} + H_2O$$

$$Cu_2O + 2H^+ \longrightarrow 2Cu^+ + H_2O$$

内冷水中溶解的二氧化碳还会与铜表面的保护性氧化物Cu_2O反应，生成碱式碳酸铜：

$$2Cu_2O + 2CO_2 + 2H_2O + O_2 \longrightarrow 2Cu_2(OH)_2CO_3$$

碱式碳酸铜不易在空芯铜导线内壁附着，容易被水流冲刷而随内冷水在系统中流动，进一步破坏铜表面氧化膜而加剧铜导线的腐蚀。

腐蚀的加速使内冷水中Cu^{2+}、HCO_3^-等离子浓度显著增大，进而提高了内冷水的电导率。固态腐蚀产物还可能在铜导线的内壁堆积，影响铜导线的传热性能并降低内冷水的流量，使得内冷水的冷却效果下降。

另外，水的温度和流速也会对内冷水中铜的腐蚀产生影响，具体可以参见第4章中的耗氧腐蚀影响因素。水温的影响与内冷水系统的密闭性能有很大关系。由于铜的耐磨性能较差，空芯铜导线内水的流速一般小于$2m/s$。

9.6.6 内冷水中空芯铜导线的腐蚀控制

抑制内冷水中铜导线的腐蚀，关键是要降低内冷水的侵蚀性，控制导致和促进铜腐蚀的溶解氧和二氧化碳浓度，控制水的电导率和pH值，也可以通过添加缓蚀剂等来抑制腐蚀。

9.6.6.1 内冷水的除氧处理

该方法采用氢气覆盖在内冷水上部空间，以隔绝空气，减少氧气和二氧化碳溶入内冷水中。具体实施时是在水箱充水之前，先在发电机内冷水系统充入氢气并加压，使其到达一定的压力，以除去系统内的空气。随后向系统中充入冷却水置换出氢气。待水箱充满水后启动泵以一定的压力使冷却水进入绕组线圈，反复充水使水箱的水位降低，再向水箱充入氢气。通过这样严格的水-气置换以及安全地排出，系统隔绝了空气。还可以在定子绕组到真空箱的冷却水回流管道间设计安装小型的除氧机，以进一步严格除氧，降低定子线圈的腐蚀。

国内也有采用氮气覆盖的方式除氧。与氢气覆盖相比，其隔绝效果略差。主要是因为氮气密度与空气相当，一旦系统有空气进入，不易排除干净。而氢气密度低，可以覆盖在水箱顶部，使系统运行时的封闭性更好。但氢气具有可燃性，存在安全风险，在设备运行过程中要谨慎使用。

9.6.6.2 内冷水的碱性处理

内冷水主要是除盐水或凝结水，水中的离子含量很低，电导率小，缓冲性差，空气中的 CO_2 溶入会使内冷水的 pH 值低于 7，促进铜导线的腐蚀。因此，维持内冷水的 pH 值在合适的范围是缓解铜导线腐蚀行之有效的方法。

（1）直接加碱处理。内冷水的 pH 值调节可以采用直接加碱处理，就是在内冷水中加入氨或氢氧化钠等碱性物质，控制定子内冷水 pH 值在 8.0~9.0 范围。

内冷水中加入微量的氨可以使水的 pH 值保持在 8.8 以上，但氨水的加入会使内冷水的电导率增大，同时还存在氨水对铜的腐蚀问题。也可采用 NaOH 来调节内冷水的 pH 值至 8.0~9.0 范围，但当 CO_2 漏入内冷水时，NaOH 可与 CO_2 反应生成 Na_2CO_3 或 $NaHCO_3$，使 pH 值降低，并面临电导率超标的问题。在使用碱性物质调节内冷水的 pH 值时，pH 值和电导率很难同时达到要求。内冷水的直接碱性处理方式可较好地控制水的 pH 值，但可使内冷水的总电导率超过 $2\mu S/cm$，且随着设备运行时间的延长，电导率不断增加，甚至超过 $5\mu S/cm$，使内冷水电导率过高，不符绝缘要求。

（2）采用凝结水做补充水。凝结水中含有一定浓度的氨，pH 值较高，而溶解氧浓度较低，因此可将凝结水和除盐水以一定比例混合作为内冷水的补充水。这种方法比较简便，只需在凝结水管路中引出一段管接到内冷水箱即可，而且凝结水经过除盐水稀释后，氨浓度减小，对铜的氨蚀程度较小。但这种方法存在配比难控制、水量损失大、操作较复杂、电导率较难控制等缺点。

目前较为可靠的提高内冷水 pH 值的方法是采用钠型小混床处理使内冷水呈弱碱性，同时还能满足内冷水的电导率控制要求，达到减缓铜导线腐蚀的目的。

9.6.6.3 小混床处理

小混床处理内冷水主要是要达到两个目的：一是提高内冷水的 pH 值使之呈弱碱性；二是除去水中的杂质离子以降低水的电导率。电厂目前常用的小混床有 RNa-ROH 型树脂混床和 RH-ROH 型树脂混床。

RNa-ROH 型混床利用 RNa 型树脂与内冷水中因腐蚀而产生的铜离子交换，置换出钠离子；而混床中的 ROH 树脂与水中阴离子 A^{x-} 交换而产生 OH^-，因此这种混床处理的实质可以理解为向内冷水中加入了 NaOH，使内冷水呈微碱性。但强电解质 NaOH 的生成，使内冷水的电导率提高。RNa-ROH 型混床在处理过程中发生的反应如下：

$$n\mathrm{RNa} + \mathrm{M}^{n^+} \longrightarrow \mathrm{R}_n\mathrm{M} + n\mathrm{Na}^+$$

$$x\mathrm{ROH} + \mathrm{A}^{x^-} \longrightarrow \mathrm{R}_x\mathrm{A} + x\mathrm{OH}^-$$

RNa 型树脂在国内外的应用非常广泛,但 RNa 型树脂在离子交换后生成 Na^+,无法有效控制内冷水的电导率。为了进一步控制内冷水的电导率,可同时使用 RH-ROH 型树脂,该树脂也可以交换出内冷水中的阳离子和阴离子,且交换后生成 $\mathrm{H}_2\mathrm{O}$,使内冷水的电导率下降,改善内冷水的腐蚀环境。RH-ROH 型混床中发生的反应如下:

$$n\mathrm{RH} + \mathrm{M}^{n^+} \longrightarrow \mathrm{R}_n\mathrm{M} + n\mathrm{H}^+$$

$$x\mathrm{ROH} + \mathrm{A}^{x^-} \longrightarrow \mathrm{R}_x\mathrm{A} + x\mathrm{OH}^-$$

将 RH-ROH 型树脂和 RNa-ROH 型树脂配合使用在许多电厂有应用。利用 RH-ROH 型树脂控制水的电导率,而利用 RNa-ROH 型树脂控制水的弱碱性,可以使内冷水的电导率和 pH 值同时满足要求,并最大程度地降低铜导线的腐蚀。

9.6.6.4　添加缓蚀剂

在内冷水中添加缓蚀剂是应用较早的空芯铜导线腐蚀控制方法。根据内冷水系统特点和环保要求,若要采用缓蚀剂控制铜在内冷水中的腐蚀,需要结合内冷水环境研究设计合适的缓蚀剂。一般用于内冷水的缓蚀剂需满足三点使用要求。

(1) 低毒环保。随着环保要求的提高以及对内冷水水质的限制,要求铜缓蚀剂添加量少、毒性小、无污染。

(2) 缓蚀性能好。铜缓蚀剂分子大多是依靠其有机基团与金属表面的化学吸附,以隔绝水中腐蚀性离子对铜的侵蚀作用。

(3) 使用时不应对内冷水的电导率产生较大影响,以一定量加入时既能有良好的缓蚀效率,又能满足内冷水的低电导率要求。

较早开发的缓蚀剂有 MBT、BTA 和 TTA,因其在内冷水中对铜腐蚀具有优异的缓蚀性能而被广泛使用。这些缓蚀剂对纯铜具有相似的缓蚀机理,即缓蚀剂分子以化学吸附或物理吸附的方式在铜表面形成吸附膜,将铜与腐蚀介质隔离开来,以抑制铜的腐蚀。但这些缓蚀剂在使用过程中均存在一定的缺陷,例如在使用时需严格控制缓蚀剂浓度。浓度过低非但不能起缓蚀作用,反而会加速铜的腐蚀。而浓度太高时其缓蚀性能也会下降,这是因为这类缓蚀剂在低浓度使用时,随着缓蚀剂浓度的增加,缓蚀率逐渐增大,此时缓蚀剂分子倾向于在与铜表面平行的方向吸附;达到最佳使用浓度后,继续增加缓蚀剂浓度则会引起分子间的排斥力,从而导致缓蚀剂分子的垂直或非平面吸附,使得缓蚀效率下降。在上述缓蚀剂中,BTA 的最佳使用浓度要小于 MBT,且其加入对内冷水电导率的影响不大;MBT 在使用时必须加碱溶解,这会增加内冷水的电导率;TTA 比 BTA 多一个甲基,缓蚀性能优于 BTA,而使用量只有 BTA 的 1/3,加入后对内冷水电导率和 pH 值的影响很小（加入 10mg/L 的 TTA，内冷水电导率增加 $0.1\mu S/cm$，pH 值下降 0.1）。这些缓蚀剂的添加减缓了内冷水中铜导线的腐蚀，但 MBT 等缓蚀剂的水溶性较差，易在铜导线内壁表面附着而影响内冷水的冷却效果。

　　这些年研究的新型铜缓蚀剂主要有唑类、氨基酸类和席夫碱有机缓蚀剂。基于传统缓蚀剂改进而衍生出的新型唑类缓蚀剂，如 2-MBT，其有机分子中的氮或硫可以通过与铜形成配位键来提高其缓蚀性能；溶液中的 2-MBT 分子还可以与铜反应在铜表面形成络合物保护膜，以减缓铜的腐蚀。四唑类衍生物，如 5-苯基四唑、邻溴 5-苯基四唑等，可通过 Cu—N 键与铜表面原子发生化学吸附，电化学测试分析显示其既能抑制铜的阳极溶解过程，又能抑制氧的阴极还原过程，所形成的吸附膜具有较高的吸附能和覆盖度，缓蚀性能较为突出。

　　氨基酸和席夫碱类缓蚀剂作为铜缓蚀剂的研究已有多年。氨基酸类缓蚀剂在其结构上存在氨基基团，可作为良好的吸附位点吸附于铜表面而发挥缓蚀作用。较早研究的氨基酸类有机缓蚀剂有聚天冬氨酸、半胱氨酸、蛋氨酸、丙氨酸等。对于微碱性的内冷水环境，半胱氨酸有良好的缓蚀性能。

9.6.6.5　严格的水质监测和管理

　　（1）加强水质监测和管理。在内冷水系统配置相应的进出口水监测装置，在线监测压力、流量、温度及电导率等参数。另外再配置断水保护在线监测和漏水检测装置，以提高内冷水水质的监测水平。同时需注意，仪表冷却不良或内冷水系统水质参数设定不当都会带来空芯铜导线的腐蚀问题。完善的监测装置可以帮助系统工程师监视水质并将参数保持在设计值之内。在发电机运行过程中，一旦冷却水系统水的流量或压力以及进出口水温出现异常，水质监测系统会立即将异常信息反馈给技术人员，以便及时采取措施恢复发电机的正常工作。

　　（2）保持系统封闭状态。空芯铜导线在内冷水中的腐蚀主要由氧引起，水中二氧化碳起促进作用，而氧和二氧化碳均来自于空气。因此，将内冷水系统封闭，防止空气进入系统，可以大幅降低内冷水中的氧和二氧化碳含量，有效减缓铜导线的腐蚀。但要定期检查系统的密封性能，防止密封性不好导致内冷水的 pH 值降低到 7 以下，引发铜的腐蚀。

习　　题

9-1　凝汽器铜管常见的腐蚀形态有哪些？它们产生的条件和特征是什么？

9-2　凝汽器铜管为什么会发生多种腐蚀？

9-3　影响凝汽器铜管腐蚀的因素有哪些？

9-4　冷却水中金属的微生物腐蚀有何特征，如何防止？

9-5　常用的凝汽器管材有哪些？各适用的水质范围是什么？如何进行管材选择？

9-6　如何防止凝汽器铜管的腐蚀？

9-7　影响凝汽器不锈钢管耐蚀性能的因素有哪些？

9-8　凝汽器钛管的主要失效形式有哪些，如何防止？

9-9　简述凝汽器的防护措施。

9-10　简述发电机内冷水中空芯铜导线的腐蚀影响因素及控制方法。

10 化 学 清 洗

化学清洗是指通过化学药剂的作用使被清洗设备中的沉积物溶解、疏松、脱落或剥离的清洗方法，所使用的化学药剂一般为酸、碱、有机螯合剂、分散剂等。

本章主要从电力设备的角度，对化学清洗的意义、原理、工艺过程、常用清洗剂及腐蚀控制等方面进行介绍，并重点讲解锅炉本体（省煤器、水冷壁）、凝汽器、过（再）热器的化学清洗技术。

10.1 化学清洗概述

10.1.1 化学清洗的目的及应用

化学清洗在各工业领域应用十分广泛。例如，半导体生产领域通过化学清洗清除附着在半导体和各种生产用具表面上的杂质，以保证半导体的物理性能不受影响；电镀、喷涂和其他表面处理前进行化学清洗以提高产品质量；石化领域反应釜（塔）的化学清洗保证生产效率。

化学清洗在电力行业的应用主要为火力发电机组热力设备的清洗，涉及炉前系统（凝汽器、低压给水系统及高压给水系统）、锅炉本体系统（省煤器、水冷壁）、过热器系统、再热器系统、循环冷却水系统及各类辅汽加热设备等。热力设备的化学清洗具有普遍性：一是清除水处理不达标而生成的水垢；二是清除设备腐蚀产物及腐蚀产物沉积形成的垢，以提高设备换热效率，减缓垢下腐蚀，延长使用寿命。

此外，随着太阳能光伏发电技术的不断发展，光伏板的清洗需求也在增加。我国大型光伏电站主要集中在太阳能辐照量较高、缺水、多扬尘的荒漠和沙尘地区。其自然环境中广泛存在的灰尘易导致光伏板发生积灰，积灰产生的遮挡效应、温度效应及腐蚀效应严重影响光伏板的发电效率及使用寿命。清洗可以有效解决积灰问题，提高光伏板发电效率及使用寿命。

10.1.2 热力设备化学清洗的必要性

火力发电机组热力设备的腐蚀、结垢现象非常普遍，严重威胁了热力设备的安全、高效运行以及使用寿命。针对上述问题，通常采取的措施有：

（1）通过改变运行工况、优化汽水品质的方式降低腐蚀、结垢的发生，如给水加氧处理；

（2）通过添加化学药剂，如在循环冷却水中添加阻垢剂、缓蚀剂减缓凝汽器换热管的腐蚀、结垢；

（3）对热力设备停（备）用期间实施保养，减少腐蚀的发生。

上述措施可以显著降低热力系统的腐蚀、结垢速率，但无法彻底避免热力设备腐蚀、结垢的发生，一般还需要通过化学清洗的方式去除运行和停用期间附着在设备内部的腐蚀、结垢产物，以提高换热效率，阻止腐蚀的进一步发展。

化学清洗对电力生产有着重大意义，主要体现在以下几个方面。

（1）节约能源、提高换热效率。锅炉以及凝汽器、加热器、冷却器等热力设备，由于自身的腐蚀和杂质的沉积等原因，表面会形成导热系数很低的垢层，严重影响设备的换热效率，造成大量的能源浪费。化学清洗除垢对于节约能源具有极其重要的意义。

（2）延长设备使用寿命。对于锅炉等换热设备，结垢可使换热管导热性能下降，管壁温度升高，局部过热可产生爆裂、爆炸，造成换热介质泄漏和非停事故；另外，腐蚀、结垢产物附着在换热管表面，会造成垢下腐蚀、点蚀等局部腐蚀的加剧，缩短换热管使用年限。对换热设备进行化学清洗，清除沉积物，可降低管壁温度，减缓设备基体腐蚀的发生，从而有效避免发生泄漏、爆管事故，延长设备使用寿命，保障生产安全。对于机械零件，化学清洗可减少磨损，延长运转寿命。

（3）提高生产效率和产品质量。积垢的存在不仅给设备本身的换热效率和安全带来严重影响，而且还会对生产效率和产品质量产生影响。例如，反渗透设备积盐会造成产水量下降；供汽锅炉蒸汽污染会影响所生产食品的质量。

（4）减少经济损失，取得更大经济效益。无论是提高传热效率、节约能源、延长设备使用寿命、降低事故发生率，还是提高生产效率和产品质量，化学清洗的最终目的都是为了取得更大的经济效益。

10.1.3 常用化学清洗工艺

10.1.3.1 水冲洗

在化学清洗前，一般先进行水冲洗。其目的在于除去热力设备制造、运行、检修过程中进入并附着在设备内部的可被水溶解、溶化、携带走的杂质和沉积物，以及化学清洗系统安装过程中产生的焊渣、铁锈等异物，最大限度地降低清洗系统内杂质含量。水冲洗还具有防止异物损坏或卡涩清洗设备、减少化学清洗药品消耗、检验清洗设备可靠性的作用。水冲洗的流速越大越好，流速大可提高冲洗效果，节省冲洗时间，节约冲洗用水。

此外，为了保证碱洗、酸洗、漂洗及钝化各工艺步骤间的良好衔接，一般都会增加水冲洗用于过渡。

10.1.3.2 碱洗（碱煮）

碱洗是在常压状态用一定温度的碱性药液进行的清洗。碱煮一般特指在锅炉内加入碱液后，锅炉点火维持一定温度和压力下的清洗。

碱洗（碱煮）的目的是利用碱对油脂的皂化作用以及表面活性剂的乳化作用，使矿物油及油脂类污染物乳化成细小颗粒分散在水溶液中，以清除设备在制造、安装过程中涂覆的防锈剂及沾染的油污等油性附着物；去除油系统泄漏造成的设备污染；将锅炉运行中沉积的难溶于酸的硫酸钙、硅酸钙等转变为能溶于酸的钠盐或使垢变疏松，便于在后续工序中被去除。

碱洗主要反应原理如下。

乳化反应：

$$油脂 + 脱脂剂 \longrightarrow 水包油型胶粒 \tag{10-1}$$

皂化除油脂反应：

$$(RCOO)_3C_3H_5 + 3NaOH \longrightarrow 3RCOONa + C_3H_5(OH)_3 \tag{10-2}$$

除硫酸盐垢反应：

$$CaSO_4 + 2NaOH \longrightarrow Ca(OH)_2 + Na_2SO_4 \tag{10-3}$$
$$CaSO_4 + Na_2CO_3 \longrightarrow CaCO_3 + Na_2SO_4 \tag{10-4}$$
$$3CaSO_4 + 2Na_3PO_4 \longrightarrow Ca_3(PO_4)_2 + 3Na_2SO_4 \tag{10-5}$$
$$3MgSO_4 + 2Na_3PO_4 \longrightarrow Mg_3(PO_4)_2 + 3Na_2SO_4 \tag{10-6}$$
$$MgSO_4 + 2NaOH \longrightarrow Mg(OH)_2 + Na_2SO_4 \tag{10-7}$$

除硅酸盐垢反应：

$$SiO_2 + 2NaOH \longrightarrow Na_2SiO_3 + H_2O \tag{10-8}$$
$$CaSiO_3 + 2NaOH \longrightarrow Ca(OH)_2 + Na_2SiO_3 \tag{10-9}$$
$$CaSiO_3 + Na_2CO_3 \longrightarrow CaCO_3 + Na_2SO_3 \tag{10-10}$$

10.1.3.3 酸洗

酸洗是指利用酸性介质去除金属表面的铁垢或其他可溶沉积物，基本原理是使含有缓蚀剂的酸溶液仅将铁垢、钙镁垢等腐蚀或沉积产物溶解，而金属基体不发生或发生微量的腐蚀。

酸洗是以化学或电化学反应过程为主，辅以机械作用的过程。其化学或电化学过程主要有以下几种情况：

（1）酸对金属氧化物、碳酸盐，如氧化铁、碳酸钙等的化学溶解；

（2）氧化铁被还原成易溶于酸的氧化亚铁；

（3）在酸溶液中，氧化铁的电位远远高于铁的电位，形成铁为阳极、氧化铁为阴极的局部腐蚀原电池，氢从氧化皮下析出加速氧化皮的脱落；

（4）采用有机酸或络合剂清洗时，除了有氢离子的作用，还有络合剂对沉积物中金属离子的络合作用。

酸洗一般可分为循环清洗、半开半闭式清洗、浸泡清洗（包括氮气鼓泡法）及开式清洗四种方式。

选择酸洗方式的原则如下。

（1）由热力系统结构确定，例如，系统结构是否容易分组，是否容易排水，是否容易构成循环清洗。通常采用循环式清洗和半开半闭式清洗方式。当垢量不大时，可采用液泡清洗。

（2）由选用的清洗介质确定。盐酸、柠檬酸、EDTA 清洗时间在 4h 以上，不适合开式清洗，而氢氟酸清洗速度快，可以采用开式清洗或半开半闭式清洗。

不论采用哪种清洗方式，在实施过程中，一般需要对酸浓度、清洗流速、清洗温度等参数进行控制，以达到最佳清洗效果。

10.1.3.4　漂洗

漂洗的目的是保证酸洗顺利向钝化工艺转化。酸洗结束后的水冲洗过程中，金属表面在空气和水中溶解氧的作用下，极易生成水锈，通常称为二次锈。二次锈蚀的产物会影响钝化工艺中钝化膜的致密性和完整性。为了保证钝化效果，通常在酸洗后钝化前采用稀柠檬酸等具有络合能力的溶液进行循环清洗，将浮锈从金属表面去除，保持金属表面的清洁，这一工艺过程称为漂洗。

10.1.3.5　钝化

酸洗、漂洗后的金属表面非常活泼，暴露于湿润的大气环境中，极易发生大气氧腐蚀，因此需采取钝化工艺，使金属表面进入钝化状态或者稳定状态，形成短期内可以抵抗大气腐蚀的钝化膜。

金属由原来活性状态转入钝化态以后，金属表面结构会发生改变，电极电位显著正移，这是金属由活性状态转变为钝态的一个普遍现象，也是金属钝化的一个标志。金属处在钝化状态时，其腐蚀速率很低，相较活化态下降 4~6 个数量级，这是由于金属表面形成了一层很薄的钝化膜，这种膜的厚度只有 3nm 左右，它是一层具有高电阻率的半导体氧化膜或气体等物质的吸附膜。化学清洗钝化过程是由钝化剂引起的化学钝化或金属在含氧溶液中发生的自钝化。

10.1.4　常用化学清洗剂

化学清洗剂的作用是除掉设备内部的沉积物、油污、杂质等污物，对化学清洗剂的基本要求是：清洗效果好，对清洗设备的腐蚀性小，清洗成本较低，货源较充足，使用方便，清洗后的废液易于处理。

常用的化学清洗剂按作用划分主要有碱洗药剂、酸洗药剂、化学清洗助剂等。

10.1.4.1　碱洗药剂

常用的碱洗药剂有氢氧化钠、碳酸钠、磷酸氢二钠和硅酸钠。碱洗时要同时添加表面活性剂润湿油脂、尘埃和生物物质，以提高清洗效果。

A　氢氧化钠

氢氧化钠，俗称烧碱、火碱、苛性钠，有很强的吸湿性和腐蚀性，与金属铝和锌、非金属硼和硅等反应放出氢气，与氯、溴、碘等卤素发生歧化反应，与酸类起中和作用而生成盐和水。

氢氧化钠是一种常用的碱，其溶液可以用作洗涤液。在碱性条件下，氢氧化钠依靠自身的强碱性与油脂类污物发生皂化反应，生成相应的有机酸钠盐、醇和水。例如，其与油酸的反应过程为：

$$C_{17}H_{33}COOH + NaOH \longrightarrow C_{17}H_{33}COONa + H_2O \qquad (10\text{-}11)$$

氢氧化钠能与水溶性小及酸溶性差的二氧化硅和钙镁硅酸盐发生反应，生成易溶于水和酸的硅酸钠、钙镁氢氧化物分散到溶液中。

$$SiO_2 + 2NaOH \longrightarrow Na_2SiO_3 + H_2O \qquad (10\text{-}12)$$

氢氧化钠与硫酸钙、镁垢作用，生成易于去除的松散泥状氢氧化物和硫酸钠。

$$CaSO_4 + 2NaOH \longrightarrow Ca(OH)_2 + Na_2SO_4 \qquad (10\text{-}13)$$

$$MgSO_4 + 2NaOH \longrightarrow Mg(OH)_2 + Na_2SO_4 \qquad (10\text{-}14)$$

B　碳酸钠

碳酸钠，别名苏打，易溶于水，水溶液呈碱性，有一定的腐蚀性，能与酸进行中和反应，生成相应的盐并放出二氧化碳。碳酸钠长期暴露在空气中，能吸收空气中的水分及二氧化碳生成碳酸氢钠，并结成硬块。

碳酸钠在水中水解后产生氢氧根离子，具有较强的碱性，能使油脂类污染物发生皂化后分散在溶液中。它也可以与硫酸钙水垢反应生成松软的碳酸钙和硫酸钠，易于被清洗掉。清洗时所发生的反应有：

$$C_{17}H_{33}COOH + Na_2CO_3 \longrightarrow C_{17}H_{33}COONa + NaHCO_3 \qquad (10\text{-}15)$$

$$CaSO_4 + Na_2CO_3 \longrightarrow CaCO_3 + Na_2SO_4 \qquad (10\text{-}16)$$

$$MgSO_4 + Na_2CO_3 \longrightarrow MgCO_3 + Na_2SO_4 \qquad (10\text{-}17)$$

C　磷酸三钠

磷酸三钠，溶于水，水溶液呈强碱性。磷酸三钠在干燥空气中易风化，生成磷酸二氢钠和碳酸氢钠。

作为除垢剂、金属洁净剂的主要成分，磷酸三钠溶在水中有滑腻感，能增加水的润湿能力，有一定的乳化作用和较好的分散作用，可以把清洗下来的较大颗粒的污物分散成较小颗粒，防止被清洗下来的污垢发生再吸附沉积，是非常好的去除硬质表面和金属表面上污垢的洗涤剂。磷酸三钠可以与油脂类发生皂化反应，例如与油酸反应形成易溶于水的油酸钠，达到去除油污的目的，反应式如下：

$$C_{17}H_{33}COOH + Na_3PO_4 \longrightarrow C_{17}H_{33}COONa + Na_2HPO_4 \qquad (10\text{-}18)$$

在一定温度条件下，磷酸三钠可以将难溶的碳酸钙、硫酸钙、硅酸钙转变成疏松和易溶于酸的磷酸钙，反应过程如下：

$$3CaCO_3 + 2Na_3PO_4 \longrightarrow Ca_3(PO_4)_2 + 2Na_2CO_3 \qquad (10\text{-}19)$$

$$3CaSO_4 + 2Na_3PO_4 \longrightarrow Ca_3(PO_4)_2 + 2Na_2SO_4 \qquad (10\text{-}20)$$

$$3CaSiO_3 + 2Na_3PO_4 \longrightarrow Ca_3(PO_4)_2 + 2Na_2SiO_3 \qquad (10\text{-}21)$$

磷酸根具有很强的配位能力，能与许多金属离子形成可溶性的配合物，如 $[Fe(PO_4)_2]^{3-}$、$[Fe(HPO_4)_2]^-$。磷酸三钠与表面活性剂配合使用，能够明显提高表面活性剂的去污力。

D 磷酸氢二钠

磷酸氢二钠，溶于水，水溶液呈弱碱性。磷酸氢二钠具有较好的污垢乳化分散能力和 pH 值调节能力，一般不单独作为清洗剂使用，常和磷酸三钠配合作为碱洗或碱煮药剂使用。磷酸氢二钠能与碱洗溶液中过剩的氢氧化钠反应转变成磷酸三钠，具有防止奥氏体钢设备清洗时发生苛性脆化的作用。反应过程如下：

$$NaOH + Na_2HPO_4 \longrightarrow Na_3PO_4 + H_2O \qquad (10\text{-}22)$$

10.1.4.2 无机酸清洗剂

热力设备化学清洗大多以去除腐蚀产物和积盐为目的，因此酸洗是最常用的化学清洗工艺。常见的无机酸洗药剂主要有盐酸、硫酸、硝酸、氢氟酸、磷酸、氨基磺酸等。

这些酸与金属的碳酸盐或氧化物反应，使之转变为可溶性的金属盐类。例如，用强酸清洗设备上的碳酸钙垢和铁的腐蚀产物时，将发生如下化学反应而使它们溶入水中。

$$CaCO_3 + 2H^+ \longrightarrow Ca^{2+} + H_2O + CO_2 \uparrow \qquad (10\text{-}23)$$

$$FeO + 2H^+ \longrightarrow Fe^{2+} + H_2O \qquad (10\text{-}24)$$

$$Fe_2O_3 + 6H^+ \longrightarrow 2Fe^{3+} + 3H_2O \qquad (10\text{-}25)$$

$$Fe_3O_4 + 8H^+ \longrightarrow Fe^{2+} + 2Fe^{3+} + 4H_2O \qquad (10\text{-}26)$$

酸能溶解碳酸钙、磷酸钙、硫化铁以及金属的氧化物。但酸洗药剂（除了氢氟酸）对硅酸盐无效，对于油脂、悬浮物和微生物生长形成的沉积物的效果很差。

许多酸对金属设备有很强的腐蚀性，因此，酸洗前需要向酸洗液中加入一些专用的高效酸洗缓蚀剂，以减轻酸对被清洗设备金属基体的腐蚀。

A　盐酸

盐酸是一种强酸，酸洗时与水垢或金属的腐蚀产物生成金属氯化物。绝大多数的金属氯化物在水中的溶解度较大或很大，因此盐酸对碳酸钙一类的硬垢和氧化铁一类的腐蚀产物有非常好的清洗效果。

盐酸去除铁的氧化物主要是溶解作用，即和铁的氧化物反应生成溶于水的产物，其反应式如下：

$$FeO + 2HCl \longrightarrow FeCl_2 + H_2O \tag{10-27}$$

$$Fe_2O_3 + 6HCl \longrightarrow 2FeCl_3 + 3H_2O \tag{10-28}$$

Fe_3O_4 可以看作是 FeO 和 Fe_2O_3 的混合物，它们分别与盐酸发生上述两种反应。

盐酸在清洗时，不仅有溶解氧化物的作用，而且还有剥离作用。一方面，盐酸和一部分氧化物作用，特别是和 FeO 反应时，可以破坏氧化物和金属的连接，使氧化物剥离下来；另一方面，金属基体表面以及夹杂在氧化物中的铁会和盐酸反应产生氢气，氢气逸出时将氧化物从金属表面剥离下来。

同清洗铁的氧化物一样，盐酸对钙、镁水垢不仅有溶解作用，而且还有使水垢剥落下来随清洗液一起排走的作用。

盐酸作为清洗剂有许多优点：溶解金属氧化物和碳酸盐能力大，清洗效果好；价格比较便宜，货源充足；清洗工艺容易掌握，清洗后设备的表面状态良好。因此，在各种酸洗药剂中，盐酸居首位。

由于氯离子对不锈钢设备容易引起点蚀和缝隙腐蚀，严重时甚至会发生应力腐蚀破裂，因此在一般情况下，不推荐用盐酸清洗不锈钢设备。对于以硅酸盐为主的水垢，单独用盐酸清洗的效果差，向清洗液中补加氟化物可以获得较好的清洗效果。

为了减缓和避免盐酸酸洗时金属设备发生腐蚀和氢脆，必须向盐酸溶液中加入一些高效的盐酸酸洗缓蚀剂。可供使用的缓蚀剂已有很多品种，如各种吡啶衍生物、硫脲及其衍生物、咪唑啉及其衍生物、有机胺类及胺-醛缩合物。

B　硝酸

浓硝酸是一种强氧化性酸，化学清洗一般使用稀硝酸（以下简称硝酸），硝酸主要用于清洗碳钢、不锈钢、铜、碳钢-不锈钢、铜-不锈钢等的组合件、焊接件。硝酸清洗液可用来除去 Fe_2O_3 和 Fe_3O_4 等腐蚀产物和碳酸盐水垢。

清洗时，硝酸与水垢作用，生成易溶于水的钙、镁硝酸盐，其反应如下：

$$CaCO_3 + 2HNO_3 \longrightarrow Ca(NO_3)_2 + CO_2 + H_2O \tag{10-29}$$

$$MgCO_3 + 2HNO_3 \longrightarrow Mg(NO_3)_2 + CO_2 + H_2O \tag{10-30}$$

硝酸清洗具有反应快、生成的硝酸盐在水中溶解度大、操作简单、水垢清除完全等优点。

C　氢氟酸

氢氟酸是弱酸，但低浓度的氢氟酸却比盐酸对 Fe_2O_3 和 Fe_3O_4 有更强的溶解能力。这是因为氟离子有很强的络合能力，F^- 具有一对孤对电子，它很容易填入 Fe^{3+} 的外层电子空轨道中，形成 δ 配价键络合物，即 $Fe(FeF_6)$，络合反应为：

$$2Fe^{3+} + 6F^- \longrightarrow Fe(FeF_6) \tag{10-31}$$

$(FeF_6)^{3-}$ 络离子具有六个 δ 配位键。

此外，氢氟酸具有很强的除硅化合物的能力，其反应式为：

$$SiO_2 + 6HF \longrightarrow H_2SiF_6 + 2H_2O \tag{10-32}$$

氢氟酸作为清洗剂有其独特的优点：清洗效果好，这是由于氢氟酸溶解铁的氧化物和硅化物的能力强，而且溶解速度快；氢氟酸清洗可以在低温低浓度下进行，例如在 30℃ 和 1% 浓度的情况下，溶解速度完全可以满足清洗的要求；氢氟酸清洗时温度低，浓度小，接触时间短，在清洗液中加入适当缓蚀剂，可以使某些钢材的腐蚀速度小于 $1g/(m^2 \cdot h)$。

氢氟酸清洗锅炉以后的废液，经过石灰处理成为无害的 CaF_2，其反应式为：

$$2F^- + Ca^{2+} \longrightarrow CaF_2\downarrow（萤石）\tag{10-33}$$

氢氟酸作为清洗剂的缺点是：有毒，腐蚀性大，容易烧伤人体皮肤，必须十分注意使用安全。

D　氨基磺酸

氨基磺酸化学式为 NH_2SO_3H，是固体清洗剂之一，具有低毒、无味、不吸湿、不挥发、污染性小以及对金属的腐蚀性小、不产生氢脆等优点。

氨基磺酸可与金属的氧化物、碳酸盐等反应，生成溶解度很大的氨基磺酸铁、氨基磺酸钙、氨基磺酸镁等化合物，常用于设备中水垢和钢铁表面铁锈的清洗。它对碳酸盐、硫酸盐、磷酸盐、氢氧化物等的溶解力强、清洗效果好，但不能清除溶解硅酸盐垢。

氨基磺酸清洗水垢时发生的化学反应为：

$$CaCO_3 + 2NH_2SO_3H \longrightarrow Ca(NH_2SO_3)_2 + H_2O + CO_2\uparrow \tag{10-34}$$

$$MgCO_3 + 2NH_2SO_3H \longrightarrow Mg(NH_2SO_3)_2 + H_2O + CO_2\uparrow \tag{10-35}$$

$$Ca_3(PO_4)_2 + 6NH_2SO_3H \longrightarrow 3Ca(NH_2SO_3)_2 + 2H_3PO_4 \tag{10-36}$$

氨基磺酸清洗钢铁腐蚀产物时发生的化学反应为：

$$Fe_3O_4 + 8NH_2SO_3H \longrightarrow Fe(NH_2SO_3)_2 + 2Fe(NH_2SO_3)_3 + 4H_2O \tag{10-37}$$

$$Fe_2O_3 + 6NH_2SO_3H \longrightarrow 2Fe(NH_2SO_3)_3 + 3H_2O \tag{10-38}$$

$$FeO + 2NH_2SO_3H \longrightarrow Fe(NH_2SO_3)_2 + H_2O \tag{10-39}$$

氨基磺酸还能与水中的亚硝酸盐反应，生成氮气：

$$NO_2^- + NH_2SO_3H \longrightarrow HSO_4^- + H_2O + N_2 \uparrow \tag{10-40}$$

利用这一性质，可以清除锅炉废水和钝化废液中的亚硝酸盐，减少致癌物质的排放量。

根据清洗经验，氨基磺酸浓度与清洗液 pH 值的关系见表 10-1。

表 10-1 氨基磺酸浓度与清洗液 pH 值的关系

氨基磺酸浓度(质量分数)/%	10	5	3	1	0.5
pH 值	0.40	0.63	0.85	1.19	1.72

在清洗过程中，若氨基磺酸清洗液的 pH 值上升到 3.5，一般认为清洗液中的氨基磺酸已耗尽。

E　硫酸

硫酸，纯品为无色油状液体，有强氧化性和强吸湿性，能与水任意比混溶，超过 98.3% 的硫酸因能挥发出硫酸烟雾，也称"发烟硫酸"。

硫酸对铁的氧化物有较好的去除能力，多用于处理钢铁表面的氧化皮、铁锈。硫酸清洗铁的氧化物产生的硫酸亚铁、硫酸铁在水溶液中的溶解度大，但对于钙、镁垢，其产物硫酸钙、硫酸镁的溶解度非常小，因此不适用于钙、镁垢为主的热力设备的化学清洗。

F　磷酸

磷酸，属于三元中强酸，不易挥发，不易分解，几乎没有氧化性。所有磷酸二氢盐都易溶于水，而磷酸一氢盐和正盐，除磷酸钾、磷酸钠、磷酸铵外，一般都不溶于水，因此其清洗效果不是很理想。由于磷酸能在金属表面形成磷酸铁保护膜，对金属腐蚀性小，因此常与其他酸配合使用。

10.1.4.3　有机酸清洗剂

常用的有机酸清洗剂有甲酸、羟基乙酸、柠檬酸、乙二胺四乙酸（EDTA）、羟基乙叉二膦酸（HEDP）和氮三乙酸（NTA）等。

A　甲酸

甲酸，别名蚁酸，分子式 CH_2O_2，分子量 46.02，无色发烟易燃液体，具有强烈的刺激性气味，溶于水、乙醇和乙醚，微溶于苯。

在锅炉化学清洗中，甲酸常作为羟基乙酸的复配酸联合使用，可提高羟基乙酸的清洗能力。甲酸自身也具有除锈、溶垢的能力，化学反应为：

$$6HCOOH + Fe_2O_3 \longrightarrow 2Fe(HCOO)_3 + 3H_2O \tag{10-41}$$

$$2HCOOH + CaCO_3 \longrightarrow Ca(HCOO)_2 + H_2O + CO_2 \uparrow \tag{10-42}$$

B　羟基乙酸

羟基乙酸，别名乙醇酸、甘醇酸、羟基醋酸，分子式 $C_2H_4O_3$，分子量

76.05，纯品为无色易潮解晶体，工业品为70%水溶液，淡黄色液体，有类似烧焦糖的气味，具有不含氯离子、不易燃、无臭、毒性低、生物分解性强、不挥发等特点，易溶于水、甲醇、乙醇、丙酮、乙酸和醚。

羟基乙酸依靠络合能力适合于清洗钙、镁水垢和铁的腐蚀产物，化学反应生成的 $Ca(HOCH_2COO)_2$、$Mg(HOCH_2CO)_2$、$Fe(HOCH_2COO)_3$ 以及 $Fe(HOCH_2COO)_2$ 等络合物具有良好的水溶性，具有对金属材料适应性广、腐蚀性弱的特点。

羟基乙酸与柠檬酸相比，有更强的清洗溶垢能力，不会产生有机酸铁沉淀；化学成分中不含氯离子，适用于有奥氏体钢及水冷壁管已有裂纹的锅炉清洗。

C 柠檬酸

柠檬酸固体为白色晶体，分子式为 $C_6H_8O_7$。柠檬酸是目前化学清洗中应用得较多的一种有机酸，在水溶液中是三元酸，其离解度随着 pH 值的升高而增加。

溶解铁的氧化物，柠檬酸主要利用的不是它的酸性，而是它和铁离子生成络离子的能力。柠檬酸和 Fe_2O_3 反应式为：

$$Fe_2O_3 + 2C_6H_8O_7 \longrightarrow 2FeC_6H_5O_7\downarrow + 3H_2O \tag{10-43}$$

柠檬酸铁在水中的溶解度较小，化学清洗期间存在生成柠檬酸铁沉淀的风险。为了生成易溶的络合物，需要加氨提高 pH 值。pH 值调至 3.5~4，柠檬酸主要变为柠檬酸单铵，此时便生成易溶于水的络合物，其反应式为：

$$Fe_3O_4 + 3NH_4H_2C_6H_5O_7 \longrightarrow NH_4FeC_6H_5O_7 + 2NH_4(FeC_6H_5O_7OH) + 2H_2O \tag{10-44}$$

柠檬酸作为清洗剂有如下优点：柠檬酸与铁的氧化物反应生成络合物，清洗时不会产生大量沉渣；可以用来清洗用奥氏体钢和其他特种钢材制造的锅炉设备，不用担心发生晶间腐蚀、应力腐蚀；柠檬酸在高温下会分解成二氧化碳和水，即使清洗后冲洗不彻底，少量残留在设备内部，也没有危险性，因此可以用来清洗结构复杂的高参数大容量机组。

柠檬酸作为清洗剂时要求较高的清洗温度和流速，价格也较贵。所以，通常柠檬酸清洗多用在不宜用盐酸的情况下。

D EDTA

EDTA，全称乙二胺四乙酸，分子式为 $C_{10}H_{16}N_2O_8$。EDTA 是一种络合剂，可以和 Fe^{3+}、Cu^{2+}、Ca^{2+}、Mg^{2+} 等离子形成络合物，这些络合物易溶于水。由于 EDTA 在水中的溶解度非常小，25℃时在水中的溶解度为 0.5g/L，因此一般采用 EDTA 的钠盐或铵盐进行化学清洗。pH 值为 5.0~6.0 时，EDTA 二钠盐和三钠盐共存，在清洗过程中，随着络合反应的进行，清洗液 pH 值不断上升。在碱性条件下，EDTA 具有钝化作用，因此采用 EDTA 进行化学清洗可以酸洗、钝化一步完成。

EDTA 分子中有 2 个氨基氮原子和 4 个羧基氧原子，可以与金属离子形成 6 配位键的螯合物，属于广谱型络合剂。EDTA 与金属离子络合具有普遍性，能与许多二价及以上金属离子（如水垢中常见的 Fe^{2+}、Fe^{3+}、Cu^{2+}、Ca^{2+}、Mg^{2+} 等）在合适的 pH 值范围内形成稳定的络合物。EDTA 络合物的组成确定，与金属离子的络合比及 EDTA 的形态无关，与金属离子的价态无关，都是 1∶1。EDTA 与金属离子的络合物大多易溶于水，可溶性好。大多数 EDTA-M 络合物的稳定常数 $\lg K_{MY} > 8$，稳定性好。

EDTA 与金属离子的络合反应可以简写为：

$$M^{n+} + Y^{4-} \longrightarrow MY^{n-4} \tag{10-45}$$

金属离子本身的电荷、半径和电子层结构是影响络合物稳定的本质因素。外界条件，如 pH 值和干扰离子等也会对络合物的稳定性产生较大的影响。常见金属离子与 EDTA 的络合物稳定常数的对数值见表 10-2，稳定常数越大，络合物越稳定。

表 10-2　常见金属离子与 EDTA 的络合物稳定常数的对数值（20℃）

M^{n+}	$\lg K_{MY}$	M^{n+}	$\lg K_{MY}$	M^{n+}	$\lg K_{MY}$
Na^+	1.66	Mn^{2+}	13.87	Cu^{2+}	18.80
Li^+	2.79	Fe^{2+}	14.33	Ti^{3+}	21.30
Ag^+	7.32	Al^{3+}	16.30	Hg^{2+}	21.80
Ba^{2+}	7.86	Zn^{2+}	16.50	Sn^{3+}	22.10
Mg^{2+}	8.69	Pb^{2+}	18.40	Cr^{3+}	23.40
Ca^{2+}	10.69	Ni^{2+}	18.60	Fe^{3+}	25.10

EDTA 作为清洗剂，具有以下优点：对氧化铁、铜垢、钙镁垢都有较强的清洗能力；可以用来清洗较复杂的锅炉和用奥氏体钢制造的设备；清洗以后，金属表面可以生成良好的保护膜，不必另作钝化处理。其缺点是药品价格较贵，清洗成本较高。

10.1.4.4　化学清洗助剂

为了提高主清洗剂去除沉积物、腐蚀产物和污染物的能力，防止和减缓金属基体在清洗过程中的腐蚀，还需要添加一些恰当的清洗助剂，使清洗溶液对沉积物、附着物、腐蚀产物有更好的渗透、分散、助溶作用，防止因清洗溶液中 Fe^{3+} 和 Cu^{2+} 等氧化性离子含量的增加，加速金属基体腐蚀。

添加的清洗助剂主要有助溶剂、还原剂、掩蔽剂、表面活性剂、杀生剂等。

A 助溶剂

在清洗中，如果存在硅酸盐垢、铜垢等不易溶解的物质，存在氧化铁垢溶解速度慢的问题，可以通过向清洗液中添加助溶剂，溶解难溶垢成分，提高氧化铁垢的溶解速度。

常用的助溶剂有氟化钠、氟化氢铵和过硫酸铵。

用盐酸清洗时，若水垢中含有硅垢，可以添加氟化物，利用氟化物在盐酸中生成的氢氟酸促进硅垢溶解。

过硫酸铵与水能发生水解反应，生成硫酸氢铵和过氧化氢，反应式为：

$$(NH_4)_2S_2O_8 + 2H_2O \longrightarrow 2NH_4HSO_4 + H_2O_2 \tag{10-46}$$

过硫酸铵具有强氧化性和腐蚀性，化学清洗时，利用过硫酸铵的氧化性，将沉积在锅炉管表面的金属铜或单质铜氧化成为二价铜，从而将铜的腐蚀产物从锅炉系统中清洗掉。

B 还原剂

化学清洗过程中，绝大多数缓蚀剂对 Fe^{3+} 和 Cu^{2+} 所引起的钢铁基体的腐蚀抑制作用较差。这是由于 Fe^{3+} 和 Cu^{2+} 具有较强的去极化作用，吸附在金属表面的缓蚀剂膜不能有效阻止 Fe^{3+} 和 Cu^{2+} 在金属表面阴极区得到电子完成还原反应，并发生阳极区的金属腐蚀。

Fe^{3+}、Cu^{2+} 腐蚀钢铁的反应如下：

$$Fe + 2Fe^{3+} \longrightarrow 3Fe^{2+} \tag{10-47}$$

$$Fe + Cu^{2+} \longrightarrow Fe^{2+} + Cu \tag{10-48}$$

添加还原剂可以有效降低化学清洗液中 Fe^{3+} 和 Cu^{2+} 的浓度，从而减缓腐蚀的发生。常用的还原剂有 D-异抗坏血酸钠（$C_6H_7O_6Na$）、亚硫酸钠（Na_2SO_3）、氯化亚锡（$SnCl_2$）等。

C 掩蔽剂

当垢中含有铜成分时，清洗液中 Cu^{2+} 较多，可以向清洗液中添加掩蔽剂，如硫脲、六亚甲基四胺等，络合在酸洗过程中被溶解出的铜离子，防止铜离子在金属表面再沉积造成的运行中腐蚀。反应原理如下：

$$Cu^{2+} + 2(NH_2)_2CS \longrightarrow [Cu(NH_2)_2CS]_2^{2+} \tag{10-49}$$

$$Cu^{2+} + (NH_2)_6N_4 \longrightarrow Cu[(NH_2)_6N_4]^{2+} \tag{10-50}$$

D 表面活性剂

表面活性剂又称界面活性剂，是一类在溶液中浓度很低时就可以显著降低溶剂表面张力的物质。

表面活性剂的分子结构中含有亲水基和疏水基两部分，当其分散到清洗液中后，就具有集中到清洗液与管壁的相面间的倾向，使清洗液的表面张力降低，从而达到增溶去污、润湿渗透和乳化分散、提高清洗效果的目的。

表面活性剂通常用于清洗系统中含油或胶状物质的沉积物。它们能分散油类、脂类和微生物产生的沉积物，然后通过排放把这些物质从系统中除去。

E　杀生剂

当冷却水系统中有微生物黏泥和含油沉积物时，采用低泡非离子型表面活性剂和非氧化性杀生剂（如二硫氰基甲烷），同时通入氯气，保持水的 pH 值在 6~7，可以对冷却水系统达到较好的清洗效果。

10.2　化学清洗中的腐蚀与控制

10.2.1　化学清洗中的腐蚀类型及控制方法

热力设备的化学清洗，在去除水垢和腐蚀产物的同时，清洗剂会对金属基体产生腐蚀。为保证被清洗设备的安全，在化学清洗过程中必须控制腐蚀。

10.2.1.1　化学清洗常见腐蚀类型

化学清洗过程中主要发生以下七种形态的腐蚀。

（1）均匀腐蚀。化学清洗过程中，清洗液尤其是酸性介质与设备金属表面接触，不可避免地发生程度相同或相近的腐蚀，这些腐蚀为均匀方式，危险性小，容易预测、发现和控制。

以盐酸清洗为例，过程中存在下列反应：

$$Fe + 2HCl \longrightarrow FeCl_2 + H_2 \uparrow \tag{10-51}$$

（2）点腐蚀。化学清洗介质例如盐酸、氢氟酸中含有大量的 F^-、Cl^-，氧化铁溶解后会产生大量 Fe^{3+}，这些都是化学清洗过程中容易引起点蚀的主要诱因。

（3）电偶腐蚀。热力设备中有大量的异种钢焊接区，这些部位在化学清洗中最容易发生电偶腐蚀，控制不当会产生很深的腐蚀沟槽。对于有铜机组，若不重视化学清洗过程中产生的镀铜现象，清洗后在运行中设备会产生严重电偶腐蚀。

（4）缝隙腐蚀。缝隙腐蚀主要由腐蚀性清洗介质的电化学不均匀性引起。化学清洗过程中残留在缝隙中的清洗介质，特别是无机清洗介质，会在清洗后的运行中浓缩而引起缝隙腐蚀。

（5）晶间腐蚀。高参数锅炉中奥氏体钢（如 Super304、TP347H 等）的使用温度在其敏化温度范围内（450~850℃），容易发生晶间贫铬，在特定的清洗介质中极易发生晶间腐蚀。Cl^-、F^- 和 S^{2-} 等离子是引起晶间腐蚀的敏感离子，另外低分子有机酸如甲酸、丙二酸也会使奥氏体钢产生晶间腐蚀。

（6）应力腐蚀。锅炉运行或检修过程产生的内应力、焊接应力和机械力，在某种特定的清洗介质下可能引发应力腐蚀破裂，Cl^-、F^-和S^{2-}等离子具有诱发应力腐蚀破裂的风险。

（7）氢脆。化学清洗过程中，由于金属基体的腐蚀，金属表面产生大量氢原子，当这些氢原子渗透到金属晶格内，在设备投入运行后发生外界温度、压力条件变化，就会导致热力设备氢脆的发生，进而使材料发生爆裂。

钛合金换热器的化学清洗容易发生设备吸氢导致的氢脆。另外碳钢材质的锅炉使用盐酸清洗也可能发生氢脆。

10.2.1.2　化学清洗过程中的腐蚀控制

化学清洗需要针对清洗工艺制定防腐蚀措施，比如控制酸液浓度、清洗温度、清洗流速，添加缓蚀剂等助剂，最大限度地抑制金属基体遭受酸的腐蚀。

A　清洗介质的选用

低分子有机酸和卤素离子（Cl^-、F^-）对晶间腐蚀和应力腐蚀具有高度敏感性，应避免使用低分子有机酸和卤素离子含量超标的有机酸清洗含奥氏体钢的热力设备。使用有机酸进行清洗，可有效避免在化学清洗过程中出现应力腐蚀和晶间腐蚀，如羟基乙酸、EDTA、柠檬酸、酒石酸、顺丁烯二酸等以及它们的复配产品。

对于碳钢和低合金钢材质的电站锅炉，有机酸和无机酸清洗介质均可适用且都能有效控制腐蚀。在大容量高参数机组中，热力设备更多地使用了高合金钢材质，为了避免清洗期间或由于清洗液残留导致运行后发生晶间腐蚀、应力腐蚀、氢脆等腐蚀的问题，基本不使用无机酸清洗介质。含奥氏体钢的过热器和再热器曾发生过因清洗介质选择不当出现严重应力腐蚀，机组启动后发生大面积爆管的案例。

对于发生过水冷壁管爆管泄漏事故的锅炉也不得使用无机酸作为清洗介质，避免潜在的管壁裂纹在清洗过程中扩展导致泄漏或清洗后发生缝隙腐蚀和氢脆。

B　添加缓蚀剂

为了控制和防止酸洗过程中发生严重的腐蚀减薄、穿孔以及氢脆等问题，在酸洗溶液中添加合适的缓蚀剂是最有效的技术措施。

可用于化学清洗的缓蚀剂品种较多，一般需要通过小型模拟试验从缓蚀效率、抗Fe^{3+}的影响、溶解分散性、热稳定性几方面评价缓蚀剂的性能。对于含有奥氏体钢热力设备的酸洗缓蚀剂，还要求其氟离子、氯离子含量不得超过50mg/L，并做其对奥氏体钢是否产生应力腐蚀和晶间腐蚀的试验。

C　清洗温度控制

不同清洗剂适用于不同的清洗温度。通常来说，温度越高清洗效果越好，但腐蚀也会更加严重。在保证清洗效果的前提下，要严格控制清洗的最高温度不超过清洗剂和缓蚀剂允许的最高温度，特别是使用无机酸清洗时应严格控制清洗温度，确保设备安全。各清洗剂对应的清洗温度见表10-3。

表 10-3　各清洗剂对应的清洗温度

清洗介质	清洗温度/℃	清洗介质	清洗温度/℃
盐酸	50~60	硫酸	45~55
柠檬酸	85~95	羟基乙酸+甲酸	85~95
EDTA（高温）	120~140	氨基磺酸	50~60
EDTA（低温）	85~95	硝酸	50~60
氢氟酸	45~55	磷酸	80~95

D　清洗流速控制

化学清洗中要选择合理的清洗流速，要避免流速过高。高流速有利于提高清洗效果，冲出清洗残渣，但也会使腐蚀显著增加。研究表明，无论采用什么种类的盐酸缓蚀剂，在有 300mg/L 的 Fe^{3+} 存在时，介质流速达到 1m/s，与静态相比腐蚀速率可以增加 10 倍以上。

E　加热方式选择

清洗系统设计应优先考虑表面式加热，混合式加热会导致缓蚀剂被稀释，影响缓蚀效果。

F　清洗时间选择

缓蚀剂一般都具有时效性，当超过后缓蚀效率会急剧下降，因此清洗时间不得超过缓蚀剂的缓蚀时效。

G　Fe^{3+} 浓度控制

被清洗的设备表面有 Fe_2O_3、Fe_3O_4 等铁的氧化物，清洗过程中清洗液中的 Fe^{3+} 浓度会不断升高。当酸洗液中 Fe^{3+} 浓度升高至 500mg/L 时，腐蚀速率可增加 3~5 倍；升至 1000mg/L 时，腐蚀速率可增加 6~10 倍，甚至更高。另外清洗液中 Fe^{3+} 的浓度达到 500mg/L 时，碳钢表面极易发生点蚀，给安全生产带来隐患。

一般要求化学清洗时 Fe^{3+} 浓度不应超过 300mg/L。Fe^{3+} 浓度超标后，单纯添加缓蚀剂很难将腐蚀速率控制在标准范围内，此时还需添加还原剂等清洗助剂。

H　腐蚀监测

对腐蚀进行监测可及时发现清洗过程中的腐蚀问题，从而调整清洗工况、控制腐蚀。工程实践中的腐蚀监测有两种方式：一种是在清洗系统中安装腐蚀在线监测系统；另一种是在清洗系统的合适位置悬挂腐蚀指示片。前者监测结果及时准确，但因需要较高的理论水平和专业技术知识而较少使用；后者因为直观简单而成为工程实践中最常用的监测手段。

Ⅰ　钝化处理

对清洗后金属表面进行钝化是化学清洗的最后一步，可有效防止化学清洗结束到设备投运期间的大气腐蚀。

10.2.2　化学清洗用缓蚀剂

10.2.2.1　缓蚀剂分类

A　按照化学组成分类

按照化学组成分类，缓蚀剂可划分为无机缓蚀剂和有机缓蚀剂两大类。

无机缓蚀剂绝大部分为无机盐类。常用的无机缓蚀剂主要包括亚硝酸盐、铬酸盐、重铬酸盐、硅酸盐、钼酸盐、聚磷酸盐、亚砷酸盐等。这类缓蚀剂一般是通过和金属发生反应，在金属表面生成钝化膜或致密的金属盐的保护膜，阻止金属腐蚀的发生。

有机缓蚀剂一般为含有 O、N、P、S 等元素的有机化合物，主要包括胺类、季铵盐、醛类、杂环化合物、炔醇类、有机硫化合物、有机磷化合物、咪唑类化合物等。这类缓蚀剂是利用有机物质在金属表面发生吸附作用，覆盖金属表面或活性部位，从而阻止金属的电化学腐蚀。

B　按形成保护膜的特征分类

按缓蚀剂在金属表面形成的保护膜性质，缓蚀剂可分为氧化膜型缓蚀剂、沉淀膜型缓蚀剂和吸附膜型缓蚀剂三类。这种分类方法在一定程度上可以反映金属表面保护膜和缓蚀剂分子结构的联系，还可以解释缓蚀剂对腐蚀电池电极过程的影响。

氧化膜型缓蚀剂直接或间接氧化金属，在金属表面形成氧化物薄膜，阻止腐蚀反应的进行。氧化膜型缓蚀剂一般对可钝化金属（铁族过渡性金属）具有良好的保护作用，而对不易钝化金属，如铜、锌等则没有多大效果，在可溶解氧化膜的酸中也没有效果。这种缓蚀剂所形成的氧化膜较薄（$0.003 \sim 0.02 \mu m$），致密性好，与金属附着力较强，防腐蚀性能好。例如，这类缓蚀剂中的铬酸盐可使铁的表面氧化生成 γ-Fe_2O_3 保护膜，从而抑制铁的腐蚀。氧化膜型缓蚀剂又可分为阳极抑制型（如铬酸钠）和阴极去极化型（如亚硝酸钠）两类。当氧化膜达到一定厚度（如 $5 \sim 10nm$）以后，氧化反应减慢，保护膜的成长也基本停止。因此，过量的缓蚀剂并不会使保护膜不断增厚形成垢层，但用量不足则会加速腐蚀。

沉淀膜型缓蚀剂本身是水溶性的，但与腐蚀环境中其他离子作用后，可形成难溶于水的沉淀膜，对金属起保护作用。这类缓蚀剂包括硫酸锌、碳酸氢钙、聚磷酸钠等。沉淀膜的厚度比一般钝化膜厚，为几十纳米到一百纳米，其致密性和附着力比钝化膜差，因此抑制腐蚀的效果也比氧化膜型缓蚀剂差一些。此外，只要介质中存在缓蚀剂组分和相应的共沉淀离子，沉淀膜的厚度就不断增加，所以通常要和去垢剂共同使用才会有较好的效果。

吸附膜型缓蚀剂分子中有极性基团，能在金属表面吸附成膜（膜极薄，一般只有单分子或多分子层厚度），并由其分子中的疏水基团来阻碍水和去极化剂到达金属表面，达到保护金属不被腐蚀的目的。根据吸附机理不同，吸附膜型缓蚀剂又可分为物理吸附型（如胺类、硫醇和硫脲等）和化学吸附型（如吡啶衍生物、苯胺衍生物、环状亚胺等）两类。为了能形成良好的吸附膜，金属必须有洁净的（即活性的）表面，因此酸性介质中往往更多采用这类缓蚀剂。

C　其他分类方法

根据缓蚀剂对腐蚀电化学过程的抑制作用，缓蚀剂可分为阳极型缓蚀剂、阴极型缓蚀剂、混合型缓蚀剂三类。

按使用介质分类，缓蚀剂可分为酸性介质缓蚀剂、中性介质缓蚀剂、碱性介质缓蚀剂和气相缓蚀剂等。

按被保护金属的种类分类，缓蚀剂可分为钢铁缓蚀剂、铜及铜合金缓蚀剂、铝及铝合金缓蚀剂等。

按缓蚀剂使用范围分类，缓蚀剂可分为酸洗缓蚀剂、冷冻水缓蚀剂、油气井酸化缓蚀剂、石油化工工艺缓蚀剂、油田注水缓蚀剂、锅炉用水缓蚀剂、循环冷却用水缓蚀剂等。

10.2.2.2　对酸洗缓蚀剂的要求

良好的化学清洗缓蚀剂应具备以下性能。

（1）高效，加入极少量，一般用量千分之几或万分之几，就能显著地降低清洗剂对金属基体的腐蚀速率。对焊接部位、有残余应力的地方以及异金属接触处，都应有良好的腐蚀抑制能力。

（2）水溶性好，不含有易附着在金属表面的沉积物，不影响或降低清洗液去除腐蚀产物、沉积物的能力。

（3）在清洗条件下（包括清洗剂浓度、温度、时间、流速、pH 值）不分解，缓蚀性能不受 Fe^{3+} 浓度的影响，缓蚀性能稳定。

（4）不会扩大和加深原始腐蚀状态，不存在产生点蚀的危险；用于奥氏体钢清洗的缓蚀剂，其 Cl^-、F^- 等杂质含量（质量分数）应小于 0.005%，不产生应力腐蚀和晶间腐蚀；对金属的力学性能和金相组织没有影响；保护金属不吸氢，不发生腐蚀破裂。

（5）无毒性，使用方便、安全，不对环境造成污染。

（6）可以同时保护设备内多种材质金属。

（7）清洗期间在金属基体表面吸附速度快、覆盖率高；清洗后，不残留有害薄膜，不影响后续清洗工艺。

（8）与其他添加剂（如还原剂、掩蔽剂）有良好的相容性，不易与清洗介质发生化学反应。

（9）在环境温度条件下可较长时间存放，性能稳定。

10.2.2.3　常见酸洗缓蚀剂

缓蚀剂的缓蚀作用通常体现在其与介质或金属表面之间发生的化学变化。也就是说缓蚀剂的缓蚀作用，除了与缓蚀剂本身的化学组成、结构密切相关外，还与介质和金属材质的性质有着紧密的联系。

在实际应用中，缓蚀剂一般不是由单一物质构成，而是由多种组分复配形成的混合物，充分利用"协同作用"增加缓蚀效果。

化学清洗中缓蚀剂的选择和应用非常重要，缓蚀剂不仅影响化学清洗的效果，而且也影响被清洗设备的安全及寿命。选用缓蚀剂需要考虑多方面因素，如化学清洗介质的种类、浓度、pH 值、温度、流动状态，介质中氧化性离子的浓度，缓蚀剂的化学性质及其对环境的污染，被清洗设备的金属材质和金属的初始表面状态等。

常用的酸洗缓蚀剂主要是乌洛托品、硫脲（TU）及其衍生物、吡啶及其衍生物、咪唑啉、苯并三唑（BTA）、2-巯基苯并噻唑（MBT）、醛-胺缩聚物、醛类等。

A　乌洛托品

乌洛托品学名六次甲基四胺，分子式为（CH_2）$_6N_4$，白色或浅黄色结晶粉末，无臭味，对皮肤有刺激性，在 263℃升华并有部分分解，能溶于水、乙醇、氯仿、二氯甲烷，不溶于苯、四氯化碳、乙醚和汽油。

作为传统缓蚀剂的基本成分，它能很好地吸附在金属表面形成保护膜，有效减缓酸洗液对金属基体的腐蚀，既可以单独使用，也可以和其他缓蚀剂复配。乌洛托品是常用的锅炉盐酸清洗缓蚀剂。

温度对乌洛托品的缓蚀效果影响较大，研究表明其缓蚀效率随着温度的上升，先升高后下降，在 60℃左右有最佳缓蚀效果。乌洛托品的缓蚀效果还和清洗流速有关，适宜的流速是 0.3~0.5m/s，超过 0.5m/s 缓蚀作用下降。

B　硫脲（TU）及其衍生物

硫脲是一种有机含硫化合物，分子式为 $CS(NH_2)_2$，白色至浅绿色晶体，有弱氨味，微溶于冷水，易溶于热水。硫脲不仅可以用作复合型酸洗缓蚀剂的主要成分，而且可以用作盐水介质中钢铁缓蚀剂的主要成分。

硫脲衍生物主要有氮原子上取代衍生物如甲基硫脲（MTU）、二甲基硫脲（DMTU）、四甲基硫脲（TMTU）、乙基硫脲（ETU）、二乙基硫脲（DETU）、正丙基硫脲（PTU）、二异丙基硫脲（DPTU）、烯丙基硫脲（ATU）、苯基硫脲（PHTU）、甲苯基硫脲（TTU）和氯苯基硫脲（CPTU）；另外还有碳原子上的取代衍生物如硫代乙酰胺等。

硫脲及其衍生物作为酸洗缓蚀剂，早期主要应用于盐酸，后拓展至硫酸、硝酸、磷酸和高氯酸，保护基体材料多为铁和碳钢，对于铝、锌、铜、镍、钴、不锈钢等材质也有应用。

硫脲分子中既有 C—N 键，又有 C＝S 键，在金属表面吸附成膜，既可以阻止金属溶解，又可以阻止 H^+ 放电析出 H_2，可以防止金属在酸洗过程中发生均匀腐蚀、局部腐蚀和氢脆。

硫脲作为缓蚀剂有以下优点：一是缓蚀效率高，可达 97% 以上；二是有较好的稳定性，在 200℃ 以下不会分解；三是易溶于热水，方便使用。

在硫脲的衍生物中，取代基不同，缓蚀效率也大不相同。对于氮原子上的取代衍生物，随着取代基团的摩尔质量增加，缓蚀效率增大；当物质的摩尔质量相同时，若结构不同，缓蚀效率也不相同，如在 20%HNO_3 中，对镍的缓蚀效率由小到大的顺序是：邻氯苯基硫脲>间氯苯基硫脲>对氯苯基硫脲。

对碳原子上的取代衍生物，缓蚀效率受取代基的影响也很大。在 0.1mol/L HCl 中，CH_3-CS-NH_2、NH_2-CS-NH_2、C_6H_5-CS-NH_2 对钢的缓蚀效率分别为 57%、74% 和 90%，而 2-硫代酰胺吡啶、3-硫代酰胺吡啶和 4-硫代酰胺吡啶的缓蚀效率分别为 5%、80% 和 1%。

不论是在盐酸还是在硫酸介质中，当浓度极稀时，硫脲及其衍生物均加速金属的腐蚀，而在中等浓度时起缓蚀作用，随着浓度的升高，缓蚀效率下降。在 20%HNO_3 中硫脲对铝合金的最佳缓蚀浓度约为 4mmol/L，在盐酸溶液中硫脲对碳钢的最佳缓蚀浓度为 2~4mmol/L。

2,2-二甲基二苯基硫脲的缓蚀效率很高，可用作锅炉化学清洗盐酸、柠檬酸清洗剂的缓蚀剂。

C　吡啶及其衍生物

吡啶是淡黄色或无色液体，熔点-42℃，沸点 115.5℃，有恶臭，易溶于水、乙醇、苯、石油醚等，可溶解许多无机盐，对酸和氧化剂稳定。

吡啶类化合物加入到清洗液中时，吡啶分子中的极性基团定向吸附在金属的表面，从金属表面排除腐蚀性介质，起到缓蚀作用。

吡啶在用作缓蚀剂时，可直接加到酸洗液中，利用其吸附性能达到缓蚀目的，也可以复配其他药剂制成缓蚀剂。吡啶在 HCl 清洗液中对碳钢的缓蚀率可达 97%。吡啶易溶于酸，使用很方便，但由于有臭味，在实际应用上受到限制。通过氯代烷对吡啶进行烷基化，得到烷基吡啶季胺化合物，臭味可大大减小。

吡啶用作锅炉 HCl 酸洗缓蚀剂时，为使在短时间内形成保护膜，达到最佳效果，要求吡啶浓度（质量分数）足够大，一般是 0.3%~0.4%。另外还要注意投加顺序，一般先让清洗水在系统内循环，升温到预定温度，再加入预定浓度的吡啶，经充分循环溶解后，再加入 HCl 清洗剂。

D　咪唑、咪唑啉类化合物

咪唑是含两个氮原子的五元杂环化合物，其衍生物具有很好的酸洗缓蚀作用。苯并咪唑类化合物（BMAT）可抑制不锈钢和碳钢在盐酸中的腐蚀，尤其是对不锈钢在盐酸中的应力腐蚀，有很好的抑制效果。

咪唑啉又称二氢咪唑或间二氮杂环戊烯，其母体结构是咪唑。咪唑啉类缓蚀剂一般由三部分组成，即具有 1 个含氮五元杂环，杂环上与氮原子（N）成键的具有不同活性基团（如酰胺官能团、胺基官能团、羟基等）的亲水支链 R_1 和含有不同碳链的烷基憎水支链 R_2。咪唑啉类缓蚀剂对碳钢等金属在盐酸介质中有优良的缓蚀性能，这类缓蚀剂无刺激性气味、热稳定性好、毒性低。其突出优点是，当金属与酸性介质接触时，这类缓蚀剂既可以在金属表面形成单分子吸附膜，改变氢离子的氧化还原电位，也可以络合溶液中的某些氧化剂，降低其电位来达到缓蚀的目的。

咪唑啉类缓蚀剂和季铵盐类缓蚀剂具有较好的协同作用，当两者的质量比为 3:1 时，适用于大容量锅炉盐酸酸洗。

咪唑啉环上氮原子的化合价变成四价时，就成为咪唑啉季铵盐。对咪唑啉季铵盐来说，季铵阳离子能被带负电荷的金属表面吸附，季铵阳离子排列在金属表面就使得金属表面带上正电荷，氢离子就难以靠近金属表面，阴极反应速度降低。若吸附的阳离子完全覆盖金属表面，则电荷的移动也就受到抑制。因此，咪唑啉季铵盐具有更好的缓蚀性能。

E　苯并三唑（BTA）

苯并三唑是淡褐色或白色结晶性粉末，微溶于水，水溶液呈弱碱性。BTA 是一种很有效的铜和铜合金的缓蚀剂，它不但能抑制铜或铜合金中的铜腐蚀，而且还能使钢钝化，阻止铜在一些较活泼金属上的沉积。此外，它还能防止电偶腐蚀和黄铜脱锌等。

BTA 能以共价键和配位键与铜离子结合，形成链状聚合物，在铜的表面形成不溶性 Cu-BTA 保护膜，抑制腐蚀过程。电子能谱化学分析（ESCA）研究表明，BTA 在一分钟内就能牢固吸附，保护膜的生长速度取决于对铜离子的吸附能力，膜的质量则取决于成膜时间，在足够的 BTA 浓度下，浸泡时间越长，缓蚀效果越好。BTA 很容易与氧化亚铜结合，一价铜离子和 BTA 中氮原子的配位作用，对于缓蚀功效十分重要。BTA 分子先在氧化亚铜上物理吸附，然后才是 BTA 与 Cu^+ 的络合。

苯并三唑对铁、镉、锡、铝、锌也有缓蚀作用。BTA 可以和多种缓蚀剂配合，如铬酸盐、聚磷酸盐、钼酸盐、硅酸盐、亚硝酸盐、ATMP、HEDP、

EDTMP 等，用以提高缓蚀效果。

F 2-巯基苯并噻唑（MBT）

纯 MBT 为淡黄色粉末，有微臭和苦味，不溶于水，但溶于乙醇、丙酮、氯仿及氨水、NaOH、Na_2CO_3 等碱性溶液。对于铜和铜合金，MBT 是一种非常有效的缓蚀剂，其在低浓度时是一种阳极型缓蚀剂。由于它是一种杂环化合物，巯基上 H 能在水溶液中离解出 H^+，因此其负离子能和 Cu^{2+} 生成十分稳定的配合物。

G 醛-胺缩聚物

这类缓蚀剂由甲醛和苯胺在酸性介质中缩聚而成。其缺点是如果反应不充分会造成产品中含有未反应完的苯胺、甲醛，对环境造成危害，另外聚合度不高，性能不稳定。

H 醛类

醛类缓蚀剂主要为甲醛和肉桂醛，甲醛是常用的低浓度、低温度盐酸酸洗缓蚀剂；肉桂醛酸洗缓蚀剂具有低毒及缓蚀效果好的特点。

10.2.2.4 钝化剂

钝化剂主要用于酸洗后对金属表面的钝化处理，是防止金属表面短期内二次锈蚀的重要工艺。

（1）过氧化氢。过氧化氢，别名双氧水，无色透明液体，分子式 H_2O_2，作为化学清洗钝化剂，在弱碱性条件下，利用过氧化氢的氧化性，与基体铁、磁性氧化铁作用，可以在钢铁表面形成致密的氧化铁（$\gamma\text{-}Fe_2O_3$）保护膜。

（2）亚硝酸钠。亚硝酸钠，分子式 $NaNO_2$，NO_2^- 中的 N 为+3 价。亚硝酸钠可以与基体铁、磁性氧化铁作用，在钢铁表面形成致密的氧化铁（$\gamma\text{-}Fe_2O_3$）或磁性氧化铁（Fe_3O_4）保护膜。亚硝酸钠属于低毒物质，使用时必须注意健康防范。

（3）联胺。联胺，别名肼，分子式为 H_4N_4。其钝化作用机理为在碱性条件下，联胺和氨共同作用，在钢铁表面形成致密的磁性氧化铁保护膜。

（4）乙醛肟、二甲基酮肟。在化学清洗中，利用乙醛肟、二甲基酮肟的还原性，可以将溶液中的 Fe^{3+} 还原成 Fe^{2+}，形成稳定的磁性氧化铁（Fe_3O_4）保护膜。

10.3 常见的热力设备化学清洗

10.3.1 化学清洗过程

化学清洗属于不可逆过程，面对价值数百万甚至上千万的待清洗设备，一旦出现错误，造成的设备损失和生产损失将会非常巨大，必须认真对待。例如，某火力发电厂在一次锅炉化学清洗中未能采取正确的清洗工艺，清洗过程中发生沉淀并堵塞换热管，机组启动后发生了大面积的水冷壁爆管事故，造成的检修换管等直接经济损失超过 200 万元，不能正常生产运行等间接损失超过500 万元。

一般来说，为保证热力设备化学清洗的成功实施，需要经过如下过程：化学清洗条件确认→化学清洗试验→制定清洗方案→现场实施→效果评估。

10.3.1.1　化学清洗条件

热力设备如果应清洗而未能及时清洗，会危及设备安全和使用寿命，影响正常生产甚至造成停工停产；如果清洗过早、过于频繁，也会增加不必要的腐蚀损失和清洗费用开支。

A　新建设备清洗

新设备启动前进行化学清洗是必要的，尤其是大型设备和生产工艺要求比较严格的设备在投产前都要进行化学清洗。新设备在制造、加工和安装过程中，内部会残留有大量的油污、氧化皮、锈蚀产物以及切削屑等污物，化学清洗可清洁设备表面，既减小设备投产前以及运行中的腐蚀，又可使设备在启动时能尽快地达到正常运行指标。

B　运行设备清洗

热力设备在运行一段时间后，由于腐蚀或杂质的带入，不可避免地会发生污垢沉积，影响机组安全、高效运行，因此必须及时安排化学清洗。各热力设备化学清洗的间隔可以根据运行年限确定。也可以根据结垢量、换热器端差等参数确定。常见热力设备清洗条件见表 10-4～表 10-6。

表 10-4　运行锅炉化学清洗的条件

炉　　型	汽包炉				直流炉
主蒸汽压力/MPa	<5.9	5.9~12.6	12.7~15.6	>15.6	—
垢量/g·m⁻²	>600	>400	>300	>250	>200
清洗间隔年限/a	10~15	7~12	5~10	5~10	5~10

注：表中的垢量是指在水冷壁管垢量最大处、向火侧 180° 部位割管取样测量的垢量。

表 10-5　运行凝汽器化学清洗的条件

序号	项目	标　　准
1	端差	因污垢导致端差超过运行规定值或端差大于 8℃时，应进行化学清洗
2	污垢厚度	凝汽器管水侧垢厚度大于 0.3mm 或存在严重沉积物下腐蚀时，应进行化学清洗

表 10-6　过热器、再热器化学清洗的条件

序号	标　准
1	氧化皮脱落造成爆管事故，且发生氧化皮大面积脱落
2	氧化皮脱落造成下弯头管内沉积高度超过1/3管径

10.3.1.2　分析检测及化学清洗试验

化学清洗工作中涉及的试验及分析、检测主要有：垢样的成分检测分析；清洗模拟试验以及腐蚀模拟试验；清洗期间各项指标的监测；清洗后各质量指标的检测。

清洗试验分静态浸泡和动态循环两种。静态浸泡主要是观察、测试清洗液的溶垢效果及腐蚀情况；动态循环是在静态试验的基础上观察流速对清洗效果的影响。模拟清洗试验不仅要验证清洗介质的除垢效果，而且还要对清洗介质的腐蚀情况进行验证。将与被清洗设备材质相同的标准试片和带垢管样同时浸入清洗液中进行实验，可更加真实地反应化学清洗工艺的腐蚀情况。

化学清洗试验及相关分析、检测主要解决以下问题。

（1）筛选合适的清洗介质、工艺，确保达到预期清洗效果。

（2）判断是否达到化学清洗所需的要求。

（3）检验所选择的清洗工艺，确保不会引起设备的晶间腐蚀、应力腐蚀、点腐蚀等局部腐蚀；检验所选用的缓蚀剂是否能保证清洗过程有足够的缓蚀效果，确保均匀腐蚀量满足标准要求；检验所选用的钝化处理工艺是否能达到预期钝化效果。

（4）在清洗过程中对清洗介质的各项指标进行分析化验，及时掌握清洗过程的变化，并做出各项调整，以保证酸洗质量。

（5）判断化学清洗是否到达清洗终点。

（6）化学清洗效果评估。

10.3.1.3　制定工艺并实施

热力设备的化学清洗是专业性很强的综合工程，尤其是大型设备如锅炉的化学清洗，涉及的设备多，需要考虑和解决的问题多，专业面广。因此，在实施清洗前必须制定完善的清洗工艺、方案。

化学清洗工艺需根据被清洗设备的结构特点、材质、结垢类型，结合清洗小型试验结果确定。化学清洗工艺需要确定清洗过程分几个阶段进行，各阶段选择哪种药剂、清洗液浓度、控制温度和时间等，对于循环清洗还要对循环流速进行计算。

以新建锅炉化学清洗为例，清洗工艺一般为：水冲洗→碱洗→碱洗后水冲洗→酸洗→酸洗后水冲洗→漂洗→漂洗后水冲洗→钝化→钝化后水冲洗。

化学清洗前，需要进行清洗系统的安装，清洗系统要能保证化学清洗工艺所需的温度、流速、压力等要求；化学清洗期间，要对各清洗阶段的指标进行分析化验，化验结果用于判断化学清洗过程是否正常以及是否达到清洗终点。

10.3.1.4 效果评估

热力设备化学清洗结束后应对清洗效果进行评估。通常的做法是对设备的不可见部位进行割管取样检查，对可见部位进行现场检查。

清洗效果评价的指标主要包括四个方面。

（1）设备或系统清洗干净，无沉渣残留，未产生点蚀、晶间腐蚀等腐蚀损伤。

（2）除垢率。除垢率是指清洗前单位面积垢量与清洗后单位面积残余垢量的差与清洗前单位面积的结垢量之比的百分数，一般应大于90%。

（3）腐蚀速率和腐蚀量。腐蚀速率是指在化学清洗中以腐蚀指示片表示的设备单位面积、单位时间的质量损失量；腐蚀量是指从化学清洗开始到最终结束，整个清洗过程中以腐蚀指示片表示的设备单位面积的质量损失。

（4）钝化效果。形成良好的钝化保护膜，一般根据金属表面色泽及是否产生二次锈进行判断。

10.3.2 锅炉化学清洗

通常意义上说的锅炉化学清洗主要是指省煤器、水冷壁的化学清洗，有些情况下，高压加热器也会参与清洗。

10.3.2.1 锅炉结垢物质特点及危害

A 结垢物质的来源

锅炉水汽中杂质的来源，主要有以下几方面。

（1）热力系统的金属腐蚀产物。凝结水系统和给水系统内部，各种管道在设备运行中会发生不同程度的腐蚀，致使凝结水和给水中含有结构材料腐蚀产物，主要是铁、铜的腐蚀产物。

（2）补给水带入杂质。补给水中含有的杂质与原水水质、水处理方式有关，即使是二级除盐水，仍然含有各种微量杂质，这些微量杂质的种类包括盐类、硅化合物和有机物等。

（3）冷却水渗漏引入杂质。热力设备的冷却水大多选用简单处理的天然水，其中含有大量的悬浮态、胶态、离子态杂质。冷却水渗漏污染凝结水是各种结垢物质和侵蚀性离子进入热力系统的主要途径之一。

（4）供热返回水引入杂质。从热用户返回的供热蒸汽凝结水往往含油污、硬度和铁的量较大，若不经过适当处理，会对锅炉水汽系统产生污染。

B 垢的种类

为了便于研究锅炉受热面结垢产物的成因、防止及消除方法，结垢产物通常按主要化学成分分为铁铜垢、钙镁垢、硅酸盐垢、磷酸盐垢等几类。

（1）铁铜垢。铁垢的主要成分是铁的氧化物（Fe_3O_4 和 Fe_2O_3）。随着锅炉补给水处理系统技术和化学运行管理水平的提高，杂质污染水汽系统的概率越来越小，铁垢成为锅炉受热面结垢产物的主要部分，其含量可达 70%~90%，在一些高参数的机组中，其占比还会更高。锅炉炉管上生成铁垢主要是因为给水携带铁的氧化物（炉前热力系统的腐蚀产物）到锅炉内沉积而引起的。铁垢的形成与炉水中铁的氧化物的含量和炉管上的局部热负荷直接相关，结垢速度随水中铁的氧化物含量的提高和热负荷的增加而增加。另外，锅炉在运行过程中发生碱性腐蚀或水汽腐蚀，其腐蚀产物附着在管壁上也会转化成氧化铁垢。

铜垢与铁垢的生成机理相同，主要是含铜系统（例如铜换热管凝汽器）的机组在运行中发生铜合金的腐蚀，铜腐蚀产物随着水汽系统最终以氧化物的形态沉积在热负荷高的炉管管壁。近年来，随着凝汽器换热管以及各类型供热加热器采用不锈钢管或钛管，铜垢在污垢中的占比越来越小。

（2）钙镁垢。这类水垢按其主要化合物的形态又可分为碳酸钙水垢、硫酸钙水垢、硅酸钙水垢、镁垢（$Mg(OH)_2$，$Mg_3(PO_4)_2$）等。形成钙镁垢的原因是碳酸钙和硫酸钙的溶解度随着炉水温度的升高而降低，当水中钙、镁盐类的离子浓度超过溶度积时，这些盐类就会从过饱和溶液中结晶析出并附着在受热面上。

（3）硅酸盐垢。硅酸盐垢的化学成分较复杂，绝大部分是铝、铁的硅酸化合物。这种垢中往往含有 40%~50% 的二氧化硅、25%~30% 的铝和铁的氧化物、10%~20% 的钠氧化物及钙镁化合物。

关于硅酸盐垢的形成机理一般认为，在高热负荷的炉管管壁上从高浓缩的锅炉水中直接结晶出硅酸盐化合物，并在高热负荷的作用下，与炉管上的氧化铁相互作用生成复杂的硅酸盐化合物，即

$$Na_2SiO_3 + Fe_2O_3 \longrightarrow Na_2O \cdot Fe_2O_3 \cdot SiO_2 \tag{10-52}$$

（4）磷酸盐垢。磷酸盐垢是锅炉采用磷酸盐处理时常见的垢，包括磷酸盐铁垢和磷酸盐水垢。磷酸盐铁垢是磷酸根与铁作用形成的沉积物，主要成分为磷酸亚铁钠（$NaFePO_4$）和磷酸亚铁（$Fe_3(PO_4)_2$）。磷酸盐铁垢一旦产生，形成速度很快，并很快引起爆管事故。

C 垢的危害

各类垢的导热性都很差，受热面结垢产物垢的组成不同、比例也差别较大，最终的导热性也各不相同。各物质的热导率见表 10-7。

表 10-7　各物质的热导率

物质名称	热导率/kcal·(m·h·℃)$^{-1}$
水	0.5~0.6
碳钢	30~40
铜	320~360
含油水垢	0.1
以硅酸盐为主要成分的垢	0.2~0.4
以碳酸盐为主要成分的垢（非晶形）	0.4~0.6
以硫酸盐为主要成分的垢	0.6~1.0
以氧化铁、氧化亚铁为主要成分的垢	1~2

注：1kcal=4.1868kJ。

结垢产物热导率低是其危害大的主要原因，体现在以下几个方面。

（1）降低锅炉热效率。由于结垢产物其热导率比钢材热导率小得多，因此锅炉结垢后，锅炉受热面的传热性能变差，燃料燃烧所放出的热量不能被有效利用。据估算，锅炉受热面上结有1mm厚的垢，将浪费燃料3%~5%。

（2）影响锅炉安全运行。锅炉结垢经常发生在热负荷很高的锅炉受热面上，因垢导热性能很差，导致金属管壁局部温度大大升高，当温度超过金属所能承受的管壁温度时，金属会因过热而蠕变，强度降低，发生鼓包甚至破裂，影响锅炉安全运行。

（3）导致垢下金属腐蚀。锅炉受热面内有垢附着的条件下，从垢的孔、缝隙落入的炉水，在沉积的垢层与锅炉受热面之间急剧蒸发。在垢层下，炉水可被浓缩到极高的浓度，其中有些侵蚀性物质，如HCl、NaOH等在高温、高浓度的条件下会对锅炉受热面产生严重腐蚀。结垢与腐蚀过程相互促进，会很快导致金属受热面损坏，致使锅炉发生腐蚀穿孔或爆管事故。

（4）迫使锅炉降负荷运行。结垢缩小了水冷壁管流通截面，增加了炉水的流动阻力，导致水循环不良从而迫使锅炉降负荷运行。

（5）缩短锅炉的使用寿命。锅炉受热面上沉积污垢后，长期超温运行和腐蚀的加剧都会不同程度地对锅炉造成损伤，缩短锅炉的使用寿命。

10.3.2.2　锅炉清洗工艺条件

锅炉常用化学清洗工艺为：水冲洗→碱洗→水冲洗→酸洗→水冲洗→漂洗→水冲洗→钝化。运行锅炉一般不进行碱洗，有些清洗介质也可省略漂洗过程，直接进行转钝化，如EDTA。

A　碱洗、碱煮

新建锅炉投产前一般要进行碱洗。运行机组被清洗设备和管路中若无坚硬的

$CaSO_4$ 垢或硅垢（SiO_2 质量分数小于 5%），且采用含有除硅的清洗介质时，可以省去碱洗工艺。常用碱洗或碱煮工艺控制条件见表 10-8。

表 10-8 常用碱洗或碱煮工艺及条件

序号	清洗阶段	锅炉额定压力 /MPa	药品浓度（质量分数）/%	工艺控制温度及压力	碱洗时间/h	污脏程度和碱洗目的
1	碱洗	3.8~5.8	NaOH 0.5~0.8 Na_2HPO_4 0.2~0.5	90~95℃	8~24	除油污、浮污或水渣较轻
		5.9~9.8	Na_3PO_4 0.2~0.5 Na_2HPO_4 0.1~0.2 湿润剂 0.05	90~95℃	8~24	
2	碱煮	3.8~5.8	Na_3PO_4 0.2~0.5 Na_2HPO_4 0.1~0.2 湿润剂 0.05	0.1~0.8MPa 1~1.5MPa 2~2.5MPa	8~10 8~10 8~10	含较重的油垢或水渣
		3.8~5.8	Na_2CO_3 0.3~0.6 Na_3PO_4 0.5~1.0	升至清洗对象额定压力的 30%~40%	≥72	垢中 $w(CaSO_4 + CaSiO_3)>10\%$
		3.8~9.8	Na_2CO_3 0.3~0.6 Na_3PO_4 0.5~1.0 Na_2SO_3 0.013	升压至 1.0~3.0MPa	24~48	垢中 $w(CaSO_4 + CaSiO_3)>10\%$，起松垢作用

碱洗后应进行水冲洗。用过滤清水、软化水或除盐水冲洗，冲洗至出水 pH 值不大于 9.0，水质透明。

B 酸洗

酸洗过程中应维持一定的酸液浓度并加入合适浓度的缓蚀剂及其他助剂。为了减少酸洗液对金属的腐蚀以及不必要的浪费，需要控制酸浓度上限；为了保证酸洗除垢效果，化学清洗终点时必须保证一定的剩余酸度。当清洗液中酸浓度及铁离子浓度趋于稳定，检查监视管清洗干净时，可结束酸洗。常用酸洗工艺控制条件见表 10-9。

表 10-9 锅炉常用酸洗工艺控制条件

序号	清洗工艺名称	介质浓度（质量分数）	控制条件			备 注
			时间/h	温度/℃	pH 值	
1	盐酸清洗	4%~7%HCl	4~6	50~60	—	对硫酸盐垢和硅垢需先通过碱煮转化垢型；Fe^{3+} 浓度过高时需添加还原剂

序号	清洗工艺名称	介质浓度（质量分数）	控制条件			备注
			时间/h	温度/℃	pH 值	
2	柠檬酸清洗	2%~8% $C_6H_8O_7$	≤24	85~95	3.5~4.0	用 $NH_3 \cdot H_2O$ 调 pH 值 3.5~4.0
3	高温 EDTA 清洗	EDTA 铵盐浓度宜 4%~10%，剩余 EDTA 浓度 0.5%~1%	≤24	120~140	8.5~9.5	不适宜含铜、硅量高的水垢，清洗末期 pH 值为 9.5，维持 6~10t/h 排汽量
4	低温 EDTA 清洗	EDTA 铵盐浓度宜 3%~8%，剩余 EDTA 浓度 0.5%~1%	≤24	85~95	开始 pH 值 4.5~5.5	不适宜含铜、硅量高的水垢
5	氢氟酸开路清洗	1%~1.5%HF	2~3	45~55	—	直流炉清洗
6	H_2SO_4 清洗	3%~9.0%H_2SO_4	7~8	45~55	—	对结大量钙镁垢的锅炉不适用
7	羟基乙酸、甲酸、柠檬酸混酸清洗	2%~4% 羟基乙酸，1%~2%甲酸或柠檬酸	≤24	85~95	—	适用于奥氏体钢及水冷壁管已有裂纹的锅炉
8	氨基磺酸清洗	5%~10% NH_2SO_3H	—	50~60	—	
9	硝酸清洗	5%~8%HNO_3	6~8	50~60	—	

循环酸洗应维持炉管中酸液的流速为 0.2~0.5m/s，酸洗介质不同，所需流速略有差别，但不应大于 1m/s。开式酸洗应维持炉管中酸液的流速为 0.15~0.5m/s，不应大于 1m/s。

Fe^{3+} 会加速钢铁的腐蚀，当溶液中 Fe^{3+} 含量大于 300mg/L 时，它对金属基体产生的腐蚀就不应当忽视，应加入还原剂，如异抗坏血酸钠、亚硫酸钠、联氨等，将 Fe^{3+} 还原成 Fe^{2+}。若沉积垢中含铜量较高，如铜含量（质量分数，下同）大于 5%时，应防止发生 Cu^{2+} 对金属基体的氧化性腐蚀及金属表面产生镀铜，例如可加入硫脲、六亚甲基四胺等，与铜离子形成稳定的络合物。

如果酸洗过程中在金属表面产生镀铜的现象，可在酸洗后用 25~30℃ 的 1.3%~1.5%氨水和 0.5%~0.75%过硫酸铵溶液清洗 1~1.5h，随后排掉溶液，再用 0.8%NaOH 和 0.3%Na_3PO_4 溶液进行除铜清洗。对于盐酸清洗工艺，也可以采用加硫脲一步除铜的方法。

C　钝化

钝化工艺形成的钝化膜抗腐蚀能力有限，如锅炉清洗后在 20d 内不能投入运行，应进行防腐保护。常用钝化工艺的控制条件见表 10-10。

表 10-10　常用钝化工艺控制条件

序号	钝化工艺名称	药品名称	钝化液浓度	钝化温度 /℃	钝化时间 /h
1	过氧化氢	H_2O_2	0.3%~0.5%，pH 值为 9.5~10.0	45~55	4~6
2	EDTA 充氧钝化	EDTA、O_2	游离 EDTA 0.5%~1.0%，pH 值为 8.5~9.5，氧化还原电位−700mV（SCE）	60~70	氧化还原电位升至 −200~−100mV（SCE）终止
3	丙酮肟	$(CH_3)_2CNOH$	500~800mg/L，pH≥10.5	90~95	≥12
4	乙醛肟	CH_3CHO	500~800mg/L，pH≥10.5	90~95	12~24
5	磷酸三钠	$Na_3PO_4 \cdot 12H_2O$	1%~2%	80~90	8~24
6	亚硝酸钠	$NaNO_2$	1.0%~2.0%用氨水调 pH 值至 9.0~10.0	50~60	4~6

10.3.3　凝汽器化学清洗

凝汽器化学清洗主要是指循环水侧的清洗，主要目的是去除换热管表面的沉积产物并形成良好的钝化膜，其他以水为冷却介质的冷却器水侧的化学清洗工艺与凝汽器化学清洗工艺相似。

10.3.3.1　凝汽器结垢物质特点及危害

根据来源，沉积物大致可分为以下几种。

（1）由补充水带入的无机盐类，由于运行过程中冷却水蒸发浓缩，一些溶度积较小的无机盐在传热表面上析出无机盐垢，如碳酸钙垢、碳酸镁垢等，这是凝汽器沉积物的主要组成部分。

（2）系统中金属冷却设备腐蚀产生的腐蚀产物，例如铁的氧化物或氢氧化物。

（3）由补充水带入的固体悬浮物如泥砂、尘土、碎屑以及从空气中洗涤下来的尘埃等，会在冷却水系统运行过程中凝聚成较大的颗粒，最后沉降为淤泥。

（4）由补充水或空气带入的微生物在冷却水中繁殖后形成微生物黏泥或团块。

（5）生产中的物料如油类泄漏进入冷却水系统后形成的污垢黏附在金属表

面，起着污垢黏结剂的作用。

凝汽器换热管结垢会严重降低热交换率，影响凝汽器真空度，同时结垢还会加剧腐蚀的发生。

10.3.3.2 凝汽器清洗工艺条件

凝汽器常用化学清洗工艺为：水冲洗→碱洗→水冲洗→酸洗→水冲洗→成膜。

合理的清洗工艺程序需根据垢的成分、凝汽器设备的构造和材质，通过小型试验，并综合考虑经济、环保因素确定。凝汽器常用清洗工艺的选择及条件见表10-11。

表 10-11 凝汽器清洗工艺及条件

序号	清洗介质	清洗工艺	适用垢的主要种类	凝汽器材质	优缺点
1	盐酸	HCl：2%~5%；缓蚀剂：0.2%~0.5%；温度：常温；消泡剂适量；还原剂适量	碳酸盐为主的垢、碳膜、铜的腐蚀产物	铜及铜合金	清洗效果好，价格便宜，货源广、废液易于处理；清洗奥氏体不锈钢前要做金相试验，合格后方可使用
2	氨基磺酸	NH_2SO_3H：3%~10%；缓蚀剂：0.2%~0.5%；温度：30~60℃；消泡剂适量	碳酸盐、磷酸盐为主的垢	铜及铜合金、奥氏体不锈钢、铁素体不锈钢、钛及钛合金	氨基磺酸具有不挥发、无臭味、对人体毒性小、对金属腐蚀量小、运输和存放方便的特点；对Ca、Mg垢溶垢速度快，对铁的化合物作用慢，可添加一些助剂，从而有效地溶解铁垢
3	碱	Na_2CO_3：0.5%~2%；Na_3PO_4：0.5%~2%；NaOH：0.5%~2%；温度：≤60℃；时间：4~8h；乳化剂适量	油脂 黏泥 硫酸盐垢转型	铜及铜合金、奥氏体不锈钢、铁素体不锈钢、钛及钛合金	除油脱脂，成本低，加热要求高

续表 10-11

序号	清洗介质	清洗工艺	适用垢的主要种类	凝汽器材质	优缺点
4	除油剂	除油剂浓度及清洗时间根据厂家要求确定；温度不大于50℃	油脂	铜及铜合金、奥氏体不锈钢、铁素体不锈钢、钛及钛合金	除油脱脂，造价高

注：1. 凝汽器管内结大量碳酸盐垢时，经化学清洗后会产生大量泡沫。为防止清洗箱溢流大量泡沫，影响环境，一般使用消泡剂，正确的使用方法是利用小型手持喷雾器向泡沫表面喷洒。
　　2. 清洗时间以清洗干净和控制腐蚀速率不超标为准。

　　酸洗及水冲洗结束后换热管表面有残留沉积物，或需后续成膜时进行胶球擦洗。如果凝汽器换热管以黄铜管为主，酸洗结束后应进行成膜处理，具体工艺为：预处理→水冲洗→成膜→胶球擦洗→成膜→通风干燥。凝汽器黄铜管清洗后直接成膜的工艺条件见表 10-12。

表 10-12　凝汽器黄铜管成膜工艺条件

序号	成膜方式	药品	控制指标	温度/℃	流速/m·s⁻¹	循环时间/h	备　注
1	清洗后直接成膜	$FeSO_4$	Fe^{2+}浓度：10~100mg/L；pH值为5.0~6.5	15~35	≥0.1	72~96	用工业水或Na_2CO_3调pH值，间断通无油压缩空气或结合现场情况曝气
2		MBT	MBT浓度不小于500mg/L；pH值为9.0~12.0	40±5	≥0.1	24~36	—
3		BTA	BTA：100~200mg/L；pH值为6.0~9.0	常温	—	6	—

注：1. BTA成膜工艺仅作参考工艺。
　　2. 为防止铜及铜合金管的局部腐蚀，优先选用硫酸亚铁成膜工艺。
　　3. 成膜期间应定时切换系统，进行正反方向循环。

10.3.4　过热器和再热器氧化皮化学清洗

10.3.4.1　氧化皮介绍

　　过热器、再热器管蒸汽侧在高温蒸汽作用下，表层发生氧化反应，氧化产物以铁和铬的氧化物为主，结构非常致密，在显微镜下能够发现与基体之间存在断层。氧化产物在应力作用下通常以片状形式剥落，因此形象地将表层易脱落的氧化产物称为氧化皮。图 10-1 所示为某电厂超临界机组末级过热器 T91 材质管内壁氧化皮的宏观及微观形貌。

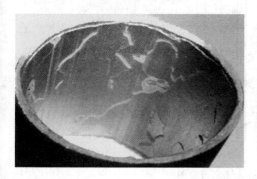 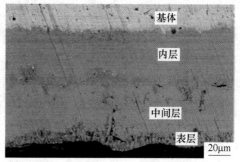

图 10-1　过热器氧化皮宏观、微观形貌

随着我国发电机组参数的不断提高，过热器、再热器氧化皮问题日趋严重，主要体现在以下几个方面。

（1）过热器、再热器内氧化皮厚度增加，影响传热效率。

（2）氧化皮生长到一定厚度，由于应力的作用，会发生脱落。氧化皮少量脱落时会被蒸汽携带，到达汽轮机时造成汽轮机叶片的冲击腐蚀；大量脱落时会沉积在过热器、再热器管底部弯头，造成堵塞，并引起炉管的超温爆管。

10.3.4.2　氧化皮清洗条件及特点

当过热器、再热器的氧化皮达到如下条件时，应根据情况进行化学清洗：

（1）氧化皮脱落造成爆管事故，且发生氧化皮大面积脱落；

（2）氧化皮脱落造成下弯头管内沉积高度超过 1/3 管径；

（3）过热器和再热器氧化皮达到一定厚度，存在较大脱落风险时。

通过化学清洗技术解决过热器、再热器氧化皮问题具有一次性彻底去除生成的氧化皮、治理范围大的特点。

过热器、再热器氧化皮清洗原理及工艺与锅炉化学清洗相同，但由于过热器、再热器系统结构及氧化皮特殊性，其化学清洗具有更高难度。主要体现在以下几个方面。

（1）系统复杂。过热器、再热器管大部分采用垂直悬吊布置，并联结构，管系长，弯头多，换热管 U 形或 W 形，管径小（一般内径为 30～40mm），清洗剥离下来的氧化皮极易阻塞在底部弯头处，造成清洗期间的堵管。

另外，倒 U 形结构极易发生气塞现象，如图 10-2 所示。由于过热器、再热器为多管道并联结构，一旦其中某一根或几根炉管发生气塞现象，很难产生足够压差（h_1 和 h_2 水柱压力之和）疏通气塞管道，影响清洗质量。

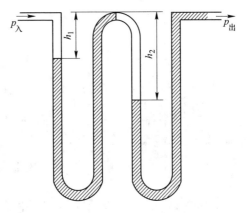

图 10-2　过热器管气塞压差图

（2）材质特殊。现代大型锅炉压力、温度高，过热器、再热器大多选用耐热性较高的合金钢和不锈钢管材，例如 12Cr1MoV、15Cr1MoV、T22、T23、T91、TP347、Super304 等为过热器、再热器各部位常用的典型材质。这些管材有很好的耐热性和力学性能，也有一定抗腐蚀能力，但是这些钢材对于 Cl^-、F^-、S^{2-} 都比较敏感，与这些离子接触易产生晶间腐蚀，高温高压下尤为严重，如图 10-3 所示。因此，在清洗过热器、再热器时，对清洗介质有特殊要求，不能使用盐酸等含 Cl^- 的清洗剂以及易造成过热器管材发生晶间腐蚀的清洗介质。

图 10-3　TP347 材质发生晶间腐蚀的微观形貌

（3）垢量大、垢质坚硬。过热器、再热器产生的氧化铁垢层非常致密，常规化学清洗无法有效溶解氧化皮。如果选用的清洗介质具有较强的剥离效果，清洗期间大量氧化皮集中剥落，更易发生堵塞弯头的问题。因此，过热器、再热器清洗对清洗介质的筛选和系统冲洗要求更为严格。

10.4　化学清洗废水

化学清洗结束后会产生数倍于被清洗系统容积的清洗废水，这些化学清洗废水属于危废，具有强腐蚀性、高 COD、色度浊度大、污染物成分复杂等特点。采用的清洗工艺不同，废水中的环境污染物也有所差别。

未经处理的废水严禁采用排地沟、渗坑、渗井、漫流和稀释等方式直接向外部排放。应针对清洗废水中特定的污染物，采用适当的方式进行处理，使其符合国家污水综合排放标准的要求。

对于化学清洗废水的处理，首先在选用化学清洗药品时应充分考虑环保影响，在保证清洗质量的前提下，尽量选取无毒害、容易处理的药剂，最大限度地减少对环境和人体的影响。

常用的化学清洗废水处理方法主要有调节 pH 值、焚烧处理、浓缩、生物处理、高级氧化处理等。化学清洗废水的常规处理技术具有工艺简单、易于操作、应用范围广等优点，但是仍然存在环境污染、设备腐蚀、药剂用量大和处理时间长等缺点，限制了它们在实践中的应用。另外，单独使用某一种处理技术要实现化学清洗废液的达标排放还存在一定困难。因此，在化学清洗废液试剂处理过程中，往往采用多种处理技术的组合工艺。

习　　题

10-1　热力设备化学清洗的目的和意义是什么？

10-2　化学清洗常见腐蚀类型有哪些？

10-3　化学清洗选用缓蚀剂应注意什么？

10-4　影响化学清洗腐蚀速率的因素有哪些，如何进行控制？

10-5　热力设备常见的沉积物种类有哪些？

10-6　锅炉化学清洗都有哪些主要工艺步骤，作用分别是什么？

10-7　如果要对含有奥氏体钢的设备进行化学清洗，哪些常规清洗介质不可选用，为什么？

11 核电厂的腐蚀防护与管理

11.1 概　述

　　核能也称原子能，是原子核通过核反应释放的能量，包括衰变能、裂变能和聚变能。其中，衰变能因功率太小无法实现大规模发电，可控核聚变仍在研究过程中，现已成熟商用的只有核裂变发电。尽管从 1954 年 6 月 27 日投运的全球首座核电站——苏联奥布灵斯克核电站起，核电便一直饱受争议，并受到美国三里岛（1979 年 3 月 28 日）、苏联切尔诺贝利（1986 年 4 月 26 日）和日本福岛（2011 年 3 月 11 日）三次重大核事故的影响，但它仍是目前唯一兼具燃料消耗少、能量密度高、污染排放低、占地面积小等优点的发电形式，是实现全球能源转型和升级的主要手段之一。据统计，一台百万千瓦核电机组与同容量的火电机组比，每年可减少 300 多万吨标准煤消耗和 600 多万吨二氧化碳排放，环保效果显著。

　　截至 2022 年年底，全球共有在运核电机组 422 台，贡献了总发电量的 9.6%。其中，在运机组最多的是美国，共 92 台；在总发电量中核电占比最高的是法国，约占 70%。同期，我国大陆地区共有在运核电机组 54 台，总装机容量 5682 万千瓦，位居世界第三；2022 年累计发电量 4178 亿千瓦时，占全国累计发电量的 4.98%。我国另有在建机组 24 台，总装机容量 2681 万千瓦，居世界第一。

　　按慢化剂和冷却剂种类不同，核反应堆分为轻水堆、重水堆、石墨堆、气冷堆以及金属冷却快堆。其中轻水堆是指用轻水，即天然水为慢化剂和冷却剂的核反应堆，其根据回路设计不同可再分为沸水堆和压水堆。与多建于早期的沸水堆相比，压水堆在安全性方面具有明显优势，故自 20 世纪 70 年代起在美国、法国等西方国家大量投建，现已占全球在运核电机组的 67.6%。我国目前在运和在建的 57 台核电机组中，除秦山第三核电厂在运的 2 台重水堆及石岛湾核电厂在建的 1 台高温气冷堆外，其余 54 台均为压水堆，包括 1991 年 12 月 15 日投运的我国首台自主设计和建造的 30 万千瓦核电机组——秦山核电厂，以及 2018 年 6 月 30 日投运的全球首台 AP1000 百万千瓦级三代核电机组——三门核电 1 号机组。据此，本章主要以压水堆为对象进行介绍。

本章概述了压水堆核电厂的主系统、主设备和典型的结构材料，并举例介绍了常见的腐蚀类型和防护手段，同时给出了部分失效案例，以此展现了腐蚀老化管理的理念和方法。核电厂多样的结构材料与复杂的运行工况会产生多种老化机理，合理的设计并实施覆盖全生命周期的老化管理是当前的主要手段。本章有助于掌握压水堆核电厂的系统、设备、部件、材料、环境、老化效应、老化机理、老化管理间的相互关系，进而为理解核电厂运行许可证延续提供基础。

11.2 压水堆核电厂的主系统与主设备

11.2.1 压水堆核电厂主系统

顾名思义，核电与其他发电形式的本质区别在于其以燃料的核反应为能量来源。在核电厂中，与核反应相关的系统统称为核岛，同常规火电厂并无二异的汽轮机发电系统及其配套系统统称为常规岛。不过这一划分较为笼统，难以区分不同类型的核反应堆，故更多情况下按冷却剂回路进行划分。以压水堆核电厂为例，其主要由核反应堆系统、一回路系统、二回路系统及其他一些辅助系统组成，如图 11-1 所示。

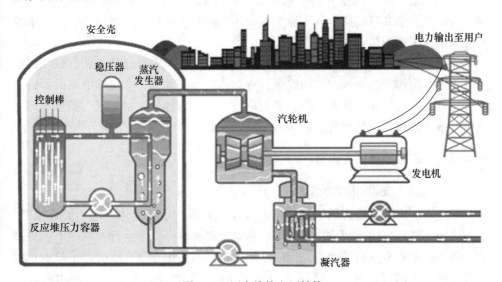

图 11-1 压水堆核电厂结构

核反应堆系统用于维持核燃料的可控自持链式核裂变反应以产生热能，主要包括反应堆堆芯、控制棒及其驱动机构、堆内构件、反应堆压力容器等部件和设备。核燃料置于堆芯位置，主要由燃料芯块、燃料元件棒、燃料包壳、燃料组件、堆芯格架等组成。其中，燃料芯块多为二氧化铀陶瓷体，可滞留绝大部分核燃料的放射性裂变产物，被称为压水堆核电厂的第一道安全屏障；燃料包壳多由锆合金制成，用于密封燃料元件棒，防止放射性物质进入一回路，被称为压水堆核电厂的第二道安全屏障。反应堆压力容器是容纳核反应堆系统及其设备的承压壳体，即使一回路发生破损，也可将放射性物质包容在壳体内，故是压水堆核电厂的第三道安全屏障。

一回路系统也称反应堆冷却剂系统，主要功能是将核反应堆系统产生的热量导出堆外，再通过蒸汽发生器将热量传递给二回路。一回路系统由反应堆压力容器、蒸汽发生器、主蒸汽管道、反应堆冷却剂泵（主泵）、稳压器等承压设备组成，以此将处于高温（300℃以上）、高压（15MPa以上）状态的一回路冷却剂（含硼高纯水）形成封闭的回路。其由于是核反应堆外第一个冷却剂回路而得名。为防止放射性物质泄漏，一回路系统及其设备全部由混凝土安全壳包容，故安全壳是压水堆核电厂的第四道，也是最后一道安全屏障。

二回路系统也称蒸汽与动力转换系统，主要功能是将一回路产生的热能通过蒸汽发生器传递给二回路以驱动汽轮发电机做功转变为电能，以及在停机或事故工况下使一回路冷却。蒸汽发生器二次侧出口约280℃、5MPa、湿度0.25%~0.5%的蒸汽进入二回路系统后，经汽水分离再热器、汽轮机（包括高压缸和低压缸）做功后，在凝汽器中凝结成水，再通过低压和高压给水加热器、除氧器等，最后由给水泵打回蒸汽发生器形成封闭的回路。是否有二回路系统是压水堆与沸水堆在结构上最主要的区别。

除了核反应堆系统、一回路系统和二回路系统三个主系统外，还有以江河湖海等天然水源作为冷却剂对二回路进行冷却的三回路系统，它是核电站的最终热阱。此外，核电厂还有疏水系统、消氢系统、化学与容积控制系统、循环冷却水系统、取样系统、废物处理系统等各类辅助系统。

11.2.2　压水堆核电厂主设备

11.2.2.1　反应堆压力容器

反应堆压力容器是容纳核反应堆系统及其设备的承压壳体，用于装载堆芯、支撑堆内构件和容纳一回路冷却剂等。它属于在核电厂整个运行寿期内不可更换的设备，故从安全性角度而言，反应堆压力容器的使用寿命直接决定了核电厂的运行期限。考虑到性价比，壳体（包括下述其他大型主设备壳体）多由低合金钢制成，如SA 508 cl3，并在内表面和密封面堆焊奥氏体不锈钢层以起到防腐作用。由于脆性断裂具有突发性和迅速扩展的特点，易对设备造成巨大破坏，因此在反应堆压力容器受中子辐照最严重的束带区，布置有由与壳体相同材料制成的辐照监督管试样以持续监测辐照引起的材料力学性能变化，从而评估壳体整体的辐照脆化程度。此外在制造方面，反应堆压力容器壳体上一律不设纵向焊缝。

11.2.2.2 蒸汽发生器

蒸汽发生器是压水堆核电厂一、二回路间的热交换设备，是一回路压力边界的重要组成部分，也是压水堆有别于沸水堆的特有设备。它的作用是将反应堆产生的热量通过传热管由一次侧传递给二次侧，以使二次侧水变成蒸汽，再经汽水分离和干燥后驱动汽轮机发电。蒸汽发生器常采用立式 U 形管自然循环型、卧式 U 形管自然循环型和立式 U 形管直流型三种构造类型，并以立式 U 形管自然循环型应用最为广泛。主要部件包括下腔室、管板、支撑板、U 形传热管、汽水分离装置、给水分配装置等。其中 U 形传热管作为一、二回路的交界面尤为重要，它的数量高达数千根甚至上万根，材质主要选用 690 合金或 800 合金（早期以600 合金为主）以抵抗应力腐蚀破（开）裂、疲劳等老化效应。

11.2.2.3 堆内构件

堆内构件由堆芯下部支撑结构（包括吊篮、围板、下栅格板组件等）、堆芯上部支撑结构（包括压紧部件、堆芯上板组件、导向筒等）、堆芯测量支撑构件、辐照监督管支架等组成。堆内构件的作用主要包括：

（1）为燃料组件、控制棒驱动组件、堆芯仪表套管、辐照监督管等提供支撑、定位和导向；

（2）将控制棒动态载荷、燃料组件载荷及其他载荷传递给反应堆压力容器；

（3）为反应堆压力容器提供辐照屏蔽，减轻其辐照损伤；

（4）引导冷却剂流过堆芯，并合理分配流量；

（5）为堆芯跌落提供二次支撑和缓冲等。

11.2.2.4 反应堆冷却剂泵

反应堆冷却剂泵也称主泵，被喻为核电厂的心脏。它的主要功能是在正常工况下，用于输送规定流量的反应堆冷却剂使之在一回路系统中循环；以及在事故工况下（如电源丧失），仍能继续惰走一段时间（几分钟），以便在停堆冷却系统开始工作前带走堆芯余热。核电厂主泵多分为屏蔽泵和轴封泵两类。屏蔽泵最大的优点是密封性好，但缺点是材料要求高、制造难度大、运转效率低；轴封泵能较好地克服了这些问题，多用于二代核电，但容易泄漏，且需外部系统维持密封性，一旦发生全厂断电事故易引起放射性物质泄漏。

11.2.2.5 主管道

主管道也称反应堆冷却剂管道，用于将反应堆压力容器、主泵、蒸汽发生器、稳压器连接成封闭的一回路系统。其中，反应堆压力容器至蒸汽发生器之间的称为主管道热段，热段与稳压器相连的为波动管，蒸汽发生器至主泵之间的称为主管道过渡段，主泵至反应堆压力容器之间的称为主管道冷段。主管道在运行工况下长期受高温、应力载荷、腐蚀环境等的影响以及各类瞬态，故对材料性能提出了较高要求，常用材料为各类铸造奥氏体不锈钢。因主管道破裂引起的一次侧冷却剂丧失事故（LOCA，Loss of Coolant Accident）是压水堆最重要的设计基准事故之一。

11.2.2.6　稳压器

稳压器的作用是在正常工况下，将一回路系统的压力变化维持在稳定值以防止冷却剂沸腾汽化，以及在一般事故工况下，将压力变化控制在允许范围内以保障反应堆安全，避免紧急停堆。它常采用电加热立式圆筒形结构，底部的波动管和主管道热段相连，顶部设有喷雾器并通过喷淋管与主管道冷段相连，并在顶部安装起超压保护作用的卸压阀和安全阀。稳压器满功率运行时蒸汽和水各占一半容积，当系统压力较低时，位于下封头的电加热器使液态冷却剂汽化成蒸汽以提高系统压力；当系统压力较高时，冷段的冷却剂被雾化并由喷雾器喷入稳压器以降低系统压力。稳压器壳体结构与反应堆压力容器相同，均为在低合金钢壳体的内表面堆焊奥氏体不锈钢层以起到防腐作用。

11.2.2.7　安全壳

安全壳是圆柱状预应力混凝土厚壁构筑物，其中二代核电多为带有钢衬里的混凝土结构，三代核电则为钢制安全壳加混凝土双层结构。它的作用是将一回路系统及其设备全部包容起来，以防止放射性物质向环境扩散，并起到承受自然灾害和外部事件的作用，如龙卷风、飞机撞击等。安全壳内部设置有设备闸门以及与辅助厂房相连的人员闸门，顶部设置有环形吊车。为在 LOCA 和 MSLB（Main Steam Line Break，二回路主蒸汽管道破裂事故，为压水堆另一重要的设计基准事故）等事故时冷却安全壳，三代核电的非能动安全设计之一，就是利用自然重力将安全壳顶部的冷却水直接均匀覆盖于钢制安全壳的外表面，从而带走热量以降低安全壳内部的温度和压力，由此在 72h 内不需人工干预即可实现冷却的作用。

11.3　压水堆核电厂的主要结构材料

前文对核电厂的主系统和主设备进行了简单介绍。不难发现，核电厂系统和设备的寿期主要取决于安全性，而安全性基于的又是材料的可靠性，尤其是结构材料。

因此，本节将对压水堆核电厂四类最常用的结构材料进行概述，包括锆合金、镍基合金、不锈钢以及低合金钢。限于篇幅，碳钢、铝合金、铜合金、钛合金等用量较小或用于非核级设备的材料不展开讨论，但应意识到它们的可靠性、安全性、经济性和耐久性对确保核电厂的安全与经济运行同样至关重要，实践中亦需引起重视。

11.3.1 锆合金

由于在拥有较小热中子吸收截面的同时兼具良好的燃料相容性、力学性能、导热性能、加工性能、耐中子辐照性能以及耐高温水、汽腐蚀性能，锆合金被认为是承受高温、高压、中子辐照、一回路腐蚀介质等严苛工况的燃料包壳最理想的材料，构成了核电厂的第二道安全屏障。此外，锆合金还用作在相似工况下服役的堆芯结构材料，如定位格架、导向管、中子通量测量管等，它的应用也被认为是核电厂在选材方面有别于常规电厂最主要的特征。

目前，核电厂中使用的锆合金主要是锆-锡系与锆-铌系两类，分别以 Zr-2、Zr-4 及 Zr-2.5Nb 为代表。这三种材料也是唯一纳入 ASTM 标准和我国国家标准的核级锆合金。为适应逐渐增长的燃料高燃耗要求，国际上又开发了 ZIRLO（美国，锆-锡-铌系）、M5（法国，锆-锡系）等新型锆合金，无论是耐辐照性能还是耐高温腐蚀性能都得到了显著提高。

11.3.2 镍基合金

镍基合金主要指镍元素含量（质量分数，余同）超过 50% 的合金。核电厂中使用的多为镍、铬、铁三元系镍基合金，它主要凭借比奥氏体不锈钢更优异的耐应力腐蚀性能而用于堆内构件、控制棒驱动机构、蒸汽发生器传热管等部件及其焊材。然而实验表明，上述三元镍基合金对应力腐蚀免疫的镍元素含量区间仅为 25%~65%；并且实践亦证明，镍元素含量不小于 72%、首个用作蒸汽发生器传热管的镍基合金——600MA，在一回路高温纯水环境中同样会发生应力腐蚀破裂，在二回路介质中还会产生点蚀、耗蚀、凹陷等问题。因此，为满足核电厂的安全使用要求，需合理控制镍基合金的化学成分和热处理工艺以提高产品的可靠性。

690 合金是目前核电厂中使用最广泛的镍基合金，自 20 世纪 80 年代末首次用作蒸汽发生器传热管以来，它已成为美国与法国新建核电厂的首选。作为 600 合金的改良产品，690 合金通过减少镍含量（60%）、增加铬含量（30%），使材料耐腐蚀性能得到显著提高。除 600 合金（多数老电厂）和 690 合金外，800 合金是另一种大量应用且可靠性得到证实的铁镍基合金，多用于德国核电厂和加拿大 CANDU 重水堆。但根据化学成分（含镍 32%、铬 20%），它严格意义上并不属于镍基合金，而是介于镍基合金与奥氏体不锈钢之间。800 合金也是我国首台核电机组秦山一期压水堆蒸汽发生器传热管的材料。

11.3.3 不锈钢

不锈钢是核电厂应用最广泛的结构材料，与一回路冷却剂接触的设备和部件

70%以上由不锈钢制造。按组织分，核电厂涉及的不锈钢主要包括奥氏体、马氏体、奥氏体-铁素体双相不锈钢三大类。奥氏体不锈钢辐照敏感性低、焊接性好，但耐晶间腐蚀、应力腐蚀、局部腐蚀能力弱，所以普遍用作接触一回路高纯介质的主管道、主泵泵壳及反应堆压力容器表面的堆焊层等；马氏体不锈钢强度高、耐磨性好，但焊接性与耐腐蚀性弱，故常用于控制棒驱动机构、蒸汽发生器支撑件、压紧弹簧等；双相不锈钢兼具奥氏体与铁素体的优点，且耐腐蚀性能优异，因此常在主管道、堆内构件等部位应用，但需关注其热老化倾向。

核电厂使用的不锈钢大多是已在其他工业领域普及的成熟牌号，如304/304L、316/316L、321等奥氏体不锈钢，1Cr13、403马氏体不锈钢，2101、2205双相不锈钢等，但通常会根据核电设计要求的特点重新进行设计并编制具体的技术条件，限于篇幅这些材料的特点不再展开介绍。应指出，不锈钢等级并非越高越好，设计中在考虑安全性的同时亦需兼顾经济性，从而选择最合适的材料。此外，通过对化学成分及制造、热处理、表面处理、焊接等工艺的改进，一些传统不锈钢的固有缺陷得到改善，材料可靠性显著提高。

11.3.4　低合金钢

尽管耐腐蚀性与耐辐照性均逊于上述三类结构材料，但凭借在力学性能与价格方面的优势，低合金钢成为了反应堆压力容器、蒸汽发生器、稳压器等主设备壳体材料的首选。同时，为克服耐腐蚀性较差的缺点，低合金钢通常不直接与高温、高压的一回路冷却剂接触，而是在表面堆焊一层不锈钢或镍基合金；至于耐辐照性不佳的问题，则主要通过控制铜、磷、镍等辐照脆化促进元素的含量加以改善。当然根据监管和设计要求，对于核电厂中安全性排首位的反应堆压力容器，仍需通过试验与计算求得无延性转变参考温度和应力强度因子以进行安全评估，并设置辐照监督管持续监测辐照引起的材料力学性能变化。

目前在核电厂广泛使用的低合金钢为锰-镍-钼型的SA 533B与SA 508 cl3，分别用作板材和锻件，与传统低合金钢相比性能有了较大提升。

11.4　压水堆核电厂的常见腐蚀类型

结构材料的腐蚀与应力腐蚀破裂、反应堆压力容器的中子辐照脆化、不断提高的燃料可靠性与事故容错要求被称为水冷反应堆的三大材料挑战。与另两者相比，腐蚀问题因涉及范围广泛、影响因素众多、失效机理复杂而尤为引人注目。据统计，核电厂老化管理范围内涉及腐蚀的关注对象占总数的60%以上，而腐蚀造成的经济损失更是达核电成本的17.9%，为火电的3.5倍。因此，为有效预防和缓解核电厂中材料的腐蚀问题，需开展合理可行的腐蚀与防护设计，并实施覆盖核电厂全生命周期的腐蚀老化管理，以确保其正常、安全、经济地运行。

与石化、火电等传统工业比，核电厂涉及的腐蚀类型无本质区别，然而其材料（如锆合金等）和环境（如辐射等）的特殊性，仍引起设计、制造、运维、科研等各界的广泛关注。限于篇幅，本节以腐蚀为例对压水堆核电厂的常见老化机理进行介绍，具体将概述五种典型的腐蚀类型，包括均匀腐蚀、点蚀与缝隙腐蚀、晶间腐蚀、应力腐蚀破裂与腐蚀疲劳以及流动加速腐蚀，耗蚀、气蚀、生物腐蚀等相对少见或同五类腐蚀有相近机理的不作介绍。然而核电厂运行工况的复杂性常导致几种腐蚀同时发生，故对腐蚀问题还应持有整体性的认知态度。常见的腐蚀形态如图 11-2 所示。部分腐蚀形态的微观形貌如图 11-3 所示。另需指出，本节不涉及具体的材料科学和腐蚀机理讨论，而是从工程角度梳理材料、环境、防护、管理间的相互关系，以为相关科研与服务提出需求。

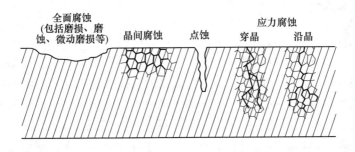

图 11-2　常见腐蚀形态

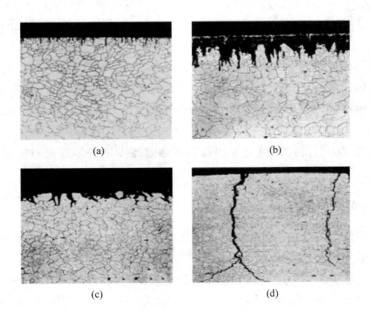

(a)　　　　　　　　　　(b)

(c)　　　　　　　　　　(d)

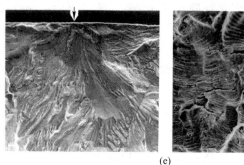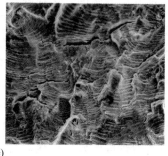

(e)

图 11-3　部分腐蚀类型的微观形貌

（a）穿晶腐蚀；（b）全面腐蚀；（c）晶间腐蚀；（d）应力腐蚀破裂；（e）腐蚀疲劳

11.4.1　均匀腐蚀

均匀腐蚀的直接危害是使核电厂设备或部件壁厚减薄，接近甚至低于临界值，由此产生泄漏或破裂的风险。好在均匀腐蚀机理明确、预测简单，设计时留有适当的腐蚀裕量就可加以控制。均匀腐蚀的间接危害在于其产生的腐蚀产物会随流动介质发生迁移，既有可能在局部区域浓集引发局部腐蚀，如蒸汽发生器传热管与管板、支撑板间的环向缝隙会因二回路腐蚀产物聚集而导致传热管凹陷，又会在一回路流经堆芯时受裂变中子作用转变成放射性核素，增加整个回路的放射性。

核电厂中均匀腐蚀极为普遍，除了常规的低合金钢、碳钢在高温高压水/汽、大气、酸/碱溶液、海水等环境中的腐蚀外，还包括锆合金燃料包壳的高温水腐蚀、蒸汽发生器镍基合金传热管的腐蚀、反应堆压力容器低合金钢/碳钢部件的硼酸腐蚀等特有的均匀腐蚀类型。例如，日本福岛核事故发生爆炸，正是由于锆合金燃料包壳在高温水蒸气中腐蚀产生的氢气未得到消除所致；美国 Davis Besse核电厂反应堆压力容器顶盖外表面的硼酸腐蚀更是业界众所周知的案例（见11.6.1 节）。不过总体而言，均匀腐蚀对核电厂的安全影响程度并不严重，采用合理的选材与防腐设计即可有效缓解，或通过定期的壁厚检测对腐蚀速率进行预测。

11.4.2　点蚀与缝隙腐蚀

点蚀与缝隙腐蚀属于典型的局部腐蚀类型，且诱发条件和环境、产生部位和机理、失效形貌和后果相似，故此处一并进行讨论。

点蚀与缝隙腐蚀通常出现于表面有钝化膜的金属材料，如奥氏体不锈钢等，在氧化性环境中氯离子的作用下，以小阳极大阴极的自催化腐蚀形式沿材料厚度方向发展直至穿孔破裂，并且这一过程发展迅速又不易察觉，故一旦产生，危害极为严重。点蚀与缝隙腐蚀的间接危害在于，其形成的材料表面局部缺陷易成为引发应力腐蚀等其他局部腐蚀类型的起始位置。

鉴于核电厂一回路水质控制极为严格，点蚀与缝隙腐蚀主要发生在二、三回路，常见部位有：启停堆引起的设备或部件表面积液区，部件连接处的结构缝隙，设备或管道表面的结垢物、腐蚀产物、保温层、老化的防腐涂层底下，蒸汽发生器管板上的泥渣堆积处，海水系统的设备或部件等。氯离子的来源包括海水、空气、化学试剂或清洗液、设备或管道衬里等。因此，在核电厂的设计、制造、安装和运行过程中应尽量避免形成缝隙结构或滞液区，并严格控制水质，以预防点蚀与缝隙腐蚀的发生。

11.4.3　晶间腐蚀

晶间腐蚀亦称晶间侵蚀，通常发生于敏化引起晶间贫铬的奥氏体不锈钢和镍基合金，是一种从材料表面开始沿晶界向内部全面扩展的腐蚀过程。同点蚀与缝隙腐蚀一样，受晶间腐蚀影响的材料表面并无明显腐蚀迹象，且难以凭借涡流探伤等手段检出，但晶粒间的结合力已显著降低，一旦在外力作用下就会完全破裂，产生突发性失效。晶间腐蚀同易混淆的沿晶应力腐蚀破裂的区别在于，前者的腐蚀形貌是大量的晶间裂纹，而后者则是往深处发展并伴有分支的一条或多条主裂纹。

核电厂中晶间腐蚀并非普遍现象，主要集中在早期采用600MA合金的蒸汽发生器传热管，是由传热管与管板、支撑板连接处的缝隙以及管板上泥渣堆积处等位置浓集的腐蚀介质所引起，并往往伴随沿晶应力腐蚀破裂一同发生，故常将二者统称为二次侧应力腐蚀破裂（ODSCC，Outer Diameter Stress Corrosion Cracking）。不过自新建电厂停用600MA制造蒸汽发生器传热管，并采用全挥发水处理（AVT）以来，以上情况有了明显改善。总体而言，通过改善材料成分和热处理工艺并严格控制焊接工艺，核电厂使用的304、316系列奥氏体不锈钢与690合金、800合金的敏化问题得到了有效解决，并可采用标准的方法对其晶间腐蚀敏感性进行评估。

11.4.4　应力腐蚀破裂与腐蚀疲劳

据统计，核电厂20%~40%的腐蚀失效案例涉及应力腐蚀破裂，在所有腐蚀类型里排名第一。按产生原因分，核电厂应力腐蚀破裂主要包括辐照促进应力腐蚀破裂（IASCC，Irradiation Assisted SCC）、一次侧应力腐蚀破裂（PWSCC，Primary Water SCC）以及二次侧应力腐蚀破裂（ODSCC）三类，均是因其有别于其他工业领域的特殊运行工况所致。由于受腐蚀介质与拉应力的交互作用，即使两者分别处在较低水平都会引发裂纹萌生，裂纹一旦达到临界尺寸（孕育期）便会迅速扩展（扩展期）成穿晶或沿晶裂纹，最终导致脆性断裂。而这一孕育期的时间跨度又因材料种类和腐蚀环境不同从几分钟至几十年不等。所以应力腐蚀破裂的危害多体现在隐蔽性和突发性，并因此成为行业内的监管重点和研究热点。

　　核电厂中应力腐蚀破裂多发生在堆内构件（IASCC）、控制棒驱动机构（PWSCC）、蒸汽发生器（PWSCC、ODSCC）等设备的镍基合金和不锈钢，尤其是早期的 600 合金及其焊材。例如美国 Davis Besse 核电厂硼酸腐蚀事件，正是由于其控制棒驱动机构接管 600 合金因 PWSCC 产生穿透裂纹，进而导致一回路冷却剂泄漏所引起的。自采用 690 合金及其配套的 152/52 焊材后，核电厂中镍基合金的应力腐蚀破裂问题得到了明显缓解，但仍需注意冷加工或焊接残余应力的不利影响，并且该问题对不锈钢同样适用。此外，研究与实践表明，对于如燃料包壳锆合金的氢脆，二、三回路中奥氏体不锈钢的氯脆，海水环境中钛合金的氢脆等其他形式的应力腐蚀破裂亦需引起重视。

　　若引发腐蚀破裂的条件从静态载荷变为交变载荷，则又产生了另一种腐蚀形式——腐蚀疲劳，亦常叫做环境疲劳，其主要特点在于产生的腐蚀裂纹伴有疲劳辉纹。起初，世界各国广泛使用的 ASME 疲劳设计曲线并未充分考虑服役环境的影响，但之后发现压力边界在特定环境与交变载荷的联合作用下存在安全裕度不足的问题，故又通过试验研究给出了环境疲劳校正因子的计算方法，并颁布了相关导则加以监管。这一腐蚀与力学的交叉问题目前仍是业界研究热点，以最终实现对原有疲劳设计曲线的修正。

11.4.5　流动加速腐蚀

　　流动加速腐蚀因 1986 年美国 Surry 核电厂的严重伤亡事故而引起广泛关注，并立即成为行业监管重点。与均匀腐蚀相似，流动加速腐蚀的危害在于造成设备或部件大面积壁厚减薄，但由于早期对该机理没有足够认知，设计时未采用同均匀腐蚀类似的预防手段，因此产生了多起安全事故。后经研究表明，流动加速腐蚀涉及合金成分、温度、流体形态、蒸汽质量、传质系数、pH 值、溶解氧浓度和联氨浓度八大影响因素，尤以合金成分（主要是铬）作用最甚，故提高材料铬含量也成为缓解流动加速腐蚀的首选方案。

　　流动加速腐蚀主要发生在液体单相流与气/液两相流环境，如主蒸汽、抽汽、主给水、凝结水等系统的碳钢管线，特别是管线上流体形态复杂的弯头、弯管、三通、阀门、异径管等部件。在核电厂老化管理中，除了可以通过提高材料铬含量进行预防外（包括老电厂敏感部件更换与新电厂选材设计），还可以采用超声壁厚检查等手段监测腐蚀影响程度，并辅以流场分析技术及 CHECWORKS、CICERO、COMSY 等商用软件进行数据管理和趋势预测。

11.5　压水堆核电厂的腐蚀控制与老化管理

腐蚀的本质是材料与环境间的化学与电化学作用，因此核电厂腐蚀与防护设计无外乎是对材料、环境以及两者间界面的控制。材料因素上文已作介绍，简而言之就是正确选材并采用合适的热处理、表面处理以及加工工艺。核电设备材料的选用原则包括：

（1）材料在使用过程中需满足核电站特有的工况条件和安全要求；

（2）所选的材料必须满足设计规格书和技术条件的要求；

（3）优先选用已有生产及使用经验的成熟材料。

压水堆核电厂主设备的腐蚀敏感区如图 11-4 所示。本节以水化学控制和防护涂层设计为例，并结合核电厂特殊的运行工况与安全要求，对环境与界面这另外两大因素进行讨论。当然应说明，结构优化、橡胶内衬、阴极保护、表面镀铬、添加缓蚀剂等常规的腐蚀防护手段亦在核电厂中得到普遍应用，且效果良好。

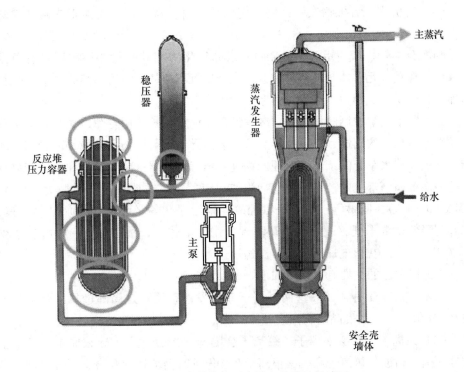

图 11-4　压水堆核电厂主设备的腐蚀敏感区

11.5.1 水化学控制

压水堆核电厂水化学控制是降低停堆辐射剂量、防止关键设备腐蚀降质最经济、最有效的手段之一。

对于一回路，水化学控制的目的是：确保一回路系统压力边界的完整性；确保燃料包壳的完整性和燃料性能；减小堆芯外放射性水平；控制堆芯的反应性。常见的控制手段有冷却剂注氢、硼锂优化控制、过滤净化和除气等。其中，硼锂控制对一回路结构材料的腐蚀、燃料性能以及反应性控制等尤为重要，目前主要采用改进控制与协调控制两种策略进行管理。

一回路关注的主要有害杂质如下。

（1）氯离子、氟离子、硫酸根离子。氯离子的危害在于高温含氧水中会诱发奥氏体不锈钢应力腐蚀破裂；氟离子引发 SCC 的能力弱于氯离子，多见于敏化奥氏体不锈钢，但却会加速锆合金的腐蚀；硫酸根离子的影响与氯离子相仿，并且还会增加镍基合金晶间腐蚀与应力腐蚀破裂的倾向。

（2）悬浮固体。悬浮固体会直接在燃料包壳表面沉积，以及由此引发放射性水平上升，此外还会对主泵密封性和控制棒驱动机构的操作产生不利影响。

（3）有机物。有机物在一回路环境中易分解，从而产生含卤素或硫元素的有害物质。

（4）硅、钙、镁、铝。这些金属元素的氧化物和硅酸盐的溶解度具有负温度系数，在燃料元件棒的最热部位会优先析出沉积，从而阻碍传热并导致活化物增加，且还易造成燃料包壳腐蚀速率增大。

二回路水化学控制的目的是：减少设备腐蚀，延长使用寿命，尤其是减少蒸汽发生器传热管的腐蚀，以防止传热管破裂而导致放射性物质扩散；减少来自凝结水系统和给水系统的杂质和腐蚀产物进入蒸汽发生器；减少杂质和腐蚀产物在系统表面沉积。常见的控制手段包括添加 pH 调节剂，如氨水、各种胺类（ETA、DMA、3-MPA）、吗啉等；添加联氨控氧；排污净化等。因上述添加剂易挥发，能起到降低铁离子迁移、使缝隙环境保持中性等作用，故目前这一全挥发水处理（AVT）方式在核电厂得到了广泛运用。

二回路关注的主要有害杂质如下。

（1）钠离子、钾离子。这两种属于非挥发性杂质，在局部过热区会浓集形成高 pH 值环境，引发晶间腐蚀或碱脆。

（2）氯离子、硫酸根离子。氯离子会随蒸汽部分挥发，导致原中性环境呈碱性而引起腐蚀；氯离子和硫酸根离子在冷停堆时会加速 600 合金局部腐蚀；还原态硫会诱发镍基合金与奥氏体不锈钢点蚀和晶间腐蚀。

（3）铜和铅。两者均会形成氧化性环境促进局部腐蚀，如点蚀。铅会诱发应力腐蚀破裂，或进入已形成的裂纹加速裂纹扩展。铜在停堆和湿保养时易氧化，腐蚀产物会随给水迁移、沉积而加速其他设备腐蚀。

11.5.2　防护涂层设计

防护涂层作为核电厂设施、设备、构筑物表面的防护方式被广泛使用，除提供基本的保护作用外，其还需满足电厂特殊的耐辐照、去污、耐化学介质以及事故后完整性等要求。其中，安全壳用防护涂层对维持系统的安全与功能尤为重要，特别是对非能动核电厂而言，因采用混凝土与钢安全壳的双层结构，内外表面的巨大差异及安全系统的功能要求使得对涂层的要求也极为严苛，主要包括以下几方面。

（1）耐辐照性能。三代核电的设计寿期为 60 年，寿期内安全壳厂房的辐照累积剂量最高达 10^7Gy，这将对涂层的聚合物基体产生极强的破坏作用，易造成涂层起皱、粉化，导致防护作用严重下降。因此要求所使用的涂层首先具有优异的耐辐照性能。

（2）模拟设计基准事故下的完整性。考虑到失水事故条件下，瞬间产生的大量放射性高温高压水汽会作用于安全壳内壁，因此要求涂层在事故后仍能保持完整性，不得出现严重起泡、起皱、剥落等现象，以避免碎片进入反应堆冷却剂系统回路，导致管线、泵、喷嘴与循环滤网等堵塞，引发更严重的安全事故。同时，涂层还应具有较高的干膜密度，即使产生碎片也会迅速沉降，避免随水流迁移而堵塞地坑滤网。

（3）热量传输性能。事故发生后，非能动安全壳冷却系统利用钢安全壳作热交换面，通过高温高压水汽在内表面冷凝使热量传递给外表面，再以对流、辐射、传递等导热机制由空气和水冷却。因此，钢安全壳内壁涂层应具有良好的热传输性能。

（4）润湿特性。作为非能动核电厂的特征技术，事故时非能动安全壳冷却系统利用自然重力使安全壳顶部水箱内的冷却水喷淋，并沿安全壳外壁流下以带走堆芯余热。因此安全壳外壁涂层需具有良好的润湿性，以确保冷却水膜具有较高的覆盖率与均匀性。

（5）去污能力。核电厂投运后，放射性尘埃和裂变气体会在构筑物与设备表面持续吸附，导致环境辐射水平不断提高。故停堆时在进行现场作业前，需先去除表面的放射性沾污以使辐射水平降低到允许的限值，从而减轻人员受到的放射性伤害。由此提出，安全壳厂房尤其是有人员走动的区域，应在底漆上再涂覆面漆以提高表面去污能力。

基于以上要求，非能动核电厂钢安全壳内外表面主要选用无机锌涂层，它兼具优异的导热性、润湿性、耐温性、耐辐照性、耐腐蚀性和抗老化性，并与底材有良好的结合强度。然而经验表明，"三分涂料七分施工"，近七成涂层失效是由施工工艺或缺陷引起的，因此需特别加强对涂层施工过程的质量控制。此外，为避免涂层受外部损伤以及由基材引起的破坏，还应按要求制订在役检查大纲进行定期检测与状态评估，以确保满足功能和使用寿命的要求。

11.5.3　腐蚀老化管理

依据核电厂全生命周期老化管理的理念，腐蚀老化管理的主要目的是确保能正确预防、及时探测、有效缓解腐蚀引起的安全功能降级。实践中应参考 PDCA 循环（Plan、Do、Check、Action，计划—实施—检查—行动），形成系统性的腐蚀老化管理方法，包括对腐蚀的认知，腐蚀老化管理大纲的建立和优化，相关设备/部件的运行和使用，腐蚀的检查、监测和评估，腐蚀的维护和维修共五个部分，如图 11-5 所示。

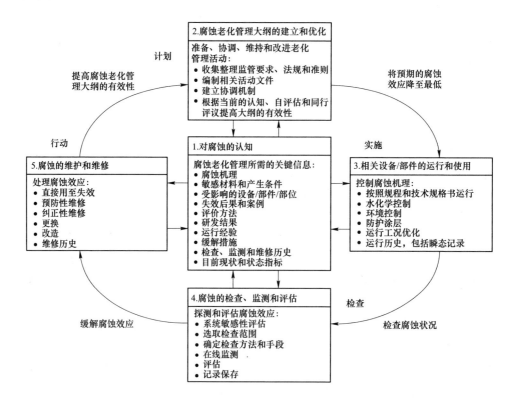

图 11-5　系统性的腐蚀老化管理方法

老化管理大纲（AMPs，Ageing Management Programmes）是记载上述系统性老化管理方法的载体，属于实施有效老化管理的纲领性文件，应能起到协调电厂各种已有大纲的作用，包括维修、在役检查、监督、运行、技术支持等大纲。然而老化管理大纲的范围通常是设备或部件，纯粹以腐蚀命名的老化管理大纲在美国通用老化经验反馈报告（GALL）与 IAEA 国际通用老化经验反馈导则（IGALL）里均只有 4 条，即硼酸腐蚀、硼酸腐蚀引起的反应堆冷却剂压力边界部件开裂（镍基合金）、材料损失与流动加速腐蚀、选择性腐蚀（以上仅针对压水堆）。更多情况下，腐蚀是作为其他老化管理大纲所监管的对象之一，如反应堆压力容器、蒸汽发生器、堆内构件等核电主设备的老化管理，以及水化学、在役检查等大纲，体现出核电厂腐蚀老化管理普遍性和通用性的特点。

11.6　核电厂部分失效案例

11.6.1　反应堆压力容器外表面硼酸腐蚀

硼酸对碳钢和低合金钢具有侵蚀作用，如果在反应堆压力容器顶盖附近发生泄漏，便有可能发生低合金钢板材或锻件的硼酸腐蚀。硼酸泄漏可在局部位置产生非常快的腐蚀，可达每年几毫米量级。在西方核电站反应堆压力容器法兰 O 形环密封处、主螺栓和温测管处偶尔可见硼酸泄漏。硼酸是弱酸，但当其泄漏于高温的表面时，水分会随之蒸发，留下高浓度的硼酸，最终成为硼酸结晶。95℃时，饱和硼酸溶液的 pH 值小于 3，具有较强腐蚀性，会引起碳钢或低合金钢设备表面局部区域溶解和腐蚀。当达到一定程度时，在某些部位腐蚀反应会停止或减慢，但此时材料已遭损坏。大多数情况下，硼酸结晶体在泄漏位置附近形成，结晶体下面区域便有显著的腐蚀，故硼酸结晶被认为是有害的。有报道称，在这种情况下腐蚀速率可达每年 0.2~0.5mm。硼酸腐蚀的另一种机理是异种金属间的电偶腐蚀，例如通常采用的异种金属焊接，其焊缝若被硼酸浸湿，碳钢会被迅速腐蚀。缝隙腐蚀试验证明，只要有少量硼酸在缝隙处浓集或发生沸腾，这些区域就会优先被侵蚀，此区域的碳钢将继续溶解。

美国电力研究所（EPRI）在对硼酸腐蚀问题进行调查和研究后指出：对紧固件来说，由于强度不够或其他问题，其材料抵抗硼酸腐蚀并不总是符合要求，防止硼酸腐蚀的最好办法是防止冷却剂泄漏。

1987 年，美国 Turkey Point Unit 4 核电厂压力容器顶盖测量管密封处泄漏造成的顶盖表面硼酸腐蚀，如图 11-6 所示。顶盖表面共发现有 230kg 外泄的硼酸结晶体，当除去后并用蒸汽清洗顶盖时，发现几处区域被严重腐蚀。另外还发现有三根主螺栓被腐蚀，不得不进行更换。

美国第一核能运营公司（FENOC）下属的 Davis Besse 核电厂反应堆压力容

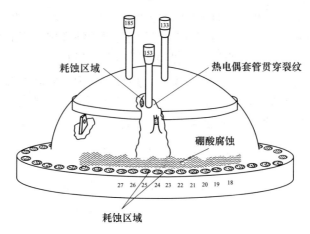

耗蚀区域

热电偶套管贯穿裂纹

硼酸腐蚀

27 26 25 24 23 22 21 20 19 18

耗蚀区域

图 11-6   美国 Turkey Point Unit 4 受硼酸腐蚀影响的顶盖封头

器顶盖损伤示意和外观形貌如图 11-7 所示。该核电厂在运行到第 15.8 个有效满功率堆年时，于 2002 年 2 月 16 日进行第 13 次停堆换料，期间按照美国核管会 NRC 要求对反应堆压力容器顶盖进行检查，此时发现了腐蚀孔洞。FENOC 报告指出，硼酸从两个控制棒驱动机构管座间的裂缝渗漏，腐蚀了由碳钢制成的反应堆封头。经测量，腐蚀孔宽度为 10.16～12.70cm，长度为 16.76cm，最深处达 15.24cm，仅剩下约 0.635cm 厚的 308 不锈钢衬里未被腐蚀穿透。并且据 FENOC 推测，不锈钢管座中的裂纹"可能已产生了 4 年之久或更长时间"，早在 1998 年就出现了腐蚀损伤迹象，而公司却一直没有发现，直到 2002 年在反应堆停堆换料检查期间才发现了腐蚀孔洞。

NRC 通报还指出，FENOC 没有正确地实施 NRC 要求的硼酸控制程序，因为没有及时从封头上清除硼酸沉淀，而且腐蚀迹象未被及时发现和评估。事实上，2000 年换料期间就已经在封头上发现了大量硼酸沉淀，这些沉淀的颜色和稠度与反应堆冷却系统的新鲜泄漏物不同。

11.6.2   控制棒驱动机构 CRDM 管座贯穿件泄漏

20 世纪 90 年代初，法国核电站首次发现 CRDM 600 合金贯穿件产生裂纹，造成一次侧冷却剂泄漏。裂纹的产生与 600 合金的 PWSCC 和 J 型焊缝处的残余应力有关，EDF 采用 690 合金替换 600 合金以求解决该类问题。

法国核电厂 Bugey 3 在 1991 年 9 月的水压试验（压力为 20.7MPa 和温度为 80℃）期间，采用声发射监测仪检查发现 CRDM 管座贯穿件部位泄漏（见图 11-8），此时该堆运行的堆龄超过 10 年，泄漏量约 0.7L/h。进一步检查显示，泄漏裂纹为轴向，同时还发现存在与轴向夹角小于 15°的裂纹。裂纹长 25mm，外表面裂纹长

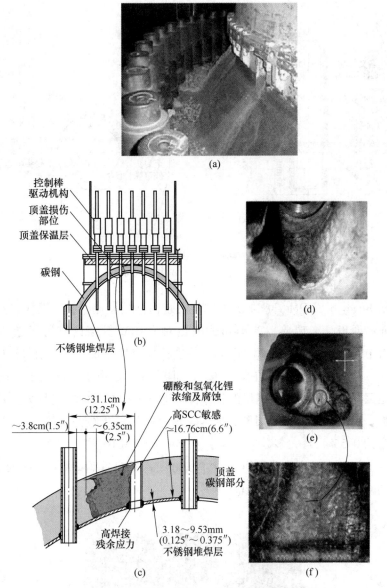

图 11-7 Davis-Besse 核电厂反应堆压力容器顶盖损伤示意和外观形貌

（a）低合金钢顶盖；（b）顶盖腐蚀损伤部位示意图；（c）顶盖腐蚀损伤部位放大示意图；

（d）损伤部位；（e）清除腐蚀产物后；（f）堆焊层 SCC 裂纹

2mm，在水压试验前的运行期间并未发生显著的泄漏。另外，在贯穿件的外表面还发现两条环向裂纹，一条在焊缝上，是原始焊接加工引起的热裂纹；另一条在母材上，与轴向穿透裂纹相连。母材上的裂纹正好位于焊缝上部，与水平方向呈 30°夹角，该裂纹约 3mm 长，2.25mm 深。

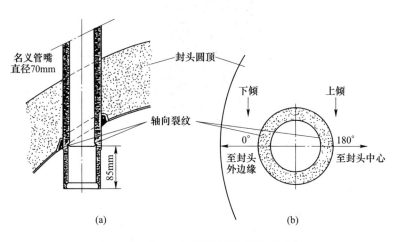

图 11-8 Bugey 3 CRDM 管座裂纹位置
（a）纵向剖面；（b）横向剖面

自从 Bugey 3 CRDM 管座贯穿件部位发现泄漏后，比利时、巴西、法国、日本、南非、西班牙、瑞典、瑞士和美国也对 CRDM 贯穿件进行了检查。截至 1996 年年初，对近 5150 个 CRDM 贯穿件进行检查后发现，大约有 2% 的贯穿件存在裂纹，其中大多数发生在法国电厂。但这并非是由于法国核电厂的质量不佳，而是因为大多数法国核电厂的贯穿件都进行了检查，样本量较大。若除去法国的数据，瑞典、瑞士和美国等其他国家核电厂的贯穿件也发现有贯穿件裂纹，发生概率约 0.5%，且大多数裂纹为小于 25mm 的轴向裂纹。

同样的问题也发生在美国 Oconee 1 核电厂。图 11-9 为 2000 年 11 月，600 合金材质的 CRDM 贯穿件裂纹的现场照片。

图 11-9 美国 Oconee 1 核电厂 3 号机组 600 合金 CRDM 贯穿件裂纹形貌

11.6.3 控制棒束导向管定位销钉的 PWSCC

控制棒导向管是堆内上部支撑结构中的一个组件。在控制棒驱动机构的作用下，控制棒在导向管内提升或插入燃料组件内，从而调节反应堆功率。导向管的这一功能只有当位于燃料组件内的导向管对中时才能得以完成。而导向管之间的对中是由紧固在堆芯上板上的两个定位销钉来实现的。国外核电站的这一销钉大多采用 Inconel X-750 合金。

西屋公司第一代定位销安装在 21 座 90 万千瓦的压水堆上，不久发现 50% 的定位销在弹性销子部位、台肩圆弧处的螺纹部位出现严重的应力腐蚀裂纹，如图 11-10 所示。

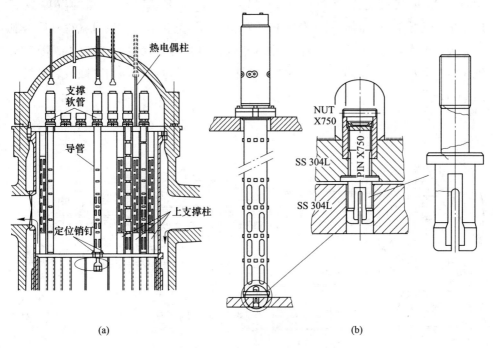

图 11-10　定位销钉应力腐蚀破裂部位

（a）上部堆内组件；（b）导向管和销钉组件

1978—1979 年，日本某核电厂定期检查时，在蒸汽发生器水室内发现销钉碎块，经判断是 X-750 合金制的定位销钉和挠性销钉碎块。损伤的原因是核电厂运行时，附加应力对敏感材料的作用而造成 PWSCC。

为降低 PWSCC 敏感性，包括法国、日本在内的一些国家开展了大量的基础研究和试验分析工作。从材料角度考虑，详细研究了热处理条件的影响。研究结果表明，X-750 合金对 PWSCC 的敏感性受到温度和应力的影响。

11.6.4 日本美滨核电厂 3 号反应堆蒸汽泄漏

日本中部福井县美滨核电厂 3 号反应堆于 2004 年 8 月 9 日发生蒸汽泄漏事故，导致 5 人死亡，6 人受伤。发生断裂的为碳钢管道，外径约 560mm，最高运行温度约 195℃，最大运行压力约 1.27MPa。断裂位置位于第 4 低压给水加热器与汽水分离器之间，当时运行温度为 140℃，压力约 0.93MPa，流量约 1700m³/h。事故后的初步调查发现，汽轮机厂房内的配水管道上有肉眼可见的漏洞，导致高压水蒸气泄漏。配水管输送的是从汽轮机流出的高压冷却水，如果管道出现漏洞就会喷出高温高压蒸汽。破裂的管道在 1976 年初次安装时的壁厚为 10mm，28 年来设备老化和冷却管腐蚀严重，至破裂时检测到的壁厚只有 1.4mm，远低于规定的最低安全标准 4.7mm。据推测，事故发生时汽轮机厂房泄漏的蒸汽温度高达 270℃。分析发现，破裂管道内表面布满鱼鳞状花纹，断口出现韧窝，显示了典型的流动加速腐蚀微观特征。该核电站流程和腐蚀破裂形貌如图 11-11 所示。

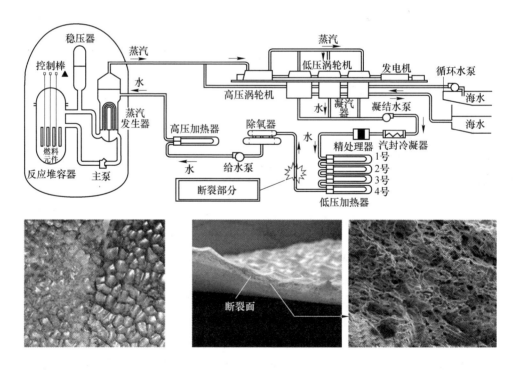

图 11-11   日本美滨核电厂 3 号反应堆蒸汽泄漏

习　题

11-1　压水堆核电站有哪些主要结构材料？

11-2　压水堆核电站常见腐蚀类型有哪些？产生腐蚀的原因是什么？

11-3　如何进行核电厂的腐蚀控制和老化管理？

可再生能源发电设备的腐蚀与防护

12.1　可再生能源类型

能源是人类社会进步和经济发展的重要物质基础。随着经济的快速发展，我国已成为世界上最大的一次能源（煤、石油天、燃气等）消费国，同时我国又是一个传统能源资源相对匮乏的国家，经济快速发展使得我国传统能源储存量日趋耗竭，而消耗传统能源带来的环境问题如酸雨、水土流失和温室效应等也日益明显，这些都对我国未来经济可持续性发展带来了严峻的挑战。21世纪以来，基于经济可持续性发展战略，低能耗、低污染、低排放的可再生能源受到了广泛关注，如风能、太阳能、水能等，这些新能源取之不尽、用之不竭，且使用过程中出现环境问题少。2020年，我国提出了"双碳"目标，即在2030年前实现"碳达峰"、2060年前实现"碳中和"的目标。为了实现该目标，提高产业和经济的全球竞争力，保持社会和经济持续快速发展，大力发展可再生能源成为我国能源政策的必然选择。

目前国内外研究和利用的可再生能源发电包括以下几大类。

（1）水能。水能是通过运用水的势能和动能转换成机械能或电能等形式从而被人们利用的能源资源。水能利用的主要方式是水力发电，具有成本低、可连续再生、无污染等优点，但也存在受地理位置、气候、地貌等自然条件限制较大等缺点。我国水能资源理论蕴藏量近7亿千瓦，是世界上水能资源总量最多的国家之一。

（2）风能。风能是空气受到太阳辐射加热产生流动而形成的能源。通常是利用风力机将风力转化为机械能、电能、热能等多种形式的能量。风能具有总储量大、可再生、分布广泛、不需运输、不污染环境、不破坏生态平衡等诸多优点，但目前实际在利用上存在能量密度低、随机变化大、难以储存等诸多问题。风力发电是风能主要的利用方式。

（3）太阳能。太阳能是指太阳内部或者表面的黑子连续不断的核聚变反应过程产生的能量。人类所需能量的绝大部分都直接或间接地来自太阳。水能、风能、波浪能、海流能等也都是由太阳能转换而来。太阳能具有资源充足、分布广泛、安全、清洁、技术可靠等优点。太阳能发电主要有光伏发电（光-电转换）

和光热发电（光-热-电转换）两种方式。

（4）地热能。地热能是来自地球深处且可再生的热能资源。它起源于地球的熔融岩浆和放射性物质的衰变。地球是一个巨大的热库，仅地下 10km 厚的一层，储热量就达 1.05×10^{26} J，相当于 3.58×10^{15} t 标准煤所释放的热量。作为储存在地下岩石和流体中的地热能资源，它可以用来发电，也可以为建筑物供热和制冷。目前，世界很多地区对地热能的开发和应用相当广泛。地热能是独立于太阳能的又一自然能源，它不受天气状况等因素的影响，未来发展潜力大。

（5）生物质能。生物质能主要指植物通过叶绿素的光合作用将太阳能转化为化学能贮存在生物质内部的能量。生物质能是仅次于煤炭、石油和天然气而居于世界能源消费总量第四位的能源，在整个能源系统中占有重要地位。据估计地球上每年通过光合作用生成的生物质总量达 1440 亿～1800 亿吨。生物质能的利用方式主要有直接燃烧、热-化学转换以及生物-化学转换三种不同的途径。直接燃烧在今后相当长的时间内仍将是我国农村生物质能利用的主要方式。热-化学转换技术是将固体生物质在一定温度和条件下转换成可燃气体、焦油等。生物-化学转换技术是将生物质在微生物的发酵作用下转换成沼气、酒精等。另外，还可通过压块细密成型技术将生物质压缩成高密度固体燃料等。

（6）海洋能。海洋能是指蕴藏于海洋中的可再生能源，主要包括潮汐能、波浪能、海流能、潮流能、海水温差能、海水盐差能等不同的能源形式。海洋能蕴藏丰富、分布广、清洁无污染，但具有能量密度低、地域性强的缺点，因而其开发困难并有一定的局限性。其开发利用的方式主要是将海洋能转化为电能，其中潮汐发电和小型波浪发电技术已经实用化。潮汐能是指海水在潮涨和潮落时形成的水的势能和动能，包括潮汐和潮流两种运动方式所包含的能量，这种能量来源于月球和太阳对海水的引力作用。

（7）氢能和燃料电池。氢能是可再生能源领域中正在积极开发的一种二次能源。氢气在氧气中燃烧释放热量并生成水，不会产生大气污染物，所以氢能被看作未来最理想的清洁能源，有未来石油最佳替代能源之称。虽然氢是地球上最丰富的元素，但自然氢的存在极少，必须将含氢物质经一定方式处理后才能得到氢气。最丰富的含氢物质是水，其次是各种化石燃料及各种生物质等。采用燃料电池和氢气-蒸汽联合循环发电，其能量转换效率远高于现有的火电厂。随着制氢技术的发展和贮氢手段的完善，氢能将在能源舞台上大展风采。

目前，我国在水力发电、太阳能发电和风力发电的装机容量和年发电量均居世界首位，生物质能和海洋能等可再生能源资源也非常丰富，具有大规模开发的资源条件和技术潜力。可再生能源的利用与材料密切相关，必须要有可靠、高性能的材料作保障。从某种程度上来说，材料问题是目前可再生能源发展和今后大规模利用的瓶颈问题，如材料在特定条件下的耐蚀耐磨性能、能源转换材料的转换效率问题等。材料性能的大幅度提升将极大地促进可再生能源的发展。由于可再生能源发电设备多处于自然环境中，因此本章结合自然环境中金属的腐蚀特点和规律，介绍可再生能源发电设备材料的腐蚀与控制。

12.2　金属在自然环境中的腐蚀规律

在自然环境中放置的可再生能源发电金属设备，其腐蚀规律与自然环境的腐蚀性有关。例如，海上风力发电设备主要发生海水腐蚀和海洋大气腐蚀，陆上风力发电设备可发生大气腐蚀和土壤腐蚀；太阳能发电设备可发生大气腐蚀，水力发电设备主要受到自然水环境的腐蚀。本节重点介绍大气腐蚀、海水腐蚀和土壤腐蚀，淡水环境中金属的腐蚀及其控制可参见第9章。

12.2.1　大气腐蚀

金属材料在大气环境中发生的腐蚀称为大气腐蚀，这是暴露于大气环境中的金属材料普遍存在的腐蚀类型。纯净的大气主要由氮（78.08%，体积分数，下同）、氧（20.95%）、氩（0.93%）、二氧化碳（0.03%）、其他微量气体（氖、氦等约0.01%）组成。大气中还含有一定的水蒸气，但变化较大，一般不大于4%。

12.2.1.1　大气类型

金属材料发生大气腐蚀的程度与大气类型有很大关系。根据所处区域的不同，大气环境可分为以下几类。

（1）乡村大气。这类大气一般不含腐蚀性的污染物质，对金属的腐蚀性较小，大气组成中对金属具有侵蚀性的物质主要是水汽、氧气和二氧化碳。

（2）城市大气。与乡村大气相比较，这类大气中含有 SO_x 和 NO_x 等污染物质，主要来自机动车辆和民用燃料的燃烧排放。因此城市大气的腐蚀性要强于乡村大气。

（3）工业大气。这是工矿企业所在区域的大气类型，工矿企业生产过程中的污染物排放，使大气中含有成分复杂且浓度较大的污染物质，如二氧化硫、氯化物、硫酸盐、磷酸盐、硝酸盐等。这类大气一般对金属具有较强腐蚀性。

（4）海洋大气。这是指海洋及海洋周边的大气环境，海洋大气中往往含有较高浓度的氯化物，这些氯化物在金属表面的沉积，使海洋大气具有高腐蚀性。海洋大气的腐蚀性还与海风风向、风速和离海岸的距离等因素密切相关。

12.2.1.2　大气腐蚀的分类

影响金属表面大气腐蚀的最主要因素是大气中水蒸气和氧的含量，特别是水蒸气的含量决定了金属表面的潮湿程度，进而影响了大气腐蚀的速度。根据金属表面潮湿程度的不同，大气腐蚀可分为以下三种类型。

（1）干的大气腐蚀。在干燥大气中，或大气的相对湿度很低时（小于形成水膜的临界湿度），金属表面基本不存在水膜，这时金属的腐蚀表现为金属与大气中的氧、硫化物等发生化学反应，在表面生成一层腐蚀产物膜，这种类型的大气腐蚀称为干的大气腐蚀。在清洁、干燥的常温大气中，金属表面可以生成几纳米厚的氧化物膜；而在含硫大气中，金属表面可以生成几十纳米厚的硫氧化物膜。这些腐蚀产物膜一般较为致密，对金属的进一步腐蚀可以起到较好的抑制作用，因此干的大气腐蚀速率很小。但由于表面腐蚀产物的形成，金属表面会出现失泽现象，特别是在含硫大气中。

（2）潮的大气腐蚀。当大气的相对湿度大于临界湿度但低于100%时，金属表面可形成一层非常薄而肉眼看不见的水膜，由此造成的大气腐蚀称为潮的大气腐蚀。金属在潮湿大气中，不直接受到日晒雨淋或冰雪覆盖时的大气腐蚀，多属于潮的大气腐蚀。

（3）湿的大气腐蚀。当大气的相对湿度接近于100%，或雨水等直接落在金属表面时，金属表面存在肉眼可见的水膜，则发生湿的大气腐蚀。雨雪降落、浪花飞溅等直接造成的大气腐蚀都属于这种类型。

在上述三种大气腐蚀中，干的大气腐蚀为化学腐蚀，速度很小；潮的和湿的大气腐蚀均在水膜下进行，都属于电化学腐蚀，但腐蚀速率有差异。大气腐蚀速率与水膜厚度之间的关系可以用图 12-1 来定性表示。根据水膜厚度的不同，图 12-1 可分为四个区域，其中区域 I 发生干的大气腐蚀，金属表面只有几个分子层的水分子吸附（1～10nm），未形成连续的水膜，腐蚀速率很小；区域 II 发生潮的大气腐蚀，形成连续水膜，但水

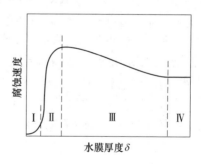

图 12-1 大气腐蚀速率与水膜厚度之间关系
Ⅰ—干的大气腐蚀（$\delta=1\sim10nm$）；
Ⅱ—潮的大气腐蚀（$\delta=10nm\sim1\mu m$）；
Ⅲ—湿的大气腐蚀（$\delta=1\mu m\sim1mm$）；
Ⅳ—全浸（$\delta>1mm$）

膜很薄（10nm～1μm），氧易于扩散到金属表面，在此区域金属腐蚀速率随着水膜厚度的增加而快速增大；区域Ⅲ发生湿的大气腐蚀，水膜厚度达到 1μm～1mm，随着水膜厚度的增加，氧的传质阻力增大，因而金属的腐蚀速率也有所下降；区域Ⅳ的水膜厚度大于1mm，相当于金属全浸在水溶液中的腐蚀，腐蚀速率基本与水膜厚度无关。

上述几种类型的大气腐蚀中，潮的大气腐蚀最常见，下面做重点介绍。

12.2.1.3　金属表面水膜的形成

在相对湿度低于100%的潮湿大气中，金属表面可以形成一层肉眼看不见的、厚度小于 $1\mu m$ 的水膜。这层水膜通常可通过以下三种方式形成。

（1）毛细凝聚。气相中水的饱和蒸汽压与液面曲率有关，凹液面的饱和蒸汽压要低于平液面，因而在毛细管中水汽会优先凝聚。表 12-1 列出了不同半径的毛细管内发生水的冷凝时的最低相对湿度，可见毛细管半径越小，冷凝所需相对湿度越低。在半径为 3nm 的毛细管内，大气相对湿度为70%时就可发生水汽的毛细凝聚。

表 12-1　毛细管半径与水汽冷凝所需相对湿度关系

毛细管半径 /nm	冷凝时相对湿度 /%	毛细管半径 /nm	冷凝时相对湿度 /%
36	9.8	3	7
9.4	9	2.1	6
0.7	8	1.5	5

金属表面通常存在着许多毛细管的凹面，如表面划痕、结构间隙、镀层孔隙、灰尘、细菌附着物等产生的凹面，如图 12-2 所示。这些凹面均具有毛细管的特性，能促使水分在较低相对湿度下发生凝聚。在大气腐蚀中，表面有隙缝、灰尘、腐蚀产物等的金属往往腐蚀更为严重，主要原因就是毛细凝聚的作用。

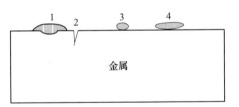

图 12-2　水汽毛细凝聚的可能中心
1—腐蚀产物中细孔；2—表面缝隙；
3—灰尘等颗粒物；4—细菌等附着物

（2）吸附凝聚。大气中的水分子可以通过范德华力吸附在金属表面，这种吸附可发生在相对湿度低于100%的潮湿大气中。一般金属表面越粗糙，或大气的相对湿度越大，吸附凝聚作用越强。

（3）化学凝聚。当金属表面存在易吸水的化合物如 NaCl、$FeCl_2$、Na_2SO_4 等，或存在可溶的腐蚀产物时，会促使大气中的水分子在金属表面优先凝聚，即发生化学凝聚。盐溶液上水的蒸汽压低于纯溶剂上的蒸汽压，因此金属表面存在盐溶液（如手汗）时，更易发生水汽凝聚。金属表面因水汽凝结而形成的水膜，并非纯净的水。大气中的 O_2、CO_2，以及污染物 SO_2、HCl、NH_3 和盐粒等，都可溶解在水膜中，使之成为一种电解质溶液。

12.2.1.4　大气腐蚀机理

在潮湿的大气环境中，大气腐蚀是金属表面处于薄层电解质（水膜）下的腐蚀，既具有一般电化学腐蚀的特征，同时又具有大气腐蚀的特点。

A 阴极过程

金属发生大气腐蚀时，由于大气中 O_2 含量高，且金属表面的水膜一般很薄，O_2 很容易到达阴极表面，因此腐蚀的阴极过程以氧的去极化为主。在中性或碱性水膜中发生以下阴极反应：

$$O_2 + 2H_2O + 4e \longrightarrow 4OH^-$$

水膜的厚度可影响 O_2 的传质过程，进而影响阴极反应的速度。

B 阳极过程

水膜中金属的阳极溶解过程就是金属的氧化过程，阳极反应为：

$$M + xH_2O \longrightarrow M^{n+} \cdot xH_2O + ne$$

对于潮的大气腐蚀，由于水膜很薄，阳离子的水化作用难以进行，阳极反应阻力增大。另外，非常薄的水膜使 O_2 易于到达电极表面，这可促进阳极钝化。因此，在潮的大气腐蚀中，阳极反应阻力较大，而阴极反应阻力较小，腐蚀过程主要由阳极过程控制。对于湿的大气腐蚀，金属表面水膜较厚，O_2 的传质阻力增加，腐蚀过程主要受阴极过程控制。但与全浸时相比较，其阴极控制程度较弱。

12.2.1.5 影响大气腐蚀的因素

影响金属大气腐蚀的因素较多，主要有湿度、温度、大气组成、污染物质等。

（1）相对湿度的影响。相对湿度表示空气中水蒸气的含量，相对湿度越大，表明空气中的水蒸气越多，金属表面就越易形成水膜，大气腐蚀速率也就越大。但空气中的水蒸气含量超过饱和状态时，就会出现水的结露。

对于金属的大气腐蚀，通常还存在一个临界相对湿度。当大气的相对湿度小于该临界值时，金属主要发生化学腐蚀，腐蚀速率小。当相对湿度超过该临界值时，金属表面水膜的形成使金属腐蚀速率突然增大（见图 12-1 区域 II），且随着相对湿度的增加，大气腐蚀速率加快。大气腐蚀的临界相对湿度与金属种类、表面状态以及大气组成等有关，通常约为 70%。当大气中含有大量工业气体，金属表面存在易吸湿盐类、腐蚀产物和灰尘，以及金属表面粗糙度增加、存在小孔和裂缝等缺陷时，临界相对湿度会明显降低，大气腐蚀更易发生。

（2）温度和温度变化的影响。空气的温度和温度变化（温差）也会影响大气腐蚀速率，尤其是温差的影响比温度的影响更大。一方面，温度升高使腐蚀反应更易进行，因而可使大气腐蚀速率加快；但另一方面温度升高可导致金属表面的水膜减薄甚至消失，从这一角度来说大气腐蚀速率将减小，因而温度对大气腐蚀速率的影响不显著。温度变化即温差对大气腐蚀速率的影响较大，如空气的昼夜温差加大，在温度较低的夜间水汽易发生凝结，金属表面形成水膜。

（3）气态污染物影响。人类的活动尤其是工业生产改变了大气的组成，并对金属的大气腐蚀过程产生影响。空气中多数气态污染物对金属的腐蚀具有促进作用。例如，空气中的酸性物质如 HCl、SO_2、H_2S 等可加速阴极反应，并破坏金属表面的钝化膜；吸水性盐类污染物如 NaCl 等可加速水膜形成，并提高水膜的电导率，对金属表面钝化膜也具有破坏作用；碱性污染物则可促进两性金属如铝及其合金的大气腐蚀。

（4）灰尘及颗粒物的影响。空气中的砂土、煤烟、煤灰、金属氧化物和盐类颗粒等，降落在金属表面，一般可以加速金属的大气腐蚀。它们对大气腐蚀的促进作用，主要体现在以下四个方面：

1）这些颗粒物质可以作为毛细凝聚的核心，加快水膜的形成；

2）颗粒物中的水溶性物质在水膜中溶解，提高水膜电解质的电导率；

3）有些颗粒物质还可吸附 SO_2、H_2S 等有害气体，提高水膜电解质对金属的侵蚀性；

4）灰尘等在金属表面的堆积，无形中产生了缝隙，促进了大气腐蚀。

（5）表面状态的影响。金属表面状态对大气腐蚀也可产生明显影响。通常粗糙表面比光滑表面易发生腐蚀，表面已存在腐蚀产物的钢铁具有更大的腐蚀速率。

12.2.1.6　大气腐蚀的控制

（1）研制和选用耐蚀材料。研制耐大气腐蚀的金属材料，如开发耐候钢，在普通碳钢基础上加入 Cu、P、Ni、Cr 等合金元素，可显著提高材料在大气环境中的耐蚀性能。

（2）暂时性防护。对需要进行暂时性防护的金属设备和制品，如机械产品工序间防锈、运输过程中的防护等，可以采用暂时性的防锈覆盖层如防锈油脂、防锈水、可剥性塑料等进行保护。对于有密封条件的机械产品，也可采用降低相对湿度、使用气相缓蚀剂、充氮封存、干燥空气封存等方法进行防护。

（3）长期性保护。对于在大气环境中长期存在的金属设备和制品表面，可以采用长期覆盖层进行保护，将金属材料和环境介质隔离。常用的覆盖层有重防腐涂层、镀层、喷涂层、钝化膜、磷化膜、砖板衬里、衬胶、玻璃钢等。

12.2.2　海水腐蚀

海洋是地球上最广阔的水体，总面积约 3.6 亿平方千米，约占地球表面积的71%，海水约占地球总水量的97%。海水是自然界中总量最大、含盐量高、腐蚀性强的天然电解质，对许多金属都具有腐蚀性。与海水直接接触的远洋客货轮、各种舰艇、码头、采油平台、输油管道、电缆等腐蚀主要是海水腐蚀，海上风力发电设备、海洋能利用装置、常规电厂海水冷却设备等金属材料均会遭受海水腐蚀。

12.2.2.1 海水腐蚀的特征

海水是一种由多种盐类构成的近中性电解质溶液，其中主要盐类是 NaCl，其次是 $MgCl_2$。世界性的大洋中海水成分和总盐度基本恒定。表 12-2 所列为海水中主要的盐类及其含量。内海的含盐量差别较大，如地中海海水含盐量（质量分数，下同）达到 3.7%~3.8%，而里海较低，仅为 1.0%~1.5%。除了表 12-2 中的盐类组成外，海水中还含有氧气、臭氧、游离的碘和溴等阴极去极化剂和腐蚀促进剂。

表 12-2 海水中主要盐类及含量

成 分	海水中含量 /%	占总盐分比例 /%	成 分	海水中含量 /%	占总盐分比例 /%
NaCl	2.7213	77.8	K_2SO_4	0.0863	2.5
$MgCl_2$	0.3807	10.9	$CaCO_3$	0.0123	0.3
$MgSO_4$	0.1658	4.7	$MgBr_2$	0.0076	0.2
$CaSO_4$	0.1260	3.6	合计	3.5	100

海水腐蚀取决于海水的性质，一般具有以下特征。

（1）海水腐蚀主要是氧去极化腐蚀。海水呈弱碱性，而表层海水基本被氧饱和，因而主要以氧为阴极去极化剂，流速不大时金属的腐蚀受氧扩散控制。

（2）海水中含有大量的氯离子。海水腐蚀与氯离子密切相关，大多数金属在海水中不能钝化，已有的钝化膜也可被海水破坏。

（3）海水是导电性很强的电解质溶液。海水的电导率达到 $4×10^4\mu S/cm$，比江河水（约 $200\mu S/cm$）、雨水（约 $10\mu S/cm$）等要高得多。因而海水中金属的腐蚀阻力更小。

（4）金属在海水中不但发生全面腐蚀，而且更重要的是发生电偶腐蚀、点蚀、缝隙腐蚀等局部腐蚀。不锈钢等钝化型金属，在海水中主要发生点蚀。

12.2.2.2 影响海水腐蚀的因素

海水的腐蚀性较强，其中主要的侵蚀性物质是 Cl^- 和 O_2，被污染的海水中可能还含有 NH_3 和 H_2S 等。海水腐蚀的主要影响因素如下。

（1）pH 值。海水的 pH 值通常为 7.2~8.6，呈弱碱性，与海水中的 CO_3^{2-}、HCO_3^-、CO_2 含量有关，海生植物进行光合作用消耗 CO_2，会使 pH 值增大，但变化不显著。海水的 pH 值升高对抑制多数金属的腐蚀有利，但易造成垢类沉积。

（2）含盐量和电导率。海水中的盐类主要是氯化物，NaCl 含量占总盐度的 77.8%，$MgCl_2$ 占 10.9%。海水的含盐量直接影响其电导率和含氧量，因此可影响金属的腐蚀。随着含盐量的增加，一方面水的电导率增大，使钢铁等材料的腐蚀速率增大；另一方面含盐量继续增加达到一定值后会导致水的含氧量下降，使腐蚀速率减小。

（3）温度。海水温度因地理位置、海洋深度、季节昼夜的变化而变化。深海海底水温接近0℃。海水温度升高会加速阴极和阳极过程的速度，但也会降低溶解氧含量并促进垢类沉积而减缓腐蚀。金属的冲刷腐蚀、海生物的附着会随温度的升高而增加。金属表面钝化膜的稳定性则随温度的增加而下降。

（4）溶解氧和二氧化碳。海水中的溶解氧浓度受温度、盐度、植物光合作用和海水运动影响。表层海水含氧量随季节、昼夜更替变化，夏季水温高，含氧量低。海水中的溶解氧对碳钢和纯铜的腐蚀速率有较大影响，对铝黄铜的腐蚀速率影响较小。海水中 CO_2 含量也较高，可促进水中碳酸盐的形成，对金属腐蚀也有重要影响。

（5）流速。海水中金属难以钝化，流速增加一般会促进腐蚀。在海水冷却水系统使用的离心泵叶轮还会发生空泡腐蚀。

（6）海生物及微生物。海水中有许多附着力强的海生物如藤壶、牡蛎、苔藓虫、红螺等，对海水腐蚀有较大促进作用。温度较高的海洋中海生物生长旺盛，这不仅会堵塞海水管道，降低热交换器的传热效率，而且还可破坏金属表面的保护膜，促进局部腐蚀的发生。死亡海生物和泥沙等沉积物下由于缺氧还会滋生硫酸盐还原菌，造成微生物腐蚀。

（7）构筑物所处环境的影响。根据材料所处区域的不同，海洋腐蚀环境可以分为五个腐蚀区带（见图12-3），即海洋大气区（第1区）、浪花飞溅区（第2区）、海水潮差区（第3区）、海水全浸区（第4区）和海底泥土区（第5区），其中海洋钢结构在浪花飞溅区腐蚀最为严重。在浪花飞溅区，钢表面受到海水的周期性润湿，处于干湿交替状态，氧供应充分，盐分不断浓缩，加之阳光、风吹和海水环境等协同

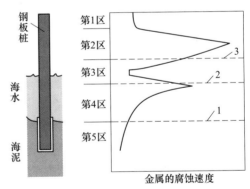

图 12-3　不同深度海水中钢板桩腐蚀速率
1—泥浆线；2—平均低潮线；3—平均高潮线

作用导致发生较为严重的腐蚀。在低潮线下的全浸区，也出现了腐蚀加速区域，这是由于潮差区富氧，而低潮线下的全浸区氧浓度较低，形成了明显的氧浓差电池，使该全浸区腐蚀加速，潮差区成为腐蚀电池的阴极而受到一定的保护。低潮线下全浸区的加速腐蚀也称为水线腐蚀。

12.2.2.3　海水腐蚀的控制

（1）选用耐蚀材料。钛及其合金、哈氏合金（镍基耐蚀合金，包括镍铬合金和镍铬钼合金）是耐海水腐蚀性能优异的两类材料，但价格昂贵。对于大型海洋工程结构，通常还是采用价格低廉的低碳钢和低合金钢，并辅之以涂层保护和阴极保护等措施。

（2）阴极保护。阴极保护是控制海水腐蚀常用而有效的方法，可以采用锌合金或铝合金牺牲阳极进行保护，也可以采用外加电流阴极保护法。阴极保护对海水中金属的全面腐蚀和局部腐蚀均有较好的抑制作用。

（3）涂层保护。涂层保护是普遍应用的防腐蚀技术，在海洋环境中，海洋大气区、浪花飞溅区和海水潮差区主要利用涂层进行防护。对于大型海洋工程，常采用阴极保护与涂层的联合保护技术。

（4）不同腐蚀区带的腐蚀控制。金属在海洋环境的不同腐蚀区带中，由于其所处环境介质或介质状态的不同，常常会遇到不同的腐蚀形态，如电偶腐蚀、点蚀、缝隙腐蚀、腐蚀疲劳、冲刷腐蚀、应力腐蚀破裂、空泡腐蚀等局部腐蚀。不同材料在不同的腐蚀环境中具有不同的腐蚀特征和腐蚀规律。即使同一种材料，在海洋不同区域的腐蚀也有较大差异。因此，应根据各腐蚀区带的腐蚀规律和防腐蚀要求，采取不同的防腐蚀方案。

1）海洋大气区的腐蚀控制。在海洋大气区，首先应选用耐海洋大气区腐蚀的材料，并选择具有优异的耐大气老化及盐沉积性能的防腐蚀涂层来进行腐蚀控制。应用于海洋大气环境中的防腐蚀涂料主要有环氧树脂涂料、聚氨酯树脂涂料、有机氟树脂涂料、含氯的乙烯类涂料和新型无机-有机聚合物涂料等。其中环氧树脂涂料综合性能好，但耐候性能差，一般应用于底漆和中间漆。聚氨酯树脂涂料耐候性好，与环氧树脂涂料具有很好的互补性，一般用作面漆。富锌底漆是防腐蚀涂层中底漆的首要选择，配合以厚膜的中间漆和面漆，在海洋环境中对金属构件具有较好的保护作用。

2）浪花飞溅区的腐蚀控制。浪花飞溅区位于海洋中海水平均高潮位以上的区域，是海水浪花微粒飞溅能波及的部分，海洋中钢结构腐蚀最严重的部位就在这个区域。浪花飞溅区的腐蚀控制是海洋设施腐蚀控制的关键，一般可以有以下几种方法供选择。

① 包覆耐蚀合金。如包覆蒙乃尔合金，该合金在海洋环境中具有较高的耐蚀性能，缺点是该材料造价昂贵，同时易造成钢铁等材料的电偶腐蚀。

② 热喷涂金属覆盖层。如热喷涂金属锌或铝及其合金，喷涂层可对钢结构起到牺牲阳极的阴极保护作用；或喷涂不锈钢覆盖层。金属覆盖层的腐蚀控制效果较好，但在使用时应注意增加覆盖层的厚度，并选择防腐性能优异的封闭涂料。

③ 采用重防腐涂料。该区域使用的防腐蚀涂料应具有良好的耐海水、耐候、耐磨损、耐冲击、耐化学腐蚀、耐干湿交替等性能。

④ 复层包覆防护。复层包覆防腐蚀体系包括防蚀膏、防蚀带及防腐保护罩。防蚀膏中含有防锈剂和锈转化剂，是一种有黏性的均匀膏状物，可覆盖于金属表面，是复层包覆防腐体系的最底层，其在金属表面形成完整的保护膜，并填充腐蚀坑，隔绝空气、水等腐蚀环境，兼具防锈、除锈、缓蚀的作用。铁锈转化剂分为单宁酸型和磷酸型，均可与锈层中铁离子作用生成一层不溶性的保护膜。防蚀带通常采用浸润防腐材料的聚酯纤维的无纺布，其成分、性能与防蚀膏相似，可使金属表面与腐蚀介质进一步隔离。防护罩为玻璃纤维增强材料，可与碳钢表面紧密贴合，防止或减缓腐蚀介质的进入。

3）海水潮差区的腐蚀控制。海水潮差区也称潮水位变动区，该区域通常采用阴极保护与涂层联合保护的方法，即在金属表面采用重防腐涂料，同时采用外加电流或牺牲阳极保护法进行联合保护。联合保护充分利用了两种保护方法的优点，取长补短，可以利用一种方法的优点掩盖另一种方法的缺点，如涂层可以显著降低阴极保护电流，使阴极保护更易实施；阴极保护可以重点保护涂层的局部破损或气孔部位；在无水情况下涂层起到保护作用，而在有水时涂层的存在又使得钢基体的电位快速极化到保护电位，从而提高该区域的保护效果。

4）海水全浸区的腐蚀控制。海洋全浸区的腐蚀程度比浪花飞溅区要轻，但比海洋大气区严重。当水较浅时，可采用涂层联合阴极保护进行防腐蚀；当水较深时，可以只采用阴极保护，因为目前的防腐蚀涂料使用年限是有限的，不能达到永久保护，并且水下施工较困难，涂层破损后很难进行维护。

5）海底泥土区的腐蚀控制。可以根据海底沉积物的腐蚀性来选择防腐蚀措施。通常可单独采用阴极保护，或采用防腐蚀涂层联合阴极保护进行防腐蚀。

12.2.3 土壤腐蚀

土壤腐蚀是指埋设在地下的各种管道、电缆、地下构筑物等在土壤作用下的腐蚀，与土壤性质直接相关，腐蚀结果可导致地下管道中水、气、油等泄漏，并造成严重事故和重大经济损失。陆上风电机组、接地装置等也存在土壤腐蚀问题。

12.2.3.1 土壤的性质

（1）土壤的组成。土壤是由固、液、气三相组成的一个复杂系统，其中固相含有砂子、泥渣、灰和植物腐烂后形成的腐殖土，具有粒状、块状和片状等不同形态。土壤颗粒间还具有许多弯弯曲曲的微孔。土壤中的水分和空气通过这些微孔流动并到达土壤深处。土壤还具有生物学的活性，存在一些小动物和微生物。

(2) 土壤中的水分。土壤中含有水分，其中一部分与土壤组分相结合，一部分紧紧粘附在固体颗粒表面，还有一部分在土壤微孔中流动。土壤中的可溶性盐类溶解于水中，就使土壤成为了电解质。土壤的导电性与土壤的含水率和含盐量有关，土壤越潮湿，含盐量越高，土壤的电阻率就越小。土壤腐蚀与土壤电阻率密切相关。

(3) 土壤中的氧。土壤中的氧，一部分溶解于水中，另一部分存在于土壤的毛细管和缝隙内，这些氧均对土壤中金属的腐蚀产生影响。土壤的氧含量与土壤湿度和结构密切相关，干燥砂土中空气易通过，氧含量高；潮湿土壤中空气难通过，氧含量低。

(4) 土壤的酸碱性。大多数土壤呈中性，pH 值在 6.0~7.5 范围。有的土壤呈碱性，pH 值在 7.5~9.5，如盐碱土。也有的土壤呈酸性，pH 值在 3.0~6.0，如腐殖土和沼泽土。土壤的 pH 值对土壤腐蚀的类型和腐蚀速率均可产生较大影响。

(5) 土壤中的微生物。土壤中的微生物对土壤腐蚀可产生较大影响，其中最常见的腐蚀性微生物有硫酸盐还原菌、铁细菌和硫氧化菌。

12.2.3.2　土壤腐蚀的特点

土壤是一种特殊的电解质。土壤中固、液、气三相共存，其中固相具有毛细管多孔性，孔隙中充满了空气和水汽，水中溶解了土壤中的部分盐类物质，使土壤具有离子导电性。土壤中固相基本不动，仅靠其中的空气和水做有限运动，因此土壤具有不均匀性，不同区域土壤的性质可能差别较大。土壤的这些特性会影响其对金属的腐蚀性。

土壤腐蚀受土壤的含水量、含盐量、pH 值和电阻率的影响。土壤含水量既影响土壤导电性又影响含氧量。氧是土壤腐蚀的去极化剂，氧的含量对金属的土壤腐蚀有很大影响。一般土壤越干燥，含盐量越少，土壤电阻率就越大；土壤越潮湿，含盐量越多，土壤电阻率就越小。随电阻率减小，土壤腐蚀性增强。土壤的 pH 值越低，土壤腐蚀性越强。

金属在土壤中的腐蚀属于电化学腐蚀，且多为氧去极化腐蚀。在酸性土壤中，也发生氢去极化腐蚀。以钢铁在中性土壤中的腐蚀为例，其阳极过程为：

$$Fe \longrightarrow Fe^{2+} + 2e$$

$$Fe^{2+} + 2OH^- \longrightarrow Fe(OH)_2 \xrightarrow{O_2} Fe(OH)_3$$

腐蚀产物覆盖在钢铁表面，可对其进一步腐蚀溶解起到一定的阻碍作用，因此随时间延长腐蚀速率会减小。在中性土壤中腐蚀的阴极过程为：

$$O_2 + 2H_2O + 4e \longrightarrow 4OH^-$$

土壤中氧的传质过程阻力较大，氧气先要通过一层较厚的土壤层，再通过金属表面液层才到达阴极。氧在土壤中的传质是要穿过固体颗粒间的微孔电解质，其传质阻力主要取决于土壤的含水率和密实性。在潮湿黏性土壤中，氧的传质阻力大，土壤腐蚀过程主要受阴极过程控制。

12.2.3.3　土壤腐蚀的常见形式

（1）氧浓差引起的土壤腐蚀。当地下管线穿过结构和潮湿程度不同的土壤时，不同土壤的氧含量差异会形成氧浓差电池。例如，金属管道同时穿过砂土和黏土时（见图12-4），砂土氧含量高，而黏土氧含量低，因此砂土中的管道部分成为阴极，而黏土中的管道部分成为阳极，被腐蚀。管道在埋设深度不同时，也会产生氧浓差电池，埋得较深的部位氧难以到达，成为阳极区被腐蚀。

（2）杂散电流引起的土壤腐蚀。杂散电流是指地面用电设备漏失的电流，如电气化铁路、有轨电车、电焊机、电化学保护装置、电解槽等直流电源设备出现漏电现象时，这些漏失的电流进入土壤，会引起地下管道、电缆、储槽等地下构筑物的杂散电流腐蚀。图12-5为有轨电车引起的地下管道杂散电流腐蚀示意图，杂散电流从土壤进入管道的一端为阴极区，而杂散电流从管道流出的一端为阳极区，杂散电流腐蚀就发生在阳极区。直流电和交流电均可引发杂散电流腐蚀，但交流电引发的腐蚀只占1%。

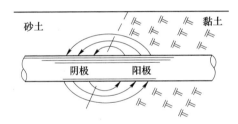

图 12-4　氧浓差造成的土壤腐蚀

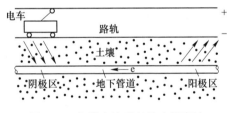

图 12-5　杂散电流引起的土壤腐蚀

（3）土壤中的微生物腐蚀。土壤中的腐蚀性微生物主要有好氧的硫氧化菌和厌氧的硫酸盐还原菌。硫氧化菌可以将土壤中的元素硫氧化为硫酸，加速金属腐蚀。硫酸盐还原菌则可将土壤中的硫酸盐还原为硫化物，通过对金属表面钝化膜的破坏而降低金属的耐蚀性能。

12.2.3.4　土壤腐蚀的控制

（1）用保护层绝缘防腐。对地下管道等进行绝缘防腐层保护，是目前普遍使用的防腐方法。这种绝缘防腐层，通常以石油沥青、煤焦油沥青、环氧煤沥青等为涂料，以石棉、玻璃布或其他填料等作为增强材料，均匀缠绕在管道外表面。也有采用缠绕聚乙烯塑料带或喷涂环氧树脂等方法的。

（2）阴极保护。阴极保护的最早应用是在地下管道，目前该方法已在地下管道和其他地下构筑物的防护中全面采用。通常也与防腐涂层联用。

（3）改善土壤环境。对土壤进行适当处理，降低土壤的侵蚀性，如在酸性土壤中添加石灰石、在金属构筑物周围移入侵蚀性小的土壤、降低土壤水位等都可产生显著效果。

（4）控制杂散电流。对杂散电流引起的土壤腐蚀，可通过杂散电流的控制来防护。可以通过以下措施来控制杂散电流：加强直流电源的绝缘措施，防止其出现漏电现象；改善管道绝缘质量，防止杂散电流进入管道；采取排流措施，引导杂散电流流向，降低杂散电流对地下金属构筑物的影响。

12.3　水力发电工程中的腐蚀与控制

水力发电是利用河流、湖泊等位于高处具有势能的水流至低处而产生的水力，推动水轮机转动，将水的势能转变为机械能，再通过水轮机推动发电机产生电能，如图12-6所示。水力发电是技术较为成熟、可实现大规模开发的可再生能源，其发电成本较火电、核电、太阳能、风能等具有优势，是各发达国家优先发展的可再生能源。我国河流水能资源蕴藏量约6.87亿千瓦，其中近80%的资源量分布在西部地区。已开发的水电装机容量约3.9亿千瓦，年可发电量约2万亿千瓦时。在水能资源蕴藏量和水电装机容量上，我国都居世界首位。

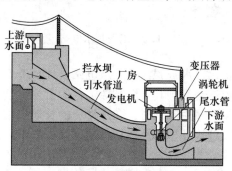

图 12-6　水力发电示意图

水力发电具有清洁、运营成本低、高效灵活、综合效应好等优点。水能是可再生的一次能源，相较于其他发电方式，水力发电的效率高达85%，两倍于常见的火力发电；水力发电基本不产生环境污染，不排放废气、废水和废渣；水电启动、操作灵活；水电站一般都兼有防洪、灌溉、航运、给水以及旅游等多种效益。但水力发电可能会破坏生态，一次性投资也大。尽管水力发电投资高、建设周期长，但一旦投入使用，可以大幅降低化石能源等不可再生资源的使用。例如，三峡电站年发电量超过1000亿千瓦时，相当于节约标煤超过3100万吨，减排二氧化碳8600万吨、二氧化硫1.9万吨以上。

水电站是将水能转换为电能的综合工程设施，包括由挡水、泄水建筑物形成的水库和水电站引水系统、发电厂房、机电设备等。建筑物（如大坝）主要用来集中天然水流的落差，形成水头，并以水库汇集、调节天然水流的流量。基本的发电设备就是将水的势能和动能转换为电能的水轮发电机组。世界上第一座水电站于1878年在法国建成。石龙坝水电站（见图12-7）是中国大陆地区建造的第一座水电站，位于云南省昆明市，始建于1910年，1912年发电，当时装机480kW，后经改建扩建，最终达6000kW。1949年新中国成立前，中国大陆地区已建成水电站42座，共装机36万千瓦，年发电量12亿千瓦时。1950年后水电建设有了较大发展，建设了一批大型骨干水电站，陆续建成装机容量为271.5万千瓦的葛洲坝水电站、装机容量2250万千瓦的三峡水电站等。

图 12-7　石龙坝水电站

然而，由于环境恶化、水资源污染、水电站设计及施工等各方面原因，水电站的腐蚀与防护问题依然是影响其安全高效运行的重要因素。水电站的各种构筑物、压力水管和水轮机等多用到钢材，在水环境的长期作用下，这些钢材可发生多种形式的腐蚀，造成结构件损坏和运行性能下降，严重时将威胁水电工程的安全运行。

12.3.1　水电站金属材料的腐蚀环境

水电站金属结构及设备一般包括水轮机、发电机、引水压力钢管、钢闸门、拦污栅、升船机、启闭机，以及操作闸门、拦污栅的附属设备如抓梁、吊杆、锁定装置等。水电设备的常用材料是钢铁，如 Q235、Q345B、07MnMoVR、ZG00Cr13Ni4Mo、0Cr18Ni9、1Cr18Ni9Ti 等碳素钢、低合金高强度钢和不锈钢等。

水工用钢长期在各种工作环境和工况下运行，发生多种形式的腐蚀，以致造成结构件损坏和运行性能下降，严重时将威胁水电工程的安全运行。如水工构件的全面腐蚀、电偶腐蚀、缝隙腐蚀、微生物腐蚀、磨损腐蚀，水力发电系统压力钢管的点蚀、应力腐蚀、磨损腐蚀、气蚀，水电大坝混凝土的空蚀、冲刷腐蚀、渗漏溶蚀、冻融破坏、混凝土的碳化与钢筋锈蚀等。据估算，钢在腐蚀性环境中发生全面腐蚀时，当厚度每减薄 1mm，其强度要下降 5% ~ 10%。例如，某工程中的钢闸门建成后使用了 15 年，因受腐蚀其构件的承载能力降低了 1/3 ~ 2/3；某钢闸门只使用了 10 年，因严重腐蚀而报废。

水工构件的腐蚀本质上是金属的电化学腐蚀，金属材料的腐蚀形态和程度与其所处的环境（包括物理化学性质和运行工况）介质密切相关。

水利水电工程中的钢结构及设备所处的环境主要有：

（1）室外大气环境，如门机、轨道埋件、开关站、高压线塔柱等；

（2）室内大气环境，如启闭机、卷扬机、厂房桥机等；

（3）潮湿大气环境，如检修门、门库埋件、闸门吊杆等；

（4）干湿交替环境，如拦污栅、表孔闸门、船闸闸门等；

（5）静水环境，如进口快速工作门、检修门、事故检修门、尾水门等；

（6）动水环境，如拦污栅等；

（7）高速水沙冲磨环境，如泄洪闸门、排沙孔闸门、船闸廊道充泄水阀门、水轮机叶片等。

因此，水电站金属材料主要发生的是不同环境的大气腐蚀和水腐蚀。

水电设备的腐蚀主要取决于水环境质量。石龙坝水电站当时进口的德国西门子发电机组和奥地利伏依特水轮机，运行 90 多年从未进行过大修，然而进入 21 世纪后仅仅因为河水受腐蚀性物质污染就造成水电站停工。从 2003 年起，该水电站发电机转轮两三个月便要更换一次，不锈钢阀门更是一两个星期就换一次，辅助设备和引水管也受腐蚀损坏。这是由于自 2002 年以来，该水电站上游多家化工企业排出的含氟污水使水中氟离子含量过高，pH 值降低至 3.25，相当于在用酸性水发电，导致该水电站有史以来第一次全面停产。而且由于酸性污水的破坏，石块表层脱落，导致该水电站引水渠、拦河坝、进水坝等水工建筑腐蚀严重，沟缝大面积渗漏，水电站面临着垮坝危险，生产设施、人员安全受到极大威胁。河水酸性污染所造成的腐蚀问题给该水电站带来了严重的经济损失，图 12-8 所示为该水电站水轮发电机组被腐蚀的转轮。

图 12-8　被腐蚀的转轮

12.3.2　水电站金属材料的腐蚀类型

水电工程中钢结构的腐蚀，既可以是全面腐蚀，也可以是局部腐蚀。

碳钢等不易钝化的金属材料在水环境和大气环境中可发生全面腐蚀，腐蚀发生时与水接触的钢结构表面全面减薄。可以根据腐蚀速率和结构所要求的使用寿命，在设计钢结构构件时增加一定的厚度余量予以弥补。

不锈钢等材料在一般水环境中的主要腐蚀形态是局部腐蚀，腐蚀发生时主要集中于钢构件表面的某一局部区域。碳钢也易发生电偶腐蚀、微生物腐蚀、磨损腐蚀等局部腐蚀，大气中的金属构件在易积水部位常发生缝隙腐蚀等局部腐蚀。水中金属构件的局部腐蚀主要有以下几种类型。

（1）电偶腐蚀。水电工程中的某些钢结构构件由两种不同钢种组成，在其连接处有时会发生电偶腐蚀。焊缝的周围也会由于焊条与本体钢材的不同而产生电偶腐蚀。

（2）缝隙腐蚀。由于设计或加工工艺等原因，许多构件存在缝隙，如法兰连接面、螺母压紧面、焊缝气孔等与基体的接触面上可能形成缝隙，泥沙、积垢、杂屑、锈层和生物等沉积在构件表面上也会形成缝隙。缝隙处存在缝隙腐蚀的可能性。

（3）微生物腐蚀。天然水环境中微生物的存在不可避免，某些腐蚀性微生物在其生命活动过程中会间接地影响金属腐蚀过程，如通过改变介质 pH 值、氧含量、硫化物等而恶化腐蚀环境，影响电极反应动力学过程等。水电工程钢结构所处的中性水中，常见有好氧的铁细菌和厌氧的硫酸盐还原菌等腐蚀性细菌。一般情况下，浅水中含有铁细菌，深水中含有硫酸盐还原菌。而且随着水深的增加，铁细菌数稍有降低，而硫酸盐还原菌数明显增高。一般夏季两种细菌数量均较高，而冬季较低。

在深水等缺氧环境中，易发生由硫酸盐还原菌造成的钢构件局部严重坑蚀。而在供氧充分的浅水中，则是硫酸盐还原菌与铁细菌的联合作用。一方面水中的铁细菌将钢材腐蚀溶解的 Fe^{2+} 氧化成 Fe^{3+}，生成 $Fe(OH)_3$ 沉淀附着在构件表面，成为锈瘤，锈瘤下的金属表面因缺氧成为阳极区，锈瘤外的其余部位为富氧的阴极区，这种局部氧浓差作用使锈瘤下钢材加速腐蚀；另一方面锈瘤下的缺氧环境又为硫酸盐还原菌提供生长、繁殖的场所，使锈瘤下的钢材加速腐蚀。两种细菌的联合作用，使钢材表面布满大大小小的锈瘤。锈瘤的直径可达 20mm，锈瘤表层一般为厚 0.3~0.4mm 的黄棕色硬壳，其下为暗棕色，最内层为黑色松软物质。去除锈瘤后，金属表面呈现深浅不一的蚀坑。腐蚀产物主要是 Fe_3O_4 和 $Fe(OH)_3$，有少量 FeS（即黑色松软物）。锈瘤内腐蚀产物中往往含有较高数量的硫酸盐还原菌，而同一高度的水中则很少。处于水中的钢构件上有时也会附着大量生物，生物附着物下也是硫酸盐还原菌的易繁殖区。

（4）磨损腐蚀。水电工程中的钢结构大多在动水中运行，如拦污栅处的水流速度一般为 $1 \sim 2\text{m/s}$，引水压力钢管的内壁附近流速为 $5 \sim 6\text{m/s}$，泄洪深孔闸门处的流速达 $20 \sim 25\text{m/s}$，船闸反弧门常处于高速水流（如 13m/s）中启闭，水轮机的引水钢管、钢蜗壳和叶片均在高速水流工况下运行。

这些在动水工况下工作的钢构件均会遭受严重的磨损腐蚀，但不同的流速下其腐蚀表现形式有所不同。当流速较低时，钢构件的腐蚀过程受氧的扩散控制，随着流速的加大，构件表面氧的扩散层减薄，氧的传质过程加快，使腐蚀过程的阴极去极化反应加速，同时流体对腐蚀产物的冲刷作用也加速了阳极溶解反应，两者的共同作用使钢构件腐蚀加剧。流速再增加，可出现空泡腐蚀（汽蚀），进一步加剧金属构件的腐蚀损坏。水轮机的叶片与水流做高速相对运动，在水轮机叶片上的局部区域常可看到紧密相连的空穴，就是出现了汽蚀。另外，水中的固体颗粒如沙粒等可加速磨损腐蚀。

（5）其他局部腐蚀。对运行过程中存在拉应力的钢构件，如压力钢管对接焊缝处受到较大的拉应力，存在应力腐蚀破裂的风险。普通不锈钢构件在含氯离子浓度较高的水环境中，也会发生点蚀，引发泄漏等事故。

12.3.3　影响水电站金属材料腐蚀的因素

（1）大气环境的侵蚀性。大气的相对湿度、温度、温差变化、降雨量、风向与风速、大气污染物和降尘等，都会影响大气中钢结构表面水膜的形成和大气腐蚀速率。我国水电站分布范围广，但大多处于农村大气环境中，大气中腐蚀性污染物质和颗粒物含量较低，大气腐蚀性较弱。

（2）水环境的侵蚀性。水环境中影响钢结构腐蚀速率的因素主要有水的 pH值、溶解氧浓度和水的电导率、水流速、水生物和微生物等。钢的腐蚀速率随水的 pH 值不同而不同，在酸性和强碱性水溶液中钢的腐蚀速率较大，我国水电站库水的 pH 值在 $6.8 \sim 9.1$ 范围，大多为 $7.9 \sim 8.5$，呈中性偏碱，pH 值对钢结构的腐蚀影响较小。水中溶解氧含量与水温、水中溶盐量、流速及水深度等有关，一般水电站库水的溶解氧含量为 $7.7 \sim 9.6\text{mg/L}$，深水部位的溶氧量则会明显下降，氧含量的差异可造成钢结构的水线腐蚀。水中含盐量增大可使水的电导率增加，一般可加速钢的腐蚀。流速对钢结构的腐蚀速率影响较大，流速增大可加快氧的传质过程，并导致磨损腐蚀的发生。对不易钝化的普通碳素钢，水流速度增大一般可加速腐蚀；但对不锈钢来说，在一定范围内流速增大反而会促进不锈钢的钝化。水中水生物（如苔藓和小蛤蜊等）和微生物（如铁细菌和硫酸盐还原菌等）在钢构件表面的附着和繁殖，可恶化腐蚀环境，促进钢构件表面的涂层破坏脱落，从而加速钢构件腐蚀。

（3）钢构件结构形式。处在大气和水位变动部位的钢构件，由于结构布置方式的不同，腐蚀程度有很大差异。易积水的钢构件腐蚀较为严重，多翼缘、多棱角和多铆钉的钢结构相对于光滑的平板和钢管结构腐蚀要更严重，在角钢背靠背的夹缝中和不密封对接的槽钢中，由于难以进行涂装保护和运行维护，腐蚀也相对严重。另外要注意电偶腐蚀的产生，如材质不同的两构件相互接触时，或基体与焊缝之间常存在电偶腐蚀，其中电位较负的构件成为阳极，会加速腐蚀。

（4）运行工况的影响。运行工况特别是水流速度对钢构件的腐蚀速率影响较大，如某水电站处于静水中的泄洪闸门腹板的平均腐蚀速率为 0.007mm/a，受到高速水砂冲磨的泄洪闸门翼板平均腐蚀速率达 0.307mm/a，两者相差近 45 倍。由于防腐蚀措施、环境及运行工况等的不同，不同水电站、不同钢结构的腐蚀速率也不同，如拦污栅的平均腐蚀速率为 0.01~0.04mm/a，但腐蚀较严重的水电站达到 0.037~0.082mm/a。

12.3.4　水电站金属材料的腐蚀控制

根据水工金属结构的工作环境和腐蚀特点，我国水电工程中金属结构的防腐蚀措施主要有以下三类。

12.3.4.1　有机涂层防护

有机涂层防护是采用涂料在钢结构金属表面形成均匀致密的防腐保护膜，将金属基体与环境介质隔离开来。涂层对金属既可以起到屏蔽作用（隔离腐蚀介质），又可以起钝化缓蚀作用（通过防锈填料），还可起到牺牲阳极的保护作用（通过锌粉等填料）。涂层防护法施工简单，费用较低，但保护周期较短，一般为 3~4 年，好的可达到 6~9 年，少数可达 10 年以上。可使用的涂料品种较多，根据成膜物质分类主要有环氧树脂类、聚氨酯类、酚醛树脂类、醇酸树脂类、沥青类、硝基类等。涂层的防护质量与施工质量有很大关系，涂装前需要对金属表面进行细致的除锈、除油、钝化等表面处理，并对涂层进行合理设计。

12.3.4.2　金属热喷涂层防护

金属热喷涂是将一种电位比钢更负的金属，如锌、铝或锌铝合金等喷涂在钢结构如闸门表面，形成均匀覆盖的涂层。由于该涂层金属的化学性质比铁更活泼，因此其对钢铁具有双重保护作用：一方面，涂层可以将金属基体与腐蚀介质隔离开来，另一方面，当涂层受到破坏时，涂层可与基体构成腐蚀原电池，涂层金属因电位更低而对基体起到牺牲阳极的保护作用。金属热喷涂防腐蚀效果较好，保护周期较长，一般为 15 年，有的可达到 25 年以上。

金属热喷涂防护方法在水利水电工程中应用较广。如金属复合喷涂热喷锌、热喷铝、热喷锌铝合金和热喷稀土铝合金等先进的长效防腐蚀措施及高新技术广泛运用于三峡二期工程等金属结构的防腐蚀。

12.3.4.3 阴极保护

阴极保护法又可分为外加电流法和牺牲阳极法两种。前面的涂层防护中也利用了牺牲阳极的原理，这里的牺牲阳极法采用了专用的吸收阳极块。外加电流法实施保护时需外加电源（多用恒电位仪），管理维修较复杂，且运行、维护费用较高，但防腐周期长。牺牲阳极法施工、管理较方便，费用低，但保护周期较短，需定期更换牺牲阳极。

由于水电工程大都处于淡水环境中，电阻率较大，因此进行外加电流阴极保护时需要安装较多的辅助阳极，才能使被保护构件表面电流均匀分布，这导致电缆线多而长。另外，在钢闸门和拦污栅的提起和落下操作中，以及在拦污栅清污过程中，辅助阳极、参比电极和电缆极易受到损坏，故不能保证阴极保护系统一直处于良好的运行状态。外加电流阴极保护系统在运行过程中需要定期进行维护管理，然而要对处于水中的辅助阳极和参比电极等进行维修和维护较为困难。

与外加电流阴极保护相比，牺牲阳极保护相对比较简单，只需事先在构件上焊接安装一定数量的牺牲阳极，只要保护方案设计合理，阳极材料及其焊接质量满足要求，就能达到预期的保护效果，且在运行中一般无需任何维护管理。因此，在水电工程中，采用牺牲阳极保护较为常见。

实际进行钢结构防护时，常采用两种防护方法的联用，如同时采用涂层防护与阴极保护，这样可以起到更好的保护效果。

12.4 风力发电工程中的腐蚀与控制

风是由太阳辐射热引起的一种自然现象，是空气从大气的高压区向低压区流动的结果。水平大气压梯度的存在，导致了空气的水平运动，就产生了风。风形成的根本原因是地球上各纬度地表接受太阳辐射强度的差别而引起的大气气压分布不均，以及地球自转产生的地转偏向力。风能是指空气流动所具有的动能，空气流速越高，动能越大。据估计到达地球的太阳能中大约2%转化成风能，全球的风能约2.74×10^9 MW，其中可利用的风能约2×10^7 MW，比地球上可开发利用的水能总量还要大10倍。我国风能资源总储量约3.226×10^6 MW，可开发利用的陆地上风能储量约2.53×10^5 MW（依据陆地上离地10m高度资料计算），海上可开发利用的风能储量约7.5×10^5 MW，风能资源主要分布在东南沿海及附近岛屿、新疆、内蒙古和河西走廊、东北、西北、华北（三北地区）及青藏高原等部分地区。风能因其资源丰富、易于转换和利用、分布广泛及无污染等特性，近年来在世界范围内得到了广泛开发和利用。这些年我国风电的发展尤为迅速，其开发和利用规模已处于世界领先地位。开发和利用风能等可再生能源既是我国当前调整能源结构、节能减排、合理控制能源消费总量的迫切需要，也是我国未来能源可持续利用和转变经济发展方式的必然选择。

12.4.1　风力发电设备与腐蚀环境

12.4.1.1　风力发电原理

风力发电机组由若干系统组成，主要有机舱系统（包括发电机、齿轮箱、偏航和液压系统等）、叶轮系统（包括旋转叶片和轮毂系统）、桩基基础及支撑结构（包括塔架和基座）以及电力供应系统（包括充电控制器、蓄电池和逆变器等）。主要设备和构件包括叶片、轮毂（与叶片合称叶轮）、机舱罩、齿轮箱、发电机、塔架、基座、控制系统、制动系统、偏航系统、液压装置等，如图 12-9 所示。海上风电的基础部分可以深入海水和海泥中，如图 12-10 所示。

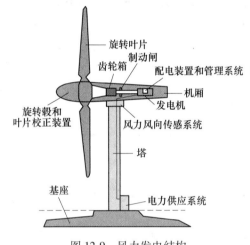

图 12-9　风力发电结构

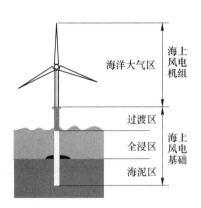

图 12-10　海上风电示意图（单桩）

风力发电机的工作原理是：当风流过叶片时，在空气动力效应作用下叶轮转动，叶轮通过主轴连接齿轮箱，经过齿轮箱（或增速机）加速后，动力传递给发电机。整个机舱由高大的塔架举起，由于风向经常变化，为了有效利用风能，还安装有迎风装置，它根据风向传感器测得的风向信号，由控制器控制偏航电机，驱动与塔架上大齿轮啮合的小齿轮转动，使机舱始终对风。由于风速不断变化，发电机发出的电流和电压也随之变化，发出的电经过控制器的整流，由交流电变成了具有一定电压的直流电，并向蓄电池充电，从蓄电池组输出的直流电，通过逆变器后转变为 220V 的交流电，供给用户使用。

12.4.1.2　风力发电设备用材料

风电设备包括基础结构、塔筒、叶片及机舱等主要部件，建设难度和施工维护成本较高，海上风电要求满足安全服役 20 年的寿命要求。

风电设备中的金属部件大多采用碳钢、铸铁、合金钢等金属材料制成，如海上风电机组塔筒材料多为 Q345 钢。海上风电基础平台也有采用高强铝合金的。

风力发电机组的风机叶片材料一般采用玻璃纤维增强复合材料，如玻璃纤维增强聚酯树脂、玻璃纤维增强环氧树脂等，自身耐蚀性能较好。

12.4.1.3　风力发电设备腐蚀环境

自然环境中工作的风电设备，需面临寒冬酷暑、环境载荷、强风、沙尘、冰霜、雨雪、高盐雾、高湿度等腐蚀介质的侵蚀，以及漂浮物、船舶、浮冰、海浪等物质的撞击，以及动植物、微生物的附着问题，这些问题显著增加了设备的腐蚀率，破坏了风机的整体结构，缩短了服役寿命并造成经济和环境方面的损失。

陆上风力发电设备主要与大气和土壤接触，海上风力发电设备则主要接触海洋大气、海水和海泥。根据风力发电场选址和周围环境的不同，风电设备也会遭受不同程度的腐蚀。

我国风能发电主要分布在风能资源较丰富的东南沿海、"三北"地区以及黄河以南的内陆地区，各个地区的气候、温度等自然环境差别较大，使得针对风力发电设备腐蚀防护的要求与措施各有偏重。一般风电场大气环境的腐蚀性、水和土壤的腐蚀性可以参照《色漆和清漆　防护涂料体系对钢结构的防腐蚀保护　第2部分：环境分类》（ISO 12944-2）进行划分，见表 12-3 和表 12-4。

表 12-3　大气腐蚀性分类和典型环境

腐蚀分类	单位面积上的质量和厚度损失（暴露第 1 年）				典型环境实例
	低碳钢		锌		
	质量损失 /g·m^{-2}	厚度损失 /μm	质量损失 /g·m^{-2}	厚度损失 /μm	
C1，很低	≤10	≤1.3	≤0.7	≤0.1	干燥、清洁、无污染的乡村大气
C2，低	10~200	1.3~25	0.7~5	0.1~0.7	低污染大气，大部分是乡村地带
C3，中等	200~400	25~50	5~15	0.7~2.1	中等二氧化硫污染的城市和工业大气，低盐度沿海地区
C4，高	400~650	50~80	15~30	2.1~4.2	中等盐度的工业区和沿海区域
C5，很高	650~1500	80~200	30~60	4.2~8.4	高盐分沿海区域，高湿度和侵蚀性工业大气
CX，极高	1500~5500	200~700	60~180	8.4~25	高盐分海上区域，极高湿度和侵蚀性工业大气，亚热带和热带大气

表 12-4　水和土壤的腐蚀性分类

分　类	环　境	环境和结构的实例
Im1	淡水	河流设施、水力发电站
Im2	海水或盐水	浸没海水中的闸门、船闸等
Im3	土壤	埋地储罐、钢柱和钢管

表 12-3 显示，根据腐蚀性的强弱，大气可分为六类，其中 C1 是腐蚀性很低的干燥、清洁、无污染的乡村大气，C5 是腐蚀性很高的高湿度和侵蚀性工业大气或高盐分的沿海区域大气，CX 是腐蚀性极高的高盐度的沿海大气、极高湿度和侵蚀性的工业大气。因此，海上风电所处环境的腐蚀性比陆上风电要严重得多，下面以海上风电机组为重点进行介绍。

从大气腐蚀性来看，海洋大气中悬浮有氯化钠盐雾，含氯离子的盐类具有强渗透性和腐蚀性，这些盐雾粒子吸附并溶于钢铁表面形成的水膜，对钢结构有很强的腐蚀破坏。一般陆地大气的盐雾沉降量为 $0.8 mg/(m^2 \cdot d)$，海洋大气为 $12.3 \sim 60.0 mg/(m^2 \cdot d)$。海水（按表 12-4 中分类 Im2）对常见金属的腐蚀性显著高于淡水（Im1）。影响海水腐蚀的环境因素包括海水的含盐量、电导率、溶解物质、pH 值、温度、海水流速和海生物等。在海洋环境各因素综合作用下，风机基础结构件易被破坏。

海上风电机组的塔筒和基础结构上部与大气接触，下部浸没于海水甚至海泥中，其根据所处环境的不同，从上到下可以分为四个不同的腐蚀区域，分别为海洋大气区、过渡区（包括浪溅区和潮差区）、全浸区和海泥区，如图 12-10 所示。在不同的腐蚀区，金属材料接触的介质不同，具有不同的腐蚀速率。

海洋大气区为设计高水位 1.5m 以上的区域，属于腐蚀类别极高的 CX 大气腐蚀环境，具有高湿度、高盐分、日照充分及干湿循环特征，大气中的水蒸气通过吸附、凝结、毛细管等作用，可在金属表面形成水膜，氯化钠颗粒、O_2、CO_2、SO_2 等溶解于水膜中，使水膜成为侵蚀性较强的电解液，相同材料的腐蚀速率是陆上的 4~5 倍。

浪溅区位于设计高水位加 1.5m 至高水位减 1.0m 的能被海浪润湿的区域，具有溶解氧含量高、受海浪冲击、干湿交替频繁等特点。这个区域氧的去极化作用增强，还存在水的冲击作用，易造成金属材料表面保护膜的损坏，因此这个区域是塔筒和基础结构中腐蚀最严重的区域，在浪溅区钢的腐蚀速率比全浸区高 3~10 倍，平均腐蚀速率为 0.3~0.5mm/a。

潮差区位于设计高水位减 1.0m 至设计低水位减 1.0m 之间。这个区域在高水位时金属被富氧海水浸泡产生了海水腐蚀，在低水位时与空气接触的腐蚀与大气区类似，涨潮、退潮产生的冲刷腐蚀及高速水流产生的空泡腐蚀会加速设备的腐蚀。同时这个区域还存在冬季流冰撞击风机桩基的可能，破坏防腐涂层。另外，海洋生物的局部附着形成的氧浓差电池也会加剧金属材料的腐蚀。

全浸区位于设计低水位减 1.5m 以下被海水全部淹没的区域，属于 Im2 腐蚀类别。低水位下 20m 内是浅海区，具有水速高、海洋生物活跃、温度高的特点，主要发生氧的去极化腐蚀和生物腐蚀；低水位下 30~200m 是大陆架全浸区，这里的水速、海洋生物及温度都出现递减，电化学腐蚀速率有所减小；200m 以下是 pH 值小于 8.2 的深海区，这个区域水的含氧量、水速、盐度、温度都进一步降低，但水压大，可发生应力腐蚀。

海泥区位于全浸区下部被海泥覆盖的区域，兼具海水和土壤的双重腐蚀，具有电阻率低、含氧量低及含盐量高的特点，金属的腐蚀速率相对较小。当海泥中存在硫酸盐还原菌等腐蚀性微生物时，碳钢等金属的腐蚀速率可以显著提升。

海洋中存在着 2000~3000 种污损生物，其中植物性约 600 种，动物性约 1300 种，常见的 50~100 种，如海藻、石灰虫、苔藓虫、藤壶等大量附着型海洋生物，这些生物在金属表面的附着，对金属的腐蚀过程也可产生较大影响。

12.4.2 风力发电设备腐蚀危害与类型

风力发电机组作为一种野外环境下的发电设备，承受自然环境的侵蚀，特别是海上风电，受到高低温、雷击、风沙、盐雾腐蚀、外力冲撞、台风、海浪、潮汐等的影响。

海上风机所处环境恶劣，特别是海洋大气含盐量比较高。我国东南部沿海属于亚热带季风气候区，年平均气温在 20℃ 以上。盛行的海陆风把含有盐分的水汽吹向风电场，使设备遭受盐雾腐蚀，对海上风力发电机组钢结构、机械部件、电气部件及混凝土基础结构内外表面等均带来较大影响。设备电器元件的盐雾腐蚀导致其原有的电荷载流面积减小或电气触点接触不良，引起电气设备故障或毁坏；盐雾腐蚀使风力发电机组承受的最大载荷能力大幅度降低，使设备不能达到设计运行要求；盐雾与空气中的其他颗粒物在叶片表面形成覆盖层，还会影响叶片气动性能，产生噪声污染并影响美观。海上风电机组的塔筒和基础结构下部与海水接触，防护不当时可产生严重的海水腐蚀，包括浪溅区的加速腐蚀和全浸区水线腐蚀，显著影响风电场的安全和经济运行。随着风电技术的进步和规模效应，风电设备的大型化、高可靠度、超长寿命、耐腐蚀性、低维修需求就成为一种技术挑战。风电设备的结构破坏和失效，将造成风电设备效率下降和损失。

有关风电设备的腐蚀类型，在大气环境中多为全面腐蚀，在海水环境中既可发生全面腐蚀，又可发生局部腐蚀。局部腐蚀包括点蚀、磨损腐蚀、电偶腐蚀及缝隙腐蚀等。

（1）全面腐蚀。海洋大气环境中，风电设备金属部件在高含盐量、高湿度腐蚀性大气作用下，金属表面一般会发生全面腐蚀，使设备的截面全面减薄，导致材料发生断裂等事故。在海水全浸区的碳钢类金属易发生全面腐蚀。

（2）点蚀。海水中含有高浓度的氯离子，对金属表面钝化膜具有较大破坏作用，易发生点蚀。在浪溅区，在浪花冲击作用下，点蚀更易发生。

（3）磨损腐蚀。磨损腐蚀是运动流体对金属设备表面的机械冲刷作用和流体的电化学侵蚀作用共同作用的结果，腐蚀部位具有冲刷刷痕，基本无腐蚀产物附着。高速运动的海水中，也可产生空泡腐蚀。

（4）电偶腐蚀。两种腐蚀电位不同的金属在介质中相接触就会发生电偶腐蚀，使腐蚀电位低的金属加速腐蚀。介质中两种金属的腐蚀电位差越大则阳极金属的电偶腐蚀越严重。在大气环境中，电偶腐蚀发生在两种金属的接触面附近。在全浸区当防腐蚀涂层发生局部损坏时，可导致大阴极小阳极的电偶腐蚀，造成局部损坏处的快速穿孔。

（5）缝隙腐蚀。缝隙腐蚀是由于设备结构中存在缝隙且腐蚀介质进入缝隙内并处于滞留状态。一般能被水中的溶解氧钝化的不锈钢、铝合金等易发生缝隙腐蚀，在浪溅区和潮差区等干湿交替区域较严重。

12.4.3　风力发电设备的防护

风力发电设备的耐久性是衡量经济效益的重要依据之一，ISO 12944 要求一般的风力发电设备腐蚀防护年限达到 15 年以上，而海上风电因为安装和调试时间长，相应的年限要求在 25 年以上。风力发电机组的不同设备和部件因所接触的环境介质和受力状态不同，所需的防腐蚀技术也不一样。例如，海上风电机组下部承托平台为钢筋混凝土结构，以海水的侵蚀为主；而海面以上的部分主要受到盐雾、海洋大气、浪花飞溅的腐蚀，这些不同部位需要制定不同的防腐蚀方案，详细可见 12.1 节中的海水腐蚀的控制。

（1）合理选材。风力发电机组不但运行环境恶劣，而且零件受力状况也较为复杂，零件选用的材料不仅应满足极限强度、疲劳强度等常规性能要求，而且还应满足极端温差条件下的抗低温冷脆性，以及冷热温差下的尺寸稳定性等特殊性能要求。

（2）涂层防护。应注意涂料类型的选择和气候及天气状况。例如，在梅雨季节进行施工时，应进行局部封闭除湿来降低露点温度，因为被涂碳钢结构的表面温度应至少高于环境露点温度3℃，否则会产生冷凝水影响涂层与设备间的粘结，导致脱落。在海洋环境中防腐涂层厚度一般为 $320 \sim 400 \mu m$。可采用多种涂层联合使用的措施，如大气区防腐涂层采用环氧富锌底漆、环氧云铁中间漆和聚氨酯面漆，浪溅区防腐涂层采用环氧富锌底漆、环氧玻璃鳞片漆和聚硅氧烷面漆，水下区防腐涂层采用环氧重防腐涂料。

为了减少海洋大气中盐分在叶片表面聚集产生腐蚀作用，影响发电转化效率，叶片表面也可采用聚氨酯面漆或聚硅氧烷面漆进行保护。

（3）阴极保护。全浸区普遍阴极保护以控制腐蚀。在对海水中的金属设备进行外加电流阴极保护时，金属表面可以产生 $CaCO_3$ 和 $Mg(OH)_2$ 沉积层，通常上层为较厚的 $CaCO_3$ 层，下层为极薄的 $Mg(OH)_2$ 层。沉积层的形成一方面可以抑制氧向金属表面的扩散，另一方面可以降低保护电流。但随着海水深度增大，沉积层减少，因此对深水及海泥区域进行阴极保护时，需要更大的保护电流。

采用牺牲阳极保护时，一般可以采用铝锌铟合金材料，布置在水下区 1.0m 至泥上 1.0m 的区域。对于不同的海域环境，所使用的阳极类型有所区别。在浪溅区、潮差区等干湿交替的区域，阳极不易有效活化，可以选用 Al-Zn-In-Mg-Ga-Mn 高活性阳极材料；在全浸区局部腐蚀加重、电流效率降低，要求牺牲阳极有均匀溶解性和较高的电流效率；在海泥区通常采用 Al-Zn-In、Al-Zn-In-Sn 等阳极，电流效率可达到85%。

采用外加电流阴极保护时，通常将碳钢的电位控制在 $-1.06 \sim -0.78V$ 范围（相对于 Ag/AgCl 参比电极）。当保护电位太正时，保护电流小，保护效果不佳；当保护电位太负时，耗电量增大，不经济，且电位过负时会发生析氢现象，可造成油漆鼓泡、钢构氢脆等问题。

（4）复层包覆防护。复层包覆防护是飞溅区常用的防护方法，可以抵御潮汐、海流、紫外线、臭氧等的作用，及海水和外力作用所带来的破坏。缺点是首期使用成本较高。

（5）电气设备的防护。电气设备主要包含变压器、发电机、控制柜及驱动电机等，通常布置于塔筒和机舱这类封闭的空间中，可采用密封防潮和降温保护等措施来减少腐蚀。例如，在塔筒、机舱内部采用盐雾过滤器和除湿机来降低盐雾、湿度和通风散热，并形成微正压，使内部空气往外流，从而控制内部环境。另外，对金属设备也做适当的防腐处理，如在变压器表面的防腐涂层应具有良好的耐高温性能，油箱内壁的涂层需要有良好的耐油浸特性。

（6）缓蚀剂保护。如气相缓蚀剂对机舱中电气元件的保护，钢筋阻锈剂保护海洋工程的钢筋混凝土基础结构，风机轮轴工作面采用防锈油进行腐蚀防护等。

从风电设备的分区来看防腐蚀措施，大气区和浪溅区一般可采用涂层保护或热喷涂金属保护；浪溅区还可采用复层包覆防护，或包覆耐蚀合金，由于该区域腐蚀较为严重，设计时通常增加腐蚀裕量；潮差区和全浸区多采用阴极保护和涂层的联合保护，深水及海泥面以下区域可单独采用阴极保护。

12.5   太阳能发电中的腐蚀与防护

太阳能一般指太阳光的辐射能量，是太阳内部连续不断的高温核聚变反应所释放的辐射能。太阳能是一个巨大而无限的能源，其辐射到地球大气层的总能量达到173000TW，虽然仅为其总辐射能量的二十一亿分之一，但按标煤折算，太阳每秒钟照射到地球表面的能量相当于550万吨煤。风能、生物质能、海洋能等其他形式的可再生能源也多来源于太阳能。随着全球能源危机和环境问题的逐步加深，太阳能的利用受到了世界各国的普遍重视，是可再生能源发展的重要方向。虽然太阳能利用优势明显，但存在分散性、不稳定性以及低效率和高成本等问题，这限制了太阳能利用的快速发展。太阳能的高效利用与相关材料的发展息息相关。

太阳能的利用方式主要有以下几个方面。

（1）光电转换。目前太阳能的大规模利用是用来发电，利用太阳能发电的方式主要有太阳能光伏发电和太阳能光热发电。

（2）光热转换。主要有太阳能集热、太阳能热水系统、太阳能暖房等。

（3）光化转换。这是一种利用太阳辐射能将能量利用化学反应进行转换的方式，主要有光合作用、光解制氢等。

（4）光生物利用。这种方式是利用植物的光合作用将太阳能转换为能源植物的生物质能。主要的能源植物有速生植物如新炭林、油料作物和巨型海藻等。

本节主要介绍光电转换中的金属材料腐蚀问题及防护技术。

12.5.1   太阳能光伏发电中的材料问题与控制

太阳能光伏发电是利用光伏电池吸收太阳光辐射能，通过半导体界面的光生伏特效应将光能直接转化为电能，光伏发电是目前太阳能发电的主要形式。太阳能发电系统由太阳能电池组、控制器、蓄电池（组）等组成（见图12-11），可以直接为直流负载供电。如输出电源为交流220V或110V，还需要配置逆变器。其中，太阳能电池组件和蓄电池为电源系统，控制器和逆变器为控制保护系统，负载为系统终端。光伏发电必须要有高效的太阳电池作保障。太阳能电池主要以半导体材料为基础，根据所用光电材料的不同，太阳能电池可分为以下几种：

（1）硅太阳能电池，如单晶硅、多晶硅、非晶硅等；

（2）以无机盐砷化镓、硫化镉、铜铟硒等多元化合物制备的薄膜太阳能电池；

（3）功能高分子材料制备的有机太阳能电池，如染料敏化电池、全固态有机太阳能电池；

（4）纳米晶太阳能电池，该电池以纳米 TiO_2 晶体、纳米晶体硅等作为光伏转换材料。

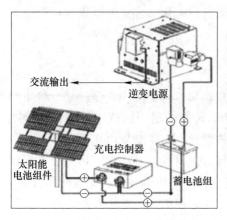

图 12-11 太阳能发电系统

在太阳能光伏发电中使用的材料主要有电池片中的半导体材料、保护电池片的钢化玻璃、支撑材料铝合金型材、导电材料涂锡铜带，还有封装材料和背板材料（多为有机物）等。光伏发电系统涉及材料的失效和防护问题。

（1）光伏电池板支撑材料铝合金，在一般大气中较耐蚀，但在污染大气中，特别是在含 SO_2 和 HCl 等污染物、易形成酸雨的大气环境中，易发生腐蚀。可通过铝合金表面的阳极氧化等处理，使铝合金表面生成更耐蚀的氧化膜层，提高其耐蚀性能。

（2）热斑效应。热斑效应是指太阳电池方阵在阳光下出现局部发热点的现象。如太阳电池组件在阳光照射下，当部分组件受到遮蔽无法工作时，将成为负载而消耗其他有光照的太阳电池组件所产生的能量，这些被遮蔽的部分升温将远远大于未被遮蔽部分，致使遮蔽部分温度过高出现烧坏的暗斑。飞鸟、尘土、落叶等遮挡物形成的阴影可导致光伏电池组件的局部升温。在太阳电池的工作过程中，若热斑效应产生的温度超过了一定极限（可达到200℃）可导致电池局部烧毁形成暗斑、焊点熔化、封装材料老化等永久性破坏，从而导致整个太阳能电池组件的报废。它是影响光伏组件输出功率和使用寿命的重要因素。据国外权威统计，热斑效应使太阳电池组件的实际使用寿命至少减少10%。做好太阳电池的运行维护、减少电池板表面出现遮蔽物，可以减少热斑效应的出现。

（3）封装材料老化问题。晶体硅光伏组件主要由玻璃、EVA（乙烯与醋酸乙烯酯的共聚物）、太阳电池、背板等组成，按照玻璃-EVA-电池片-EVA-背板的结构封装而成。EVA 封装胶膜是光伏组件的重要组成部分，不仅起封装的作用，而且还起到保护硅片组成的电路不受环境影响，确保光伏组件使用寿命的作用。

在太阳能电池组件中，耐候性最差、使用寿命最短的是 EVA 胶膜，它的性能直接决定太阳能电池的使用效率及寿命。可以通过改进 EVA 的配方来解决这个问题，如加入交联剂使其交联，以及加入一些具有抗氧化、抗紫外吸收或可以提高光稳定性等功能的助剂。

12.5.2　太阳能光热发电设备的腐蚀与控制

太阳能光热发电的基本原理是利用聚光集热装置将太阳能收集起来，将集热工质加热到一定的温度后，经过换热器将热能传递给动力回路中循环做功的工质，通常是产生高温高压的过热蒸汽，驱动汽轮机、再带动发电机发电，而从汽轮机出来的乏气，其压力和温度已大幅度降低，经凝气器凝结成液体后，重新循环使用；或通过太阳能产生高温高压的空气，驱动汽轮机，再带动发电机发电。太阳能光热发电系统与常规的化石能源热力发电系统的热力学工作原理相同，都是通过 Rankine 循环、Brayton 循环或 Stirling 循环将热能转换为电能，两者的区别在于热源的不同，另外太阳能电站一般带有储热装置。

根据集热器类型的不同，太阳能热力发电系统可以分为槽式系统、塔式系统（见图 12-12）、烟囱式系统和碟式-发动机小型系统四类。

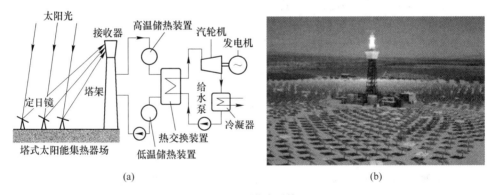

(a)　　　　　　　　　　　　　　(b)

图 12-12　塔式系统

（a）塔式太阳能光热发电系统；（b）美国加州的塔式太阳能光热发电站

12.5.2.1　太阳能光热发电中的储热材料

太阳能光热发电的关键技术之一是太阳能的储存技术。太阳能热储存又分为显热储存、潜热（相变）储存和化学反应储存三种方式。其中，显热储热技术发展最早，也最为成熟，其储热装置的运行和管理也较为方便。潜热储热密度较高，系统体积较小，而且储热、放热过程近似恒温，特别是固液相变储热，储热系统效率较高。化学储热则是利用了可逆化学反应的反应热，这种储热方式的优势是储热密度大，但技术复杂并且使用不便，对系统及设备要求较高，应用较少。显热和潜热储热是储热的两大主要技术，其中潜热储热有较好前景。作为储热材料一般要求其储热密度大，有良好的化学与力学稳定性，与热交换器及热交换液体之间有良好的化学相容性，在储热及放热循环过程中应完全可逆，导热系数大，不同状态间转化时的材料体积变化小，无毒、腐蚀性小、不易燃易爆，且价格低廉，建设和运行成本低。主要储热材料如下。

（1）显热储热材料。这类材料主要是利用物质的热容量，通过升高或降低材料的温度而实现能量的储存或释放。显热储存原理简单，材料来源丰富，成本低廉，是研究最早、利用最广泛、技术最成熟的太阳能热储存方式。这类材料使用简单安全，寿命较长且成本很低。在太阳能低温储存场合，水、土壤、砂石及岩石是最常见的显热储热材料；在太阳能高温储存场合，常见的显热储热材料包括砂石-石-矿物油、导热油、混凝土和液态钠等。

（2）潜热储存材料。潜热储存是利用储热材料在热作用下发生相变而产生热量储存的过程，因此也称相变储存。相变储存因具有储能密度高、放热过程温度波动范围小等优点，其储热密度比显热储热材料至少高出一个数量级。潜热储存材料又可分为固-液相变材料、液-气相变材料、固-气相变材料和固-固相变材料四大类，其中固-液相变材料是研究最多、最广、最成熟的储热材料，包括无机水合盐（$Na_2SO_4 \cdot H_2O$、$CaCl_2 \cdot 6H_2O$ 等）、无机盐和复合盐（$NaCl$、NaF、KCl、Na_2SO_4、Na_2CO_3 等）、金属或合金（富含 Si 或 Al 的合金储热密度较高，如 $AlSi_{12}$）及部分有机物（高级脂肪烃、芳香烃、醇和羧酸等，如石蜡材料）。

（3）化学反应储热材料。该类储热材料利用可逆化学反应过程中的热效应进行能量的储存或释放。其中，储存中低温热量最有效的化学反应是水合/脱水反应，该反应的可逆性很好，对设计多用途的中低温储热系统非常有益。但是目前研究较多的无机水合物、氢氧化物及多孔材料均有一致命缺点，就是反应过程中有气体产生，故对反应器的要求非常苛刻，而且应用时存在技术复杂、一次性投资大及整体效率不高等缺点。

12.5.2.2 太阳能光热发电系统常见问题

太阳能光热发电设备在材料失效方面，与常规火电厂不同的主要是在储热系统，该系统常见的问题如下。

（1）储热材料应用中存在的问题。用作太阳能光热发电的储热材料主要有熔融盐、水、导热油、岩石、耐高温混凝土、金属及其合金等。这些储热材料各有特性，同时在使用中也都存在一定的问题。例如，水和导热油在高温时蒸汽压较大，使用时需要特殊的压力阀等设备，另外导热油易燃，容易引发火灾，而且价格较贵；耐高温混凝土用作储热材料时，对换热管道的要求较高；砂石-油系统储热效率低，结构复杂；金属钠的熔点低，比热容小，热负荷高时温度波动大，而且高温下与空气接触时易燃易爆，使用较危险。熔融盐虽然具有较高的使用温度、较低的蒸汽压和较大的热容量，但各种熔融盐在使用中存在的问题也不少。例如，碳酸盐液态黏度大，易分解；氯盐对容器的腐蚀性强；氟盐固-液相变体积收缩很大；硝酸盐熔解热较小，热导率低，使用中容易产生局部过热；锂盐和银盐价格昂贵；等等。熔融盐对热交换管道及其他附属设施普遍具有非常强的腐蚀性，使用时不仅增加运行成本，而且降低系统的安全稳定性能。为了解决以上问题，世界各国均在研究其他储热方式，如改性混凝土储热研究，希望在达到安全稳定性的同时能降低发电成本。

（2）铝基相变储热材料的腐蚀性问题。与其他储热材料相比，金属（包括合金）相变储热材料因具有储热密度大、导热系数高、热循环稳定性好、性价比良好、不易燃、无毒等优点，在高温相变储热应用中具有很大优势。常见的金属相变储热材料有金属铝，以及铝基、镁基、锗基、锌基和镍基合金，其中铝及铝基合金较为常用。金属铝的相变潜热高（达 400kJ/kg），但因相变温度（661℃）较高，且熔融铝液具有很强的腐蚀性，因此金属铝作为储热材料的研究和应用较少。铝基合金储热材料具有合适的相变温度、相对低的腐蚀性和较好的储热能力，已成为重要的金属相变储热材料。

据报道，除致密陶瓷（比如氧化铝陶瓷）外，几乎所有的金属都不耐高温（700~900℃）熔融铝液的腐蚀，因为铝与大多数金属如铜、镁、锌、铋等和非金属元素都能形成熔点较低的共晶体，许多耐热耐腐蚀合金中的某些组分会被选择性地溶解，它们的耐铝液腐蚀性能甚至不如碳钢。在一定温度条件下对熔融铝基合金具有较好耐蚀性能的材料主要有不锈钢、少数耐热钢和部分致密陶瓷。

12.5.2.3　储热容器的腐蚀控制

本节主要讨论高温相变储热材料铝合金对储热容器的腐蚀控制。从材料的结构及液态铝与不同材料的浸润性来看，Al_2O_3 和 ZrO_2 陶瓷无疑是非常合适的容器材料，但陶瓷材料由于脆性高、韧性低，难以加工和封装，此外导热系数低也阻碍了陶瓷材料在这个领域的应用，因此需研究和筛选合适的金属材料做储热容器。

当前对铝基合金储热容器材料的研究仍然以铁基合金为主，铝液对铁基合金腐蚀的实质是在高温条件下，铁铝原子发生反应生成脆性的 Fe_2Al_5 相，在热应力和组织转变应力的作用下 Fe_2Al_5 相发生剥落和溶解。因此，要阻止这种腐蚀的发生，关键是抑制铁铝反应的发生，即阻止高温条件下铁和铝之间的相互接触、相互扩散和相互反应。铁基合金的抗铝液腐蚀可以采取以下措施。

（1）严格控制铝基合金的储热工作温度，开发相变温度较低、储热能力强的铝基合金储热材料。温度的提升可以显著加快金属的腐蚀速度。研究表面金属容器用于高温太阳能储热系统中时，相变材料的加热最高温度不宜超过 650℃。

（2）改变铁基容器材料或铝基合金储热材料的组成，降低铁与铝之间的反应速率。例如，铁基容器材料中不能含有铜、镁、锌、铋等易与铝形成低熔共晶的金属元素，严格控制碳等杂质的含量；在不影响储热性能的前提下，铝基合金储热材料中可适当加入能阻碍铝铁合金扩散的元素，如铍、锑、铋、硅、铜、镁等。

（3）在铁基合金容器内表面进行表面处理，形成耐高温涂层或其他保护层。例如，在容器表面制备抗熔融铝硅合金腐蚀的涂层，该涂层的涂料由耐高温有机硅混合树脂、耐熔融铝硅合金腐蚀的粉体和无水乙醇（稀释剂）混合而成。该涂层的抗热震性好，底层与金属的附着力强、耐高温，具有优良的防护作用，温度升高时还可向基体的钢铁中扩散形成冶金层，从而提高耐蚀性能。另外可通过化学渗硼或渗铬在铁基合金表面形成铁的硼化物层或碳铬化合物层，使之具有更强的抗铝液腐蚀能力；还可通过热喷涂陶瓷、热浸镀铝后高温退火、陶瓷内衬复合钢管等在铁基合金表面形成耐铝液保护层。

12.6 其他可再生能源发电中的腐蚀与控制

12.6.1 地热发电中的腐蚀与控制

地热是来自地球内部的一种可再生能源，地热水、地热蒸汽、干热岩、浅层地温能是地热资源的主要组成部分。地热发电是利用地下热水和蒸汽为动力源的一种新型发电技术，实际上就是将地热能转变为机械能、再将机械能转变为电能的能量转变过程。用于发电的地热流体要求温度较高，一般在180℃甚至200℃以上才比较经济。根据地热能的赋存形式，地热能可分为蒸汽型、热水型、干热岩型、地压型和岩浆型等五类。从能量转换的角度来说，上述五类地热能都可用来发电，但开发利用较多的是蒸汽型及热水型两类资源。我国自1970年第一座实验性地热电站在广东丰顺建成投产以来，相继建成了江西温汤、山东招远、辽宁营口、北京怀柔等地热电站。1977年，全世界海拔最高的地热发电站在西藏羊八井盆地建成使用，是我国最大的地热发电站。截至2006年年底，该电站总装机2.5万千瓦，占拉萨电网总装机容量的41.5%，年平均发电量51亿千瓦时。

常见的地热发电体系有以下三类。

（1）干蒸汽发电。直接使用地下的热蒸汽（>235℃）来推动汽轮机做功，带动发电机进行发电。

（2）闪蒸汽发电。当高压热水从热水井中抽至地面，由于压力的下降有30%~40%的热水会沸腾并"闪蒸"成蒸汽，通过分离器分离后的蒸汽送汽轮机做功，做完功的尾气送冷凝器冷凝，冷凝水和分离后热水再通过回灌井送回热源区再加热，这个过程就是闪蒸汽发电。闪蒸汽发电适合150~300℃的地下热源。

（3）双循环发电。双循环发电即地热不直接进入汽轮机做功，而是去加热低沸点的工作介质，使之沸腾产生蒸汽去驱动涡轮机做功，从而带动发电机发电。双循环发电适合热源温度为 100~150℃，最低可到 74℃ 的热蒸汽或热水，常用的低沸点工质有氯乙烷、正丁烷、异丁烷、氟利昂-11、氟利昂-12 等。

12.6.1.1 地热发电设备常用材料

选材是地热资源开发首先面临的问题。地热设备如地热井、换热器、管网、散热器、泵管、阀、分离器等，进行经济合理的选材，是防止设备腐蚀、避免地热资源开发过程中经济损失的一个重要措施。选材还和地热利用系统的设计方案以及运行的可靠性密切相关。地热井泵的选型应满足地热流体的温度和腐蚀性对材料的要求，宜采用耐热潜水电泵或长轴深井热水泵；地热换热器应根据地热水温和水质选型及选材，目前换热器的主要材料有碳钢、不锈钢、铜合金和钛合金；地热供热系统宜选用板式换热器，对于高温、高压的地热供热系统应采用管壳式换热器；地热井管材一般为无缝钢管和桥式滤水管，井管四周采用石英砂滤料围填过滤。桥式滤水管是一种带有桥形孔眼的滤水管材，桥形孔口的特殊结构使得砾石不易阻塞孔眼，有较高的过水能力，也起到了增强滤水管机械强度的效果，具有较高的机械强度，且造价较为低廉。地热储水装置的选材应考虑地热流体的温度和腐蚀性；当采用钢制储水装置时，装置内部应进行防腐处理，且防腐处理应按国家现行有关标准执行。地热水输送管道应根据地热流体的化学成分，按其腐蚀性、结垢等特点，选用安全可靠的管材，并应符合国家现行标准的规定。

由于地热压力和水质的特殊性，地热发电设备材料的选用与普通火电设备不同，如地热站的汽轮机叶片，要求防腐和防垢。地热发电设备选材需注意以下几点。

（1）含铜金属材料（铜镍合金除外）不适用于地热工程，例如，低压铜阀、冷油器铜管、汽轮机的铜质材料的汽封，铜芯普通压力表等都会很快损坏，主要是因为地热水中含有一定浓度的硫离子和氨，对铜及黄铜等的腐蚀性较强。

（2）真空系统设备的材料要求很严格。包括汽轮机排汽管、凝汽器、射水泵及与其相连接的阀门、管道等在内，使用碳钢材料或铸铁而无保护涂层，寿命都很短，损坏的主要原因是介质的 pH 值低（可低至 4）。在真空系统或处于真空状态的设备材料，可使用耐蚀不锈钢、玻璃钢和性能良好的防腐蚀涂料。

（3）在 3MW 机组上的运行表明，主要零部件如叶片、喷嘴、汽封、冷油器管束等可以选用耐蚀不锈钢，叶轮可以使用低合金结构钢。汽缸和排汽管道表面，可以采用耐地热蒸汽及沸水的涂料保护。射水泵叶轮材料由铸铁改为不锈钢，寿命可由三个月提高至几年。

12.6.1.2 地热发电设备的腐蚀结垢问题

地热介质中含有许多腐蚀物质，主要是氧、氢离子、氯离子、硫酸盐、二氧化碳、硫化氢和氨等，可能导致地热设备的严重腐蚀和失效。其中对金属腐蚀影响较大的是氯离子和溶解氧。氯离子半径小，穿透能力强，易造成碳钢、不锈钢及其他合金的缝隙腐蚀、点蚀和应力腐蚀等。溶解氧是地热水中最常见的腐蚀去极化剂，自然状态下在深层地热水中通常不含 O_2，但出地面后空气中的 O_2 会溶入地热水。硫化氢在金属腐蚀中起加速作用，即使在无氧条件下，它也腐蚀铁、铜、钢、镀锌管等金属，高温环境中硫化氢对铜合金和镍基合金的腐蚀最为严重。氨主要引起铜合金的应力腐蚀破裂，在地热利用中，不适合采用铜阀门和铜开关等部件。二氧化碳对碳钢有较大的腐蚀作用，特别是与氧共存时，对碳钢的腐蚀更为严重。在大多数无 O_2 的地热水中，碳钢和低合金钢腐蚀的阴极反应主要由氢离子的还原控制，当 pH 值升高（pH>8）时，腐蚀速度急剧下降。

可参照《地热资源地质勘查规范》（GB/T 11615—2010），根据腐蚀系数 K_k 来衡量地热流体的腐蚀性：

（1）腐蚀系数 $K_k>0$，称为腐蚀性水；

（2）腐蚀系数 $K_k<0$，并且 $K_k+0.0503$ [Ca^{2+}] >0（Ca^{2+} 浓度以 mg/L 表示），称为半腐蚀性水；

（3）腐蚀系数 $K_k<0$，并且 $K_k+0.0503$ [Ca^{2+}] <0（Ca^{2+} 浓度以 mg/L 表示），称为非腐蚀性水。

腐蚀系数 K_k 的计算公式如下：

对于酸性水

$$K_k = 1.008[r(H^+) + r(Al^{3+}) + r(Fe^{2+}) + r(Mg^{2+}) - r(HCO_3^-) - r(CO_3^{2-})]$$

对于碱性水

$$K_k = 1.008[r(Mg^{2+}) - r(HCO_3^-)]$$

式中，r 为离子含量，mmol/L。

腐蚀和结垢是地热开发利用中普遍存在的问题，是化学成分、温度、流速、压力与所用材料相互作用的复杂结果。腐蚀和结垢相互作用、相互促进。当地热流体从热储层通过地热井管向地面运移时，或在管道输送过程中因温度和压力变化，原溶于水中的 $Ca(HCO_3)_2$ 和 $Mg(HCO_3)_2$ 可析出 CO_2 生成微溶于水的 $CaCO_3$ 和 $MgCO_3$。当这些结晶物不断地沉积于地热井管或管道内表面，便形成垢层。其反应如下：

$$Ca(HCO_3)_2 \longrightarrow CaCO_3 \downarrow + CO_2 \uparrow + H_2O$$

$$Mg(HCO_3)_2 \longrightarrow MgCO_3 \downarrow + CO_2 \uparrow + H_2O$$

此外，地热水中还含有其他结垢成分如硅、铁等，以及对结垢有影响的气体，如二氧化碳、氧和硫化氢等，产生碳酸钙垢、硫酸钙垢、硅酸盐垢和氧化铁垢等垢类。井管内结垢会影响地热流体的生产与产量，输送管道内结垢会增加流体的流动阻力，进而增加输送耗量；换热表面结垢则增加传热阻力，降低传热效率，并引起金属材料的垢下腐蚀。

地热水矿化度较高，含离子种类多，易导致金属材料的电化学腐蚀。地热水中还通常含有大量的腐蚀性气体如硫化氢、二氧化碳、氧等，这些气体进入汽轮机及其附属设备和管道，可使其受到严重腐蚀。地热利用中常遇到井管、深井泵及泵管、井口装置、管道、换热器及专用设备等的腐蚀问题。

12.6.1.3　地热发电设备的腐蚀控制

当地热流体具有腐蚀性时，应综合考虑采取下列防腐措施。

（1）采用耐腐蚀的金属和非金属材料。

（2）在系统中安装热交换器，使地热水不直接进入利用系统。采用这种间接供热系统，可避免地热水对多数设备的腐蚀，延长设备使用寿命，综合经济效益更好。但这种方法需要增加设备投资，系统也较为复杂。

（3）使系统尽量密封，以隔绝外界空气的进入，也可在地热水中加亚硫酸盐等除氧剂除氧。向热水井内充氮气，也是较有效的密封方法。

（4）与地热流体接触的非传热金属表面，采用防腐蚀涂层进行保护。但受流体高速冲击、易磨蚀部件和转动部件表面，以及传热表面，不宜采用这种方法。

（5）针对不同类型的局部腐蚀采取相应的防腐蚀措施。例如，通过合理设计避免缝隙的出现，用焊接代替叠加连接方式，设备停运时设备水要排尽等。与腐蚀性地热流体直接接触的管道或容器，也可以采用合适的非金属材料。

12.6.2　海洋能发电中的腐蚀与控制

海洋能是指依附在海水中的能源，包括潮汐能、波浪能、潮流能、温差能、盐差能等，是清洁的可再生能源。海洋能主要来自太阳的辐射和月球的引力。例如，太阳能辐射到海水表面，使海洋表层海水和深部海水之间产生温差，形成温差能；太阳能的不均匀分布导致地球上空气流运动，进而在海面产生波浪运动，形成波浪能；月球和太阳对地球的万有引力变化导致海面升高形成位能，称为潮汐能；上述引力变化导致的海水流动，形成潮流能；海水受风驱动或海水自身密度差驱动产生非潮流的海流，形成海流能。

海洋能开发潜力巨大，主要用于发电。全球海洋能（不包括海洋风能、海洋表面的太阳能以及海洋生物质能等）的理论储藏量约为 $760 \times 10^8 kW$，技术上可开发利用的海洋能约有 $157 \times 10^8 kW$，我国可开发的海洋能总量约有 $4.41 \times 10^8 kW$。理论上全球海洋能的发电量可达到 $1 \times 10^5 TW \cdot h/a$，远高于目前全球的电力消耗 $1.6 \times 10^4 TW \cdot h/a$。但海洋能分布不均、密度低。海洋能利用存在着严重的海水腐蚀问题,下面以潮汐能利用为例进行说明。

潮汐是海水因天体(主要是月球和太阳)引力变化而引起的海平面周期性的升降,产生海面垂直方向的涨落。潮汐能是指海水潮涨和潮落形成的水的势能,潮汐能的能量与潮量和潮差成正比,或者说与潮差的平方和储水库的面积成正比。

潮汐能发电与水力发电的原理、组成基本相同,是利用水的势能使水轮发电机发电,一般要求潮涨、潮落的最大潮位差在 10m 以上(平均潮位差不小于 3m)才能获得经济效益,否则难以实用化。按运行方式和对设备的要求不同,潮汐电站可分为单库单向型、单库双向型和多库单向型三种。与淡水水力发电不同的是,海水蓄积后的落差较小但流量较大,并且呈间歇性,而且潮汐能发电机组长期在盐雾和海水中运行,受海水侵蚀、海生物附着等因素影响,极易导致发电装置在运行过程中出现材料性能降低、设备结构损坏等问题,导致发电装置不能正常工作,不仅造成巨大的经济损失,而且严重制约潮汐能发电技术的发展和应用。最突出的腐蚀形态是点蚀、气蚀、生物腐蚀、缝隙腐蚀和应力腐蚀,这些腐蚀类型往往与结构设计、冶金因素有关。

海洋能发电设备在海水中的腐蚀机理、影响因素和腐蚀控制方法等可以参见 12.1 节的海水腐蚀部分内容,以及海上风电腐蚀控制相关内容。可以从提高基体金属的耐蚀性能、涂层保护、阴极保护、复层包覆防护等方面进行腐蚀控制。

12.6.3 生物质能发电中的腐蚀与控制

生物质发电是利用生物质所具有的生物质能进行发电,其也属于可再生能源发电。农林废弃物直接燃烧发电、农林废弃物气化发电、垃圾焚烧发电、垃圾填埋气发电、沼气发电等都属于生物质发电。生物质发电起源于 20 世纪 70 年代,当时世界范围内爆发了大规模的石油危机,许多国家开始积极开发清洁的可再生能源,并得到了较快的发展。

生物质发电主要包括生物质燃烧蒸汽发电、生物质混烧发电和生物质气化发电三种形式。生物质燃烧蒸汽发电和混烧发电都是以生物质为燃料或部分燃料产生的蒸汽进行发电。生物质气化发电则是直接向生物质中通气化剂,如空气、氧气或水蒸气等,使生物质在缺氧状态下热解生成气体燃料,气体燃料经过净化后燃烧就可以驱动燃气轮机或燃烧后产生的蒸汽驱动汽轮机进而驱动发电机发电。

12.6.3.1 生物质能发电设备的腐蚀类型

生物质在燃烧过程中可导致两种腐蚀类型:一种腐蚀与燃烧产生的气态 HCl、Cl_2 有关,HCl 与 Cl_2 可穿透金属表面保护膜并与基体金属直接发生反应形成金属氯化物;另一种腐蚀由灰渣中的碱金属硫酸盐与 SO_3 共同作用产生,即高

温下碱金属氧化物 K_2O、Na_2O 与烟气中的 SO_3 气体反应生成硫酸盐，生成的硫酸盐会在受热面结成一层渣膜，当表面温度升高时会释放 SO_3 并向内、外扩散，使水冷壁壁面的 Fe_2O_3 保护层被破坏而造成腐蚀。这两种腐蚀都会随温度的升高而加剧。

A　含氯气体的腐蚀

生物质燃料燃烧产生的含氯气体对锅炉管的高温腐蚀起着重要影响。当燃料中含氯量达到一定值时，其侵蚀作用远超硫。当燃料中氯含量（质量分数）大于 0.3% 时，与氯有关的高温腐蚀较为严重。高温氯腐蚀可用"活化氧化"理论来解释，根据该理论，在 450~800℃温度范围，氯腐蚀分下面三个阶段进行。

（1）气态 HCl 与 O_2 的氧化反应，或氯化物（如 NaCl）与金属氧化物反应，均生成 Cl_2。

$$4HCl(g) + O_2 \longrightarrow 2Cl_2 + 2H_2O$$
$$4NaCl + 2Fe_2O_3 + O_2 \longrightarrow 2Na_2Fe_2O_4 + 2Cl_2$$

（2）Cl_2 和 HCl 穿过炉管表面的氧化物渗透到氧化物和金属材料界面，并与界面的 Fe 和其他合金元素如 Cr、Ni 等进行反应，形成金属氯化物。

$$Fe + Cl_2 \longrightarrow FeCl_2$$
$$Fe + 2HCl(g) \longrightarrow FeCl_2 + H_2$$

（3）金属氯化物蒸气穿过金属表面氧化物向外扩散，并与围绕管的气态层中的氧气发生反应，形成金属氧化物和 Cl_2。

$$3FeCl_2 + 2O_2 \longrightarrow Fe_3O_4 + 3Cl_2$$
$$4FeCl_2 + 3O_2 \longrightarrow 2Fe_2O_3 + 4Cl_2$$

这样就形成了一个腐蚀循环过程，其中 Cl_2 充当了催化剂的角色，使腐蚀不断进行。

生物质燃烧释放的气态 HCl 是活性很强的腐蚀介质，在高温条件下还会与金属氧化物如 FeO、Fe_3O_4、Fe_2O_3、Cr_2O_3 等发生反应，破坏金属表面的保护膜：

$$Fe_2O_3 + 6HCl(g) \longrightarrow 2FeCl_3 + 3H_2O$$
$$FeO + 2HCl(g) \longrightarrow FeCl_2 + H_2O$$
$$Fe_3O_4 + 2HCl(g) + CO \longrightarrow 2FeO + FeCl_2 + H_2O + CO_2$$
$$Cr_2O_3 + 4HCl(g) + H_2 \longrightarrow 2CrCl_2 + 3H_2O$$

当氯化物和含硫化合物共存时，在 O_2 和 H_2O 共同作用下，会促进 HCl 和 Cl_2 的形成，加速了高温腐蚀的进程：

$$2NaCl + SO_3 + H_2O \longrightarrow Na_2SO_4 + 2HCl(g)$$
$$2NaCl + SO_2 + O_2 \longrightarrow Na_2SO_4 + Cl_2$$
$$4NaCl + 2SO_2 + 2H_2O + O_2 \longrightarrow 2Na_2SO_4 + 4HCl(g)$$

B　固态碱金属氯化物引起的腐蚀

沉积在壁面的碱金属氯化物主要引起生物质燃料锅炉换热面的腐蚀。当温度高于 400℃ 时，碱金属化合物可以明显促进普通钢和奥氏体钢的氧化速度。

沉积在金属表面的碱金属氯化物可与烟气中的 SO_2 或 SO_3 反应生成硫酸盐并释放 Cl_2，或当有气态水分子存在时释放 HCl，从而促进腐蚀。反应式如下：

$$4KCl + 2SO_2 + O_2 + 2H_2O \longrightarrow 2K_2SO_4 + 4HCl(g)$$
$$2KCl + SO_2 + O_2 \longrightarrow K_2SO_4 + Cl_2$$

被释放的 HCl 可向金属表面扩散并与金属反应生成金属氯化物（$FeCl_2$ 或 $CrCl_2$），或进一步被氧化成 Cl_2，从而发生上面描述的含氯气体中的腐蚀。

固体碱金属氯化物与金属氧化膜也可直接反应：

$$8KCl + 2Cr_2O_3 + 5O_2 \longrightarrow 4K_2CrO_4 + 4Cl_2$$
$$4KCl + 2Fe_2O_3 + O_2 \longrightarrow 2K_2Fe_2O_4 + 2Cl_2$$

反应生成的 Cl_2 扩散到金属表面，并发生由气态 Cl_2 引起的腐蚀。

12.6.3.2　生物质能发电设备的腐蚀控制

抑制生物质能发电过程中的高温氯腐蚀，可以采用以下方法。

（1）避让超高温度。设计中尽量使金属材料壁温低于 510℃，抑制气态 HCl 和 Cl_2 的生成及由此引起的腐蚀反应。一般低合金材料壁温低于 510℃ 时，腐蚀速率较低。

（2）采取优质合金材料以提高耐高温氯腐蚀性能，如 TP347H 不锈钢等，但成本较高。

（3）采用耐高温防腐蚀涂层进行保护。

（4）通过生物质锅炉燃烧技术的优化，降低烟气中气态氯化物的含量。

习　　题

12-1　什么是大气腐蚀？大气腐蚀受哪些因素影响？如何防止金属的大气腐蚀？

12-2　大气环境中金属表面水膜是如何形成的？

12-3　金属在海洋环境不同腐蚀区带的腐蚀有何特点，如何控制？

12-4　土壤腐蚀有哪几种形式？分别是如何发生的，如何防止？

12-5　影响水电站金属材料腐蚀的因素有哪些？有哪些腐蚀控制方法？

12-6　简述风电设备腐蚀的危害及控制。

12-7　简述太阳能光热发电中主要存在的腐蚀问题。

12-8　地热发电过程中为什么会出现较严重的腐蚀、结垢问题，如何控制？

12-9　简述生物质发电设备的高温氯腐蚀机理。

参 考 文 献

[1] 魏宝明.金属腐蚀理论及应用［M］.北京:化学工业出版社,2008.

[2] 谢学军,龚润洁,许崇武,等.热力设备的腐蚀与防护［M］.北京:中国电力出版社,2011.

[3] 肖纪美,曹楚南.材料腐蚀学原理［M］.北京:化学工业出版社,2002.

[4] 陈颖敏.电厂设备的腐蚀与控制［M］.北京:中国电力出版社,2014.

[5] 周本省.工业水处理技术［M］.北京:化学化工出版社,2002.

[6] 夏兰廷.金属材料的海洋腐蚀与保护［M］.北京:冶金工业出版社,2003.

[7] 窦照英.锅炉压力容器腐蚀失效与防护技术［M］.北京:化学工业出版社,2008.

[8] 吴仁芳,徐忠鹏.电厂化学［M］.北京:中国电力出版社,2006.

[9] 许维钧,白新德.核电材料老化与延寿［M］.北京:化学工业出版社,2015.

[10] 朱志平.压水堆核电厂水化学工况及优化［M］.北京:原子能出版社,2010.

[11] 吴文龙,张小霓,张春雷,等.凝汽器腐蚀与结垢控制技术［M］.北京:中国电力出版社,2012.

[12] 严宏强,程钧培,都兴有.中国电气工程大典(第4卷)火力发电工程(下)［M］.北京:中国电力出版社,2009.

[13] 张磊,叶飞.(超)临界火力发电技术［M］.北京:中国水利水电出版社,2009.

[14] 赵永宁,邱玉堂.火力发电厂金属监督［M］.北京:中国电力出版社,2007.

[15] 刘海虹.大型火电机组运行维护培训教材化学分册［M］.北京:中国电力出版社,2010.

[16] 葛红花,张大全,廖强强.可再生能源工程材料失效及预防［M］.北京:化学工业出版社,2015.

[17] 葛红花,廖强强,张大全.火力发电工程材料失效与控制［M］.北京:化学工业出版社,2015.

[18] 葛红花,张大全,赵玉增.火电厂防腐蚀与水处理［M］.北京:科学出版社,2017.

[19] 水电水利规划设计总院.中国可再生能源行业发展报告2021［M］.北京:中国水利水电出版社,2022.

[20] Singh B P, Ghosh S, Chauhan A. Development dynamics and control of antimicrobial-resistant bacterial biofilms: a review［J］. Environmental Chemistry Letters, 2021, 19(3): 1983-1993.

[21] Jia R, Unsal T, Xu D K, et al. Microbiologically influenced corrosion and current mitigation strategies: A state of the art review［J］. International Biodeterioration & Biodegradation, 2018, 137: 42-58.

[22] Li Y C, Xu D K, Chen C F, et al. Anaerobic microbiologically influenced corrosion mechanisms interpreted using bioenergetics and bioelectrochemistry: A review［J］. Journal of Materials Science & Technology, 2018, 34(10): 1713-1718.

[23] 赖云亭,沈克勤,马芹征,等.火电锅炉过热器管爆管原因分析［J］.金属热处理,

2019, 44（S1）: 278-281.

[24] 韦震高, 朱霖, 魏玉伟, 等. 一台生物质发电锅炉的过热器管高温腐蚀分析 [J]. 装备制造技术, 2019, 8: 97-98, 111.

[25] 唐海宁. 大容量电站锅炉金属氧化皮问题综合分析 [D]. 南京: 东南大学, 2006.

[26] 赵志渊. 锅炉受热面管内氧化物生成及剥落机理的研究 [D]. 北京: 华北电力大学, 2012.

[27] 刘定平. 超（超）临界电站锅炉氧化皮生成剥离机理及其防爆关键技术研究 [D]. 广州: 华南理工大学, 2012.

[28] 董琨. 600MW 超临界锅炉安全和经济性分析 [D]. 北京: 华北电力大学, 2009.

[29] 孙利. 超临界锅炉高温受热面蒸汽侧氧化皮生长剥落机理的研究 [D]. 北京: 华北电力大学, 2021.

[30] Fujii C T, Meussner R A. The mechanism of the high-temperature oxidation of iron-chromium alloys in water vapor [J]. Journal of The Electrochemical Society, 1964, 111（11）: 1215-1221.

[31] 李国平, 胡鸣. 浅议工业锅炉停炉保护措施 [J]. 中国科技信息, 2007（8）: 58-60.

[32] 林宇铃, 王睿. 工业锅炉停炉保护技术 [J]. 装备制造技术, 2012（1）: 143-145.

[33] 华雄刚, 张金荣. 工业锅炉停炉腐蚀原因分析及保养方法 [J]. 中国科技投资, 2012（21）: 111.

[34] 刘洪涛, 迟英伟, 许晓华, 等. IGCC 配套联合循环电站余热锅炉停炉保护 [J]. 设备管理与维修, 2017（13）: 100-102.

[35] 李志成, 张竞杰, 靳江波, 等. 真空干燥法停炉保护过程控制与效果评价 [J]. 华北电力技术, 2015（8）: 42-45.

[36] 李桂朝, 卞志勇, 王平, 等. 充氮在电站锅炉长期停用保护中的应用 [J]. 河北电力技术, 2006（5）: 42-44.

[37] 张大全. 气相缓蚀剂研究、开发及应用的进展 [J]. 材料保护, 2010, 43（4）: 61-64.

[38] 白龙. 锅炉氧腐蚀过程及其控制措施 [J]. 全面腐蚀控制, 2019, 33（5）: 87-91.

[39] 朱浩, 李倩, 于萍, 等. 对苯二酚停炉保护剂最佳保护条件优选 [J]. 材料保护, 2015, 48（4）: 51-53.

[40] 葛红花, 吴一平, 周国定, 等. 十八烷胺处理在电厂停用保护中的应用 [J]. 腐蚀与防护, 2001, 22（11）: 468-470, 474.

[41] 葛红花. 不锈钢在模拟冷却水中的钝化及影响因素研究 [D]. 上海: 上海理工大学, 2003.

[42] Ge H H, Zhou G D, Wu W Q. Passivation model of 316 stainless steel in simulated cooling water and the effect of sulfide on the passive film [J]. Applied Surface Science, 2003, 211（1/2/3/4）: 321-334.

[43] Ge H H, Zhou G D, Liao Q Q, et al. A study of anti-corrosion behavior of octadecylamine-treated iron samples [J]. Applied Surface Science, 2000, 156: 39-46.

[44] Ge H H, Guo R F, Guo Y S, et al. Scale and corrosion inhibition of three water stabilizers used

in stainless steel condensers [J]. Corrosion, 2008, 64 (6): 553-557.

[45] 葛红花, 周国定, 吴文权. 模拟冷却水中不锈钢的自钝化及硫离子的影响 [J]. 物理化学学报, 2003, 19 (5): 403-407.

[46] 葛红花, 周国定, 吴文权. 316 不锈钢在模拟冷却水中的钝化模型 [J]. 中国腐蚀与防护学报, 2004, 24 (2): 65-70.

[47] Jin Z H, Ge H H, Lin W W, et al. Corrosion behaviour of 316L stainless steel and anti-corrosion materials in a high acidified chloride solution [J]. Applied Surface Science, 2014, 322: 47-56.

[48] Yao J H, Ge H H, Zhang Y, et al. Influence of pH on corrosion behavior of carbon steel in simulated cooling water containing scale and corrosion inhibitors [J]. Materials and Corrosion, 2020, 71 (8): 1266-1275.

[49] Yu H Q, Ge H H, Zhang J L, et al. Corrosion inhibition of hydrazine on carbon steel in water solutions with different pH adjusted by ammonia [J]. Corrosion Reviews, 2022, 40 (6): 587-596.

[50] Zhang P Q, Wu J X, Zhang W Q, et al. A pitting mechanism for passive 304 stainless steel in sulphuric acid media containing chloride ions [J]. Corrosion Science, 1993, 34 (8): 1343-1349.

[51] Strehblow H H, Titze B. Pitting potentials and inhibition potentials of iron and nickel for different aggressive and inhibiting anions [J]. Corrosion Science, 1977, 17: 461-472.

[52] 姚骋. 凝汽器钛管失效分析及其解决对策 [D]. 上海: 复旦大学, 2012.

[53] 郭敏, 彭乔. 钛及其合金的氢脆腐蚀 [J]. 辽宁化工, 2001, 30 (8): 345-348.

[54] 王廷勇, 马兰英, 汪相辰, 等. 某核电站凝汽器在海水中阴极保护参数的研究及应用 [J]. 中国腐蚀与防护学报, 2016, 36 (6): 624-630.

[55] 赵顺合. 钛管凝汽器的运行维护管理 [J]. 华北电力技术, 1998 (2): 45-47.

[56] 梁海山, 牛全兴. 沿海电厂凝汽器钛管改造 [J]. 山东电力技术, 2017, 44 (10): 65-70.

[57] Xie X J, Yan M, He J, et al. Study on the Alkalization Treatment of the Turbo-Generator's Inner Cooling Water [C]. 2009 Asia-Pacific Power and Energy Engineering Conference, New York: IEEE Pes, 2009: 1-4.

[58] GB 50050—2017, 工业循环冷却水处理设计规范 [S].

[59] DLT 712—2021, 发电厂凝汽器及辅机冷却器选材导则 [S].

[60] DL/T 794—2012, 火力发电厂锅炉化学清洗导则 [S].

[61] 张贵泉. 电站锅炉有机酸清洗废液处理技术研究进展 [J]. 工业水处理, 2017, 37 (10): 11-15.

[62] 张祥金, 文慧峰, 位承君. 电站锅炉化学清洗腐蚀问题探讨 [J]. 热力发电, 2018, 47 (7): 133-138.

[63] 张广文, 刘锋, 倪瑞涛, 等. 过热器化学清洗腐蚀在线监测技术研究 [J]. 热力发电, 2013, 42 (12): 80-83.

[64] ASTM B350/B350M-11, Standard Specification for Zirconium and Zirconium Alloy Ingots for Nuclear Application [S].

[65] GB/T 26314—2010, 锆及锆合金牌号和化学成分 [S].

[66] IAEA-TECDOC-1556. Assessment and Management of Ageing of Major Nuclear Power Plant Components Important to Safety: PWR Pressure Vessels [R]. Vienna, Austria: International Atomic Energy Agency, 2007.

[67] Nuclear Regulatory Commission. Rules and Regulations Title 10 Code of Federal Regulations (CFR) Part 50.61, Appendix G. Fracture toughness requirements for protection against pressurized thermal shock events [R]. Washington: U. S. Nuclear Regulatory Commission, 1986: 1-3.

[68] Regulatory Guide 1.99, Radiation Embrittlement of Reactor Vessel Materials [M]. Washington: U. S. Nuclear Regulatory Commission, 1988.

[69] ASME BPVC Section Ⅲ-2021, Rules for Construction of Nuclear Facility Components-Division 1-Subsection NB-Class 1 Components [S].

[70] Zinkle S J, Was G S. Materials challenges in nuclear energy [J]. Acta Materials, 2013, 61 (3): 735-758.

[71] NUREG-1801. Generic Aging Lessons Learned (GALL) Report [R]. Washington: U. S. Nuclear Regulatory Commission, 2010.

[72] IAEA Nuclear Energy Series No. NP-T-3.13. Stress Corrosion Cracking in Light Water Reactors: Good Practices and Lessons Learned [R]. Vienna, Austria: International Atomic Energy Agency, 2011.

[73] Staehle R W, Gorman J A. Quantitative assessment of submodes of stress corrosion cracking on the secondary side of steam generator tubing in pressurized water reactors: Part 1 [J]. Corrosion, 2003, 59 (11): 931-994.

[74] Regulatory Guide 1.207. Guidelines for Evaluating Fatigue Analyses Incorporating the Life Reduction of Metal Componentsdue to the Effects of the Light-Water Reactor Environment for New Reactors [R]. Washington: U. S. Nuclear Regulatory Commission, 2007.

[75] Generic Letter 89-08. Erosion/Corrosion-Induced Pipe Wall Thinning [R]. Washington: U. S. Nuclear Regulatory Commission, 1989.

[76] NUREG-0800. Standard Review Plan for the Review of Safety Analysis Reports for Nuclear Power Plants: LWR Edition [R]. Washington: U. S. Nuclear Regulatory Commission, 2014.

[77] TR 3002000563. Recommendations for an Effective Flow-Accelerated Corrosion Program (NSAC-202L-R4) [R]. Palo Alto, CA, U. S. A.: Electric Power Research Institute, 2013.

[78] EJ/T 345. 压水堆核电厂水化学控制 [S].

[79] TR 1014986. Pressurized Water Reactor Primary Water Chemistry Guidelines [R]. Palo Alto, CA, U. S. A.: Electric Power Research Institute, 2007.

[80] Regulatory Guide 1.54. Service Level Ⅰ, Ⅱ, and Ⅲ Protective Coatings Applied to Nucleaer Power Plants [R]. U. S. A.: U. S. Nuclear Regulatory Commission, 2010.

[81] 中国电力企业联合会. 2018 全国电力工业统计快报 [R]. 北京：中国电力企业联合会，2019.

[82] 宋蕾，左学佳. 污染触目惊心 我国首座水电站设备遭严重腐蚀 [EB/OL].

[83] 朱雅仙，朱秀娟，葛燕，等. 水利水电工程中钢结构的腐蚀 [J]. 水利水运工程学报，2002 (2)：1-6.

[84] 王立军. 葛洲坝水利枢纽金属结构防腐蚀方法 [J]. 大坝与安全，2005 (3)：73-76.

[85] 詹耀，刘瑶，于国利. 我国不同区域风电场的腐蚀环境及防腐技术分析 [J]. 上海涂料，2013, 51 (10)：43-48.

[86] ISO 12944-2—2017, Paints and varnishes —Corrosion protection of steel structures by protective paint systems —Part 2：Classification of environments [S].

[87] 李理，范玉鹏，常志明，等. 海洋风电机组防腐蚀技术研究进展 [J]. 分布式能源，2021, 6 (5)：51-55.

[88] 任伟，陈友登，谢志猛，等. 海上风电防腐蚀研究现状与前景 [J]. 应用能源技术，2022 (2)：49-52.

[89] 刘志江，蒋祥军，吴方之. 西藏羊八井地热发电技术的发展 [J]. 动力工程，1989 (2)：57-60.

[90] 国网能源研究院. 中国发电能源供需与电源发展分析报告 [M]. 北京：中国电力出版社，2013.

[91] 朱美芳，熊绍珍. 太阳电池基础与应用 [M]. 北京：科学出版社，2014.

[92] 罗运俊，何梓年，王长贵. 太阳能利用技术 [M]. 北京：化学工业出版社，2014.

[93] 周国华，施正荣，朱拓. 太阳能电池背表面钝化的研究 [J]. 新能源及工艺，2009, 1：17-20.

[94] 伊纪禄，刘文祥，马洪斌，等. 太阳电池热斑现象和成因的分析 [J]. 电源技术，2012, 36 (6)：816-818.

[95] 张兴，李善寿. 局部遮挡时光伏阵列失配特性建模与分析 [J]. 太阳能学报，2014, 35 (9)：1592-1598.

[96] 杨金焕. 太阳能光伏发电应用技术 [M]. 北京：电子工业出版社，2013.

[97] 王辉. 太阳能光热发电系统中储热材料研究进展 [J]. 科技信息，2013 (3)：399-400.

[98] 张国伟，侯华，毛红奎. 铝液腐蚀 1Cr18Ni9Ti 不锈钢的机理研究 [J]. 铸造设备技术，2008 (2)：1-4.

[99] 谭永刚. 铝基相变储热材料的界面腐蚀行为及腐蚀机理研究 [D]. 武汉：武汉理工大学，2009.

[100] 于培诺. 一种光伏组件寿命的测量方法 [J]. 太阳能，2007 (9)：38-40.